GRUNDRISS DER THEORETISCHEN BAKTERIOLOGIE

VON

DR. PHIL. TRAUGOTT BAUMGÄRTEL
PRIVATDOZENT FÜR BAKTERIOLOGIE AN DER TECHNISCHEN HOCHSCHULE MÜNCHEN

MIT 3 ABBILDUNGEN

BERLIN
VERLAG VON JULIUS SPRINGER
1924

ISBN-13: 978-3-642-47111-7 e-ISBN-13: 978-3-642-47364-7
DOI: 10.1007/978-3-642-47364-7

Softcover reprint of the hardcover 1st edition 1924

Vorwort.

Der vorliegende „Grundriß der theoretischen Bakteriologie" bildet eine kurzgefaßte, nach biologischen Gesichtspunkten entwickelte kritische Darstellung der wichtigsten experimentellen Grundlagen unseres gegenwärtigen Wissens über Bau und Leben der Bakterien. Nach Inhalt und Form bezweckt der Grundriß, den naturwissenschaftlich vorgebildeten Leser in die wissenswerten Forschungsergebnisse der theoretischen Bakteriologie einzuführen und ihm ein einheitliches klares Bild von dem tatsächlichen und begrifflichen Fundament der bakteriologischen Wissenschaft zu entwerfen. Die Gründe, die eine derartige spezielle Darstellung der theoretischen Bakteriologie aus der Feder des Botanikers rechtfertigen, ergeben sich aus der heute unwiderlegbaren Tatsache, daß außer der Botanik, als deren Spezialfach die Bakteriologie zu gelten hat (vgl. Einleitung), alle biologischen Forschungszweige der reinen und angewandten Naturwissenschaften (Zoologie, Biologie, Biochemie, Nahrungsmittelchemie, Gärungsphysiologie, Human- und Veterinärmedizin, Land-, Moor- und Forstwirtschaft) an bakteriologischen Problemen in hohem Maße interessiert sind und hierzu eines zuverlässigen Führers bedürfen.

Waren dies die allgemeinen Gesichtspunkte, denen ich bei der Abfassung des Werkes folgte, so lagen für mich als Botaniker, der an der gesamten bakteriologischen Forschung regen Anteil nehmen muß, die Hauptschwierigkeiten in der Auswahl und in der Beschränkung des Stoffes. Ohne Rücksicht auf eine spezielle Fachdisziplin wurde versucht, die wichtigsten Tatsachen der wissenschaftlichen Bakteriologie zusammenzustellen und diese an klassischen Beispielen, die den verschiedensten Forschungsgebieten entnommen sind, zu erörtern. Der Grundriß kann also niemals dazu dienen, eingehende Spezialkenntnisse dieser oder jener Richtung zu vermitteln, sondern er ist nur als eine allgemeine Einführung in das umfangreiche Wissensgebiet der theoretischen Bakteriologie zu betrachten. Trotzdem bieten die zahlreichen, vielfach durch Tabellen belegten Beispiele genügende Anregung, um auch das fachwissenschaftliche Studium der Bakterien zu vertiefen. Die geschichtliche Entwicklung der Bakteriologie ist in der „Einleitung" an Hand der Originalliteratur mit strenger Objektivität gegen die Forscherarbeit aller Nationen und Fachrichtungen kritisch zusammengefaßt.

Was die Art der Darstellung anbelangt, so war ich bestrebt, alles in engster Anlehnung an die einschlägigen Originalarbeiten so klar und so kurz wie möglich auszudrücken, insbesondere die bakteriologischen Grundbegriffe in wenigen Worten und sachlich richtig wiederzugeben. Um dabei die Übersichtlichkeit und den logischen Aufbau des Werkes zu wahren, wurden unter biologischen und erkenntnistheoretischen Gesichtspunkten eine weitgehende Aufteilung und Gliederung (vgl. Inhaltsverzeichnis) des abgehandelten Stoffes vorgenommen und viele Einzelheiten in Form von Tabellen aufgeführt, ohne dadurch, wie ich hoffe, die Einheitlichkeit des Werkes zu beeinträchtigen. Von Abbildungen, die das Werk unnötig verteuern und — gerade bei der Darstellung mikroskopischer Objekte — sehr leicht zu falschen Vorstellungen führen, wurde abgesehen. Die Fachausdrücke und die botanisch-bakteriologischen *Gattungs-* und *Artnamen* sowie die Bezeichnungen sog. *physiologischer Bakteriengruppen* wurden durch besonderen Druck hervorgehoben; ferner wurde das gesamte Werk in Paragraphen eingeteilt, um auf möglichst einfache Weise auf die korrespondierenden Abschnitte verweisen zu können. Historisch oder methodisch bemerkenswerte Tatsachen sind in den „Anmerkungen" zusammengestellt. Ein ausführliches Namen- und Sachverzeichnis am Schluß des Werkes soll dazu dienen, die Auffindung von Literaturangaben und des sachlichen Inhaltes zu erleichtern.

München, im Januar 1924.

Traugott Baumgärtel.

Inhaltsverzeichnis.

Zweiter Abschnitt.

Physik der Bakterienzelle.

Dritter Abschnitt.

Chemie der Bakterienzelle.

Zweiter Teil.

Allgemeine Physiologie.

Erster Abschnitt.

Allgemeine Lebensbedingungen der Bakterienzelle.

Einleitung.

Das Wissensgebiet der modernen Bakteriologie[1]) ist zu umfangreich und zu vielgestaltig, als daß es befriedigend in den enggespannten Rahmen einer wissenschaftlichen Definition gefaßt werden könnte.

Wie Mykologie[2]), Algologie[3]), Lichenologie[4]) usw., so bildet auch die Bakteriologie ein Sondergebiet der speziellen Botanik, das theoretische und praktische Ziele erstrebt und demzufolge in theoretische („reine") und praktische („angewandte") Bakteriologie zu scheiden ist. Die theoretische Bakteriologie umfaßt eine allgemeine und eine spezielle Forschungsrichtung, je nachdem die rein naturwissenschaftlichen Grundlagen, d. h. Morphologie[5]) und Physiologie[6]) der *Bakterien*, im allgemeinen oder in bezug auf bestimmte *Bakterien*arten erforscht werden. Die praktische Bakteriologie stellt eine angewandte spezielle Bakteriologie dar und ist entsprechend ihrem Anwendungsbereich als medizinische, landwirtschaftliche oder technische Bakteriologie zu bezeichnen.

Wie alle Naturwissenschaften, so ist auch die Bakteriologie eine empirische Wissenschaft, d. h. sie erforscht die Gesetzmäßigkeiten im Bau und Leben der *Bakterien* unmittelbar aus der Erfahrung. Wertvolle Dienste leistet ihr hierbei das Experiment, das sie unter morphologischen oder physiologischen Gesichtspunkten auf Grund einer streng logischen Fragestellung und entsprechend einer exakten physikalischen oder chemischen Versuchsmethodik ausführt. Als Anwendungsgebiet der induktiven Wissenschaften: Physik, Chemie und Biologie auf die Erforschung der *Bakterien* ist die Bakteriologie als exakte Naturwissenschaft zu betrachten.

---

1) Bakterienkunde (*βακτήριον* [Diminutiv von *βάκτρον*] = Stäbchen; *λόγος* = Lehre).
2) Pilzkunde (*μύκης* = Pilz).
3) Algenkunde (*ἁλικός* = zum Meere gehörig).
4) Flechtenkunde (*λειχήν* = Flechte).
5) Formenlehre (*μορφή* = Gestalt).
6) Lehre vom Leben (*φύσις* = Natur).

Diese Umgrenzung der Bakteriologie als botanische Spezialwissenschaft widerspricht eigentlich der geschichtlichen Tatsache, daß die Bakteriologie bisher als eine vornehmlich medizinische Hilfsdisziplin gegolten hat und aus diesem Grunde weder als selbständige Wissenschaft anerkannt und beachtet noch um ihrer selbst willen gepflegt wurde. Es leuchtet aber ein, daß die neuzeitliche Bakteriologie, die nicht nur eine große praktische Bedeutung für die Human- und Veterinärmedizin, für die Landwirtschaft und die chemische Technologie besitzt, sondern wegen der biologischen Vielseitigkeit ihrer Forschungsobjekte sowie wegen der Eigenart ihrer Forschungsmethoden auch von hohem theoretischem Wert ist, mit Recht eine hervorragende Sonderstellung einnimmt und als eine vollwertige Wissenschaft betrachtet werden muß.

In der Tat gibt es kaum ein Gebiet der biologischen Naturwissenschaften, dessen Entdeckung ein so umfangreiches und fruchtbares Neuland der menschlichen Erkenntnis eröffnet hat wie das der Bakteriologie!

War die Entdeckung der *Bakterien* als mikroskopisch kleinste Lebewesen, denen trotz ihrer Kleinheit und trotz ihres überaus einfachen Körperbaues eine ganz erstaunliche Mannigfaltigkeit in den Lebenseigenschaften zukommt, schon vom Standpunkt der allgemeinen Biologie eine wertvolle Errungenschaft, so regte die Auffindung dieser seltsamen „*Mikroorganismen*“ den Forschergeist auch dazu an, sinnreiche Untersuchungsmethoden zu einem vertieften Studium ihrer Lebensformen auszudenken. Mit völlig neuartigen und immer mehr verbesserten Forschungsmitteln ausgerüstet, gelang es der Bakteriologie, die erheblichen technischen Schwierigkeiten ihrer experimentellen Arbeitsweise zu überwinden und im Laufe der Zeit eine reiche Fülle von Tatsachen zu erschließen, die zwar schon an sich eine wertvolle Bereicherung menschlichen Wissens bedeuteten, jedoch neben ihrer unübersehbaren praktischen Auswirkung auch noch eine Reihe neuer ungeahnter Forschungsprobleme von weittragender Bedeutung entrollten.

Die ersten erfolgreichen Streifzüge in die zu Beginn des 17. Jahrhunderts noch völlig unbekannte Welt der *Mikroorganismen* unternahm der von der Nachwelt als „Vater der Mikrographie“ gerühmte Holländer Antony van Leeuwenhoek (1632 bis 1723), der mit Hilfe eines aus selbstgeschliffenen Quarzlinsen zusammengesetzten Vergrößerungsglases als erster *Bakterien* gesehen hat, ihre verschiedenen Formen beschrieb und ihre Eigenbeweglichkeit erkannte[1]). Im Verlaufe von wenigen Jahren war die Entdeckung LEEUWENHOEKS in ganz Europa verbreitet; überall erregten seine fesselnden Schilderungen großes Aufsehen und eiferten zahlreiche Freunde der Naturbeobachtung dazu an, sich selbst von der Existenz jener wunderbaren „Tierchen" zu überzeugen und an ihrer lebhaften Beweglichkeit sich zu erfreuen. Mit welchem Eifer dies geschah, zeigt ein Brief des kurfürstlich brandenburgischen Leibarztes JOHANN SIGISMUND ELSHOLZ[2]) an die Academia naturae curiosorum, aus dem hervorgeht, daß in Paris bereits im Jahre 1679 sog. Microscopia globularia, d. h. Mikroskope mit Glaskügelchen als Linsen, zu diesem Zwecke feilgeboten wurden. An Forschungslustigen fehlte es nicht; sogar eine große Zahl von weitläufigen Beschreibungen[3]) stammen aus dem nun folgenden Jahrhundert einer „bewundernden, aber urteilslosen Betrachtung der neuen Formenwelt", die übrigens auch der Mystik[4]) und der Satire[5]) reichlich Nahrung gab. Eine wirklich wertvolle Erweiterung erfuhren die mikroskopischen *Bakterien*studien LEEUWENHOEKS erst durch die sorgfältigen morphologischen und entwicklungsgeschichtlichen Untersuchungen des Dänen OTTO FRIEDRICH MÜLLER[6]) (1730—1784) und des deutschen Naturforschers CHRISTIAN GOTTFRIED EHRENBERG[7]) (1795 bis 1876), die den bahnbrechenden Forschungen des deutschen

---

[1]) LEEUWENHOEK, ANTONY VAN: Arcana naturae. Delphis Batavorum 1695.

[2]) ELSHOLZ, JOHANN SIGISMUND: Ephemerid. Nat. Cur. Decur. I. Ann. 9. Obs. 115. 1679.

[3]) Bezeichnend für die damalige Zeit ist z. B. das Buch LEDERMÜLLERS: „Mikroskopische Gemüts- und Augenergötzungen. Nürnberg 1763".

[4]) So erzählt z. B. der große Botaniker LINNÉ, der die ganze Welt jener kleinsten Lebewesen als „Chaos infusorium" zusammenfaßte, daß ihn auf seinen botanischen Exkursionen in Norwegen die Furia infernalis, d. h. ein in der dortigen Luft verbreitetes bösartiges Wesen, verfolgt habe und ihn krank werden ließ. (LINNÉ, C. v.: Vollständiges Natursystem nach der 12. lateinischen Ausgabe und nach Anleitung des holländischen HOUTTUYNischen Werkes, mit einer ausführlichen Erklärung ausgefertigt von PH. LUDW. STATIUS MÜLLER. Nürnberg 1773—1776.)

[5]) Ein satirisches Buch erschien z. B. im Jahre 1726 in Paris, in dem verschiedene „Tierchen" entsprechend der angeblich von ihnen verursachten Krankheit als Ohnmachtler, Leibkneifler, Schwärler, Tränenfistler, Wollüstler, Durchläufler usw. bezeichnet und abgebildet waren. (Système d'un médicin anglois sur la cause de toutes les espèces de maladies. Paris 1726. Recueilli par M. A. C. D.)

[6]) MÜLLER, OTTO FRIEDRICH: Animalcula infusoria fluviatilia et marina. Hauniae 1786. (Veröffentlicht von OTTO FABRICIUS nach dem Tode MÜLLERS.)

[7]) EHRENBERG, CHRISTIAN GOTTFRIED: Die Infusionstierchen als vollkommene Organismen. 1838.

Botanikers Ferdinand Julius Cohn[1]) (1817—1891) die Wege ebneten.

Fesselnder noch als Form und Bewegung erschien den Mikroskopikern jener ersten denkwürdigen Forschungsperiode die Frage nach der Herkunft der neuentdeckten Lebewesen, die sie in den Aufgüssen pflanzlicher und tierischer Stoffe regelmäßig und zahlreich beobachteten. Nichts vermochte ihnen dieses Rätsel besser zu lösen als die alte Lehre von der Urzeugung („Generatio spontanea"), die sie nun — trotz der unanfechtbaren Gegenbeweise eines Francesco Redi[2]) (1688) und Swammerdamm[3]) (1669) — mit heller Begeisterung für die Entstehung der *Mikroorganismen* wieder aufnahmen, womit sie einen Kampf entfachten, der fast ein ganzes Jahrhundert die wissenschaftliche Welt in Atem hielt. In der Tat war es für die damalige Zeit ein nur zu seltsames Spiel der Natur, daß jene mikroskopischen Tierchen — wie der anglikanische Geistliche Needham[4]) (1749) zeigte — selbst in aufgekochten Fleischaufgüssen (beim Stehen an der Luft!) auftraten. Vielen galt die Lösung dieses Problems mit der Annahme der Selbsterzeugung der Mikroorganismen als so unerschütterlich gewiß, daß sogar die geistvollen Experimente des Italieners Spallanzani[5]) (1769) nicht gewürdigt wurden. Selbst ein so hervorragender Naturforscher wie der Franzose Gay-Lussac[6]) (1810) hat ihre Beweiskraft nicht erkannt, sondern die Feststellung Spallanzanis, daß in aufgekochten, aber vor Luftzutritt geschützten Aufgüssen keine *Mikroorganismen* entstehen, auf den Ausschluß des zum Leben unbedingt notwendigen Sauerstoffgases zurückgeführt und trotz allen Scharfsinns übersehen, daß die beim Hitzeversuch Needhams auch in dem gekochten Aufguß noch nachweisbaren Lebewesen lediglich der äußeren unerhitzten Luft entstammen könnten[7]).

---

[1]) Cohn, Ferdinand Julius: Wertvolle Arbeiten in „Cohns Beiträgen zur Biologie der Pflanzen." Die grundlegende Arbeit: „Untersuchungen über die Entwicklungsgeschichte der mikroskopischen Algen und Pilze" erschien im Jahre 1854 in Nova Acta Academiae Caes. Leop. Carol. Natur. Cur. Vol. 24. Teil I, S. 101. 1854.

[2]) Redi, Francesco: Esperienze intorno alla generazione degl' insetti. Firenze 1688.

[3]) Swammerdamm, Johann: Historia insectorum generalis, ofte algemeene verhandeling van de bloedloose dierkens. Utrecht 1669.

[4]) Needham, Turbervill: Observations upon the generation, composition and decomposition of animals and vegetable substances. London 1749.

[5]) Spallanzani, Lazarus: Physikalische und mathematische Abhandlungen. Leipzig 1769.

[6]) Gay-Lussac, Louis Josef: Ann. de chim. et de physique. Bd. 76. 1810.

[7]) Die Beobachtungen Spallanzanis wurden von dem schwedischen

Ein besonders heftiger Streit entwickelte sich um die Mitte des 19. Jahrhunderts zwischen den Anhängern und Gegnern der Urzeugungslehre, als der Franzose CAGNIARD LATOUR[1]) (1837) auf Grund seiner mykologischen Gärungsstudien angab, daß die bei der Alkoholgärung abgeschiedene Hefe ein *Sproßpilz* sei, dessen Leben mit der Gärung in ursächlichem Zusammenhang stehe. Auch der deutsche Physiologe SCHWANN[2]) (1837) sowie der deutsche Botaniker KÜTZING[3]) (1837) bekannten sich zu dieser Auffassung, während unter den Chemikern der damaligen Zeit vor allem JUSTUS VON LIEBIG[4]) (1839) — in scharfem Gegensatz zu dieser vitalistischen Theorie — das Gärungsphänomen als eine rein mechanische Stoffzersetzung infolge molekularer Bewegungen aussprach, wobei er das regelmäßige Auftreten eines fortpflanzungsfähigen *Sproßpilzes* vollkommen außer acht ließ.

Es ist das unsterbliche Verdienst des genialen französischen Chemikers LOUIS PASTEUR (1822—1895), diese wertvolle Entdeckung CAGNIARD LATOURS in ihrer vollen Größe und Tragweite erfaßt zu haben. Anknüpfend an seine eigenen grundlegenden Beobachtungen über die Lebenstätigkeit gewisser *Mikroorganismen* bei der Umwandlung des Zuckers in Milchsäure[5]) (1857) sowie bei der Zerlegung der Traubensäure in Rechts- und Linksweinsäure[6]) (1858) folgerte PASTEUR (1860) mit bewundernswertem Scharfblick auf die Möglichkeit, genau wie die für diese Gärungen typischen Lebewesen, so auch die *Sproßpilz*zellen der

---

Chemiker CARL WILHELM SCHEELE (Anmärkningar om sättet att conservera ättika. Kongl. Vetenskaps Academeins nya Handlingar. T. III. Stockholm 1782) zur Sterilisation des Essigs und von dem Franzosen APPERT (Le livre de tous les ménages ou l'art de conserver pendant plusieurs années, toutes les substances animales et végétales. Paris 1831) zum Konservieren von Suppen, Wein, Bier usw. praktisch ausgenutzt.

[1]) CAGNIARD LATOUR, CHARLES: Mémoires sur la fermentation vineuse. Cpt. rend. Bd. 4. 1837.

[2]) SCHWANN, THEODOR: Vorläufige Mitteilung, betreffend Versuche über die Weingärung und Fäulnis. (POGGENDORFFS Annalen d. Phys. u. Chem. Bd. 41. 1837.)

[3]) KÜTZING, FRIEDRICH: Mikroskopische Untersuchungen über die Hefe und Essigmutter, nebst mehreren anderen dazu gehörigen vegetabilischen Gebilden. (Journ. f. prakt. Chemie. Bd. II. Jahrg. 1837.)

[4]) LIEBIG, JUSTUS VON: Über die Erscheinungen der Gärung, Fäulnis und Verwesung und ihre Ursachen. (POGGENDORFFS Annalen d. Phys. u. Chem. 1839.)

[5]) PASTEUR, LOUIS: Mémoire sur la fermentation appelée lactique. (Cpt. rend. Bd. 45, S. 930 v. 30. Nov. 1857 und ibid. Bd. 48, S. 337 v. 14. Febr. 1859.)

[6]) Derselbe: Mémoire sur la fermentation de l'acide tartrique. (Ibid. Bd. 46, S. 615 v. 29. März 1858.)

Alkoholgärung in geeignete künstliche keimfreie Nährflüssigkeiten übertragen zu können, um sie daselbst fortzuzüchten und auf diese Weise einwandfrei als Gärungserreger zu entlarven[1]). Dieses meisterhaft angelegte Experiment gelang! Mit gleichem Erfolg erkannte PASTEUR auch das Wesen der Buttersäuregärung[2]) (1861) sowie der Essigsäuregärung[3]) (1862) und stellte dann (1863) weiterhin fest, daß (wie jede Gärung) auch die Fäulnis[4]) nur durch die Lebenstätigkeit bestimmter *Mikroorganismen* hervorgerufen wird. Schon im Jahre 1860 hatte PASTEUR[5]) im Zusammenhang mit seinen anfänglichen Gärungsstudien auf die Unhaltbarkeit der Urzeugungslehre hingewiesen und gezeigt, daß z. B. gekochte und vor Luftkeimen geschützte (keimfreie) Milch nicht gerinnt, während dieselbe nach Beimpfung mit etwas Staub binnen kurzem sich zersetzt und dann zahlreiche „*mucedinés ou infusoires*" enthält. Wie zuerst der Holländer VAN DER BROEK[6]) (1857) und später (1863) auch PASTEUR[7]) nachwiesen, sind aber nicht nur durch Hitze oder chemische Gifte künstlich entkeimte, sondern alle von Natur aus keimfreien und vor nachträglicher Verunreinigung bewahrten Flüssigkeiten unbegrenzt haltbar. Seitdem sind auch die eifrigsten Verfechter der elternlosen Zeugung verstummt und gezwungen, sich zu dem Erfahrungssatze zu bekennen: Omne vivum ex vivo.

Die epochemachenden Experimentaluntersuchungen PASTEURs über die Existenz mikroskopischer Gärungs- und Fäulniserreger riefen überall größte Bewunderung hervor, um so mehr, als es PASTEUR verstand, auch die ungeheure praktische Bedeutung der *Mikroorganismen* für den Kreislauf der Stoffe im Haushalt der Natur richtig zu erkennen. Mit weitschauendem Forscherblick folgerte PASTEUR von der mikrobiellen Oxydation des Alkohols zu Essigsäure, die er bei der hiernach benannten Essigsäuregärung entdeckt hatte, auf die unbedingte Notwendigkeit der *Mikroorganismen*entwicklung für die Verwesung von Pflanzen-

---

[1]) PASTEUR, LOUIS: Mémoire sur la fermentation alcoolique. (Ann. de chim. et de physique. Bd. 58. 1860.)

[2]) Derselbe: Animalcules infusoires vivant sans gaz oxygène libre et déterminant des fermentations. (Cpt. rend. Bd. 52, S. 344 v. 25. Febr. 1861 und S. 1260 v. 17. Juni 1861.)

[3]) Derselbe: Études sur les mycodermes; Rôle de ces plantes dans la fermentation acétique. (Ibid. Bd. 54, S. 265 v. 10. Febr. 1862.)

[4]) Derselbe: Recherches sur la putréfaction. (Ibid. Bd. 56, S. 89. 1863.)

[5]) Derselbe: De l'origine des ferments. Nouvelles expériences relatives aux générations dites spontanées. (Ibid. Bd. 50, S. 849 v. 7. Mai 1860.)

[6]) VAN DER BROEK: Ann. d. Chem. u. Pharm. Bd. 115. 1860.

[7]) PASTEUR, LOUIS: Cpt. rend. S. 738. 1863.

und Tierresten, weil sonst — wie er sagte — „le retour a l'atmosphère et au règne minéral de tout ce qui a cessé de vivre serait tout à coup suspendu" PASTEUR[1]) versuchte auch die biologische Bedeutung jener rätselhaften *Mikroorganismen* zu erfassen, bei denen er die überraschende Tatsache festgestellt hatte, daß sie im Gegensatz zu allen übrigen Organismen ohne freien Sauerstoff zu leben vermögen, ja sogar an der Luft binnen kurzem zugrunde gehen. In der klaren Erkenntnis, daß solche sauerstoffscheuen *Mikroben* („Anaerobier") die als Fäulnis bekannten Zersetzungserscheinungen unter Luftabschluß hervorrufen, führte er ihre Entwicklungsmöglichkeit auf eine innige Lebensgemeinschaft („Symbiose") mit den sauerstoffbedürftigen *Mikroben* („Aerobier") zurück, indem er annahm, daß die sauerstoffscheuen Formen erst dann sich auszubreiten imstande sind, wenn die sauerstoffliebenden allen Sauerstoff für sich verbraucht haben und Sauerstoff von neuem nicht mehr hinzutritt.

PASTEURS Entdeckungen brachten aber auch großen wirtschaftlichen Nutzen. So fand PASTEUR bei seinen systematischen Weinuntersuchungen[2]) (1864), daß die verschiedenen schädlichen Veränderungen der Weine (Säuerung, Bitterung, Trübung usw.) mikrobiellen Ursprungs sind, jedoch durch kurzfristiges Erhitzen der Weine auf 70° („Pasteurisierung") verhütet werden können, da hierdurch die (für jede „Weinkrankheit" spezifischen) *Mikroorganismen* absterben. Diese Feststellung war für das Weinland Frankreich von größtem ökonomischen Wert. Unvergängliche Verdienste erwarb sich PASTEUR[3]) (1865) ferner durch seine erfolgreiche Erforschung und Bekämpfung der übertragbaren „Fleckenkrankheit" (*Pebrine*) der Seidenraupen, die gerade damals die blühende Seidenindustrie Frankreichs, Italiens und Österreichs zu vernichten drohte. PASTEUR stellte fest, daß die zuerst von CORNALLIA beschriebenen glänzenden, ovalen Körperchen, die massenhaft in dem Gewebe pebrinekranker Seidenraupen auftreten, auch in den Puppen, Schmetterlingen und in den Eiern vorkommen und als die Erreger der Fleckenkrankheit anzu-

---

[1]) PASTEUR, LOUIS: Animalcules infusoires vivant sans gaz oxygène libre et déterminant des fermentations (Cpt. rend. Bd. 52, S. 344 v. 17. Juni 1861) und: Nouvel exemple de fermentation déterminée par des animalcules infusoires pouvant vivre sans oxygène libre et en dehors de tout contact avec l'air de l'atmosphère. Fermentation du tartrate de chaux. (Ibid. Bd. 56, S. 446 v. 9. März 1863.)

[2]) Derselbe: Études sur les vins. Des altérations spontanées ou maladies des vins particulièrement dans le Jura. (Ibid. Bd. 58, S. 142. 1864.)

[3]) Derselbe: Études sur la maladie des vers a soie, moyen pratique assuré de la combattre et d'en prévenir le retour. Paris 1870.

sprechen sind. Er fand weiterhin, daß durch Kontakt infizierte Raupen sich zu Schmetterlingen entwickeln, die dann mit ihren Eiern die Krankheitskeime auf die Nachkommen übertragen, indem aus infizierten Eiern hervorgegangene Raupen vor der Verpuppung zugrunde gehen. Um nun eine sicher gesunde Raupenbrut zu erhalten, isolierte PASTEUR die einzelnen Schmetterlingspaare in Tüllsäckchen und mikroskopierte dann die getöteten Schmetterlinge, nachdem das Weibchen befruchtete Eier gelegt hatte. Waren die Schmetterlingskörper erregerfrei, so waren es auch die Eier, und eine gesunde Aufzucht war gesichert.

Angeregt durch diese glänzenden Erfolge PASTEURS zeitigte die *Mikroorganismen*forschung auch bald noch andere wertvolle Ergebnisse, unter denen vor allem die klassischen Milzbrandstudien des Franzosen CASIMIR JOSEPH DAVAINE auffallen, die einen Markstein in der Entwicklung der Ätiologie der Infektionskrankheiten bedeuten. Schon im Jahre 1850 hatte DAVAINE[1]) im Blute eines an Milzbrand verendeten Schafes unbewegliche, als „*corps filiformes*" bezeichnete Gebilde wahrgenommen, dieselben aber nicht weiter beachtet, bis ihre auffallende morphologische Ähnlichkeit mit dem später von PASTEUR entdeckten Erreger der Buttersäuregärung ihn wieder daran erinnerte und zu neuen Untersuchungen ansporte. An einem großen Versuchsmaterial stellte nun DAVAINE[2]) fest, daß sowohl im Blute von Tieren, die an Milzbrand verendeten, als auch im Blute von milzbrandkranken Tieren sub finem vitae stets jene durch ihre Form und Unbeweglichkeit gekennzeichneten „*Bakteridien*" nachzuweisen sind. Er zeigte ferner, daß die Milzbrandkrankheit sich auch durch Verimpfung von *mikroben*haltigem Blut von einem Tier auf das andere experimentell übertragen läßt. Während solche Übertragungsversuche mit *mikroben*freiem Blut immer fehlschlugen, gelang die künstliche Infektion selbst noch mit millionenfach verdünntem Milzbrandblut, wofern die verimpfte Blutprobe die typischen *Mikroben* enthielt. Hiermit war die Milzbrandätiologie einwandfrei aufgeklärt. Eine nicht minder wertvolle und dabei praktisch überaus bedeutungsvolle Frucht der PASTEURschen Ideen war auch die von dem englischen Chirurgen JOSEPH LISTER[3]) (1867) ausgearbeitete Verbandmethode, von der die chirurgisch wichtigen Verfahren zur antiseptischen und asepti-

---

[1]) DAVAINE: Bull. de la société de Biologie. 1850.

[2]) Derselbe: Cpt. rend. hebdom. des séances de l'acad. des sciences. Bd. 57. 1863; Bd. 59. 1864. — Mémoires de la société de Biologie. Bd. 5, 3. Sér. 1865.

[3]) LISTER: The Lancet. 1867. — Brit. med. journ. 1868.

schen Wundbehandlung ausgegangen sind. Wie bereits der Wiener Gynäkologe IGNAZ PHILIPP SEMMELWEIS[1]) (1861) für die Entstehung und Verhütung des Kindbettfiebers angab, so betonte LISTER für das Auftreten und die Bekämpfung der Wundeiterung, daß die Ansteckungsstoffe dieser Krankheiten örtlich übertragen werden. Richtiger als SEMMELWEIS, der diese Stoffe für Gifte hielt, erklärte sich LISTER — gestützt auf PASTEURS Forschungen — den ursächlichen Zusammenhang, indem er annahm, daß die Wundeiterungen durch eingedrungene *Mikroorganismen* hervorgerufen werden. Wie LISTER zeigte, können Wundeiterungen durch Behandlung mit keimtötenden Mitteln, wie Karbolsäure, behoben („Antisepsis") und Wunden, die noch nicht eitern, durch keimfreie Behandlung vor Eiterung geschützt werden („Asepsis"). Dieser Wundtherapie LISTERS war der glänzendste Erfolg beschieden.

Während in dieser von PASTEURschem Geist erfüllten Entwicklungsperiode die kostbaren Früchte der physiologischen *Mikroben*forschung heranreiften, waren Morphologie und Systematik der *Mikroorganismen* noch wenig sicher erforscht. Die ersten wissenschaftlich bemerkenswerten Untersuchungen über die verschiedenen Formen und die systematische Stellung der *Mikroorganismen* stammen von dem dänischen Zoologen OTTO FRIEDRICH MÜLLER[2]) (1786), der sämtliche mikroskopischen Lebewesen als Tiere unter dem Namen *„Infusoria"* zusammenfaßte und sie auf Grund sorgfältigster Beobachtungen und Aufzeichnungen ihrer Form, Bewegungsfähigkeit und ihrer sonstigen biologischen Eigentümlichkeiten in zahlreiche Gruppen aufteilte. Auf gleiche Weise verfuhr auch der deutsche Forscher CHRISTIAN GOTTFRIED EHRENBERG[3]) (1838), der die „Infusionstierchen" in 22 Familien ordnete, von denen die erste (*Monadina*), die zweite (*Cryptomonadina*) und vor allem die vierte Familie der sog. „Zittertierchen" (*Vibrionia*) die heute als *Bakterien* bezeichneten Lebewesen enthielten. Die EHRENBERGsche Systematik, welche die Formenkenntnis der *Mikroorganismen* beträchtlich erweiterte, wurde dann durch die Untersuchungen PERTYS[4]) (1852) gefördert. Gestützt auf die damals mit großem Eifer betriebenen Studien über die Entwicklungsgeschichte der niederen Pflanzen und Tiere, die bald zu der wertvollen Entdeckung der eigenbeweglichen

[1]) SEMMELWEIS: Die Ätiologie, der Begriff und die Prophylaxis des Kindbettfiebers. Wien 1861.

[2]) MÜLLER: Animalcula infusoria fluviatilia et marina. Hauniae 1786.

[3]) EHRENBERG: Die Infusionstierchen als vollkomm. Organismen. 1838.

[4]) PERTY: Zur Kenntnis kleinster Lebensformen. 1852.

Fortpflanzungszellen („Schwärmsporen") der *Algen* führten, erkannte PERTY die nahe Verwandtschaft der EHRENBERGschen *Vibrionia* mit den niedersten Pflanzenformen (*Oscillarien*) und rechnete die *Vibrionia* zu der von ihm neu aufgestellten Gruppe der sog. „Pflanzentierchen" (*Phytozoidia*). Auf Grund genauer morphologischer und entwicklungsgeschichtlicher Forschungen vertrat besonders auch FERDINAND JULIUS COHN[1]) (1854) die pflanzliche Natur dieser *Mikroben*, denen dann KARL WILHELM NÄGELI[2]) (1857) wegen ihrer Farblosigkeit und ihrer Vermehrungsart durch Teilung eine biologische Sonderstellung einräumte, indem er sie als „Spalt*pilze*" (*Schizomyceten*) von den übrigen pflanzlichen und tierischen *Mikroorganismen* abgrenzte. Um die unverkennbaren verwandtschaftlichen Beziehungen der Spalt*pilze* zu den „Spalt*algen*" (*Schizophyceen*) zum Ausdruck zu bringen, vereinigte später COHN[3]) (1875) diese beiden Pflanzengruppen unter dem Namen „Spaltpflanzen" (*Schizophyten*). Erst seit den grundlegenden systematischen Untersuchungen COHNS[4]) aus dem Jahre 1872 pflegt man die Spalt*pilze* unter der gemeinsamen Bezeichnung „*Bakterien*" als einheitliche Pflanzengruppe zusammenzufassen.

Trotz aller Errungenschaften blieben derartige Klassifikationsversuche jedoch wertlos, solange die Überzeugung keine festen Wurzeln schlug, daß die morphologisch und physiologisch voneinander unterscheidbaren *Bakterien* wohlumgrenzte Arten darstellen, deren Eigenschaften (wie bei allen übrigen Organismen) nur innerhalb einer gewissen biologischen Variationsbreite schwanken. Um jene Zeit der geschichtlichen Entwicklung stand aber gerade die irrige Meinung in vollster Blüte, daß den *Bakterien* eine weitgehende Vielgestaltigkeit („Pleomorphismus") zukomme. So behauptete selbst der hervorragende Münchener Botaniker KARL WILHELM NÄGELI[5]) (1857), daß sämtliche *Bakterien* nur kurze rundliche Zellen von kaum $^1/_{500}$ mm Durchmesser seien, und daß die verschiedenen Stäbchen- und Schraubenformen der *Bakterien* lediglich durch eine innige Vereinigung solcher Zellen als einheitliche Gebilde vorgetäuscht werden. Wenn NÄGELI in diesem Irrtum auch niemals so weit gegangen ist, daß er alle *Bakterien*formen als die Abkömmlinge einer einzigen äußerst pleomorphen

---

[1]) COHN: Nova Acta Acad. Caes. Leop. Carol. Nat. Cur. Vol. XXIV, P. I. 1854.

[2]) NÄGELI: Bericht über die 33. Naturf.-Vers. Bonn 1857.

[3]) COHN: Beitr. z. Biologie d. Pflanzen. H. 3. 1875.

[4]) Derselbe: Ebenda Bd. I, H. 2. 1872.

[5]) NÄGELI: Bericht über die 33. Naturf.-Vers. Bonn 1857.

Art auffaßte, wie dies der berühmte deutsche Chirurg THEODOR BILLROTH[1]) (1874) mit seinen Untersuchungen über die Vegetationsformen von „*Coccobacteria septica*“ nachgewiesen zu haben glaubte, so hat doch NÄGELI, der noch im Jahre 1877 auf seiner Meinung beharrte, zweifellos die Existenz morphologisch differenzierter *Bakterien*arten verkannt und auf diese Weise die Weiterentwicklung der *Bakterien*morphologie sicher nicht gefördert. Am weitesten verirrte sich in pleomorphistischer Richtung der deutsche Botaniker ERNST HALLIER[2]) (1866), der nicht nur von einer schrankenlosen Wandelbarkeit der *Bakterien* überzeugt war, sondern auch noch lehrte, daß alle niedersten Lebewesen, soweit sie unbeweglich sind („*Bacterium*“, „*Hefe*“), in den Entwicklungskreis von *Pilzen*, und sofern sie beweglich sind („*Vibrio*“, „*Spirillum*“), in den Formenkreis von *Algen* gehören. HALLIER begründete diese Anschauungen mit seinen sog. Kulturversuchen, die aber noch nicht einmal das allernotwendigste Postulat jeder morphologisch-entwicklungsgeschichtlichen Forschung: den inneren organischen Zusammenhang der beobachteten „Entwicklungszustände“ erfüllten, geschweige denn zu irgendwelchen zwingenden Schlußfolgerungen über die Veränderlichkeit der *Bakterien* berechtigten. Trotzdem fanden die HALLIERschen Experimente großen Beifall, um so mehr, als es HALLIER verstand, seine auf Beobachtungsfehlern und Trugschlüssen aufgebauten Hypothesen auch auf die damals neubelebte Lehre vom „Contagium animatum“ der Infektionskrankheiten zu übertragen und viele der bis dahin unverständlichen Erscheinungen in sein scheinbar lückenloses *Pilz*schema zwanglos einzufügen. So fand HALLIER[3]) (1867) z. B. in aufbewahrten Stuhlproben aus der Berliner Choleraepidemie vom Jahre 1866 kleine *Pilzsporen*, die er auf Grund von Züchtungsversuchen als die *Hefe*form („*Micrococcus*“) eines exotischen *Pilzes* aus der Gruppe der *Ustilagineen* („*Brandpilze*“) erklärte und glaubte nun, damit nachgewiesen zu haben, daß die Cholera durch einen *Pilz* hervorgerufen werde. Wie diese verworrenen Ideen HALLIERS, die der fortschreitenden Erkenntnis nicht standhielten und dann bald in sich selbst zusammen-

---

1) BILLROTH: Untersuchungen über die Vegetationsformen von *Coccobacteria septica*. Berlin 1874.

2) HALLIER: Die pflanzlichen Parasiten des menschlichen Körpers. Für Ärzte, Botaniker und Studierende, zugleich als Einleitung in das Studium der niederen Organismen. Leipzig 1866.

3) Derselbe: Gärungserscheinungen. Untersuchungen über Gärung, Fäulnis und Verwesung, mit Berücksichtigung der Miasmen und Kontagien, sowie der Desinfektion. Für Ärzte, Naturforscher, Landwirte und Techniker. Leipzig 1867.

brachen, so war auch die von namhaften Botanikern, wie WILHELM ZOPF[1]), vertretene Ansicht unhaltbar, daß gewisse an sich distinkte *Bakterien*arten (ähnlich den *Uredineen*) mehrere verschiedene Entwicklungskreise aufweisen.

Die Feststellung der heute allgemein unumstößlich anerkannten Tatsache, daß die *Bakterien* sowohl morphologisch als auch physiologisch gut charakterisierte Arten bilden, denen sogar streng spezifische Eigenschaften zukommen, knüpft an die ätiologische Erforschung der Infektionskrankheiten an, die zu der Entdeckung der sog. pathogenen *Bakterien* führte. Daß gewisse niedere Organismen in höher organisierten Lebewesen als Schmarotzer („Parasiten") auftreten und Krankheiten verursachen können, ist eine uralte Ahnung, die ihre experimentelle Begründung aber erst im 19. Jahrhundert gefunden hat. Abgesehen von der Beschreibung der Krätzmilbe (*Sarcoptes scabiei*) als Ursache der „Krätze" durch den Hannoverschen Arzt JOHANN ERNST WICHMANN[2]) (1786), gehört hierher vor allem die Entdeckung des Schimmelpilzes *Botrytis Bassiana* als Erreger der „Muskardinekrankheit" der Seidenraupe durch den italienischen Arzt AGOSTINO BASSI[3]) (1835). Ferner fallen in diese Zeit die Entdeckung des Pilzes *Achorion Schoenleinii* als Erreger der „Kopfgrind" (*Favus*) genannten Hautkrankheit durch den Kliniker JOHANN LUKAS SCHÖNLEIN[4]) (1839) sowie die Einführung des sog. helminthologischen Experimentes, mit dessen Hilfe der Dresdener Arzt GOTTLOB FRIEDRICH HEINRICH KÜCHENMEISTER[5]) (1852) nachwies, daß der Blasenwurm (*Cysticercus*) das ungeschlechtliche Entwicklungs-(„*Finnen*"-)stadium gewisser Bandwürmer ist, und daß durch Verfütterung reifer Bandwurmglieder bei geeigneten Tieren (z. B. beim *Schwein*) die Finnenkrankheit hervorgerufen wird.

Angesichts dieser wichtigen parasitologischen Feststellungen lebte auch die alte vitalistische Theorie der Infektionskrankheiten, die Lehre vom Contagium animatum wieder auf. Schon gegen Ende des 18. Jahrhunderts hat der Wiener Arzt MARCUS ANTONIUS PLENCZICZ[6]) (1762) mit zwingender Logik bewiesen, daß das Wesen der sog. miasmatisch-kontagiösen Krankheiten nur mit Hilfe der parasitären Theorie, d. h. nur mit der

---

[1]) ZOPF: Spaltpilze. I. Aufl. 1884.
[2]) WICHMANN: vgl. hierzu SUDHOFF, Geschichte der Medizin.
[3]) BASSI: Tel mal del segno, calcinaccio o moscardino. Sec. ed. Milano 1837.
[4]) SCHÖNLEIN: Allgemeine und spezielle Pathologie. 1839.
[5]) KÜCHENMEISTER: Die Parasiten. Leipzig 1855.
[6]) PLENCZICZ: Opera medico-physica. Vindobonae 1762.

Annahme belebter spezifischer Krankheitserreger erklärt werden kann. Mit klaren Ausführungen begründete er den Satz: Natura contagii eiusque phaenomena videntur optime per principium quoddam seminale verminosum exponi et explicari. Aus denselben Gründen, die PLENCZICZ zu dieser Überzeugung führten, erkannte auch der Anatom JAKOB HENLE[1]) (1840) die Notwendigkeit dieser Theorie, die er mit bewundernswertem Scharfblick und unwiderlegbarer Beweiskraft entwickelte, ohne jedoch bei seinen Zeitgenossen Gehör zu finden. Erst die erfolgreichen Untersuchungen PASTEURS über die spezifischen *Bakterien* der Milch-, Wein-, Essig- und Buttersäuregärung sowie der Wein- und Bierkrankheiten riefen das allgemeine Interesse an der hervorragenden Bedeutung der *Mikroorganismen* für biologische Vorgänge wach und zeigten dann auch der ätiologischen Krankheitsforschung Ziel und Weg.

Den ersten klassischen Induktionsbeweis für die Richtigkeit der parasitären Theorie der (*bakteriellen*) Infektionskrankheiten („Bakteriosen") lieferten die exakten Milzbrandstudien DAVAINES[2]) (1862), der von den HENLEschen Postulaten der Parasitenforschung: Konstante Nachweisbarkeit, Isolierung und tierexperimentelle Prüfung der Parasiten sowohl die Konstanz des Bazillenbefundes als auch das Tierexperiment erfüllte und hiermit die Milzbrandätiologie klarlegte. Die Isolierung des Milzbranderregers (*Bac. anthracis*) — die erste Makro-Reinkultur eines pathogenen Bakteriums außerhalb des Organismus — gelang dann PASTEUR[3]) (1877), indem er das Blut eines milzbrandkranken Tieres unter aseptischen Kautelen in keimfreien Gefäßen auffing und nun feststellte, daß die typischen *Mikroben* auch im extravaskulären Blute sich vermehren. Von einer derartigen Blutkultur des Milzbranderregers impfte dann PASTEUR kleine Mengen in entkeimte Nährflüssigkeiten, so z. B. in schwach alkalischen und sterilisierten Urin, um auf diese Weise die *Mikroben* in Reinkultur fortzuzüchten. Auch dieses Experiment gelang! PASTEUR zeigte dann weiterhin, daß die in Urin gezüchteten Milzbranderreger sich beliebig lange von Glas zu Glas übertragen lassen, ohne dabei (auch nach noch so viel Überimpfungen) ihre Pathogenität einzubüßen. Auf gleiche Weise gelang PASTEUR[4]) auch die Reinzüchtung einer

---

[1]) HENLE: Pathologische Untersuchungen. Berlin 1840.

[2]) DAVAINE: Cpt. rend. de l'acad. des sciences. Bd. 57. 1863; Bd. 59. 1864. — Mém. de la soc. de Biologie. 3. Sér., Bd. 5. 1865.

[3]) PASTEUR: Académie des sciences. 1877.

[4]) Derselbe: Vgl. die „Gesammelte Werke".

Reihe anderer pathogener *Bakterien*, so die des Erregers des malignen Ödems (*Bac. oedematis maligni*) 1877, der Wundeiterung (*Micr. pyogenes*) 1878, der sog. Sputumseptikämie (*Strept. lanceolatus*) 1880 und der Hühnercholera (*Bact. septicaemiae haemorrhagicae*) 1880. Mit derselben Methode gelang THUILLIER[1]), einem Schüler PASTEURS, im Jahre 1882 die Reinzüchtung des Schweinerotlauferregers (*Bact. erisipelatos suum*).

Die PASTEURsche Idee der künstlichen Reinkultivierung der *Mikroorganismen* gehört zu den erfolgreichsten Fortschritten in der Geschichte der mikrobiologischen Forschung; ermöglichte doch erst die Reinkultur der *Mikroben* ein genaues und sicheres Studium aller morphologischen und physiologischen Arteigenheiten der mikroskopischen Lebewesen. Aus diesen Erwägungen haben bereits EHRENBERG (1821) und KÜTZING (1837) das Auskeimen einzelner *Pilz*sporen sowie MITSCHERLICH (1841) die Sprossung einzelner *Hefe*zellen in mikroskopischen Präparaten zu beobachten versucht, ohne jedoch hierfür eine exakte Methode ausfindig zu machen. Erfolgreicher waren in dieser Hinsicht die Versuche des deutschen Botanikers OSKAR BREFELD[2]) (1881), der bei seinen entwicklungsgeschichtlichen *Schimmelpilz*studien die zu prüfenden *Pilz*sporen in sterilem Wasser so weit verteilte, daß in jedem Tröpfchen nur eine einzige Zelle enthalten war, deren Entwicklung dann unter dem Mikroskop verfolgt wurde. Auf diese Weise erhielt BREFELD mikroskopische („Objektträger"-) Reinkulturen von *Mucor mucedo* (1872) und *Penicillium glaucum* (1874), die er dann (zur Vermeidung eines allzu schnellen Austrocknens des Kulturtropfens) auch in durchsichtiger Gelatine anlegte. BREFELD war es auch, der zuerst makroskopische Reinkulturen jener *Pilze* auf festem Nährboden (von einer Zelle aus) erzielte und die so gewonnenen Kulturen auf neue Substrate überimpfte, um den Entwicklungsgang ganzer *Pilz*generationen zu verfolgen. Zufällige Massenreinkulturen hatte schon SCHRÖTER[3]) (1872) auf gekochten Kartoffelscheiben, die der Luft ausgesetzt waren, beobachtet und durch mikroskopische Untersuchung festgestellt, daß es sich bei jeder der durch Gestalt und Farbe voneinander unterscheidbaren Ansiedlungen fast immer um Zellen ein und derselben Art von Luftkeimen handelte. Auf Kartoffelscheiben beobachteten übrigens

---

[1]) THUILLIER: Comptes rendus. 1882.

[2]) BREFELD: Botanische Untersuchungen über Schimmelpilze. 1881.

[3]) SCHRÖTER: Über einige durch Bakterien gebildete Pigmente. Beiträge zur Biologie der Pflanzen. Bd. 1, H. 2. 1872.

bereits SETTE[1]) (1824), EHRENBERG[2]) (1848—1850), ERDMANN[3]) (1866) und HOFFMANN[4]) (1869) die durch Entwicklung des *Bact. prodigiosum* verursachten roten Auflagerungen, die SCHRÖTER auch auf andere feuchte, festweiche Substrate, wie Stärkekleister, Mehlbrei, Fleisch und Hühnereiweiß überimpfte. Kurz vor BREFELD hatte LISTER[5]) (1878) bei seinen Untersuchungen über Milchsäuregärung eine sichere Reinkultur des *Bact. lactis* — die erste sichere Bakterienreinkultur von einer Zelle aus — erzielt, indem er eine Nadelspitze saurer Milch so weit mit gekochtem Wasser verdünnte, bis die mikroskopische Zählung ergab, daß jedes Tröpfchen nur einen einzigen Keim enthielt. Ein solches Tröpfchen übertrug LISTER in eine keimfreie Milchprobe, die dann infolge üppigen *Bakterien*wachstums binnen kurzem Gerinnung zeigte. Über ähnliche Kulturversuche, die schon BUCHNER (1878) anstellte, berichtete ferner NÄGELI[6]) (1882); auch bei diesen Versuchen handelt es sich um die Beimpfung einer sterilen Nährlösung mit geringen Mengen einer so stark verdünnten *Bakterien*aufschwemmung, daß in der verimpften Probe mit größter Wahrscheinlichkeit nur eine einzige Zelle enthalten war.

Dem deutschen Mediziner ROBERT KOCH[7]) (1843—1910) gebührt das unvergängliche Verdienst, die Versuchstechnik der mikrobiologischen Reinzüchtungsmethoden in ganz hervorragender Weise verbessert zu haben. An Stelle der von PASTEUR[8]) (1857) eingeführten künstlichen Nährflüssigkeiten, die sehr leicht Verunreinigungen ausgesetzt sind und keine räumliche Trennung der *Bakterien*ansiedlungen („Kolonien“) ermöglichen, wählte KOCH[9]) (1881) den zuerst von BREFELD für Objektträgerreinkulturen benutzten (festen, farblosen, durchsichtigen, schmelzbaren) Gelatinenährboden. Auf diesen glücklichen Gedanken kam KOCH, als er versuchte, „einen der gekochten Kartoffel ähnlichen festen, aber womöglich allen, auch den pathogenen *Mikroorganismen* passenden

[1]) SETTE: Memoria storico-naturale sull' arrossimento straordinario di alcune sostanze alimentose, osservato nella provincia di Padova l'anno 1819 letta all' Ateneo di Treviso, nella sera 28. Aprile 1820. Venezia 1824.

[2]) EHRENBERG: Berichte über die Verhandl. d. Königl. Akad. zu Berlin 1848—1850.

[3]) ERDMANN: Journ. f. prakt. Chemie. Bd. 99. 1866.

[4]) HOFFMANN: Botan. Zeitg. 1869.

[5]) LISTER: Transaction of the Pathological Society of London. 1878.

[6]) NÄGELI: Untersuchungen über niedere Pilze. 1882.

[7]) KOCH: Vgl. Gesammelte Werke.

[8]) PASTEUR: Cpt. rend. hebdom. des séances de la soc. de l'acad. des sciences. Bd. 45. 1857.

[9]) KOCH: Mitt. a. d. Kais. Gesundheitsamt. Bd. 1. 1881.

Nährboden zu finden", und dann in der Einsicht, „daß es wohl kaum möglich ist, eine für alle *Mikroorganismen* gut geeignete, also eine Art Universalflüssigkeit zu konstruieren", sich darauf beschränkte, „die schon bekannten und andere neue bewährte Nährlösungen aus der flüssigen in eine feste Form überzuführen". Was KOCH zur Anwendung der Gelatine führte, war somit keineswegs, wie vielfach angegeben wird, das zielbewußte Streben nach einem festweichen, farblosen, durchsichtigen, mischbaren und schmelzbaren Gallertnährboden, der sich wegen dieser Eigenschaften ganz besonders zur Gewinnung von Reinkulturen eignet, sondern es war der Wunsch nach einer zur Versteifung von Nährlösungen brauchbaren Stützsubstanz, einem Nährbodenskelett, mit dessen Hilfe auch solche *Bakterien* auf festem Nährboden gezüchtet werden können, die auf der Kartoffelscheibe nicht wachsen. So erklärt es sich auch, daß KOCH bei seinen ersten Züchtungsversuchen mit gelatinierten Nährlösungen genau so verfuhr wie bei seinen Kulturversuchen mit dem festen Kartoffelnährboden; schreibt er doch selbst in seiner denkwürdigen Arbeit: „Weil die Reinkulturen mit den Kartoffeln so bequem und sicher auszuführen waren, so habe ich es vorgezogen, der Nährgelatine eine annähernd ähnliche Form zu geben." KOCH (1881—1883) füllte zu diesem Zweck die verflüssigte, keimfreie „Nährgelatine", die z. B. auf 1 l Fleischwasser: 5 g Kochsalz, 10 g Pepton und 100 g Gelatine enthielt, in ein steriles Uhrgläschen, oder er goß sie auf einen sterilen Objektträger und beimpfte dann die erstarrte Gelatineschicht mit dem *bakterien*haltigen Material, indem er dasselbe mit Hilfe einer (zuvor ausgeglühten) „Platinnadel" in den festweichen Nährboden vorsichtig einritzte. Auf diese Weise erhielt KOCH (genau wie bei den von ihm geübten Strichkulturen auf gekochten Kartoffelscheiben) räumlich getrennte *Bakterien*kolonien, da in den letzten Teilen der Impfstriche immer nur einzelne wenige Keime noch an der Gelatine haften bleiben. Zwei Jahre später hat dann KOCH[1]) (1883), um die räumliche Trennung der Kolonien noch leichter und sicherer zu erzielen, seine genial erdachte „Plattenkulturmethode" angegeben, bei welcher die verflüssigte und auf 30° abgekühlte Nährgelatine mit einer „Platinöse" des (zuvor noch verdünnten) Impfmaterials gut gemischt und dann auf eine etwa 18 cm lange und 10 cm breite, sterilisierte Glasplatte ausgegossen und zum Schutze vor verunreinigenden Luftkeimen mit einer Glasglocke überdeckt wurde.

---

[1]) KOCH: Ärztl. Mitteilungsblatt f. Deutschland. Nr. 137. 1883.

Bei genügender Verdünnung des Impfmaterials und bei guter Durchmischung der beimpften Gelatine werden die Keime so fein verteilt, daß fast jede einzelne Zelle zu einer isolierten (auf- bzw. tiefliegenden Kolonie heranwachsen kann, die wegen der Durchsichtigkeit und der Gallertnatur des Nährbodens unschwer abzuimpfen ist. Mit Hilfe dieser Reinzüchtungmethode hat KOCH[1]) (1881—1883) die *Bakterien*flora der Luft, des Wassers und des Bodens, der Lebensmittel und der Fäkalien nach Art und Menge zu ermitteln versucht; er hat ferner die *bakterien*tötende Kraft gewisser chemischer Desinfektionsmittel sowie die der heißen Luft und des heißen Wasserdampfes geprüft und auf diese Weise die ersten wissenschaftlich exakten Grundlagen für die praktisch wichtigen Verfahren der Keimzahlbestimmung geschaffen. Mit Hilfe der Gelatinemethode gelang KOCH[2]) im Jahre 1883 zuerst in Ägypten, dann in Indien auch die Kultur des bis dahin unbekannten Choleraerregers. Durch umfangreiche Untersuchungen von Choleraleichen und Cholerakranken sowie durch den Nachweis des Choleraerregers in dem Wasser eines Tanks, das für eine große Zahl von an Cholera erkrankten Menschen als Infektionsquelle erwiesen war, hat KOCH die Choleraätiologie restlos geklärt.

Schon bei seinen ersten Versuchen über die künstliche Reinzüchtung pathogener *Bakterien* hat KOCH erkannt, daß hierfür das gelatinierte Nährsubstrat im allgemeinen nicht zu verwenden ist, da das Gelatinegerüst bei der zum Wachstum jener *Bakterien* erforderlichen Bruttemperatur erweicht und der Nährboden binnen kurzem sich verflüssigt. Auf der Suche nach einem anderen festen und zugleich durchsichtigen Nährboden fand KOCH[3]) — dank eines glücklichen Zufalls — die gewünschte Substanz im Blutserum, das innerhalb einstündigen Erwärmens auf 65° zu einer durchsichtigen und (auch bei 37°) festweichen Gallertmasse erstarrt und für viele *Bakterien*arten — allerdings nur zur Oberflächenaussaat verwendbar — einen vorzüglichen festen Nährboden darstellt. Mit Hilfe des Serumnährbodens gelang KOCH[4]) (1882) vor allem die ätiologische Erforschung der Tuberkulose, ein unübertroffenes Meisterwerk der mikrobiologischen Experimentierkunst! Auf Grund der Tierversuche COHNHEIMS[5]) (1881),

---

[1]) KOCH: Mitt. a. d. Kais. Gesundheitsamt. Bd. 1. 1881.
[2]) Derselbe: Ebenda. Bd. 2. 1884.
[3]) Derselbe: Berlin. klin. Wochenschr. Nr. 15. 1882.
[4]) Derselbe: Mitt. a. d. Kais. Gesundheitsamt. Bd. 2. 1884.
[5]) COHNHEIM: Die Tuberkulose vom Standpunkt der Infektionslehre. Leipzig 1881.

der bei seinen Tuberkulosestudien das Kaninchenauge als Impfstelle wählte und mit dieser Infektionsmethode die tierexperimentelle Übertragung des Tuberkelvirus sicherstellte, war KOCH von der parasitären Natur der Tuberkulose überzeugt und versuchte nun zunächst mit allen technischen Feinheiten der Mikroskopie den Tuberkuloseerreger festzustellen. Nach zahlreichen Versuchen, die alle an der schweren Färbbarkeit des Tuberkuloseerregers scheiterten, fand KOCH schließlich ein Färbeverfahren, mit dem es ihm gelang, in allen tuberkulösen Krankheitsprodukten des Menschen und einer Reihe von Tieren (Pferd, Rind, Schwein, Ziege, Schaf, Huhn, Affe) sowie bei der spontanen und der experimentell erzeugten Tuberkulose des Meerschweinchens und des Kaninchens charakteristische und bis dahin unbekannte *Bakterien* nachzuweisen. KOCH färbte hierzu die auf einem Deckglas ausgebreitete und durch Erhitzen angetrocknete käsige Masse der Tuberkelknötchen 24 Stunden lang mit einer Farblösung, die aus 200 ccm Aqu. dest. + 1 ccm konzentrierter alkoholischer Methylenblaulösung + 0,2 ccm einer 10%igen Kalilauge bestand und ließ dann auf das tiefdunkelblau gefärbte Präparat noch für 1—2 Minuten eine konzentrierte wässerige Lösung von Vesuvin einwirken, wodurch alle Bestandteile tierischer Gewebe, namentlich die Zellkerne und deren Zerfallsprodukte, sowie alle *Bakterien* mit Ausnahme der (nach wie vor blaugefärbten) Tuberkulose-(und Lepra-)erreger sich braun färben. „Um zu beweisen, daß die Tuberkulose eine durch Einwanderung der *Bazillen* veranlaßte und in erster Linie durch das Wachstum und die Vermehrung derselben bedingte parasitische Krankheit sei, mußten" — wie KOCH sagt — „die *Bazillen* vom Körper isoliert, in Reinkulturen solange fortgezüchtet werden, bis sie von jedem etwa noch anhängenden, dem tierischen Organismus entstammenden Krankheitsprodukt befreit sind, und schließlich durch die Übertragung der isolierten *Bazillen* auf Tiere dasselbe Krankheitsbild der Tuberkulose erzeugt werden, welches erfahrungsgemäß durch Impfung mit natürlich entstandenen Tuberkelstoffen erhalten wird." Zu diesem Zweck beimpfte KOCH (durch einstündiges Erwärmen auf 65° zu einer durchsichtigen festen Gallerte erstarrtes) keimfreies Rinderserum mit dem käsigen Inhalt eines unter aseptischen Kautelen aus tuberkulösem Lungengewebe präparierten Tuberkelknötchen und hielt die so angelegten Kulturen für einige Wochen bei 37—38°. Im Verlauf von 10—14 Tagen beobachtete KOCH auf der Serumoberfläche die Entwicklung sehr kleiner Pünktchen und schuppenartiger trockener Massen, die bei der mikroskopischen Untersuchung aus Reinkulturen derselben *Bakterien* bestanden, die er nach dem Färbeverfahren mit alkalischer Methylenblaulösung und Kontrastfärbung mit Vesuvin in den verkästen Tuberkelknötchen nachgewiesen hatte. Daß es sich dabei tatsächlich um den Tuberkuloseerreger handelte, ergab die Verimpfung der gewonnenen Reinkulturen auf Tiere, die hierdurch unter den typischen Symptomen der Tuberkulose erkrankten, alle für Tuberkulose charakteristischen Organveränderungen zeigten und in verkästen Knötchen massenhaft jene durch Gestalt, Färbbarkeit und Wachstum auf Serumgallerte gekennzeichneten *Bakterien* enthielten. Mit Hilfe der KOCHschen Serumkultur gelang später LÖFFLER[1]) (1884) die erste Reinzüchtung des Diphtherieerregers.

Angesichts der vielen Mühe, die KOCH aufgewendet hat, um die Gelatine als die einzige passende Substanz für die Versteifung von Nährlösungen ausfindig zu machen, fällt es auf, daß die Einführung der hierfür ganz besonders geeigneten Pflanzengallerte „Agar-Agar" durch ANGELINA HESSE[2]) trotz sofortiger Verwertung eine so geringe Wertschätzung gefunden hat, daß selbst über die erstmalige Anwendung (sicher vor dem 24. März 1882) dieser für die mikrobiologische Untersuchungspraxis so überaus bedeutungsvollen und unersetzlichen Substanz bisher nichts Näheres bekannt ist. Diese Tatsache ist um so seltsamer, als KOCH für die Züchtung pathogener (nur bei 37° wachsender) *Bakterien*arten seine Gelatinemethode aufgeben mußte und dafür die umständliche Serumkultnr wählte, während das Agar-Agar alle mit dem Gelatine- bzw. Serumsubstrat erstrebten Vorteile: Erstarrungsfähigkeit, Schmelzbarkeit, Mischbarkeit, Durchsichtigkeit und Farblosigkeit in sich vereinigt und überdies nur von einigen seltenen *Bakterien*arten (z. B. von *Bact. gelaticus*) gelöst wird, wohingegen sowohl Gelatine als auch Serum von zahlreichen weitverbreiteten *Bakterien* binnen kurzem verflüssigt werden. Dazu kommt noch, daß die wertvolle Guß- und Oberflächenplattenmethode für Züchtungsversuche bei (und über) 37° praktisch überhaupt nur mit Agarnährböden durchzuführen ist. Aus diesen Gründen hat das Agarsubstrat im Gegensatz zu den KOCHschen Gelatine- und Serumnährböden, die sich in der geübten Hand des Forschers, der Spezialzwecke verfolgt, recht wohl bewähren, eine allgemeine praktische Verwendung gefunden, ganz

[1]) LÖFFLER: Dtsch. med. Wochenschr. 1884.

[2]) Nach HUEPPE (Methoden der Bakterienforschung, 5. Aufl., S. 250) soll ANGELINA HESSE das Agar-Agar „in die Bakteriologie eingeführt" haben. — KOCH erwähnt das Agar-Agar in seiner Arbeit: „Die Ätiologie der Tuberkulose". Berlin. klin. Wochenschr. Nr. 15. 1882.

besonders, seitdem an Stelle der umständlichen KOCHschen Glasplatten v. ESMARCH[1]) (1886) die Rollröhrchen und PETRI[2]) (1887) die handlichen Kulturschalen einführte.

Mit Hilfe der künstlichen Reinzüchtungsmethoden, die in ihrer neuzeitlichen Ausgestaltung ein fruchtbares Sondergebiet der mikrobiologischen Forschung umgreifen, sind im Laufe der Zeit vor allem die ernährungs-, wachstums- und fortpflanzungsphysiologischen Eigentümlichkeiten vieler *Bakterien*arten genau und sicher erforscht worden. Die in der Bakteriologie gesammelten Erfahrungen haben auch die mykologische, algologische und protozoologische Forschung zu erfolgreicher Arbeit angeregt. Mit ganz besonderem Eifer ist die Mikrobiochemie künstlich gewonnener Reinkulturen experimentell studiert worden. Auch für die Durchführung dieser theoretisch wie praktisch beachtenswerten Untersuchungen ist eine Fülle von sinnreichen Spezialmethoden ersonnen worden, unter denen vor allem die sog. Indikatorenverfahren zur Prüfung des mikrobiellen Stoffwechsels große Dienste leisten und besonders für die spezielle bakteriologische Diagnostik herangezogen werden. Hierher gehören z. B. die wertvollen Kulturmethoden der menschenpathogenen *Darmbakterien* aus der *Typhus-Paratyphus-Ruhr-Coli*gruppe. Das erste hierzu angegebene Verfahren stammt von WURTZ[3]) (1892), der im Anschluß an die zuerst von CHANTEMESSE und WIDAL[4]) (1887) festgestellte Tatsache, daß der Milchzucker von *Bact. coli*, nicht dagegen von *Bact. typhi* vergoren wird, einen „Lackmuslaktoseagar" herstellte, indem er dem gewöhnlichen Nähragar 10% einer Lackmustinktur zusetzte, die 20% Milchzucker enthielt. Auf dem so bereiteten blauvioletten Nährboden wächst *Bact. coli* (infolge der Milchzuckerzersetzung unter Säurebildung) in roten Kolonien, wohingegen *Bact. typhi* sowie *Bact. paratyphi*, *Bact. enteritidis*, *Bact. dysenteriae* (aber auch *Bact. paracoli*, *Bact. proteus*, *Bact. alcaligenes*) farblose (bis bläuliche) Kolonien bilden. Während WURTZ diesen Agar nur zur Unterscheidung sicherer Reinkulturen des *Bact. typhi* von denen des *Bact. coli* benutzte, hat ihn zuerst MATHEWS[5]) (1894) mit Hilfe der KOCHschen Gußplattenmethode

---

[1]) v. ESMARCH: Ztschr. f. Erzg. Bd. 1. 1886.

[2]) PETRI: Zentralbl. f. Bakteriol., Parasitenk. u. Infektionskrankh., Abt. II. Bd. I. 1887.

[3]) WURTZ: Arch. de méd. espér. et d'anat. path. Bd. 4. 1892.

[4]) CHANTEMESSE und WIDAL: Arch. de physiol. norm. et path. Nr. 2. 1887.

[5]) MATHEWS: Zentralbl. f. Bakteriol., Parasitenk. u. Infektionskrankh., Abt. II. Bd. 16. 1894.

dazu verwendet, um aus dem Bakteriengemisch eines typhusverdächtigen Wassers eine Reinkultur des *Bact. typhi* zu erhalten. Eine wesentliche Verbesserung erfuhr dann diese neuartige Reinzüchtungsmethode durch v. DRIGALSKI und CONRADI[1]) (1902), die dem nach WURTZschem Prinzip hergestellten Lackmuslaktoseagar einerseits noch Nutrose zur Wachstumsbegünstigung des *Bact. typhi*, anderseits noch Kristallviolett zur Wachstumshemmung des *Bact. coli* zufügten und an Stelle der Gußplattenmethode ausschließlich die Oberflächenplattenkultur wählten, indem sie das zu untersuchende *bakterien*haltige Material (Stuhl, Harn, Wasser) mit Hilfe eines rechtwincklig gebogenen Glasstabes (sog. DRIGALSKI-Spatels) in möglichst dünner Schicht auf der Nährbodenoberfläche ausstrichen. Dieses Untersuchungsprinzip hat sich in der bakteriologischen Praxis glänzend bewährt.

In Verbindung mit den mannigfaltigen (kollektiven und elektiven, aeroben und anaeroben) Kulturmethoden, mit deren Hilfe viele *Bakterien*arten reingezüchtet werden können, haben dann die praktischen Neuerungen der mikroskopischen Untersuchungstechnik auch ein genaues und sicheres Studium der morphologischen Eigenschaften der *Bakterien* ermöglicht. Von allergrößter Bedeutung waren in dieser Hinsicht die geistvollen Verbesserungen am optischen Apparat des Mikroskopes, die auf der ABBEschen Theorie der mikroskopischen Bildererzeugung, einer der glänzendsten Leistungen der modernen theoretischen Optik begründet sind[2]). Der Jenenser Physiker ERNST ABBE (1840—1905) zeigte (1873), daß die mikroskopische Abbildung eines Objektes erst dann vollkommen wird, wenn 1. alle von einem Objektpunkte ausgehenden Strahlen sich wieder in einem Bildpunkte schneiden und 2. das Verhältnis der Sinus der Winkel, die ein Strahl vor und nach der Passage durch das Mikroskop mit der optischen Achse bildet, für alle Strahlen, die von einem Objektpunkt ausgehen und im Bildpunkt sich schneiden, ein und denselben Wert ergibt. Mit Hilfe dieser sog. Sinusbedingung leitete dann ABBE den Begriff der numerischen Apertur, d. h. des Produktes $n \cdot \sin u$ ab, worin n den Brechungsindex des Mediums zwischen Deckglas und Frontlinse des Objektivs und sin u den Sinus des halben Öffnungswinkels des Objektivs bedeuten. Wie ABBE nachwies, gelingt es, die Leistungsfähigkeit des Mikroskopes (bei vollendeter sphärischer und chromatischer

---

[1]) v. DRIGALSKI und CONRADI: Zeitschr. f. Hyg. u. Infektionskrankh. Bd. 39. 1902.

[2]) ABBE: Arch. f. mikroskop. Anat. u. Entwicklungsmech. Bd. 9, S. 413. 1873. Vgl. ABBES Gesammelte Abhandlungen 1904.

Korrektion) durch Steigerung der numerischen Apertur zu erhöhen, d. h. den Öffnungswinkel zu vergrößern und auf diese Weise die Helligkeit und die Auflösung des Objektivs zu steigern. Unter Berücksichtigung noch einer Reihe anderer strahlungstheoretischer Gesetzmäßigkeiten hat ABBE zu diesem Zweck für die Objektive sog. Apochromatsysteme, denen die höchste Leistung auf diesem Gebiete der Präzisionstechnik zukommt, berechnet und dieselben in die Mikroskopoptik eingeführt. Um ferner Lichtkegel von sehr großer Öffnung zur Beleuchtung des Objektes zu verwenden, die ganz oder teilweise (durch Blenden) zur Geltung kommen und dabei in beliebiger Einfallsrichtung das Objekt beleuchten können, hat ABBE den nach ihm benannten Beleuchtungsapparat (1873) konstruiert, bei dem das vom Spiegel reflektierte Licht durch ein aus mehreren Linsen bestehendes Kondensorsystem so gebrochen wird, daß der Lichtkegel, der auf das im Brennpunkt des Systems befindliche Objekt fällt, einen möglichst großen Öffnungswinkel besitzt und in beliebiger Weise auf das Objekt eingestellt werden kann. Um weiterhin die numerische Apertur des Mikroskopes zu erhöhen, hat ABBE — einer Anregung des Engländers STEPHENSON folgend — die sog. homogene Immersion eingeführt, bei welcher der Luftraum zwischen Präparat und Frontlinse des Immersionsobjektivs durch einen Tropfen eingedickten Zedernöls ($n = 1{,}5$) ausgefüllt wird.

Was die Bildentstehung von einem im durchscheinenden Licht beobachteten mikroskopischen Objekt anlangt, so zeigte ABBE, daß ein vom Mikroskopspiegel reflektiertes achsenparalleles weißes Lichtbündel beim Durchgang durch die feine Gitterstruktur des Objektes infolge der Wellenbewegung des Lichtes in Beugungspektra, d. h. in fächerartig sich ausbreitende (divergierende) rot und blau umsäumte Strahlenbündel aufgelöst wird. Dennoch kommt nach ABBE eine naturgetreue mikroskopische Abbildung, ein vergrößertes farbenfreies Bild des Objektes infolge Interferenz aller sich gegenseitig durchdringender und übereinanderlagernder Wellenzüge zustande, vorausgesetzt, daß alle beim Durchgang durch das Objekt erzeugten Beugungsbüschel in das Objektiv gelangen und an der Bildentstehung mitwirken. Um überhaupt ein Bild zu erhalten, muß — wie ABBE (1873) experimentell zeigte — neben dem ungebeugten zentralen Lichtzylinder mindestens ein Beugungsbüschel in das Objektiv dringen können, d. h. nichtselbstleuchtende Objektteile können nur dann optisch getrennt werden, wenn die (mit abnehmender Spaltbreite der Teilchen wachsende) Divergenz der Beugungsbüschel noch den

Eintritt mindestens eines abgebeugten Lichtbündels in das Objektiv ermöglicht. Wie HELMHOLTZ[1]) (1873) — in Übereinstimmung mit den ABBEschen Experimenten — mathematisch bewies, muß die Dimension dieser kleinsten eben noch auflösbaren Strukturbreite $\geqq \frac{\lambda}{n \cdot \sin \alpha}$ sein, wobei λ die Wellenlänge des Lichtes und $n \cdot \sin \alpha$ die Apertur des benutzten Objektivs bedeuten, d. h. bei Natriumlicht ($\lambda_D = 0{,}00589\ \mu$) und einer Apertur von $n \cdot \sin \alpha = 1{,}30$ beträgt der kleinste noch auflösbare Abstand zweier Elemente mindestens 0,23 μ. Um die Leistungsfähigkeit des Mikroskopes noch über diese Grenze hinaus zu erhöhen, hat schon ABBE versucht, die Apertur des Objektives durch Verwendung von Monobromnaphthalin als Immersionsflüssigkeit und durch Benutzung von Objektträgern und Deckgläschen aus stark lichtbrechendem Flintglas zu vergrößern, ohne jedoch auf diese Weise eine praktisch verwertbare Verbesserung zu erzielen, da auch die Objekte selbst in einem hochbrechenden Medium eingebettet sein müssen und hierin meist binnen kurzem zugrunde gehen. Die einzige andere Möglichkeit zur Vergrößerung des mikroskopischen Auflösungsvermögens: die Verwendung eines Lichtes von besonders kleiner Wellenlänge, hat KÖHLER[2]) (1904) verwertet, der die Objekte mit ultravioletten Strahlen ($\lambda = 275\ \mu\mu$) beleuchtet, indem er als Lichtquelle eine Magnesiumfunkenstrecke oder die Funkenentladung zwischen Kadmiumspitzen verwendet. Da das menschliche Auge ultraviolette Strahlen nicht wahrnehmen kann, können die mit dem KÖHLERschen Ultraviolettmikroskop, zu dem übrigens ultraviolett-durchlässige Linsen und Gläser (aus Quarz und Uviolglas) erforderlich sind, erzeugten Bilder nur auf photographischem Wege beobachtet werden. Weit über die theoretisch festgelegte Grenze der mikroskopischen Vergrößerung hinaus gelingt es mit Hilfe des zuerst von SIEDENTOPF und ZSIGMONDY[3]) (1903) für Immersionsgebrauch konstruierten Ultramikroskops selbst Teilchen von der Größenordnung des 10-fachen Moleküldurchmessers, d. h. Teilchen bis zu 4 $\mu\mu$ Größe, sichtbar zu machen. Wie SIEDENTOPF und ZSIGMONDY fanden, wird dies dadurch erreicht, daß ein stark konzentriertes Lichtbündel seitlich in das zu untersuchende durchsichtige Medium zwischen Objektträger und Deckgläschen geleitet wird, wo es an den hier suspendierten Teilchen starke und charakteristische Beugungs-

[1]) HELMHOLTZ: Berlin. Akad. d. Wiss. 20. X. 1873; POGGENDORFFS Annalen, Jubelband 1874. S. 557.

[2]) KÖHLER: Physikal. Zeitschr. Bd. 5. 1904.

[3]) SIEDENTOPF und ZSIGMONDY: Ann. d. Physik Bd. 10. 1903.

erscheinungen auslöst, so daß die Teilchen als hellaufleuchtende Beugungslichtscheibchen sichtbar werden. Auf dem gleichen Prinzip der Sichtbarmachung mikroskopischer und „submikroskopischer" Teilchen durch seitliche Objektbeleuchtung, d. h. mit Hilfe des sog. FARADAY-TYNDALLschen Lichtkegels, beruht auch die schon seit langem bekannte Dunkelfeldmikroskopie, die für die mikrobiologische Forschung ganz besonders durch Einführung des REICHERTschen Spiegelkondensors[1]) (1906) nutzbar wurde. Wie HOFFMANN[2]) (1921) zeigte, kann dieses Verfahren als sog. Leuchtbildmethode auch zur Untersuchung (vital oder fixiert) gefärbter Präparate verwendet werden, um so mehr, als gefärbte *Mikroorganismen* im Dunkelfeld infolge „selektiver Beugung" (BEREK[3]) in charakteristischen Farben (ganz besonders bei Benutzung von Farbfiltern) aufleuchten und sich morphologisch differenzieren lassen.

Die erste praktische Anwendung fanden die nach ABBE konstruierten Apparate durch R. KOCH[4]), der die bakterioskopische Untersuchungsmethodik technisch verbesserte und auf diese Weise die wissenschaftlich exakte Erforschung der Bakterienmorphologie ermöglichte. Schon bei seinen ersten bakteriologischen Studien über die Entwicklungsgeschichte des *Bac. anthracis*, die eine wertvolle Ergänzung der Milzbrandforschungen DAVAINES und PASTEURS darstellen, kam KOCH[5]) (1876) auf den glücklichen Gedanken, an Stelle der üblichen Deckglaspräparate seine mikroskopischen Kulturen in der Form des sog. „Hängenden Tropfens" anzulegen. KOCH brachte hierzu ein Tröpfchen reinen *Humor aquaeus* von Rinderaugen auf ein Deckgläschen, beimpfte es mit einer Spur *bazillen*haltiger Milzsubstanz und legte dann das Glas auf einen hohlgeschliffenen Objektträger, um dessen Höhlung zuvor eine dünne Ölschicht gepinselt war, so daß das Tröpfchen in den Ausschliff hineinhing, wo es von einer Lufthülle umgeben und durch den luftdichten Ölverschluß vor Verdunstung geschützt war. Auf diese Weise beobachtete KOCH, wie die verimpften Stäbchenzellen des *Bac. anthracis* unter diesen Bedingungen innerhalb einiger Stunden in die Länge wachsen, durch fortgesetzte Querteilung sich vermehren und dann lange Fäden bilden, die sich spiralig drehen und sich eng miteinander

---

[1]) REICHERT: Münch. med. Wochenschr. Nr. 51. 1906.

[2]) HOFFMANN: Berlin. klin. Wochenschr. S. 73 u. 154. 1921.

[3]) BEREK: Berlin. klin. Wochenschr. S. 740. 1921.

[4]) KOCH: COHNS Beiträge zur Biologie der Pflanzen. Bd. 2. 1876 u. Mitteilungen aus dem Kais. Gesundheitsamt. Bd. II. 1884.

[5]) Derselbe in COHNS Beiträgen z. Biologie d. Pflanzen. Bd. 2. 1876.

verflechten. „Betrachtet man", so schreibt KOCH, „das freie Ende eines Fadens andauernd durch längere Zeit, etwa 10—20 Minuten, dann vermag man leicht die fortwährende Verlängerung desselben direkt wahrzunehmen und kann sich so das merkwürdige Schauspiel von dem sichtbaren Wachsen der Bazillen verschaffen und die unmittelbare Überzeugung von ihrer Weiterentwicklung gewinnen. Schon nach 10—15 Stunden erscheint der Inhalt der kräftigsten und am üppigsten gewachsenen Fäden fein granuliert, und bald scheiden sich in regelmäßigen Abständen sehr kleine mattglänzende Körnchen ab, welche sich nach einigen weiteren Stunden zu den stark lichtbrechenden eirunden *Sporen* vergrößern. Allmählich zerfallen dann die Fäden, zerbröckeln an ihren Enden, die *Sporen* werden frei, sinken, dem Gesetze der Schwere folgend, in die unteren Schichten des Tropfens und sammeln sich hier in dichten Haufen an." *Bakteriensporen* wurden übrigens zuerst von PERTY[1]) (1852) gesehen, von PASTEUR[2]) (1870) und von BILLROTH[3]) (1874) als Dauerformen erkannt und dann von COHN[4]) näher beschrieben. Wie KOCH weiterhin beobachtete, wachsen die in frischem *Humor aquaeus* übertragenen *Sporen* des *Bac. anthracis* zu den charakteristischen Stäbchenzellen aus. KOCH schreibt bierüber: „Bei genauer Untersuchung mit stärkeren Vergrößerungen (z. B. *Hartnack:* Immers. 9) erscheint jede *Spore* von eiförmiger Gestalt und in eine kugelige glashelle Masse eingebettet, welche wie ein heller schmaler, die *Sporen* umgebender Ring aussieht, deren kugelige Form aber beim Rollen nach verschiedenen Richtungen leicht zu erkennen ist. Diese Masse verliert zuerst ihre Kugelgestalt, sie verlängert sich in der Richtung der Längsachse der *Sporen* nach der einen Seite hin und wird langgezogen eiförmig. Die *Spore* bleibt dabei in dem einen Pol des kleinen walzenförmigen Körpers liegen. Sehr bald wird die glashelle Hülle länger und fadenförmig, und zu gleicher Zeit fängt die *Spore* an, ihren starken Glanz zu verlieren, sie wird schnell blaß und kleiner, zerfällt wohl auch in mehrere Partien, bis sie schließlich ganz verschwunden ist." Diese Feststellungen KOCHS über den Verlauf der Sporenbildung und Sporenkeimung bestätigten die analogen Beobachtungen COHNS[5]) bei *Bac. subtilis* (1876).

---

[1]) PERTY: Zur Kenntnis kleinster Lebensformen. Bern 1852.
[2]) PASTEUR: Études sur la maladie des vers à soie. Bd. 1. 1870.
[3]) BILLROTH: Vegetationsformen von Coccobacteria septica. Berlin 1874.
[4]) COHN: Beitr. z. Biol. d. Pflanzen. Bd. 2. 1876.
[5]) Derselbe: Ebenda. Bd. 2. 1877.

Wie Koch[1]) selbst erkannte, wird das morphologische Studium der *Bakterien* im „Hängenden Tropfen“ stets dadurch beeinträchtigt, daß „diese kleinen nicht mit scharfen Umrissen versehenen Körper sich in der lebhaftesten, selbständigen Bewegung oder in unaufhörlicher zitternder Molekularbewegung befinden“. Nach Koch ist es „geradezu ein Ding der Unmöglichkeit, in einem Schwarm von *Bakterien* ein Exemplar so zu fixieren, daß man eine genaue Messung desselben vornehmen oder eine genügende Zeichnung davon entwerfen könnte. Bald tanzt das winzige Stäbchen oder Kügelchen zur Seite und verschwindet in dem dichten Haufen der übrigen *Bakterien;* bald erhebt es sich über die Einstellungsebene oder taucht unter dieselbe hinab.“ Von allergrößter Bedeutung für die Entwicklung der Bakterioskopie war daher die von Weigert[2]) (1875) begründete Methode der Bakterienfärbung, die Koch (1877) technisch verbesserte. Das Kochsche Verfahren besteht darin, „daß die *bakterien*haltige Flüssigkeit in sehr dünner Schicht auf dem Deckglas eingetrocknet wird, um die *Bakterien* in einer Ebene zu fixieren, daß diese Schicht mit Farbstoffen behandelt und wieder aufgeweicht wird, um die *Bakterien* in ihre natürliche Form zurückzuführen und deutlicher sichtbarer zu machen, daß das so gewonnene Präparat in konservierende Flüssigkeiten eingeschlossen und schließlich zur Herstellung von naturgetreuen Abbildungen photographiert wird“. Zur Färbung der *Bakterien* benutzte Koch die zuerst von Weigert hierfür empfohlenen Anilinfarbstoffe, die seitdem in der mikroskopischen Färbetechnik, insbesondere zur tinktoriellen Mikrochemie der *Bakterien,* reiche Anwendung finden. Von großem praktischen Nutzen wurden dann die grundlegenden Arbeiten Paul Ehrlichs[3]); so die Erstlingswerke dieses geistreichen Forschers und Denkers über die Chemie der Anilinfärbungen (1877—1879). Ehrlich unterschied basische und saure Anilinfarbstoffe, von denen Weigert[4]) (1881) nur die „basischen“ Farbstoffe zur isolierten Darstellung der *Bakterien* geeignet fand. Ehrlich erkannte ferner die Erhitzung der Saftpräparate als die beste Art der Fixierung und Konservierung der Formelemente des Blutes, eine Methode, die dann von Koch[5]) (1881) auf die

[1]) Koch in Cohns Beiträgen zur Biologie der Pflanzen. Bd. 2. 1877.

[2]) Weigert: Bericht über die Sitzungen d. schlesischen Gesellschaft f. vaterl. Kultur 10. XII. 1875.

[3]) Ehrlich: Arch. f. mikroskop. Anat. Bd. 13, 1877; Verhandlg. d. physiol. Ges. Berlin 1879.

[4]) Weigert: Virchows Archiv f. pathol. Anat. u. Physiol. Bd. 84. 1881.

[5]) Koch: Mitt. a. d. Kais. Gesundheitsamt. Bd. 1. 1881.

*Bakterien*färbung angewendet wurde, und zeigte, daß der Gebrauch gewisser Farbgemische zu einer „polychromatischen" Färbung führt, die für die Farbenanalyse mikroskopischer Objekte benutzt werden kann. Von großem praktischen Nutzen für die morphologische Differential-Diagnostik der *Bakterien* wurden dann vor allem die zahlreichen speziellen Färbungsmethoden, mit deren Hilfe auf mikrochemischem Wege artspezifische Unterschiede im Bau der *Bakterien*zellen nachgewiesen werden können. Hierher gehören neben der klassischen GRAMschen Färbung[1]) (1884), die eine Differenzierung des Zellplasmas ermöglicht, die Färbeverfahren zum Geißel-[2]), Kapsel und Sporennachweis[3]). Alle diese Methoden sind der Bakterioskopie zugute gekommen und haben die Bakterienmorphologie in hohem Maße gefördert.

Ein Rückblick auf die geschichtliche Entwicklung der bakteriologischen Forschung läßt die vielverschlungenen Pfade deutlich erkennen, die von der wissenschaftlichen Bakteriologie eingeschlagen werden mußten, um sie ihrem Ziele: der experimentellen Ergründung der morphologischen und physiologischen Eigenschaften der Bakterienzelle, näher zu bringen. Mühevollster Kleinarbeit zahlreicher Forscher aller Kulturvölker und der verschiedensten naturwissenschaftlichen Fachrichtungen hat es bedurft, um die mit den ersten bahnbrechenden Entdeckungen vorgezeichneten Wege auszubauen und dieselben auch für den im Dienste der Human- und Veterinärmedizin, der Chemie und der Landwirtschaft praktisch tätigen Bakteriologen gangbar zu machen. Dank dieser unermüdlichen und erfolgreichen Forscherarbeit sind schon jetzt weite Strecken eines fruchtbaren Anwendungsgebietes erschlossen worden, und es ist zu hoffen, daß insbesondere mit Hilfe der modernen biochemischen Arbeitsmethoden noch reiches Neuland gewonnen wird. Auch die neueren physikalisch- und kolloidchemischen Untersuchungsverfahren werden mit Erfolg auf bakteriologische Probleme anzuwenden sein.

Wie die Geschichte der Bakteriologie deutlich lehrt, bedingt gerade die Vielseitigkeit des bakteriologischen Anwendungsbereiches, daß vorübergehend bald diese, bald jene Forschungsrich-

---

[1]) GRAM: Fortschr. d. Med. 1884. S. 185.

[2]) Die erste Geißelfärbung gab KOCH an (COHNS Beiträge zur Biologie der Pflanzen. Bd. 2. 1877).

[3]) Die erste Sporenfärbung stammt von H. BUCHNER (Ärztl. Intelligenzbl. 1884. Nr. 33).

tung als besonders praktisch wichtig erscheint und aus diesem Grunde dann auch intensiv gepflegt wird. Auf solche Weise entwickelte sich vor allem die medizinisch-bakteriologische Spezialforschung, die dann durch ihre sinnreiche und neuartige Versuchstechnik sowie durch ihre glänzenden Ergebnisse so mächtig und einflußreich wurde, daß sie die gesamte Bakteriologie befruchtete und ihr — wenigstens in Deutschland — sogar das Gepräge einer medizinischen Hilfswissenschaft verliehen hat. Für die Ziele und Wege der Bakteriologie, die ein unerschöpfliches Arbeitsgebiet der biologischen Naturwissenschaft umfaßt, darf diese überaus wertvolle, aber einseitige Forschungsrichtung nur eine vorübergehende Entwicklungsperiode bedeuten. Um auch auf die Dauer ein entwicklungsfähiger Zweig der Naturwissenschaft zu bleiben, muß die Bakteriologie ihren natürlichen Charakter als existenzberechtigtes Spezialfach der Mikrobiologie bewahren, und sie darf dabei die enge Fühlung mit der auf exakter biophysikalisch-chemischer Grundlage aufgebauten Botanik nie verlieren!

Erster Teil.

Allgemeine Morphologie.

Erster Abschnitt.

Anatomie der Bakterienzelle.

I. Begriff der Bakterienzelle.

§ 1. Unter Bakterien[1] versteht man eine morphologisch ziemlich einförmige, biologisch dagegen vielseitig entwickelte Gruppe von kleinsten[2], einzelligen[3], fast stets farblosen[4], teils beweglichen, teils unbeweglichen und durch Zweiteilung sich vermehrenden pflanzlichen[5] Lebewesen von Kugel-, Stäbchen- oder Schraubenform[6]. Die Bakterien bilden offenbar die phylogenetisch ursprünglichste Form des Lebens[7] und teilen manche Eigenschaften mit gewissen niederen *Pilzen*[8], *Algen*[9] und *Flagellaten*[10].

§ 2. Im System der Pflanzen werden die Bakterien als *Schizomyzeten*[11] (Spaltpilze) mit den *Schizophyzeen* (Spaltalgen) zu den *Schizophyten*[12] (Spaltpflanzen) vereinigt. Diese bilden mit den *Myxomyzeten, Zygophyzeen, Chlorophyzeen, Phaeophyzeen, Rhodophyzeen, Charophyzeen* und *Eumyzeten* die Abteilung der *Thallophyten.* Für die Stellung der Bakterien im System[13] ergibt sich somit folgende schematische Übersicht:

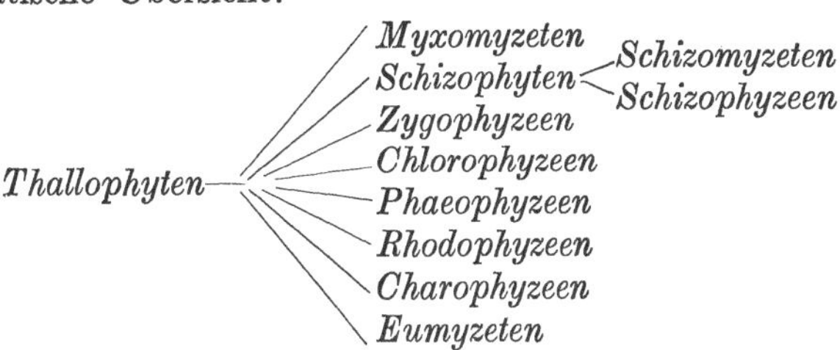

§ 3. Die zweckmäßig nach der Form der Bakterienzellen durchgeführte Einteilung der *Schizomyzeten* unterscheidet zwei Ordnungen[14]: *Haplobakterien*[15] und *Trichobakterien*[16]. Die *Haplobakterien* umfassen drei Familien: *Kokkazeen*[17], *Bacillazeen*[18] und

Spirillazeen[19]; die *Trichobakterien* werden in die beiden Familien: *Leptothrichazeen*[20] und *Chladothrichazeen*[21] aufgeteilt. Es gliedern sich hiernach:

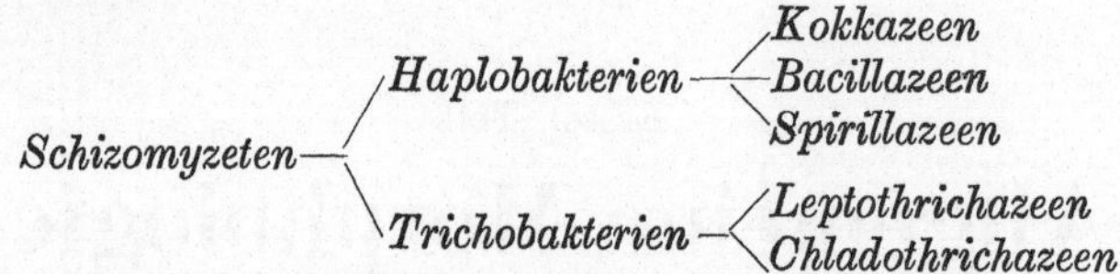

§ 4. Für die weitere Aufspaltung der Familien in Gattungen und für die Abgrenzung der Arten sind morphologische und biologische Gesichtspunkte maßgebend[22]. Eine strenge Systematik der Bakterien bietet jedoch wegen der geringen morphologischen Zellunterschiede und der großen biologischen Mannigfaltigkeit dieser Lebewesen erhebliche Schwierigkeiten. Aus diesem Grunde konnte bisher ein natürliches Bakteriensystem nicht aufgestellt werden[23].

II. Die Form der Bakterienzelle.

A. Typische Zellformen.

§ 5. Wie COHN[24] (entgegen der von NÄGELI[25] und ZOPF[26] vertretenen Auffassung) zuerst betonte und heute allgemein anerkannt wird, sind die Formen der Bakterienzellen (innerhalb einer gewissen biologischen Variationsbreite) konstant [§ 358]. Die Konstanz der Zellform[27] bildet naturgemäß das wichtigste morphologische Kriterium für die Bakteriendiagnose. Neben diesem morphologischen Grundgesetz haben auch noch die Gesetzmäßigkeiten in der Teilungs- und Wachstumsrichtung [§ 359—360] der Bakterienzellen eine systematische Bedeutung. Es empfiehlt sich daher, die normalen Grundformen (Einzelwuchsformen) [§ 6—9] von den Teilungs- und Wachstumsformen (Wuchsverbänden) [§ 10—14] abzugrenzen.

1. Die normalen Grundformen der Bakterienzelle.

§ 6. Seit COHN[28] pflegt man drei normale Grundformen der Bakterienzelle zu unterscheiden: die Kugel- [§ 7], die Stäbchen- [§ 8] und die Schraubenform [§ 9]. Diesen drei Formtypen[29] entsprechen die drei Gattungen: Kokkus, Bazillus[30] und Spirillum. Eine gewisse differential-diagnostische Bedeutung für den Artcharakter der Zellen haben noch verschiedene geometrische Gestaltsunterschiede, welche von H. BUCHNER[31] genauer benannt wurden.

a) Die Kugelform der Bakterienzelle.

§ 7. Die typische (isodiametrische) Kugelform ist vielen sog. *Monokokken* eigen. Je nach der Größe des Kugeldurchmessers werden *Mikrokokken* (z. B. viele *Eiterkokken*) und *Makrokokken* (z. B. die meisten *Luftkokken*) unterschieden. Abweichungen von der kugeligen Zellform sind naturgemäß mit Größenunterschieden im Zelldurchmesser verbunden. Bei der sog. (ellipsoidischen) Ovalform kann der Längsdurchmesser der Zelle mitunter das Zweifache des Querdurchmessers betragen (häufig z. B. bei *Strept. acidi lactici*). Die Zellen mit sog. Lanzettform (z. B. *Strept. lanceolatus*) haben ein abgerundetes und ein zugespitztes Ende.

b) Die Stäbchenform der Bakterienzelle.

§ 8. Die Gestalt der stäbchenförmigen (zylindrischen) Zellen wechselt mit dem Größenverhältnis zwischen Längs- und Querdurchmesser der Zellen. Bei den sog. Kurzstäbchen beträgt der Längsdurchmesser etwa das Zwei- bis Vierfache des Querdurchmessers, und er ist bei den sog. Langstäbchen etwa vier- bis achtmal so groß als der Querdurchmesser. Viele stäbchenförmige Zellen sind gerade; manche jedoch mehr oder weniger gekrümmt (z. B. *Corynebacterium diphtheriae*). Im allgemeinen sind die Enden der Stäbchen abgerundet (z. B. bei *Bac. subtilis*), mitunter gerade abgestutzt (z. B. bei *Bac. megatherium*) oder kolbig angeschwollen (z. B. beim Genus *Corynebacterium*). Bei den sog. Ovalstäbchen (z. B. bei *Bact. pestis*) sind die Enden rundlich, bei den sog. Spindelformen (z. B. bei *Corynebacterium fusiforme*) beiderseits zugespitzt. Die Zellen mit sog. Keulenform (häufig z. B. bei *Corynebacterium xerosis*) sind an einem Ende abgerundet, am anderen Ende zugespitzt. An einem Ende verdickt und gabelig gespalten sind manche Zellen des *Bact. radicicola*.

c) Die Schraubenform der Bakterienzelle.

§ 9. Die schraubenförmigen Zellen, welche sich bei den Gattungen *Vibrio* und *Spirillum* finden, sind entweder nur Schraubenteilstücke, d. h. bogig (nicht in der gleichen Ebene) gekrümmte Stäbchen, oder es sind korkzieherartig gewundene Fäden. Die Windungen dieser Spiralen sind linksgängig, d. h. im entgegengesetzten Sinne des Uhrzeigers gewunden. Je nach der Länge des Schraubenumganges werden unterschieden: sog. Halbschraube (z. B. beim *Vibrio cholerae*), sog. Kurzschraube (z. B. häufig bei *Spirillum undula*) und sog. Langschraube (z. B. bei *Spirillum volutans*). Für die Gestalt der schraubenförmigen Zellen ist auch die Höhe der Schraubengänge maßgebend. Es gibt steil und flach gewundene Schraubenzellen.

2. Die normalen Teilungs- und Wuchsformen der Bakterienzelle.

§ 10. Durch Teilung und Wachstum der Einzelwuchsformen [§ 363—366] entstehen die normalen Wuchsverbände. Diese sind teilweise wertvolle Artmerkmale, und zwar sowohl für viele *Haplobakterien* [§ 11—13] als auch besonders für die *Trichobakterien* [§ 14], welche vorwiegend in Zellverbänden vorkommen [§ 359—360].

a) Teilungs- und Wuchsformen der Haplobakterien.

§ 11. Unter den *Haplobakterien* neigen vor allem die kugeligen Zellformen zur Bildung von charakteristischen Zellgruppen, indem die Kugelzellen gewisser Arten nur in einer Richtung, manche in zwei oder wieder andere sogar in den drei verschiedenen Richtungen des Raumes sich teilen und dann im Teilungszustand in typischen Verbänden aneinander haften. So bilden viele Kugelzellen (z. B. *Micr. intracellularis*, *Micr. gonorrhoeae*, *Micr. roseus*) sog. Doppelkugeln, bei welchen sich die zusammenstoßenden Querwände (in der Teilungsebene) nicht vollkommen abrunden, sondern mehr oder weniger abgeflacht bleiben (sog. Semmelform) oder sogar gekerbt werden (sog. Nierenform). Mitunter ist die Trennung der Tochterzellen überhaupt nur angedeutet (sog. Biskuitform). Teilen sich die Kugelzellen nur nach einer Richtung des Raumes und senkrecht zur Wachstumsrichtung, so entstehen aus den nicht völlig getrennten Tochterzellen perlschnurartige Gebilde, welche für die Gattung *Streptococcus* charakteristisch sind und je nach der Größe als Kugelreihe (bis zu acht Kugeln) oder als Kugelfaden (mehr als acht Kugeln) bezeichnet werden. Bei Kugelketten mit sog. Rosenkranzform ist der Faden mehr oder weniger gekrümmt; bei Ketten mit sog. Torulaform ist die Teilung der Kugeln nur angedeutet. Teilen sich die Kugelzellen nach zwei aufeinander senkrechten Richtungen des Raumes, so entstehen flächenhafte Zellverbände, welche vier, acht, sechzehn usw. Kugeln enthalten (sog. Tetradenform). Bei der Teilung der Zellen nach den drei Richtungen des Raumes bilden sich körperliche Kugelverbände, welche aus acht, zweiunddreißig usw. Zellen bestehen und für die sog. Würfelform des Genus *Sarcina* charakteristisch sind. Als sog.

Traubenform bezeichnet man schließlich noch unregelmäßige Haufen von Kugelzellen, welche sich regellos nach verschiedenen Richtungen des Raumes teilen (z. B. bei *Micr. pyogenes*).

§ 12. Die Teilungs- und Wuchsformen der stäbchenförmigen *Haplobakterien* sind ausschließlich kettige Zellverbindungen, da sich die Stäbchenzellen nur in einer Richtung des Raumes teilen. Neben dem sog. Doppelstäbchen bildet der sog. Gliederfaden die weit verbreitete Form dieser Wuchsverbände.

§ 13. Ähnliche Kettenbildungen finden sich mitunter auch bei den bogigen Zellformen des Genus *Vibrio*, welche sich zu schraubenartigen Gebilden aneinanderlagern (z. B. Bildung der S-Form beim *Vibrio cholerae*).

b) Teilungs- und Wuchsformen der Trichobakterien.

§ 14. Die *Trichobakterien* bilden zylindrische Zellfäden, deren Glieder meist aus anfangs langen schlanken, später kurzen dicken (oft quadratischen) Zellen sich zusammensetzen und bei gewissen Arten (*Chlamydothrix*, *Crenothrix*, *Cladothrix*) von einer mehr oder weniger dicken Scheide umgeben sind. Stäbchenförmige Einzelzellen finden sich im allgemeinen nur beim Zerfall der Gliederfäden. Besondere Wuchsformen entstehen dadurch, daß mehrere Fäden sich eng miteinander (zopfartig) verschlingen. Die Gliederzellen solcher Fäden sind meist schraubig gewunden (z. B. bei *Chlamydothrix ferruginea*). Neben unverzweigten Zellfäden (z. B. bei *Leptothrix buccalis*, *Beggiatoa alba*) kommen vielfach auch Fäden vor, welche durch unechte Verzweigung [§ 27] dichotomisch (sog. Pseudodichotomie) verzweigt sind (z. B. bei *Chladothrix dichotoma*).

B. Atypische Zellformen.

§ 15. Die atypischen Zellformen der Bakterien, d. h. die Abweichungen von der normalen Zellgestalt, sind Mißbildungen des Zelleibes, welche sowohl durch physikalische (thermische, osmotische) und chemische Wachstumsreize als auch besonders durch ernährungsphysiologische Schädigungen der Zelle hervorgerufen werden. Es sind physiologische Mißbildungen (teratologische Wuchsformen) [§ 16—17] und pathologische Mißbildungen (Involutions-Degenerationsformen) [§ 18] zu unterscheiden.

1. Teratologische Wuchsformen.

§ 16. Die teratologischen[32] Gestaltveränderungen entstehen durch gewisse formative (morphogene) Reize bei manchen Bakterien auf der Höhe der Entwicklung und ohne Einbuße der Vermehrungsfähigkeit. Ein klassisches Beispiel bieten hierfür die Bakterien der Essigsäuregärung (*Bact. aceti*, *Bact. Pasteurianum*, *Bact. Kützingianum*), welche nach HANSEN[33] je nach der Temperatur, bei welcher sie gezüchtet werden, recht verschiedene Formen annehmen. Wie HANSEN feststellte, bildet z. B. *Bact. Pasteurianum* bei Temperaturen unter dem Optimum von 34° Kurzstäbchenketten, deren Glieder bei höheren Temperaturen zu langen, ungegliederten Fäden auswachsen. Diese weisen bei Temperaturen unter 34° zunächst absonderliche Anschwellungen von Birnen- und Kugelgestalt auf und zerfallen dann wieder in Kurzstäbchen. In sehr auffallender Weise wird nach MAASSEN[34] auch die Gestalt des *Bac. phytophtorus* durch die Temperatur beeinflußt. Dieses Bakterium bildet auf gewöhnlichem Agar (mit 1,5 ‰ Soda über dem Lackmusneutralpunkt) bei 30° und noch reichlicher bei 35° gekrümmte und aufgequollene Zellen und Zellfäden, die ihrer Größe und Breite nach im Vergleich zu den auf demselben Nährboden bei 22° entstehenden schlanken normalen Stäbchen Riesenzellen sind.

§ 17. Viele Bakterien erfahren auch unter dem Einfluß gewisser chemischer Stoffe eigentümliche, als „Chemomorphosen" bezeichnete Formveränderungen. Hierher gehören z. B. die von REICHENBACH[35] nachgewiesenen Fadenbildungen und Verzweigungen des in Pferdefleischbouillon gewachsenen *Spir. rubrum* sowie die kolbigen und verzweigten Wuchsformen, welche *Corynebacterium diphtheriae* bei der Züchtung auf Eiweißnährboden (FRÄNKEL[36]), auf Eiernährboden (ALBOTT und GOLDESLEAVE[37]), auf Glyzerinagar (SCHÜTZ[38]) und auf alkalisierten Kartoffeln (MEYERHOF[39]) mitunter bildet. Ferner zählen hierzu die absonderlichen Gestaltveränderungen mancher Bakterien bei der Züchtung auf Nährböden mit einem geringen, d. h. einem an sich nicht schädlich wirkenden Zusatz von Borsäure, Karbolsäure, Salizylsäure, Weinsäure usw. (GUIGNARD und CHARRIN[40], WASSERZUG[41]) oder von verschiedenen Neutralsalzen, wie z. B. von Natriumchlorid (HANKIN und LEUMANN[42]), Lithiumchlorid (GAMALEIA[43], MAASSEN[44]), Kalziumchlorid und Magnesiumchlorid (HATA[45]), welche spezifisch-chemische und osmotische Wachstumsreize auf gewisse Bakterienzellen ausüben.

2. Involutions-Degenerationsformen.

§ 18. Die Involutions-Degenerationsformen[46] der Bakterien sind krankhafte Mißbildungen (Krüppelformen) des Zelleibes; sie entstehen regelmäßig unter ungünstigen Ernährungs- und Wachstumsbedingungen, z. B. in alternden Kulturen, deren Nährstoffe erschöpft und zu wachstumshemmenden Stoffwechselprodukten abgebaut sind [§ 71]. Die involvierten Bakterienzellen sind überaus unregelmäßig geformte und meist schon im Absterben begriffene Gebilde. Manche Kugelzellen quellen bei der Involution zunächst mehr oder weniger stark auf (z. B. *Micr. intracellularis*) oder strecken sich in die Länge (z. B. *Strept. lanceolatus*), blassen allmählich ab (Zellschatten[47]) und gehen schließlich unter körnigem Zerfall (Fragmentation[48]) zugrunde (z. B. *Micr. gonorrhoeae*). Besonders seltsame Formen besitzen häufig die Involutionszellen der Stäbchenzellen. So neigt z. B. *Bac. anthracis* zur Bildung von stark aufgetriebenen, wurstförmig verdickten Formen und zeigt an Stelle der sonst so charakteristischen Faden- und Knäuelbildung vorwiegend kurze Gebilde, welche meist schraubig gedreht oder spiralig aufgerollt sind. Absonderliche Degenerationsgestalten bilden auch viele Schraubenzellen (z. B. *Vibrio cholerae*), welche sich häufig unter Streckung und Verquellung zu mehr oder weniger langen Fäden aneinanderlagern oder unter Bildung von Spindel- und Bläschenformen auftreiben.

C. Pleomorphismus.

§ 19. Eine seltene morphologische Besonderheit bieten gewisse Bakterienzellen, welche unter günstigen Lebensbedingungen gesetzmäßig bald in Kugel-, bald in Stäbchenform auftreten und aus diesem Grunde als „pleomorph“ bezeichnet werden. Hierher gehören z. B. *Micr. melitensis*, welcher bei Körpertemperatur in Kugelform, bei Zimmertemperatur dagegen vorwiegend in Stäbchenform wächst, sowie *Bact. Fränkelii*, welches auf festen Nährböden polar begeißelte Kurzstäbchen, auf flüssigen Nährböden aber unbewegliche, ziemlich lange Kugelketten und nicht selten auch Würfelformen bildet.

III. Die Größe der Bakterienzelle.

§ 20. Die Größe der kleinsten Bakterienzellen reicht fast an die Grenze des Auflösungsvermögens unserer besten Mikroskope. Nach der ABBE-HELMHOLTZschen Beziehung: $d \geqq \frac{\lambda}{2a}$, wo λ die Wellenlänge des Lichtes und a ($= n \cdot \sin \alpha$) die numerische Apertur des benutzten Objektivs bedeuten, beträgt der kleinste noch auflösbare Abstand (d) zweier Punkte (für Natriumlicht [$\lambda_D = 0{,}00589\,\mu$] und bei einer Apertur von $a = 1{,}30$) mindestens $d = 0{,}23\,\mu$. Dieser Größenordnung entspricht ungefähr der Durchmesser (etwa 0,2—0,4 μ) der kleinsten Kugelformen (z. B. von *Strept. gracilis*) sowie der Querdurchmesser der kleinsten Stäbchenformen (z. B. von *Bact. influencae*) und der kleinsten und dünnsten Schraubenform, des *Vibrio parvus*, welcher infolge seiner Kleinheit künstliche Tonfilter zu passieren vermag[49]. Abgesehen von dem größten bisher bekannten *Haplobakterium* (*Bac. Bütschlii*), welches 4—5 μ dick und 50—60 μ lang wird, erreichen im allgemeinen die größten Kugelformen (z. B. manche *Luftkokken*) einen Durchmesser bis zu 5 μ, die größten Stäbchenformen (z. B. von *Bac. oedemat. malign.*) eine Länge bis zu 10 μ und die größten Schraubenformen (z. B. *Spir. volutans*) eine Länge bis zu 15 μ. Besonders große Formen besitzen mitunter gewisse *Trichobakterien*, welche bis zu 5 μ (z. B. *Beggiatoa alba*) und noch breiter (z. B. *Beggiatoa gigantea*) werden.

§ 21. Wie nahezu alle Eigenschaften einer Bakterienart innerhalb einer gewissen biologischen Variationsbreite schwanken, so weisen auch die mikroskopischen Formen eines Bakterienstammes fast stets gewisse Größenunterschiede auf. Ein klassisches Beispiel bietet hierfür *Bact. vulgare*, welches etwa 1,6—4 μ lang und etwa 0,4—0,5 μ breit wird und wegen der Mannigfaltigkeit seiner mikroskopischen Wuchsform den Namen „Proteus" erhalten hat.

IV. Der Bau der Bakterienzelle.

§ 22. Die Bakterienzellen sind gemäß ihrer mikroskopischen Kleinheit und der Einförmigkeit ihrer Gestalt entsprechend ziemlich einfach gebaute Gebilde. Der protoplasmatische [§ 32—34], normalerweise fast immer strukturlose Zelleib ist stets von einer mehr oder weniger dicken Zellhaut (Membran) umgeben [§ 23 bis § 29] und birgt in seinem Innern häufig noch formvariable Körperchen, welche entweder belebt [§ 35—41] sind und dann verschiedenen physiologischen Funktionen dienen oder als leblose [§ 42—46] abgelagerte Stoffwechselprodukte aufzufassen sind. Die beweglichen Bakterienzellen tragen als Bewegungsorgane sog. Geißeln [§ 47—51].

A. Die Zellhaut.

§ 23. Die Zellhaut dient dem lebenden Bakterienkörper als versteifende Schutzhülle gegen Verletzungen des Zelleibes und gegen Veränderungen seiner Form sowie zur Nahrungsaufnahme und zur Regelung des Gaswechsels.

1. Die Sichtbarmachung der Zellhaut.

§ 24. Die Wand der Bakterienzelle ist ein dünnes, farbloses Häutchen, welches bei der mikroskopischen Betrachtung im durchfallenden Licht nur bei größeren Bakterien (z. B. bei *Bac. anthracis*) infolge des starken Lichtbrechungsvermögens [§ 67] als Begrenzungslinie der Zelle hervortritt [§ 133—134]. Bei der ultramikroskopischen Untersuchung von lebenden Bakterien erweist sich die Zellhaut als ein gegen das optisch leere Zellinnere scharf abgegrenzter, hell aufleuchtender Saum (REICHERT[50]). Ferner gelingt die Sichtbarmachung der Zellhaut auch als zartblaue Linie um den farblosen Zelleib durch Vitalfärbung [§ 150] der Bakterienzellen mit verdünnter Methylenblaulösung, welche zunächst nur von der Membran und erst später nach längerer Einwirkung auch vom Zelleib aufgenommen wird [§ 74]. Bei vielen Bakterien (z. B. bei *Spir. undula*) tritt die Membran noch deutlicher hervor, wenn die lebenden Zellen zur Schrumpfung [§ 84] des protoplasmatischen Inhaltes mit einer 5—10%-igen Salpeterlösung vorbehandelt und dann z. B. mit verdünnter Methylenblaulösung gefärbt werden. Bei derartig präparierten Bakterienzellen bildet die Membran eine dünne blaugefärbte Linie um das Zellumen; in diesem liegt das tiefblaugefärbte Protoplasma, welches sich unter Kontraktion mehr oder weniger von der Zellwand abgelöst hat (MEYER[51]).

§ 25. Auch an abgestorbenen Bakterienzellen, welche vielfach noch als „Schatten“ erkennbar sind und in gefärbten Präparaten nicht selten als „leere Hüllen“ erscheinen, ist die Zellhaut häufig noch erhalten und deutlich sichtbar[52].

2. Der geschichtete Bau der Zellhaut.

§ 26. Die ultramikroskopisch sowie an plasmolysierten oder vitalgefärbten Bakterienzellen nachweisbare „Membran“ bildet vielfach nur einen Teil der gesamten Zellhülle, denn bei vielen Bakterien ist jene optisch wahrnehmbare Zellhaut noch von einer mehr oder weniger dicken, schwer färbbaren und schwach lichtbrechenden Schleimschicht bedeckt [§ 135]. In Tusche oder kolloidaler Silberlösung aufgeschwemmte Bakterien zeigen nämlich bei der mikroskopischen Betrachtung sehr oft um den durchscheinenden Zelleib eine helle Randzone. Diese Schleimlamelle, welche nach MEYER[53] auch färberisch durch mehrstündige Einwirkung von Methylviolett-Hämatoxylin- oder Magdalarotlösung (bei mikroskopischer Untersuchung in Glyzerin) nachgewiesen werden kann, entsteht unter dem Einfluß des umgebenden Mediums durch Verquellung der äußeren festen Zellhautschichten.

§ 27. Die klebrige Beschaffenheit der gelatinösen Schleimhülle begünstigt (oder veranlaßt sogar) die Bildung und Erhaltung der Zellverbände [§ 359—360]. Wenn z. B. bei den gefärbten Doppelkugeln des *Micr. gonorrhoeae* und des *Micr. intracellularis* ein dünner, ungefärbter Teilungsspalt zwischen den beiden Zellen beobachtet wird, durch welchen die charakteristische Semmelform entsteht, so ist dies lediglich auf die Ausbildung einer feinen, schwer färbbaren Schleimschicht zwischen den beiden Halbkugeln zurückzuführen. Auch das Wachstum mancher Bakterien (z. B. des auf Kartoffel gezüchteten *Bact. typhi*) in sog. Scheinfäden, d. h. in scheinbar lückenlosen Kettenverbänden, beruht auf der festen Verklebung und Umhüllung der aneinandergereihten Einzelzellen durch dünnste Schleimlamellen. Wächst in einem solchen Scheinfaden (durch Verschiebung der Teilungsebene) ein Glied seitlich heraus, so entsteht bei weiteren Zellteilungen sogar ein gabelig gespaltener Scheinfaden, welcher (besonders im gefärbten Zustand) durch den innigen Zellverband eine echte Verzweigung vortäuscht (sog. Pseudoramifikation). Bei der Behandlung solcher Scheinformen mit Kupferoxydammoniak, welches die Schleimlamellen auflöst, zeigt sich jedoch, daß es sich nur um verklebte bzw. seitlich verschobene Einzelzellen handelt [§ 14].

§ 28. Unter besonderen Lebensbedingungen (z. B. bei der Züchtung in Blutserum, Bronchialschleim oder in Milch) umgeben sich manche Bakterienzellen (z. B. *Bac. anthracis, Bact. pneumoniae, Strept. lanceolatus, Strept. mucosus*) mit einer mehr oder weniger dicken, verhältnismäßig schwer färbbaren Hülle, welche als Kapsel bezeichnet wird [§ 136]. Bei manchen Bakterien (z. B. bei *Strept. mesenterioides*[54]) können sich so mächtige Kapseln entwickeln, daß die Zellen zu einer dicken, gelatinösen Masse (sog. Zoogloea[55]) miteinander verklumpen. Die bekapselten Zellen bzw. Zellverbände sind im Tuschepräparat von einem hellen Hof umrandet, welcher z. B. nach Heim[56] bei Färbung mit sog. rotstichigem Methylenblau rosa erscheint und sich dann von dem gleichzeitig tiefblau gefärbten Zelleib deutlich abhebt. Wie die Schleimschicht, so entsteht auch die Kapsel der Bakterienzellen durch Verquellung der äußeren festen Membranschichten; sie ist aber von der Schleimschicht chemisch verschieden und spielt weit mehr noch als diese die Rolle einer zweckmäßigen Schutzhülle gegen schädliche äußere Einwirkungen, z. B. bei dem in den Tierkörper eingedrungenen *Bac. anthracis* gegen die bakterienfeindlichen Abwehrstoffe (Alexine, Plakine, Leukine) der Körperflüssigkeiten und gegen die Freßlust (Phagozytose) gewisser Leukozyten[57].

§ 29. Bei manchen *Trichobakterien* (z. B. bei *Chlamydothrix ochracea, Crenothrix polyspora, Cladothrix dichotoma*) entwickeln sich um die Zellfäden mehr oder weniger dicke Gallertscheiden.

B. Der Zellinhalt.

§ 30. Wie bei allen einzelligen Lebewesen, so führt auch bei den Bakterien jede Zelle ein völlig selbständiges Leben und verfügt über die gesamte hierzu erforderliche Organisation. Soweit es sich dabei um die Entwicklung morphologisch differenzierter Gebilde handelt, sind entsprechend der physiologischen Funktion die lebenden (organisierten) Inhaltskörper [§ 31—41] der Bakterienzelle von den leblosen geformten (sog. organoïden) Inhaltstoffen [§ 42—46] zu unterscheiden.

1. Die lebenden Inhaltskörper der Bakterienzelle.

§ 31. Neben dem Protoplasma [§ 32—34], welches den wichtigsten Träger der Lebenseigenschaften bildet und in keiner Bakterienzelle fehlt, sind als lebende Inhaltskörper mitunter noch zellkernähnliche Gebilde [§ 35—37] und die als Sporen [§ 38—41] bezeichneten Dauerformen anzutreffen.

a) Das Protoplasma.

§ 32. So gewiß auch dem Bakterienprotoplasma[58] als lebendem Gebilde eine innere Struktur, an welche das Leben der Zelle geknüpft ist, zukommt, so wenig tritt sie in Erscheinung. Morphologisch bietet das Protoplasma der lebenden, normalen Bakterienzelle keine Besonderheiten. Es erfüllt das umhäutete Zellumen als eine völlig homogene [§ 67], farblose [§ 63—66], zähflüssige [§ 87—88], kolloidale Masse[59], welche chemisch ein kompliziert zusammengesetztes Stoffgemenge [§ 137—146] darstellt. Mit den vielen Änderungen der chemischen Zusammensetzung, welche das Protoplasma im Verlaufe seiner Lebenstätigkeit in qualitativer und quantitativer Hinsicht erleidet, wechselt natürlich auch die physikalische Struktur des protoplasmatischen Zellinhaltes, und es können auf diese Weise vorübergehend Formbildungen [§ 35—37] entstehen, welche einen körnigen (granulären), netzartigen (fibrillären) oder wabigen (alveolären) Bau des Protoplasmas als spezifische Eigenschaft der lebenden Substanz vortäuschen[60]. Unter geeigneten Versuchsbedingungen können solche Strukturen bei größeren Bakterienzellen (z. B. bei *Bac. Bütschlii, Spir. volutans, Leptothrix maxima buccalis*) durch gewisse gewaltsame und plötzliche Eingriffe in das System des Protoplasmas fixiert und gefärbt werden [§ 33].

§ 33. Diese scheinbaren Organisationsvorgänge im Protoplasma der Bakterienzellen beruhen lediglich auf dem Chemismus und den physikalischen Eigenschaften, insbesondere auf den Löslichkeits- und Mischungsverhältnissen der Plasmabestandteile. Dies beweist z. B. die Bildung der sog. Zellsaftvakuolen, welche vor allem bei manchen jungen Stäbchenformen vorübergehend im Protoplasma auftreten und hier je nach der Größe, Form und Lagerung eine recht verschiedenartige Gestaltung des Zellinhaltes hervorrufen[61]. Die Saftvakuolen sind Ansammlungen von flüssigen osmotisch wirksamen Protoplasmabestandteilen und entstehen im Verlauf des Stoff-, Kraft- und Formwechsels der Zelle bei vielen Entmischungs- und allen Verflüssigungs- und Auflösungsvorgängen im Plasma. Infolge der Vakuolisierung des Zellinhaltes findet sich bei manchen Bakterien, wie z. B. bei *Spir. undula*, welches mit Osmiumdämpfen fixiert und dann mit verdünnter Methylenblaulösung gefärbt wird, mitunter ein ausgesprochenes Netzwerk [§ 32]. Solche Zellen enthalten einen tiefblau gefärbten protoplasmatischen Wandbelag und einen farblosen zentralen Saftraum, der von blaßblau gefärbten Protoplasmafäden durchsetzt ist.

§ 34. Bei der Teilung [§ 363—366] der Bakterienzellen erfolgt an der Einschnürungsstelle die erste Anlage der Zellwand in Ringform, so daß auch während des weiteren Wachstums eine protoplasmatische Verbindung zwischen den beiden Tochterzellen besteht. Wie nun bei manchen Zellfäden (z. B. von *Bac. tumescens*, *Bac. asterosporus*), welche mit Osmiumsäure fixiert und mit Hämatoxylin gefärbt sind, nachzuweisen ist, bleiben diese Plasmaverbindungen (sog. Plasmodesmen) auch noch nach der völligen Ausbildung der Zellen als dünne Interzellularbrücken erhalten[62].

b) Die zellkernähnlichen Protoplasmagebilde.

§ 35. Ein typischer Zellkern, d. h. ein scharf umgrenztes, differenziertes Protoplasmagebilde, welches als Träger der erblichen Eigenschaften dient und sich aus Kernwand, Kerngerüst, Kernsaft und Kernkörperchen zusammensetzt, ist in den Bakterienzellen bisher nicht nachgewiesen worden. Trotzdem ist es im Hinblick auf die Unzulänglichkeit unserer optischen Hilfsmittel nicht angängig, deshalb die Bakterien als kernlose[63] Organismen oder gar (in schroffem Gegensatz hierzu) als „nackte Kerne"[64] anzusprechen.

§ 36. Offenbar verfügen die Bakterienzellen über kernähnliche Protoplasmagebilde, welche zwar die physiologische Funktion des Kernes verrichten, aber morphologisch nicht derart differenziert sind, daß sie als charakteristisch geformte Inhaltskörper der Zelle regelmäßig zu beobachten wären. Distinkte, zellkernähnliche Gebilde, welche sowohl von zufälligen protoplasmatischen Formbildungen (z. B. durch Plasmolyse[65], Vakuolisierung[66], Artefakte) als auch von den geformten Zelleinschlüssen, wie Sporen[67] und Reservestoffen (Fett, Volutin usw.) mit aller Sicherheit unterschieden werden können, sind zuerst von MEYER[68] bei *Bac. asterosporus*, *Bac. tumescens* und *Bac. amylobacter* in der Saftvakuole der Sporenanlage als etwa 0,3 μ dicke, rundliche Körnchen festgestellt worden[69].

§ 37. Die Schwierigkeiten[70], solche zellkernähnlichen Körnchen regelmäßig auch im Bakterienprotoplasma mikrochemisch nachzuweisen, und die Tatsache, daß in jüngsten lebenden Bakterienzellen häufig ein feinstes Korn vorübergehend beobachtet wird[71], berechtigen jedoch zu der Annahme, daß im allgemeinen, d. h. in vollentwickelten Bakterienzellen ein diffus im Protoplasma verteiltes Kerngebilde vorkommt[72], dessen Struktur[73] unter der Grenze des optisch Wahrnehmbaren liegt.

c) Die Sporen.

§ 38. Die Sporen entwickeln sich bei manchen *Haplobakterien* (z. B. bei *Bac. anthracis*, *Bac. amylobacter*) vornehmlich als Dauerzellen zur Erhaltung der Art und bei manchen *Trichobakterien* (z. B. *Chlamydothrix*, *Crenothrix*, *Cladothrix*) ausschließlich als Vermehrungszellen. Es sind hiernach die sog. Dauersporen der *Haplobakterien* [§ 39—40] und die sog. Konidien der *Trichobakterien* [§ 41] zu unterscheiden.

α) Die Dauersporen der Haplobakterien.

§ 39. Die Sporen[74] der *Haplobakterien* erscheinen in der lebenden Zelle als ein farbloses, stark lichtbrechendes [§ 67] Körperchen von (je nach der Art) wechselnder Form und Größe [§ 367 bis § 372]. Nur ausnahmsweise (z. B. bei *Bac. Bütschlii* sowie mitunter bei *Bac. inflatus* und *Bac. amylobacter*) werden zwei Sporen in einer Zelle gebildet. Die Form der Sporen ist bei den einzelnen Arten innerhalb einer gewissen normalen Variationsbreite entweder sphärisch (z. B. bei *Bac. tetani*), mehr oder weniger ellipsoidisch (z. B. bei *Bac. subtilis*, *Bac. amylobacter*, *Bac. mycoides*) oder fast zylindrisch (z. B. bei *Bac. teres*, *Bac. pumilus*). Je nach der Größe (etwa 1—3 μ) und Lagerung (in der Mitte oder am Pol) der Sporen im Zelleib erleiden manche Bakterien bei der Sporenbildung artcharakteristische Gestaltveränderungen, wie die Bildung von sog. Spindelformen (z. B. bei *Bac. amylo-*

bacter) oder von sog. Trommelschlägelformen (z. B. bei *Bac. tetani*).

§ 40. Die reifen, freien Sporen sind stets von einer mehr oder weniger dicken, derben Membran [§ 72] umgeben, welche bei manchen Bakterien (z. B. bei *Bac. asterosporus*, *Bac. Ellenbachensis*) aus zwei Schichten, einer sog. Intine und Exine, besteht. Die äußere Membranschicht (Exine) ist häufig mit Leisten (z. B. bei *Bac. asterosporus*) oder mit Höckern (z. B. bei *Bac. Ellenbachensis*) besetzt. Vielfach ist die Sporenmembran noch von einer weniger lichtbrechenden Hüllschicht bedeckt, welche die Spore als zarter Hof umgibt und mitunter schweifartige Fortsätze aufweist. Es handelt sich dabei um (der Spore noch anhaftende) Plasmareste der Mutterzelle [§ 367—372].

β) Die Konidien der Trichobakterien.

§ 41. Die Konidien der Trichobakterien sind farblose, entweder unbewegliche (z. B. bei *Chlamydothrix hyalina*, *Crenothrix polyspora*) oder bewegliche (z. B. bei *Cladothrix dichotoma*, *Thiothrix nivea*) Fortpflanzungszellen von kugliger, ovaler oder zylindrischer Gestalt. Manche *Trichobakterien* (z. B. *Crenothrix polyspora*) bilden zweierlei verschieden große Konidien, welche als Makro- und Mikrokonidien unterschieden werden. Die beweglichen Konidien sind entweder begeißelt (z. B. bei *Cladothrix dichotoma*) und vollführen dann Schwimmbewegungen, oder sie sind unbegeißelt (z. B. bei *Thiothrix nivea*) und zeigen dann die sog. Gleitbewegung [§ 388].

2. Die leblosen geformten Inhaltstoffe der Bakterienzelle.

§ 42. Die mikroskopisch erkennbaren Einschlüsse der Bakterienzelle werden zweckmäßig entsprechend ihrer chemischen Zusammensetzung in organische [§ 43—45] und anorganische [§ 46] Inhaltstoffe unterschieden. Im allgemeinen handelt es sich um mehr oder weniger stark lichtbrechende Körnchen bzw. Tröpfchen, welche sich von dem stets weniger lichtbrechenden Protoplasma der Zelle abheben und besonders bei ultramikroskopischer Betrachtung als hell aufleuchtende Körnchen bzw. Kugeln in dem (abgesehen von etwaigen Sporen) sonst optisch leeren Zellumen hervortreten.

a) Die geformten organischen Inhaltstoffe.

§ 43. Die geformten organischen Inhaltstoffe sind entweder stickstoff-frei [§ 44] oder stickstoffhaltig [§ 45].

α) Die stickstoff-freien organischen Inhaltstoffe.

§ 44. Geformte, stickstoff-freie organische Inhaltstoffe der Bakterienzelle sind gewisse Kohlehydrat- und Fettkörper, welche als Reservestoffe dienen. Nach ihrem mikrochemischen Verhalten handelt es sich bei den in Form von farblosen Körnchen und Schollen oder als mehr oder weniger zähflüssige Massen in den Saftvakuolen des Protoplasmas aufgespeicherten Kohlehydraten [§ 158] um Stoffe, welche teils dem Glykogen bzw. dem Amylodextrin (z. B. bei *Bac. subtilis*, *Bac. carotarum*), teils (z. B. bei *Bac. amylobacter*, *Spir. amyliferum*, *Beggiatoa mirabilis*) der Granulose (hier auch als Jogen[75] und Amylin[76] bezeichnet) nahestehen[77]. Das mikroskopisch wahrnehmbare, chemisch noch nicht näher bestimmte Reservefett [§ 159—160] der Bakterienzellen erscheint im Protoplasma (z. B. bei *Bac. mycoides*, *Bac. megatherium*, *Spir. giganteum*) als stark lichtbrechende, farblose Tröpfchen von wechselnder Größe[78].

β) Die stickstoffhaltigen organischen Inhaltstoffe.

§ 45. Abgesehen von den bei geschädigten Bakterienzellen häufig nachweisbaren „Granula", welche als verdichtete (meist schon abgestorbene) Protoplasmaklümpchen aufzufassen sind, treten im vollentwickelten Zelleib mancher Bakterien (z. B. bei *Spir. volutans*, *Corynebacterium diphtheriae*) eiweißartige, farblose, meist körnige, mitunter auch amorphe, ziemlich stark lichtbrechende Gebilde auf, welche nach Meyer[79] als Volutin [§ 156 und § 157] bezeichnet werden und der Zelle als Vorratstoffe (Reserveeiweiß) dienen. Vielleicht ist das Volutin eine Nukleinsäureverbindung.

b) Die geformten anorganischen Inhaltstoffe.

§ 46. Bei den im Zelleib gewisser (hiernach auch benannter) Bakterien abgelagerten anorganischen Stoffe handelt es sich um die Abscheidung von Schwefel [§ 166] bei den sog. *Schwefelbakterien*[80] oder von Eisen- bzw. Manganverbindungen [§ 167 und § 168] bei den sog. *Eisenbakterien*[81]. Der ausgeschiedene Schwefel (z. B. bei *Beggiatoa alba*) bildet kuglige, ölartige, stark lichtbrechende, doppelbrechende Tröpfchen. In abgestorbenen Zellfäden kristallisiert der Schwefel in Form von schönen großen monoklinen Prismen aus[82]. Bei den *Eisenbakterien* (z. B. bei *Chlamydothrix ochracea*, *Crenothrix polyspora*) wird Eisen bzw. Manganoxydhydrat in den Scheiden [§ 29] der Zellfäden amorph abgelagert.

C. Die Geißeln.

§ 47. Viele Bakterienzellen tragen Geißeln, d. h. verhältnismäßig lange, sehr dünne, schwach lichtbrechende, schwer färbbare [§ 169] Fäden, welche sich schraubig drehen und hierdurch eine Fortbewegung [§ 380] des Bakterienkörpers hervorrufen.

1. Die Sichtbarmachung der Geißeln.

§ 48. Die Geißeln der lebenden Bakterienzelle sind im Hellfeld fast immer unsichtbar[83]. Bei der Dunkelfeldbeleuchtung[84] sind sie im allgemeinen nur in solchen Medien wahrzunehmen, welche neben Elektrolyten auch kolloidale Substanzen (z. B. dünne Agar- oder Gelatinelösung) von gewisser Viskosität enthalten, da die hierdurch ermöglichte sog. Zopfbildung unbedingte Voraussetzung für die Sichtbarmachung der ungefärbten Geißeln ist, und vorwiegend in Medien zähflüssiger Konsistenz starke Zopfbildung eintritt[85]. In gefärbten[86] Präparaten werden auch einzelne Geißeln sichtbar, weil sie beim Antrocknen (kürzer und) dicker werden und (nach vorhergegangener Beizung) Farbstoffe ein- und auflagern.

2. Zahl und Anordnung der Geißeln.

§ 49. Zahl und Anordnung der Geißeln sind bei den einzelnen Bakterienarten verschieden. Gegenüber den geißellosen (sog. atrichen) Bakterienzellen werden nach Messea[87] eingeißelige (monotriche, z. B. *Vibrio cholerae*), büschelgeißelige (lophotriche, z. B. *Bact. syncyaneum*) und allseitig begeißelte (peritriche, z. B. *Bac. subtilis*) Zellen unterschieden. Häufig sind monotrich bzw. lophotrich begeißelte Zellen amphitrich (z. B. *Spir. undula* bzw. *Spir. rubrum*) begeißelt, d. h. beide Pole tragen eine Geißel bzw. ein Geißelbüschel.

3. Größe und Gestalt der Geißeln.

§ 50. Die absolute Länge (bis zu 30 μ) und Dicke (etwa 0,01—0,05 μ) der Geißeln sind für die einzelnen Bakterienarten verschieden und wechseln auch je nach dem Alter der Kultur. Auch Zahl und Höhe der Windungen, welche die Gestalt der Geißeln bedingen, sind nicht konstant. Im Ruhezustand (und bei langsamer Bewegung) sind die Windungen meist steil, bei rascher Bewegung dagegen flach. Für *Bact. typhi* beträgt nach Reichert[88] die absolute Länge der Geißeln 26,5 μ. Bei 5 Windungen mit einer absoluten Länge von je 5,3 μ und mit einer Höhe der Schraubenumgänge von je 2,5 μ beträgt die Länge der gewundenen Geißeln 12,5 μ und der Durchmesser des Zylinders, um den die Geißel als gewunden zu denken ist, etwa 1,5 μ. Die Form der Windung ist die einer „rechtsgängigen" Schraube, d. h. ein Punkt, der sich (vom Beobachter weg) längs der Windung bewegt, dreht sich im Sinne des Uhrzeigers (von „links unten" über „oben" nach „rechts oben" usw.). Nach FUHRMANN[89] entspricht bei jungen Kulturen die Gestalt der ruhenden Geißel nicht einer um einen Zylinder gewundenen Schraube, sondern sie ist einer leicht konischen Schraube vergleichbar, deren Ganghöhe von der Spitze zur Basis zunimmt.

4. Der feinere Bau der Geißeln.

§ 51. Die Geißeln erscheinen als strukturlose, dünne Fäden, welche mit dem Protoplasma des Zelleibes in Verbindung stehen und durch Öffnungen der Membran hindurchtreten[90]. An großen Spirillen (z. B. bei *Spir. volutans*) kann man schon nach einfacher Jodbehandlung den feinen Verbindungsfaden zwischen dem Zellinnern und der außenliegenden Geißel wahrnehmen[91]. Vielfach geht dieser Faden von einem kleinen Knöpfchen[92] aus, welches (wofern es sich nicht um ein abgerissenes Plasmastück handelt) vielleicht ein dem Bewegungszentrum der Flagellaten („Blepharoplast") analoges Gebilde darstellt[93]. Das gelegentliche Auftreten von Körnchen in der Geißelsubstanz (z. B. bei der Einwirkung von sauren Lösungen[94]) ist auf Entartung[95] zurückzuführen.

Zweiter Abschnitt.

Physik der Bakterienzelle.

I. Masse, Volumen und Oberfläche der Bakterienzelle.

§ 52. Entsprechend der mikroskopischen Kleinheit des Bakterienkörpers sind auch die absoluten Werte seiner Masse, seines Volumens und seiner Oberfläche sehr klein. Beispielweise beträgt bei einer Kugelzelle mit dem Durchmesser von 1 μ die Masse nur etwa $1{,}25 \cdot 10^{-12}$ g, das Volumen 0,523 μ^3 und die Oberfläche 3,14 μ^2. Im Vergleich zur Masse und zum Volumen ist jedoch die („relative") Oberfläche der Bakterienzellen ziemlich groß. Dies veranschaulicht vor allem die Berechnung der sog. „spezifischen" Oberfläche, d. h. des Quotienten: $\frac{\text{Oberfläche}}{\text{Volumen}}$ von Bakterienansammlungen, bei welchen stets die („innere") Oberfläche im Vergleich zur Masse und zum Volumen stark entwickelt ist. Denkt man sich z. B. einen Würfel mit der Kantenlänge 1 cm fortschreitend dezimal geteilt, so liefert schon die vierte Zerteilung desselben eine Billion Würfel mit der Kantenlänge 1 μ. In jedem dieser 10^{12}-Würfelchen könnte nun eine Kugelzelle mit dem Durchmesser 1 μ untergebracht werden, so daß auf den Raum (1 cm^3) des ursprünglichen Würfels eine Billion solcher Kugelzellen entfallen, denen (gegenüber einer Gesamtmasse von nur 1,25 g und einem Gesamtvolumen von nur 0,523 cm^3 [aus $10^{12} \cdot 0{,}523\ \mu^3$]) eine gesamte „innere" Oberfläche von nicht weniger als 3,14 qm (aus $10^{12} \cdot 3{,}14\ \mu^2$) zukommt[96].

Auf diesen absoluten bzw. relativen Größenordnungen der Masse, des Volumens und der Oberfläche der Bakterienzellen beruhen verschiedene physikalische Eigenschaften[97] von großer biologischer Bedeutung.

A. Die Brownsche Molekularbewegung.

§ 53. Unter dem Mikroskop zeigen lebende und abgetötete Bakterienzellen jene eigentümliche Zitterbewegung („Vibrationsbewegung"), welche auch kleinsten (kolloidalen), leblosen Stoffteilchen (z. B. Kohleteilchen — bis zu 4 μ — in Wasser) eigen ist und als BROWNsche Molekularbewegung[98] bezeichnet wird [§ 375]. Nach der auf Grund der kinetischen Gastheorie entwickelten Auffassung[99] beruht diese oszillierende Bewegung der Teilchen (sog. disperse Phase) auf den Stößen, welche sie von den schwingenden Molekülen der Aufschwemmungsflüssigkeit (sog. Dispersionsmittel) erfahren. A priori könnte allerdings angenommen werden, daß mikroskopisch kleinste, in einer Flüssigkeit schwebende Teilchen sich in Ruhe befinden müßten, da die Molekülstöße, welche sie gleichzeitig von allen Seiten treffen, sich gegenseitig aufheben. Die Wahrscheinlichkeitsrechnung ergibt aber, daß bei kleinsten Teilchen (etwa bis zu 4 μ) die aufprallenden Molekülstöße sich nicht immer gegenseitig ausgleichen können, da bei kleinsten Teilchen nicht immer gleichzeitig alle Oberflächenteile unbedingt getroffen werden müssen. Demzufolge wird bei solchen Teilchen eine Verlagerung in der molekularen Stoßrichtung hervorgerufen.

§ 54. Nach EINSTEIN[100] gilt für die Bewegung dieser Teilchen folgende Formel:

$$A = \sqrt{K \cdot \frac{RT}{N} \cdot \frac{t}{\eta r}}.$$

Hierin bedeuten: A den zurückgelegten Weg, K eine Konstante,

R die Gaskonstante, T die absolute Temperatur, N die wirkliche Anzahl der Moleküle im Grammolekül (sog. AVOGADROsche Konstante), t die Schwingungszeit, η die Viskosität des Dispersionsmittels und r den Radius der kugelförmig gedachten Teilchen. Erfahrungsgemäß erfolgt die BROWNsche Molekularbewegung der Bakterienzellen in Übereinstimmung mit dieser molekularkinetischen Theorie um so lebhafter, je kleiner der Bakterienkörper und je geringer die sog. innere Reibung (Viskosität) der Aufschwemmungsflüssigkeit ist, denn es wächst mit abnehmender Zellgröße naturgemäß die Wahrscheinlichkeit eines ungleichmäßigen Molekülanpralls und mit abnehmender Viskosität des Mediums die Stoßkraft seiner Moleküle.

B. Die Sedimentierungserscheinungen.

§ 55. Unter dem Einfluß der Erdanziehung treten in (ruhig stehenden) Bakterienaufschwemmungen (z. B. in Bouillonkulturen) die sog. Sedimentierungserscheinungen auf, denen häufig sogar eine artdiagnostische Bedeutung zukommt. Hierher gehören z. B. die eigentümlichen, sandig-körnigen (staubartigen) Zellniederschläge an der Glaswand der Kulturröhrchen (z. B. häufig bei *Strept. pyogenes*) sowie die Bildung von wolkenartigen, fadenziehenden oder bröckeligen Bodensätzen, welche natürlich auch durch die gleichzeitige Ausbildung besonderer Wuchsverbände (z. B. durch schleimige Verklebung oder fädige Verfilzung der Zellen) hervorgerufen werden [§ 361].

§ 56. Verfolgt man den Sedimentationsvorgang in einer (zunächst) gleichmäßig („diffus“) getrübten Aufschwemmung unbeweglicher Bakterien (z. B. von Kugelzellen, welche in physiologischer NaCl-Lösung aufgeschwemmt sind), so beobachtet man nach einiger Zeit, daß die Trübung der Suspension von oben nach unten zu allmählich stärker wird und schließlich in den obersten Schichten vollkommen verschwindet. Für die Senkungsgeschwindigkeit der Bakterienzellen dürfte die von STOKES[101] für die Fallgeschwindigkeit kleiner Kugeln (z. B. von Regentropfen) abgeleitete Formel in Betracht kommen, welche nach PERRIN[102] auch für die Sedimentierungsgeschwindigkeit der Teilchen in grob- bzw. feindispersen Suspensionen (z. B. in Gummiguttsuspensionen) gültig ist. Diese Formel lautet:

$$v = \frac{2}{9} \cdot \frac{D - d}{\eta} \cdot K \cdot r^2,$$

worin v die Geschwindigkeit, D die Dichte des Teilchens, d die Dichte der Flüssigkeit, η die innere Reibung, K die Kraft

(Schwerkraft) und r den Radius des Teilchens bedeuten. Hiernach ist die Senkungsgeschwindigkeit eines Teilchens abhängig von seiner Größe und Dichte sowie von der Dichte und Viskosität der Aufschwemmungsflüssigkeit, und zwar erfolgt die Sedimentierung um so schneller, 1. je größer die Teilchen sind, 2. je größer die Dichte des Teilchens im Vergleich zur Dichte des Mediums ist und 3. je geringer die innere Reibung des Mediums ist. In der Tat senken sich auch größere Bakterienzellen schneller als kleinere, und ihre Senkungsgeschwindigkeit wächst mit abnehmender Dichte und Viskositöt der Aufschwemmungsflüssigkeit[103].

§ 57. In Suspensionen von sehr kleinen Bakterienzellen bzw. bei Bakteriensuspensionen mit ziemlich dichten oder viskösen Aufschwemmungsmedien bleibt eine deutliche Sedimentierung, d. h. eine völlige Klärung der oberen Schichten mitunter aus, indem sich hier offenbar ein Gleichgewicht, vielleicht das sog. Sedimentationsgleichgewicht:

$$2{,}303 \cdot \log \frac{n_0}{n_h} = \frac{N}{RT} \cdot v\,(D - d)\,g\,h$$

einstellt, welches nach LAPLACE für die Moleküle der Erdatmosphäre und nach PERRIN auch für die Teilchen kolloidaler Suspensionen (z. B. für Gummigutt- und Mastixsuspensionen) gültig ist[104]. Hierin bedeuten: n_0 die Teilchenzahl in einem sehr kleinen Volumen der Bodenschicht, n_h die Teilchenzahl in dem gleich großen Volumen einer Schicht in der Höhe h, N die wirkliche Zahl der Moleküle im Grammolekül, R die Gaskonstante, T die absolute Temperatur, v das Volumen des Teilchens, D die Dichte des Teilchens, d die Dichte des Mediums, g die Beschleunigung der Erdschwere und h die Höhe.

C. Das Bakterienniveau.

§ 58. Es läßt sich zeigen, daß eigenbewegliche Bakterienzellen unter gewissen Versuchsbedingungen die Gravitation zu überwinden vermögen, indem sie sich (im Gegensatz zur Sedimentierung) von unten nach oben bewegen und dabei eigentümliche als „Bakterienniveau“ (BEIJERINCK[105]) oder als „Bakterienplatte“ (JEGUNOW[106]) bezeichnete „Atmungsfiguren“ bilden[107].

§ 59. Impft man einen erstarrten Gelatinetropfen (in der Kuppe eines Reagensglases) mit einer Bakterienreinkultur (z. B. *Bact. typhi, Bac. subtilis, Vibrio cholerae*) und überschichtet dann den Gelatinetropfen mit etwa 10 ccm keimfreien dest. Wassers, so beobachtet man, wenn das Versuchsröhrchen bei Zimmertemperatur (vor Erschütterung und vor greller Beleuchtung geschützt) aufbewahrt wird, daß sich zunächst um den Gelatinetropfen herum eine diffuse Trübung bildet, welche sich nach einiger Zeit zu einem papierdünnen, horizontal gespannten Häutchen, dem sog. Niveau, verdichtet. Im Verlauf von wenigen Tagen kann man nun verfolgen, wie dieses Häutchen, über bzw. unter welchem (je nach der verimpften Bakterienart) noch eine mehr oder weniger breite trübe Zone sichtbar wird, in der Flüssigkeitssäule (meist einige cm hoch) emporsteigt und dann, nachdem es den Höhepunkt erreicht hat, wieder etwas sinkt, um sich schließlich diffus aufzulösen. Demgegenüber beobachtet man in einem Parallelversuch mit einer unbeweglichen Bakterienart (z. B. mit *Bac. anthracis*), daß nur in der Nähe des Gelatinetropfens eine diffuse Trübung auftritt, während die übrige (darüberstehende) Flüssigkeit vollkommen klar bleibt.

§ 60. Offenbar beruht die Niveaubildung im Versuch mit beweglichen Bakterienzellen darauf, daß dieselben infolge ihrer Beweglichkeit den Zugkräften der Schwere zu widerstehen und optimale Lebensbedingungen aufzusuchen vermögen, während die unbeweglichen Bakterien unter dem Einfluß der Gravitation nach wie vor in die Kuppe des Versuchsröhrchens hinabgezogen werden. Naturgemäß diffundieren die leichtlöslichen Bestandteile des Gelatinetropfens (Salze, Nährstoffe) in das darüberstehende Wasser, erhöhen dadurch die Dichte desselben und verwandeln es in einen flüssigen Nährboden, in welchem die immer mehr sich entwickelnden Bakterien die ihnen zusagende Nährstoffkonzentration, Sauerstoffspannung usw. aufsuchen können, bis die Nährstoffe verbraucht sind und die Flüssigkeit mit wachstumshemmenden Stoffwechsel- und Zerfallsprodukten überladen ist. Unaufgeklärt bleibt allerdings noch die Tatsache, daß das Bakterienniveau stets eine so dünne, ebene und scharf abgegrenzte Schicht bildet.

II. Dichte, Farbe und Lichtbrechungsvermögen der Bakterienzelle.

§ 61. Die physikalischen Eigenschaften: Dichte [§ 62], Farbe [§ 63—66] und Lichtbrechungsvermögen [§ 67—68] des Bakterienkörpers beruhen auf dem molekularen Bau seiner Leibesbestandteile. Sie sind für die mikroskopische Darstellung der lebenden Bakterien, d. h. für die Erzeugung des sog. Strukturbildes maßgebend.

A. Die Dichte der Bakterienzelle.

§ 62. Die Dichte, d. h. das Verhältnis: $\frac{\text{Masse}}{\text{Volumen}}$ der vegetativen Bakterienzellen läßt sich einigermaßen genau nur an Bakterienmassen bestimmen. Nach der pyknometrischen Methode, welche hierzu RUBNER[108] zuerst anwandte, wird ein bestimmtes Volumen (eine mit Quecksilber kalibrierte Glaskapillare von bekanntem Gewicht) mit frischer, lebender Kulturmasse (mit Hilfe eines Spatels) gefüllt und dann gewogen. Wird das gefundene Gewicht (abzüglich des Gewichtes der leeren Kapillare) auf die Volumeneinheit (1 cm^3) in g berechnet, so ergibt sich das sog. spezifische Gewicht der geprüften Bakterienmasse. RUBNER fand dies für vegetative Zellen stets $>$ 1 g, so z. B. für die Kulturmasse des *Bact. prodigiosum* 1,054 g. Wesentlich einfacher und auch bei weitem genauer als mit der RUBNERschen Methode läßt sich das spezifische Gewicht der Bakterien nach den Verfahren von ALMQUIST[109] und von STIGELL[110] ermitteln. Nach ALMQUIST werden die Bakterien in geeignete Aufschwemmungsflüssigkeiten (z. B. in wässerige Lösungen von NaCl, $CaCl_2$, NaJ) von bekanntem spezifischen Gewicht gleichmäßig verteilt und dann zentrifugiert. Je nachdem sich die aufgeschwemmten Bakterien nach dem Zentrifugieren in der Kuppe des Zentrifugierröhrchens als Bodensatz absetzen oder in der Flüssigkeit diffus verteilen oder an der Oberfläche der Flüssigkeit ansammeln, ist das spezifische Gewicht der geprüften Bakterien größer bzw. gleich bzw. kleiner als das der Aufschwemmungsflüssigkeit. Auf diese Weise fand ALMQUIST z. B. für *Bac. subtilis* bei Versuchen mit NaJ-Lösung vom spez. Gew. 1,2 einen starken Bodensatz (vegetative Zellen + Sporen), mit einer Lösung vom spez. Gew. 1,3 mäßigen Bodensatz (vorwiegend Sporen, weniger vegetative Zellen), bei einer Lösung vom spez. Gew. 1,35—1,40 einen Bodensatz, der (neben Detritus) nur Sporen enthielt, und bei einer Lösung vom spez. Gew. 1,55 eine bodensatzfreie, klare Flüssigkeit, an deren Oberfläche sich die vegetativen Zellen und die Sporen befanden. Hiernach ist das spezifische Gewicht der vegetativen Zellen des *Bac. subtilis* $>$ 1,2 und meist $<$ 1,3; das spezifische Gewicht der Sporen des *Bac. subtilis* $>$ 1,3 und $<$ 1,35—1,4. Die Sporen besitzen somit eine größere Dichte [§ 72] als die vegetativen Zellen. Bei der von STIGELL angegebenen Methode prüft man die Schwebefähigkeit der Bakterienzellen in einer Salzlösung von bekanntem spezifischen Gewicht. Man läßt hierzu etwas Kulturmasse auf einer 50%igen K_2CO_3-Lösung (spez.

Gew. 1,554 g) schwimmen und fügt nun so lange Aqu. dest. zu, bis die Bakterien in der Flüssigkeit untersinken. Hierauf bestimmt man das spezifische Gewicht einer entsprechend verdünnten K_2CO_3-Lösung, in welcher die Bakterien eben noch schweben. Das spezifische Gewicht dieser Lösung ist dann auch das spezifische Gewicht der Bakterienleiber. Mit dieser Methode fand STIGELL, daß die von manchen Bakterien z. B. auf Nährbouillon gebildeten Kulturhäutchen zpezifisch leichter sind als die Kulturrasen auf Agarnährboden. So war das spezifische Gewicht z. B. des von *Bac. subtilis* auf Bouillon gebildeten Häutchens nur 0,931 g, während das spezifische Gewicht der Agarkultur (wie bei der Bestimmung von ALMQUIST) etwa 1,3 g betrug.

B. Die Farbe der Bakterienzelle.

§ 63. Bei der mikroskopischen Betrachtung im hängenden Tropfen sind die lebenden Bakterienzellen im allgemeinen farblos. Nur an gewissen, von BEIJERINCK[111] als „chromophor" bezeichneten Bakterien beobachtet man mitunter einen schwachen Farbschimmer, welcher durch einen intrazellulär abgelagerten Farbstoff hervorgerufen wird. Hierher gehören z. B. manche der sog. chlorophyllführenden Bakterien (z. B. *Bact. viride, Bact. chlorinum*), welche gelb-grünlich schillern, sowie einige der sog. *Purpurbakterien* (z. B. *Rhodospirillum photometricum*), welche hellrosarot gefärbt erscheinen. Sehr deutlich tritt jedoch die Farbe dieser (einzeln an sich farblos erscheinenden) Bakterien in Massenkulturen hervor. So ist z. B. die Kartoffelkultur gewisser *Purpurbakterien* (z. B. des *Rhodobacillus palustris* und des *Rhodobacterium capsulatum*) tief karminrot gefärbt [§ 161—165].

§ 64. Farbige Massenkulturen liefern ferner auch noch die von BEIJERINCK „parachromophor" genannten Bakterien, bei welchen die Farbstoffe nur in der Zellhaut (z. B. bei manchen *Haplobakterien*) oder nur in der Zellscheide (z. B. bei vielen *Trichobakterien*) abgelagert sind [§ 166—167]. Zu den Bakterien mit farbstoffhaltiger Membran gehört vielleicht z. B. *Bact. violaceum*, welches auf Agar, Gelatine und Kartoffel in prachtvoll violett gefärbten Kolonien wächst, die Milch violett färbt und auf Nährbouillon mitunter ein violettschillerndes Häutchen entwickelt [§ 335]. Die in den Zellscheiden gewisser *Trichobakterien* (z. B. von *Chlamydothrix ochracea*) abgelagerten Farbstoffe sind rostbraun und bestehen aus Eisenoxydhydrat [§ 167].

§ 65. Von den genannten „chromophoren" und „parachromophoren" sind nach BEIJERINCK die sog. „chromoparen" *Pig-*

mentbakterien abzutrennen, bei welchen im Verlauf des Stoffwechsels gewisse Farbstoffe an die Umgebung abgegeben werden, und bei denen auf diese Weise die häufig charakteristische Färbung der Massenkulturen hervorgerufen wird. Die so bedingten Färbungen können rosarot bis purpurrot (z. B. bei *Micr. roseus*, *Bact. prodigiosum*), orangegelb (z. B. bei *Micr. pyogenes aureus*), zitronengelb (z. B. bei *Micr. pyogenes citreus*), blaugrün z. B. bei *Bact. pyocyaneum*), indigoblau (z. B. bei *Bact. indigonaceum*) und schwarz (z. B. bei *Bact. caeruleum*) sein [§ 334—336].

§ 66. Bakterienaufschwemmungen (z. B. solche in physiologischer NaCl-Lösung) erscheinen je nach ihrer Dichtigkeit mehr oder weniger (milchig oder nur opaleszierend) getrübt, da die auffallenden Lichtstrahlen an den Bakterienleibern diffus zerstreut werden[112].

C. Das Lichtbrechungsvermögen der Bakterienzelle.

§ 67. Die lebenden Bakterienzellen zeigen (entsprechend ihrer Dichte und Farblosigkeit) nur ein mäßiges Lichtbrechungsvermögen[113] und erscheinen daher im mikroskopischen Präparat (z. B. im hängenden Wassertropfen) als leichtgraue, durchscheinende Gebilde. Dieses Aussehen haben fast alle Bakterien auch in einer 1%igen NaCl-Lösung, welcher der Brechungsindex $D_{15} = 1{,}34$ zukommt; überträgt man die Bakterien aber in eine stärker lichtbrechende Flüssigkeit (z. B. in unverdünntes, verflüssigtes Phenol, dessen Brechungsindex $D_{15} = 1{,}55$ ist), so werden die Bakterien unsichtbar. Nur bei gewissen Bakterien (z. B. bei *Bac. anthracis*) ist noch die Membran [§ 24] infolge ihres (im Vergleich zum Zellinnern) stärkeren Lichtbrechungsvermögens als dünner Saum wahrzunehmen[114]. Noch bei weitem stärker lichtbrechend als die Zellhaut der Bakterien sind die Sporen (§ 39), welche mitunter grünlich schimmern, sowie gewisse geformte Zelleinschlüsse (z. B. Fettröpfchen, Volutinkörnchen) [§ 42—46]; weniger lichtbrechend als selbst das Zellprotoplasma [§ 32] erscheint dagegen der (flüssige) Inhalt der Saftvakuolen [§ 33]. Die helle, farblose Zone, welche (besonders bei scharfer Einstellung des Mikroskopes) um jede Bakterienzelle sichtbar wird, ist keine Hülle oder Kapsel [§ 26—29], sondern entsteht rein optisch und zwar offenbar durch Interferenz bzw. durch Reflexion der Lichtstrahlen an der Bakterienoberfläche.

§ 68. Doppelbrechende („anisotrope") Eigenschaften (sog. Pleochroismus) zeigt nach AMANN[115] die Membran gewisser Bakterien

(z. B. des *Bac. anthracis*) nach künstlicher Färbung z. B. mit Malachitgrünlösung. Betrachtet man ein grüngefärbtes Anthraxstäbchen mit Hilfe eines Kalkspatprismas (in geeigneter Fassung als „Analysator" über dem Okular), so erhält man nebeneinander zwei Bilder des Objektes, welche je nach der Stellung des Prismas einen deutlichen Färbungsunterschied erkennen lassen. Dasjenige Bild nämlich, bei welchem die Schwingungsebene des polarisierten Lichtstrahles auf der Längsrichtung der Stäbchenzelle senkrecht steht, erscheint dunkler als das andere Bild, bei welchem Schwingungsebene und Längsrichtung parallel verlaufen. Die Zellhaut verhält sich also pleochroitisch wie eine mit Chlorzinkjod gefärbte Zellulosemembran (z. B. wie ein gefärbter Baumwollfaden). Nach ihrem optischen Verhalten sind auch die Schwefeleinschlüsse [§ 46] bei gewissen *Trichobakterien* (z. B. bei *Beggiatoa alba*) pleochroitisch.

III. Die Hydromechanik der Bakterienzelle.

§ 69. In Flüssigkeiten aufgeschwemmte Bakterienzellen erfahren unter dem Einfluß des sie umgebenden Mediums gewisse physikalisch-chemische Zustandsänderungen, welche hier unter der Bezeichnung „Hydromechanik" der Bakterienzelle zusammengefaßt seien.

A. Diffusionserscheinungen.

§ 70. Die hydromechanischen Vorgänge zwischen der Bakterienzelle und der Umspülungsflüssigkeit streben nach einem Gleichgewichtszustand und äußern sich zunächst in den sog. Diffusionserscheinungen.

1. Die Quellbarkeit der Bakterienzelle.

§ 71. Normale, in geeigneten Nährflüssigkeiten[116] aufgeschwemmte Bakterienzellen sind stets gequollen und ihre Oberfläche ist demzufolge elastisch und meist auch etwas klebrig. Von der Quellbarkeit des Bakterienleibes kann man sich auf folgende Weise überzeugen. Verteilt man lufttrockene, lebende Bakterien z. B. in einem Tropfen physiologischer NaCl-Lösung, so kann man bei der mikroskopischen Betrachtung eines hiervon angefertigten Deckglaspräparates verfolgen, wie die anfangs stark geschrumpften („entquollenen") Bakterienleiber sich mit Wasser binnen kurzer Zeit vollsaugen („imbibieren") und sich dabei (unter Gewichtszunahme) um das Mehrfache ihres Volumens ausdehnen („quellen").

Dieser Quellungsvorgang (§ 376) beruht auf der sog. Hydrophilie gewisser (kolloidaler) Zellbestandteile, welche bei der Wasseraufnahme unter dem Einfluß des sog. Quellungsdruckes auseinandergetrieben werden und dadurch eine Volumenvergrößerung des Bakterienkörpers hervorrufen [§ 370]. Reines Wasser vermag hiernach ziemlich leicht und schnell in die vegetative Bakterienzelle einzudringen, und es darf angenommen werden, daß die mit der Wasseraufnahme verbundene Quellung der vorwiegend eiweißartigen Zellbestandteile ähnlich verläuft und durch die Temperatur sowie durch Säuren, Basen und Salze ähnlich beeinflußt wird wie die Quellung der Eiweißkörper. Vielleicht sind z. B. manche der sog. („verquollenen" und „aufgetriebenen") Involutionsformen [§ 18], welche bei vielen Bakterien unter ungünstigen Ernährungs- und Wachstumsbedingungen entstehen, darauf zurückzuführen, daß die normale Quellbarkeit, d. h. die maximale Aufnahmefähigkeit der Zellen überschritten ist.

§ 72. Vermutlich wird das sog. Quellungswasser in den feinsten Poren der Zellsubstanz aufgespeichert, wo es vor allem den Stoffaustausch [§ 224] des Bakterienkörpers mit der Umspülungsflüssigkeit [§ 229] vermittelt. Trotz dieser ernährungsphysiologisch wichtigen Funktion [§ 179] ist das Quellungswasser für die Erhaltung der Lebens- und Entwicklungsfähigkeit der Bakterienzelle jedoch nicht immer unbedingt notwendig. Am deutlichsten tritt dies bei den Dauersporen [§ 38—40] hervor, welche zwar vor ihrer Auskeimung [§ 370] erst aufquellen müssen, aber schon an sich (im Ruhezustand) ziemlich wasserarm sind und jahrelang lufttrocken lagern können, ohne dadurch an Lebensfähigkeit einzubüßen. Die Widerstandskraft beruht auf dem dichten Gefüge [§ 62] des Sporenkörpers und auf der derben Schutzhülle [§ 40], welche ihn umgibt. Abgesehen von den zarten *Wasserbakterien*, welche im allgemeinen gegen Austrocknung sehr empfindlich sind und fast immer in kurzer Zeit zugrunde gehen, vermögen auch manche vegetative, nichtsporentragende Bakterienzellen im angetrockneten Zustand längere Zeit sich lebensfähig zu halten[117]. Nach Heim[118] gelingt es sogar, manche Bakterienstämme durch Eintrocknung an Seidenfäden mehr oder weniger lange zu konservieren, besonders, wenn die Zellen in eiweißreichen Flüssigkeiten (Blut, Eiter, Schleim, Milch) aufgeschwemmt werden. Keimfreie Seidenfäden werden hierzu mit den bakterienhaltigen Flüssigkeiten getränkt, über Chlorkalzium im Exsikkator getrocknet und dann (z. B. in den üblichen Pulverkapseln aus Papier) im Glasgefäß über Chlorkalzium aufbewahrt. Manche Bakterien (z. B. *Micr. gonorrhoeae*, *Micr. intra-*

cellularis) vertragen das Eintrocknen überhaupt nicht, manche (z. B. *Vibrio cholerae, Bac. sept. haemorrhagicae*) sterben schon innerhalb der ersten Wochen, während viele Bakterien mehrere Monate (z. B. *Strept. mucosus, Bact. pneumoniae, Bact. erysipelatos suum, Strept. lanceolatus*), ja sogar eine Reihe von Jahren (z. B. *Micr. pyog., Micr. tetrag., Corynebact. xerosis, Corynebact. diphtheriae*) ihre Entwicklungsfähigkeit bewahren[119] [§ 176].

2. Die Durchlässigkeit der Bakterienzelle.

§ 73. Viele Stoffe, welche in dem flüssigen Medium einer Bakterienaufschwemmung entweder (sub- bis amikroskopisch) fein verteilt oder (molekular- bis ionendispers) gelöst sind, vermögen (mit dem Quellungswasser) in den Bakterienleib einzutreten. Für das Eindringen (Diffusion) dieser Stoffe ist jedoch die Durchlässigkeit (sog. Permeabilität) der Bakterienzelle maßgebend [§ 85]. Offenbar sind alle zum Bau- und Betriebstoffwechsel der Zellen unbedingt notwendigen „Nährstoffe" diffusibel [§ 229] und können demzufolge unbehindert in den Zelleib gelangen. Demgegenüber ist die Durchgängigkeit (sog. Diffusibilität) vieler anderer Stoffe sowohl von dem Grade ihrer Zerteilung als auch vor allem von der chemischen Zusammensetzung abhängig. So werden z. B. Kolloide, deren Teilchendurchmesser nur wenig kleiner als die Porenweite der Zellsubstanz ist, nur so weit ins Innere des Bakterienkörpers vordringen können, bis die Poren verstopft sind. Ferner werden z. B. gelöste Stoffe nur dann tiefer in den Bakterienleib eindringen können, wenn sie von den Bestandteilen der Zellhülle weder durch physikalische Oberflächenwirkung noch durch chemische Bindung zurückgehalten werden.

a) Die Diffusion von Farbstoffen.

§ 74. Die üblichen Verfahren zur Bakterienfärbung[120] [§ 138 bis § 149] beruhen auf der Diffusion und der (physikalischen bzw. chemischen) Bindung gewisser Farbstoffe durch die Leibessubstanz der hierzu meist abgetöteten („fixierten") Bakterienzelle[121]. Auch lebende Bakterienzellen sind für viele Farbstoffe durchlässig und vermögen diese in sich aufzuspeichern. Um sich hiervon zu überzeugen, bedient man sich der sog. Lebend- (oder „Vital"-) färbung [§ 150]. Fertigt man von einer mäßig dünnen Bakterienaufschwemmung ein Deckglaspräparat an, und läßt man nun seitlich (am Rande des Deckgläschens) eine Spur stark verdünnter Farblösung (z. B. eine Öse einer etwa 1%igen wässerigen Neutralrotlösung) zufließen, so kann man mikroskopisch verfolgen, wie der rote Farbstoff zunächst ziemlich stark von der Membran aufgenommen wird [§ 24] und dann allmählich auch in das Innere des Zelleibes eindringt. Die äußere Schleimhülle [§ 26—27], welche der Neutralrotfarbstoff notwendigerweise passieren muß, bleibt dabei ungefärbt; sie ist also für diesen Farbstoff zwar „permeabel", sie vermag ihn jedoch selbst nicht aufzuspeichern [§ 135]. Besonders schön tritt dies z. B. an vitalgefärbten Gliederfäden (z. B. des *Bac. subtilis*) hervor. Auch die Hüllschicht der sog. Kapselbakterien [§ 28] läßt viele Farbstoffe in das Zellinnere diffundieren [§ 136], ohne selbst dabei gefärbt zu werden, während die Substanz der lebenden Sporen und Geißeln für Farbstoffe impermeabel ist. Sporen [§ 154] und Geißeln [§ 169] lassen sich nur nach besonderer Präparierung (Beizung) färben.

§ 75. Im allgemeinen diffundiert der Farbstoff ziemlich schnell in die lebende Bakterienzelle hinein. Junge, lebenskräftige Zellen nehmen den Farbstoff meist langsamer in sich auf als ältere, absterbende Zellen, und diese färben sich noch langsamer als bereits abgestorbene oder abgetötete (lufttrockene und fixierte) Bakterienzellen. Auch die einzelnen Bakterienarten zeigen vielfach ein und demselben Farbstoff gegenüber mehr oder weniger deutliche Färbungsunterschiede, welche offenbar mit einer verschieden großen Farbstoffdurchlässigkeit zusammenhängen. So besitzen die sog. grampositiven Bakterien eine größere Permeabilität für Farbstoffe als die sog. gramnegativen Bakterien [§ 139—141]. Mischt man z. B. eine dünne Aufschwemmnng des (gramnegativen) *Bact. typhi* mit einer solchen des (grampositiven) *Micr. pyogenes*, so beobachtet man bei der Vitalfärbung [§ 150] dieses Gemisches, z. B. mit einer stark verdünnten Methylenblaulösung, daß die Kugelzellen des *Micr. pyogenes* schon tiefblau gefärbt sind, während die Stäbchenzellen des *Bact. typhi* nur ganz schwachblau oder sogar noch völlig farblos erscheinen und erst nach längerer Zeit die blaue Färbung annehmen. Eine wichtige Rolle bei dieser Farbstoffaufnahme spielen natürlich auch noch die chemische Zusammensetzung und der physikalische Zerteilungsgrad der Farbstoffe. Zur Färbung der Bakterien eignen sich weitaus am besten die sog. basischen Anilinfarben (z. B. Methylenblau, Gentianaviolett, Chrysoidin, Fuchsin, Kristallviolett, Neutralrot); die sog. sauren Farbstoffe (z. B. Eosin, Erythrosin, Fluorescin, Aurantia) werden sehr langsam und nur schwach von den Bakterien aufgenommen[122]. Basische und saure Farbstoffe, welche in Hydrogele (z. B. in Agar und Gelatine) diffundieren, vermögen im allgemeinen auch in lebende Bakterienleiber einzudringen und dieselben anzufärben (sog. Vitalfarbstoffe).

§ 76. Züchtet man Bakterien auf farbstoffhaltigen (festen oder flüssigen) Nährböden, so diffundieren die Farbstoffe in die wachsenden Bakterienleiber hinein. Auf diese Weise lassen sich künstlich gefärbte, lebende Bakterienkulturen erhalten. BIRSCH-HIRSCHFELD[123] züchtete hierzu z. B. *Bact. typhi* auf Gelatine, welche 0,14 % Phloxinrot enthielt. Solche vitalgefärbten Kulturen (z. B. von *Vibrio cholerae, Bact. typhi, Bact. coli*) gewannen auch PÉJU und RAJAT[124], REITZ[125], CALANDRA[126], VAY[127], SIGNORELLI[128], KRUMWIEDE und PRATT[129], ZEISS[130] und EISENBERG[131] auf verschiedenen Nährböden (z. B. auf Gelatine, Agar, Bouillon) mit geringen Farbstoffzusätzen (z. B. von Eosin, Methylenblau, Neutralrot, Pikrinsäure, Helianthin, Dahlia oder Pfaublau).

b) Die Diffusion von Zellgiften.

§ 77. Ähnlich gewissen Anilinfarbstoffen vermögen auch noch zahlreiche andere (meist farblose, wasserlösliche) Substanzen in den lebenden Bakterienleib einzudringen[132]. Von diesen Stoffen besitzen vor allem die sog. Zellgifte (z. B. Formaldehyd [HCOH], Sublimat [$HgCl_2$], Höllenstein [$AgNO_3$], Kaliumpermanganat [$KMnO_4$], Phenol [C_6H_5OH] und seine Homologe) eine große praktische Bedeutung für die Unschädlichmachung (Abtötung) der krankheitserregenden Bakterien („Desinfektion")[133].

§ 78. Um sich von der Giftigkeit („Toxizität") dieser sog. Desinfektionsmittel zu überzeugen und ihre Wirksamkeit (gegenüber einer bestimmten Bakterienart) zu prüfen, fügt man zu einer Anzahl gleich großer Proben eines guten (flüssigen) Nährbodens (z. B. Bouillon) abgestufte Mengen des fraglichen Giftstoffes, beimpft hierauf die Versuchsröhrchen sowie eine giftfreie Kontrollprobe mit gleichgroßen Mengen der zu prüfenden Bakterien und läßt dann sämtliche so angelegte Kulturen (unter sonst gleichen und günstigen Wachstumsbedingungen) etwa 24 Stunden stehen. Alsdann entnimmt man zur sog. Keimzahlbestimmung allen Versuchsröhrchen gleichgroße Proben, welche man mit (verflüssigtem und entsprechend abgekühltem) Agar- oder Gelatinenährboden zu Platten ausgießt. Nach etwa 24stündiger Bebrütung dieser Platten zählt man die auf ihnen gewachsenen Kolonien. Im allgemeinen ergibt sich aus solchen Versuchen, daß sehr stark verdünnte Giftlösungen das Bakterienwachstum eher fördern als hemmen oder überhaupt wirkungslos sind. Erst ein etwas stärkerer Giftgehalt, welcher jedoch an sich (z. B. bei Sublimat) sehr gering und chemisch vielfach nicht nachzuweisen ist, wirkt zunächst entwicklungshemmend und schließlich (bei noch größeren Mengen) keimtötend. Die Verdünnungsgrenzen, innerhalb deren diese verschiedenen Giftwirkungen auftreten, sind vor allem vom Giftstoff selbst und von der Bakterienart, auf welche er einwirkt, abhängig[134]. So fand BECHHOLD[135], daß z. B. Lysol bei 24stündiger Einwirkung auf *Corynebact. diphtheriae* noch in der Verdünnung $^1/_{20000}$, aber erst in der Verdünnung $^1/_{800}$ auf *Bact. coli* abtötend wirkt, während β-Naphthol *Corynebact. diphtheriae* in der Verdünnung von $^1/_{10000}$ und *Bact. coli* in der Verdünnung von $^1/_{8000}$ abtötet. Gegenüber *Corynebact. diphteriae* wirkt also Lysol doppelt so stark wie β-Naphthol, während es gegen *Bact. coli* nur $^1/_{10}$ der β-Naphtholwirkung aufweist.

§ 79. Für den Verlauf der Vergiftungserscheinungen, welche letzten Endes auf einer Veränderung und Schädigung des lebenden Zellprotoplasmas beruhen, sind auch die Bedingungen maßgebend, unter welchen die Giftstoffe mit den Bakterien zusammentreffen und dann in den Zelleib eindringen[136]. Die Giftstoffe müssen, um ihre volle Wirkung entfalten zu können, in Wasser, in welchem die Zellen aufquellen, gelöst sein; in Alkohol, Azeton, Glyzerin, Chloroform, Schwefelkohlenstoff, Benzol und in Ölen gelöste Gifte sind nahezu unwirksam. R. KOCH[137] fand z. B., daß *Bac. anthracis* durch 2tägige Einwirkung einer 5%igen Lösung von Karbolsäure in Öl nicht abgeschwächt wird, während die Zellen durch 1%ige wässerige Karbolsäurelösung in 2 Minuten abgetötet werden. Er fand ferner, daß z. B. die Sporen des *Bac. anthracis* die Einwirkung einer 5%igen Karbolsäure in Öl über 100 Tage, die einer 5%igen Karbolsäure in Alkohol über 70 Tage ohne Schädigung der Lebensfähigkeit vertragen, dagegen durch 5%ige wässerige Karbolsäurelösung in 48 Stunden vernichtet werden. Wie KRÖNIG und PAUL[138] sowie SCHEURLEN und SPIRO[139] zuerst zeigten, hängt die Giftwirkung der Metallsalze (z. B. der Quecksilber-, Silber- und Kupfersalze) wesentlich von dem sog. Dissoziationsgrad ab und zwar sowohl von der Konzentration der Kationen als auch von der Art und der Konzentration der Anionen sowie von dem Anteil der nichtdissoziierten Giftmoleküle. Den sog. desinfektorischen Effekt einer wässerigen Metallsalzlösung bestimmt vor allem die spezifische Giftigkeit ihrer Ionen. Von den Kationen ist das Hg-Ion das giftigste, ihm folgen die Ionen des Ag, Zn, Cu; von den Anionen ist das Cl-Ion das wirksamste, ihm folgen etwa die Ionen NO_3, SO_4. Demgegenüber desinfiziert z. B. Phenol als Molekül und nicht als Ion; denn die (in Wasser) ziemlich stark dissoziierte Verbindung Phenolnatrium (C_6H_5ONa) ist bei weitem nicht so giftig wie das (in Wasser) schwach dissoziierte

Phenol. Trotzdem wirkt aber eine alkoholische Phenollösung, in welcher das Phenol noch weniger dissoziiert ist als in Wasser, weniger giftig als eine wässerige Phenollösung.

§ 80. Will man den Absterbevorgang der Bakterien (z. B. der widerstandsfähigen Sporen des *Bac. anthracis*) unter dem Einfluß eines Giftstoffes (z. B. einer wässerigen 0,05%igen $HgCl_2$-Lösung) verfolgen, so gibt man nach der Angabe von REICHENBACH[140] zu einer Reihe von Bechergläsern mit je 10,0 ccm 0,05%iger $HgCl_2$-Lösung je 0,1 ccm einer gleichmäßigen Sporenaufschwemmung. Den Sporengehalt der so hergestellten Aufschwemmungen ermittelt man an einer giftfreien Kontrollprobe durch Bestimmung der Keimzahl. Nach Ablauf von 5, 10, 15 usw. Minuten Einwirkungszeit fügt man (zur sog. Entgiftung) zu einer der Versuchsproben 1,0 ccm Schwefelammoniumlösung, welche die Giftwirkung des Sublimats sofort aufhebt, und verimpft dann nach einer weiteren Minute 0,2 ccm des Gemisches in verflüssigte Nährgelatine, welche man zu einer Platte ausgießt. Als Beispiel für den Abtötungsverlauf seien die Keimzahlbestimmungen aufgeführt, welche REICHENBACH bei einem derartigen Desinfektionsversuch mit Anthraxsporen und 0,05%iger $HgCl_2$-Lösung ermittelte. REICHENBACH fand für eine Sporenaufschwemmung mit der Anfangsmenge von 4398 Zellen nach der Sublimateinwirkung von 5, 10, 15, 25, 32, 40, 50 bzw. 60 Minuten die Keimzahlen: 2670, 1980, 1455, 857, 604, 282, 165 bzw. 59. MADSEN und NYMEN[141] haben zuerst darauf aufmerksam gemacht, daß die bei solchen zahlenmäßig verfolgten Desinfektionsversuchen beobachteten Werte (für die überlebenden Keime) häufig sehr gut mit den Zahlen übereinstimmen, welche sich nach der Formel der sog. monomolekularen Reaktionen berechnen lassen. Diese Reaktionen, bei denen nur eine Molekülgattung eine Umsetzung erleidet, verlaufen derart, daß die neugebildete Stoffmenge stets der noch nicht umgesetzten Menge des ursprünglichen Stoffes proportional ist. Bezeichnet man die ursprünglich vorhandene Menge mit a, die nach der Zeit t umgesetzte Menge mit x, so beträgt die noch unveränderte Stoffmenge (a — x), und es gilt für die in dem unendlich kleinen Zeitabschnitt dt umgesetzte (ebenfalls unendlich kleine) Menge dx die Differentialgleichung:

$$\frac{dx}{dt} = k\,(a - x),$$

in welcher der Differentialquotient $\frac{dx}{dt}$ die Reaktionsgeschwindigkeit und k eine Konstante bedeuten. Dieser Gesetzmäßigkeit unterliegt nun auch der Absterbevorgang der Bakterien. Ist B die Anfangsmenge der Bakterienzellen, b die Zahl der nach der Zeit t abgetöteten Zellen, so ist (B — b) die nach der Zeit t noch vorhandene Bakterienzahl, und es gilt entsprechend obiger Gleichung:

$$\frac{db}{dt} = k(B - b),$$

worin k die sog. Desinfektionsgeschwindigkeitskonstante bedeutet. Integriert man diese Differentialgleichung, so ergibt sich:

$$t = \log \frac{B}{(B - b)} \cdot \frac{1}{k},$$

und es folgt hieraus:

$$k = \frac{1}{t} \cdot \log \frac{B}{(B - b)}.$$

Nach dieser Gleichung kann man die in einer beliebigen Zeit (t) abgetötete Bakterienmenge (b) berechnen, da die Anfangsmenge (B) bekannt und k für alle Werte von B, b und t konstant sein muß.

§ 81. Inwieweit die experimentell ermittelten Werte für (B — b) mit den berechneten Werten tatsächlich übereinstimmen, zeigt z. B. die folgende Zusammenstellung (Tabelle 1) der von Reichenbach für seinen oben angeführten Desinfektionsversuch gefundenen bzw. berechneten Zahlen.

Tabelle 1.

t	B — b		k
	gefunden	berechnet	
0	4398	—	—
5	2670	2559	0,0260
10	1980	1962	0,0260
15	1455	1448	0,0262
25	857	789	0,0249
32	604	515	0,0242
40	282	317	0,0277
50	165	172	0,0266
60	59	94	0,0298

Wie aus dieser Übersicht hervorgeht, stimmen die für (B — b) durch Keimzählung bzw. durch Berechnung ermittelten Werte ziemlich gut überein.

c) Die Diffusion von osmotisch wirksamen Stoffen.

§ 82. Jede Bakterienzelle, welche in einem flüssigen oder festweichen (feuchten) Nährboden lebt, stellt zusammen mit diesem ein sog. osmotisches System dar, d. h. die osmotischen Druckdifferenzen zwischen den im Zelleib (innerhalb der Membran) und den im Medium (außerhalb der Membran) gelösten Stoffen suchen sich auszugleichen [§ 377—378].

α) Der osmotische Druck der Bakterienzelle.

§ 83. Der osmotische Druck („Lösungsdruck") der Bakterienzelle ist auf gewisse, im Zellsaft gelöste osmotisch wirksame Stoffe (z. B. Säuren, Salze, Zucker) zurückzuführen. Unter normalen Verhältnissen befindet sich der osmotische Druck der Zelle im Gleichgewicht mit dem von außen auf die Zellhaut einwirkenden osmotischen Druck des Mediums. Der zähflüssige, protoplasmatische Zellinhalt wird unter dem Einfluß des „Binnendruckes" (sog. Turgor) gegen die elastisch gespannte Membran gepreßt und vermag geringen Druckschwankungen, welche z. B. bei Konzentrationsänderungen des Mediums auftreten, durch Bildung entsprechend wirksamer Stoffwechselprodukte standzuhalten („Osmoregulation"). Wie FISCHER[142] für vollentwickelte, prallgefüllte („turgeszente") Bakterienzellen (z. B. für *Bact. typhi*, *Bact. pyocyaneum* und *Vibrio cholerae*) experimentell nachgewiesen hat, schwankt der osmotische Zelldruck im gewöhnlichen Nährboden (z. B. im Nähragar) zwischen 1,4 und 2,1 Atm., so daß der Überdruck der Zellen im destillierten Wasser etwa 2,8 bis 3,5 Atm. beträgt. Dies bedeutet z. B. für einen (auf Nähragar lebenden) *Vibrio cholerae*, welcher 2 μ lang und 0,4 μ breit ist und eine Oberfläche von 2,8 μ^2 und eine Zellwanddicke von etwa 0,008 μ besitzt, einen Druck von ungefähr 0,014 bis 0,021 mg auf 1 μ^2 Membranfläche.

β) Die Plasmolyse.

§ 84. Überträgt man lebende, turgeszente [§ 83] Bakterienzellen (z. B. *Vibrio cholerae, Bact. typhi, Cladothrix dichotoma*) aus einer geeigneten Nährflüssigkeit (z. B. aus Bouillon) in einen Tropfen einer sog. hypertonischen Salzlösung (z. B. in 2,5%-ige KNO_3- oder in 2%-ige NaCl-Lösung), so kann man mikroskopisch verfolgen, wie das anfangs dicht an die Zellmembran angeschmiegte Protoplasma allmählich immer mehr zurückweicht und sich zu einem oder mehreren Plasmakügelchen verdichtet. Diese Schrumpfung des Protoplasmas unter dem Einfluß einer Salzlösung, welche einen größeren osmotischen Druck besitzt als der Inhalt des Zelleibes, wird „Plasmolyse" genannt und beruht darauf, daß die Plasmagrenzschicht der Bakterienzelle halbdurchlässig („semipermeabel") ist, d. h. zwar leicht für Wasser-, dagegen für Salzmoleküle nur sehr schwer durchgängig ist, und daß auf diese Weise die wasserentziehende Salzwirkung der Umspülungsflüssigkeit einen Austritt („Exosmose") des Zellwassers zur Herstellung eines osmotischen Gleichgewichtszustandes hervorruft [§ 377—378].

§ 85. Die Undurchlässigkeit („Impermeabilität") der protoplasmatischen Grenzschicht für osmotisch wirksame Stoffe ist bei den einzelnen Bakterienarten verschieden und schwankt auch bei ein und demselben Bakterium je nach der chemischen Natur der wirksamen Stoffe und je nach der Dauer der Einwirkung [§ 73].

§ 86. Plasmolysierbar, d. h. also im Besitz einer semipermeablen Plasmagrenzschicht sind z. B. *Micr. candicans, Bact. typhi, Bact. coli, Bact. pyocyaneum, Bact. fluorescens, Bact. prodigiosum, Vibrio cholerae* und *Spir. undula*; nicht plasmolysierbar sind dagegen z. B. *Micr. pyogenes, Strept. acidi lactici, Bac. anthracis, Bac. subtilis, Bac. megatherium* und *Bac. mesentericus*. Die Plasmolyse kann bei den erstgenannten Bakterienzellen durch hypertonische Salz- und Zuckerlösungen, nicht aber durch gewisse (lipoidlösliche?) an sich osmotisch wirksame Stoffe, wie z. B. durch Antipyrin, Chloralhydrat, Glyzerin und Harnstoff, hervorgerufen werden, für welche das Zellplasma vollkommen permeabel ist. Die Undurchlässigkeit des Protoplasmas der plasmolysierbaren Bakterienzellen ist jedoch auch für Salz- und Zuckerlösungen fast immer nur vorübergehend vorhanden. Abgesehen davon, daß z. B. die für den Zellchemismus unbedingt erforderlichen Mineralsalze nur durch die imbibierte Membran und den protoplasmatischen Wandbelag in den Bakterienleib gelangen, kann man auch an Zellen, welche z. B. mit einer mehrprozentigen Salpeter- oder Rohrzuckerlösung plasmolysiert wurden, beobachten, wie das von der Zellhaut abgelöste und geschrumpfte Protoplasma nach einiger Zeit sich wieder ausdehnt („Deplasmolyse"). Im allgemeinen sind lebende, ältere Bakterienzellen wegen ihres nicht allzu großen Turgors ziemlich leicht plasmolysierbar, während junge, prallgefüllte Zelleiber meist sehr langsam plasmolysieren und abgestorbene (junge wie alte) Zellen überhaupt keine Plasmolyse zeigen, da mit dem Zelltod die normale Semipermeabilität der Plasmagrenzschicht verloren geht. Bei einer Reihe von Bakterienarten (z. B. bei *Bact. pestis, Bact. septicaemiae haemorrhagicae, Mycobact. tuberculosis, Mycobact. leprae* und *Corynebact. diphtheriae*) tritt die Plasmolyse vielfach schon spontan auf, d. h. auch ohne künstliche (äußere osmotische) Einwirkungen. Die ziemlich regelmäßige Anordnung des zusammengezogenen Plasmas besitzt häufig (z. B. als sog. plasmolytische Polfärbung) eine gewisse differential-diagnostische Bedeutung[143].

γ) Die Plasmoptyse.

§ 87. Impft man lebende Bakterienzellen (z. B. *Micr. pyogenes, Bact. prodigiosum, Bac. subtilis* oder *Vibrio cholerae*), welche zuvor mindestens 30 Min. z. B. in einer 2 %igen NaCl-Lösung aufgeschwemmt waren und innerhalb dieser Zeit einen ziemlich hohen osmotischen Innendruck erlangt haben, z. B. in destilliertes Wasser, so kann man unter dem Mikroskop nicht selten beobachten, wie die Zellen sich immer mehr aufblähen und schließlich platzen, so daß der protoplasmatische Inhalt in das Wasser austritt und (infolge der Oberflächenspannung) Kugelgestalt annimmt [§ 194]. Dieser Austritt des Zellplasmas durch die geplatzte Membran wird nach FISCHER[144] „Plasmoptyse“ genannt und beruht darauf, daß der beträchtliche Salzgehalt des Zellinhaltes, welcher schon an sich einen gesteigerten Binnendruck verursacht, stark wasseranziehend wirkt und auf diese Weise eine derartige „Endosmose“ des Wassers aus dem Medium hervorruft, daß die Zellhaut schließlich zerreißt[145].

§ 88. Während die Plasmolyse [§ 84—86] der Bakterienleiber im allgemeinen nur eine vorübergehende morphologische Gestaltveränderung des protoplasmatischen Zellinhaltes hervorruft, ohne die Lebensfähigkeit der Zellen zu schädigen (z. B. bleibt die Eigenbewegung der Bakterien erhalten), bedeutet die Plasmoptyse eine schwere Verletzung der Zellhaut und damit vielfach auch eine äußerste Gefährdung des protoplasmatischen Inhaltes. Unter besonders günstigen Lebensbedingungen (z. B. bei sofortiger Übertragung in einen optimalen Nährboden) können allerdings auch die hautlosen Plasmakugeln, welche weiterhin Wasser aufnehmen und quellen, sich mit einer neuen Membran umkleiden und zu normalen Bakterienzellen wieder heranwachsen[146].

3. Die Löslichkeit der Bakterienzelle.

§ 89. Unter dem Einfluß gewisser Stoffe wird die vorwiegend eiweißartige (protoplasmatische) Leibessubstanz mancher Bakterienzellen aufgelöst („Bakteriolyse“). Von den vielen hierüber vorliegenden Beobachtungen sind die Auflösungserscheinungen durch chemische Mittel [§ 90], durch Verdauungsfermente [§ 91 bis § 95] und durch Serumwirkung [§ 96—101] besonders bemerkenswert.

a) Die Bakteriolyse durch chemische Mittel.

§ 90. Das stärkste aller chemischen Lösungsmittel für lebende Bakterienzellen [mit Ausnahme der sog. säurefesten [§ 142—146] Bakterien (z. B. *Mykobact. tuberculosis, Mykobact. leprae, Mykobact. smegmatis, Mykobact. lacticola* und *Mykobact. phleï*) und der Sporen] bildet das sog. Antiformin (UHLENHUTH und XYLANDER[147]), welches 5,6 % Natriumhypochlorit und 7,5 % Natriumhydroxyd enthält, alle organischen Stoffe (außer Zellulose und Wachs) aufzulösen vermag und schon in 5 %iger Verdünnung z. B. *Vibr. cholerae* in 5 Min., *Corynebact. diphtheriae* und viele sog. gramnegative Bakterien (z. B. *Bact. typhi*) in etwa 15 Min. und die grampositiven Bakterien (z. B. *Bac. anthracis*) in 30—45 Min. auflöst. Bakterienauflösend („bakteriolytisch") wirkt auch die Kalilauge, welche bereits in 1 %iger Lösung viele gramnegative Bakterien (KRUSE[148]), besonders leicht *Vibrionen* (NEUFELD[149]) und in 10 %iger Verdünnung (KRUSE[150]) alle Bakterien (mit Ausnahme der säurefesten Zellen und der Sporen) innerhalb kurzer Zeit auflöst. Nach GAMALEIA[151] wirken in ähnlicher Weise die wässerigen Lösungen mancher anorganischen Salze (z. B. von Fluor-, Chlor- und Jodammonium) sowie gewisse organische Verbindungen wie Methylamin ($NH_2 \cdot CH_3$), Äthylamin ($NH_2 \cdot C_2H_5$), Triäthylamin ($N \cdot (C_2H_5)_3$), Äthyldiamin ($NH_2 \cdot C_2H_4 \cdot NH_2$) und vor allem die Glutaminsäure ($COOH \cdot CH(NH_2) \cdot CH_2 \cdot CH_2 \cdot COOH$) und das Koffeïn ($C_8H_{10}N_4O_2$). Hierher gehören auch die bakterienlösenden Eigenschaften gewisser Lipoide und Seifen; so z. B. die Lösung von *Strept. lanceolatus* (NEUFELD[152]), *Micr. gonorrhoeae* und *Micr. intracellularis* (FICKER[153]) und *Strept. mucosus* (MANDELBAUM[154] und LEVY[155]) durch Galle bzw. durch gallensaure (taurocholsaure) Salze, ferner die lösende Wirkung des Lezithins auf *Bact. typhi* (BASSENGE[156]) und des Kobragiftes auf *Micr. pyogenes, Corynebact. diphtheriae, Bac. anthracis* und *Vibr. cholerae* (NOC[157]). Schließlich ist noch die Bakteriolyse durch die sog. Pyozyanase (EMMERICH und LÖW[158]) zu erwähnen, welche aus alten (filtrierten, dann auf $^1/_{10}$ eingedampften und hierauf dialysierten) Bouillonkulturen des *Bact. pyocyaneum* gewonnen wird und z. B. *Bac. anthracis, Corynebact. diphtheriae* und *Vibrio cholerae* auflöst.

b) Die Bakteriolyse durch Verdauungsfermente.

§ 91. Von den Auflösungserscheinungen der Bakterienzellen durch Verdauungsfermente sind die Wirkungen durch Pepsin bzw. Trypsin [§ 92] und die Vorgänge bei der sog. Selbstverdauung [§ 93] zu nennen. Vielleicht gehört hierher auch das sog. D'HÉRELLEsche Phänomen [§ 94—95].

α) Die Pepsin- bzw. Trypsinverdauung.

§ 92. Die meisten lebenden und entwicklungsfähigen Bakterienzellen werden durch eiweißlösende („proteolytische") Enzyme [§ 238] wie Pepsin und Trypsin nicht verdaut; geringe Auflösungserscheinungen in Pepsinsalzsäure zeigen nur *Vibr. cholerae, Bact. proteus, Bact. prodigiosum, Bact. pyocyaneum, Bact. fluorescens* und *Bac. anthracis*. Demgegenüber werden Bakterienzellen, welche z. B. durch Säure, Chloroform, Erhitzung oder Austrocknung abgetötet sind, durch Pepsin und noch besser durch Trypsin aufgelöst, und zwar handelt es sich dabei vorwiegend um gramnegative Zellen (z. B. *Micr. intracellularis, Bact. coli, Bact. dysenteriae, Bact. typhi, Bact. paratyphi* und *Bact. enteritidis*), während die grampositiven Bakterien mit einigen Ausnahmen (z. B. *Strept. lanceolatus, Bac. anthracis*) nicht verdaut werden[159].

β) Die Selbstverdauung.

§ 93. Viele alternde und schlechternährte oder z. B. durch Chloroform, Xylol, Toluol, Thymol, Salizylsäure, Formaldehyd oder Blausäure abgetötete Bakterienzellen (z. B. *Micr. intracellularis, Micr. gonorrhoeae, Strept. lanceolatus, Bact. pyocyaneum, Bact. typhi* und *Bac. anthracis*) verfallen der sog. Selbstverdauung („Autolyse"), indem z. B. eine ursprünglich mehr oder weniger getrübte Aufschwemmung dieser Zellen (z. B. in Bouillon, deren Nährstoffe erschöpft sind) sich allmählich aufhellt, da die Bakterienleiber nach und nach aufgelöst werden[160]. Offenbar beruhen diese Lösungsvorgänge hauptsächlich auf der Wirkung von zelleigenen (eiweißlösenden) Verdauungsfermenten. Die bakterienlösende Kraft dieser sog. endotryptischen Fermente wird z. B. durch niedere Temperaturen gehemmt und z. B. durch höhere Temperaturen oder durch starke Zellgifte (wie 3%ige Karbolsäure und 0,1%ige Sublimatlösung) zerstört. Wie lebende wachstumsfähige Bakterienzellen sich gegen die Selbstverdauung schützen, ist noch unaufgeklärt; vielleicht handelt es sich hierbei um die Wirkung sog. Antifermente [§ 183].

γ) Das sog. D'HÉRELLEsche Phänomen.

§ 94. Das sog. D'HÉRELLEsche Phänomen, welches den fermentativen Auflösungserscheinungen der Bakterienzellen zum mindesten ähnelt und allem Anschein nach sogar auf einer Fermentwirkung beruht, besteht darin, daß gewisse (keimfreie) Stuhlfiltrate manche lebende Bakterienzellen aufzulösen vermögen[161]. Um sich hiervon zu überzeugen, verreibt man eine kleine Probe menschlicher Darmentleerung in Nährbouillon, läßt diese Stuhlaufschwemmung etwa 24 Stunden bei 37° stehen und schickt sie dann durch ein Tonfilter. Fügt man nun etwa einen Tropfen des so gewonnenen (bakterienfreien und klaren) Stuhlfiltrates zu einer von zwei gleichalten und gleichmäßig getrübten Bakterienkulturen (z. B. des *Bact. dysenteriae* in Nährbouillon), so wird die filtrathaltige Kultur im Verlauf von einigen Stunden (bei 37°) vollkommen klar, während die andere Kulturprobe („Kontrolle") infolge zunehmender Bakterienentwicklung immer stärker getrübt wird. Auch auf festen Nährböden wirkt ein solches Filtrat bakterienlösend. Verteilt man z. B. eine Öse Bouillonkultur des *Bact. dysenteriae* (mittels Spatels) auf eine Nähragarplatte, und breitet man, nachdem die Bakterien eben angetrocknet sind, noch eine Öse wirksamen Stuhlfiltrates in möglichst dünner Schicht auf der Plattenoberfläche aus, so zeigt sich nach 24stündiger Bebrütung der Platte bei 37°, daß der gewachsene Bakterienrasen nicht (wie bei einer filtratfreien Kontrollplatte) gleichmäßig die ganze Oberfläche bedeckt, sondern von zahlreichen, mehr oder weniger großen keimfreien Löchern durchsetzt ist. An diesen Stellen sind die Bakterienzellen offenbar aufgelöst worden. Will man das D'HÉRELLEsche Phänomen mikroskopisch verfolgen, so mischt man hierzu zweckmäßig einen Tropfen Bakterienaufschwemmung mit einem Tröpfchen Stuhlfiltrat, bringt einen Tropfen dieses Gemisches auf eine dünne Nähragarplatte, legt ein Deckgläschen darauf und stellt dann das Präparat im 37°-Mikroskopierbrutschrank mit der Immersionslinse in der üblichen Weise ein. Im Verlauf von etwa 1 Stunde kann man nun an einer Gruppe von 4—5 Zellen, welche sich bequem einstellen lassen und während der ganzen Versuchsdauer (auf dem Agar haftend) im Gesichtsfeld bleiben, verfolgen, wie dieselben sich zunächst vergrößern und dann teilen. Bei weiterer Beobachtung zeigt sich, daß von den neuentstandenen Zellen eine nach der anderen plötzlich, d. h. ohne besonders wahrzunehmende morphologische Veränderungen aufzuweisen, aus dem Gesichtsfeld verschwindet. Nicht die ursprünglich verimpften Bakterien, sondern die aus diesen hervorgegangenen Tochterzellen werden hiernach aufgelöst.

§ 95. Die bakterienlösende Kraft eines solchen Stuhlfiltrates ist im allgemeinen sehr groß und unterscheidet sich von allen bisher bekannten Fermentwirkungen, an welche zunächst gedacht werden könnte, durch die noch ungeklärte Eigenschaft der Rück-

bzw. Neubildung im Verlauf der Bakteriolyse. Fügt man z. B. zu je 5,0 ccm der Filtratverdünnungen (in Bouillon):

$$\frac{1}{10}, \quad \frac{1}{10^2}, \quad \frac{1}{10^3}, \quad \frac{1}{10^4}, \quad \frac{1}{10^5}, \quad \text{usw.}$$

einen Tropfen (0,05 ccm) einer auflösbaren Bakterienkultur (z. B. einer dichten Agarabschwemmung) und hält dann die Versuchsröhrchen (sowie eine filtratfreie Kontrollprobe) bei 37°, so tritt die Bakteriolyse im Verlauf von einigen Stunden sehr häufig noch in der Verdünnung von $\frac{1}{10^9}$ auf. Stellt man sich nun von dieser (noch aufgelösten) Bouillonkultur, welche ursprünglich nur Spuren des wirksamen Filtrates (0,000000005 ccm) enthielt, abermals die Verdünnungen:

$$\frac{1}{10}, \quad \frac{1}{10^2}, \quad \frac{1}{10^3}, \quad \frac{1}{10^4}, \quad \frac{1}{10^5}, \quad \text{usw.}$$

her, so daß also die neuen Verdünnungen des Filtrates:

$$\frac{1}{10^{10}}, \quad \frac{1}{10^{11}}, \quad \frac{1}{10^{12}}, \quad \frac{1}{10^{13}}, \quad \frac{1}{10^{14}} \quad \text{usw.}$$

betragen, und setzt man zu jeder dieser Proben wiederum einen Tropfen Kulturflüssigkeit, so kann man nicht selten beobachten, daß innerhalb einiger Stunden die Bakterienauflösung sogar noch bei der Filtratverdünnung von $\frac{1}{10^{20}}$ erfolgt. Auch von dieser (noch gelösten) Bouillonkultur kann man ähnliche Verdünnungsreihen ansetzen, ohne jemals die Grenze zu erreichen, über welche hinaus das Filtrat unwirksam wäre. Angesichts dieser unbegrenzten Übertragbarkeit des Auflösungsvermögens glaubt D'HÉRELLE die Fermentnatur des wirksamen Filtratbestandteiles, des sog. Lysins, ablehnen zu können und dafür ein bakterienfeindliches, sog. ultravisibles lebendes Virus, den „Bakteriophagen", annehmen zu müssen.

c) Die Bakteriolyse durch Serumwirkung.

§ 96. Eine große praktische Bedeutung für die sog. natürliche bzw. für die (durch Krankheit oder künstlich erzeugte) erworbene Unempfänglichkeit („Immunität") des Menschen- und Tierkörpers gegenüber gewissen krankheitserregenden Bakterien haben die Auflösungserscheinungen dieser Bakterien („Bakteriolyse") im zellfreien menschlichen bzw. tierischen Serum [§ 97—101].

α) Die Bakteriolyse im Normalserum.

§ 97. Verimpft man lebende Bakterienzellen (z. B. *Bact. typhi*, *Bact. dysenteriae* oder *Vibr. cholerae*) in frisches („aktives") normales Menschen- oder Tierserum, so kann man mikroskopisch verfolgen, wie die eingesäten Zellen allmählich unter Körnung („Granulabildung“) ihres Inhaltes aufquellen (dabei mitunter kolbige oder knotige Auftreibungen erfahren) und schließlich in winzige Kügelchen zerfallen. Diese Auflösung (bzw. Abtötung) der Bakterienleiber unter dem Einfluß eines Normalserums läßt sich auch durch Keimzahlbestimmungen zahlenmäßig nachweisen und nach PETERSSON[162] noch auf folgende Weise sehr gut beobachten. Man impft hierzu in ein Röhrchen mit 37° warmer (verflüssigter) 5 %iger Nährgelatine eine serumlösliche Bakterienart (z. B. *Bact. typhi*) und verteilt die Bakterien möglichst gleichmäßig in der Gelatine. Auf die abgekühlte (erstarrte) Gelatine schichtet man nun etwa 5,0 ccm des wirksamen Serums und hält hierauf das Röhrchen sowie eine serumfreie (aber sonst ebenso angesetzte) Kontrollprobe mehrere Tage bei 18—20°. Im Verlauf von einigen Tagen zeigt dann im Versuchsröhrchen der obere Teil der Gelatine eine bis zu 5 mm breite, bakterienfreie (klare) Zone, während die darunter befindliche Gelatineschicht sowie die gesamte Gelatine der Kontrollprobe von zahlreichen Kolonien durchsetzt ist. Offenbar sind die wirksamen Serumstoffe durch Diffusion in den oberen Gelatineteil eingedrungen und haben die dort vorhandenen Bakterien aufgelöst.

§ 98. Natur und Wirkungsart der fraglichen Serumstoffe, welche BUCHNER[163] „Alexine“ nannte, sind noch nicht sichergestellt. Allem Anschein nach ist die bakterienfeindliche („bakterizide“) Eigenschaft des Normalserums an das Zusammenwirken zweier (normaler) Stoffe geknüpft, von denen der eine, welcher „Ambozeptor“ heißt, 56° thermostabil ist und spezifisch wirkt, während der andere, welcher „Komplement“ genannt wird, unspezifisch und thermolabil ist. Mit Hilfe des sog. Kältetrennungsversuches nach EHRLICH und MORGENROTH gelingt es nämlich, die beiden wirksamen Serumbestandteile voneinander zu trennen und nachzuweisen, daß die eigentliche Auflösung der Bakterien stets nur durch das Komplement erfolgt, und zwar nur dann, wenn die Bakterienleiber mit dem spezifischen Ambozeptor beladen, d. h. für die auflösende Komplementwirkung „präpariert“ sind. Um sich hiervon zu überzeugen, fügt man zu frischem, unerhitztem („aktivem“) Normalserum lebende Bakterienzellen (z. B. *Bact. typhi*), hält diese Mischung einige Zeit bei 0° und zentrifugiert dieselbe dann, um die eingesäten (ungelösten) Bakterien von dem Serum wieder zu trennen. Es zeigt sich nun, daß das abgehobene und auf 37° erwärmte Serum neu zugegebene Bakterienzellen (der gleichen Art) nicht aufzulösen vermag, da der zugehörige („homologe") Ambozeptor von den bei 0° mit dem Serum vorbehandelten Zellen gebunden wurde, ohne daß dabei eine Bakteriolyse auftrat, weil das hierzu noch erforderliche Komplement nur bei höherer Temperatur wirksam ist. Mischt man dagegen das 37° warme nur noch Komplement enthaltende Serum mit den vorher bei 0° mit dem Ambozeptor beladenen Bakterien, so werden diese sofort aufgelöst[164].

β) Die Bakteriolyse im Immunserum.

§ 99. Spritzt man lebende (oder auch abgetötete) Bakterienzellen (z. B. $^1/_{50}$ 2 mg-Öse einer frischen Agarkultur des *Vibr. cholerae*) unter die Haut eines Meerschweinchens, so werden die Zellen in den Körpersäften dieses Tieres aufgelöst [§ 97]. Unter dem Einfluß des hierbei abgebauten („artfremden") Bakterieneiweißes (des sog. Endotoxins) [§ 337] erzeugt der Tierkörper spezifisch wirksame, d. h. bei Einspritzung z. B. von *Vibr. cholerae* nur gegen diesen gerichtete Abwehrstoffe („Anti"- oder „Immunkörper"). Impft man einem derart „aktiv immunisierten" Meerschweinchen die an sich tödliche Menge (etwa eine 2 mg-Öse) einer 18—20-stündigen virulenten Agarkultur des *Vibr. cholerae* in die Bauchhöhle, so verträgt dies das Meerschweinchen, ohne besondere Krankheitserscheinungen zu zeigen, während ein unvorbehandeltes (gleichgroßes und gleichaltes) Kontrolltier, welches nur etwa $^1/_5$ 2 mg-Öse der gleichen Kultur erhielt, im Verlauf von einigen Stunden der Infektion erliegt. In den Körperflüssigkeiten des immunisierten Meerschweinchens werden sämtliche einverleibte Vibrionen innerhalb kurzer Zeit völlig aufgelöst. Um diesen Vorgang mikroskopisch zu verfolgen, entnimmt man dem Versuchstier mit Hilfe von Glaskapillaren, welche man durch die Bauchwand hindurch einführt, in Zwischenräumen von etwa 5 Minuten kleine Proben des Bauchhöhleninhaltes. Unter dem Mikroskop zeigt sich dann folgendes: Die Vibrionen werden zunächst unbeweglich, quellen dann unter Veränderung ihres Lichtbrechungsvermögens auf und schrumpfen zu immer kleiner werdenden Kügelchen („Granula") zusammen, welche sich schließlich in der Bauchhöhlenflüssigkeit vollkommen auflösen. Der ganze Vorgang (sog. PFEIFFERsches Phänomen) dauert etwa 10 bis 20 Minuten.

§ 100. Auch das frische zellfreie Blutserum eines solchen Immuntieres vermag in vitro eine lebende Kultur des *Vibr. cholerae* binnen kurzem aufzulösen; mikroskopisch bietet sich hierbei das gleiche Bild wie bei der „Vibriolyse" in vivo. Anstatt einem Meerschweinchen eine untertödliche Vibrionenmenge einzuverleiben, um den Tierkörper zur selbständigen („aktiven")

Schutzstoffbildung anzuregen, kann man ihm nun auch das schutzstoffhaltige Serum eines anderen (aktiv immunisierten) Tieres einspritzen, um ihm auf diese Weise (sog. passive Immunisierung) einen erhöhten Schutz gegen die Infektion zu verleihen. Als Maßstab hat PFEIFFER hierfür den Begriff der sog. Immunitätseinheit („I.-E.") eingeführt. Darunter ist diejenige Serummenge zu verstehen, welche im Meerschweinchenversuch eben noch ausreicht, um das Tier vor der 10fachen Menge der tödlichen Dosis zu schützen. Um den Schutzwert eines Choleraimmunserums zu ermitteln, wird nach PFEIFFER je 1,0 ccm der abgestuften Serumverdünnungen mit einer 2 mg-Öse lebender, virulenter Choleraagarkultur, deren tödliche Dosis $^1/_{10}$ Öse = 0,2 mg beträgt, gemischt und hierauf je einem 200 g schweren Meerschweinchen in die Bauchhöhle eingespritzt. Diejenige größte Serumverdünnung, bei welcher gerade noch vollständige Vibriolyse erfolgt, ist der gesuchte Grenzwert, d. h. der sog. vibriolytische Titer des geprüften Immunserums.

§ 101. Wie die bakterienauflösenden Eigenschaften des aktiven Normalserums [§ 97—98], so beruht auch das Auflösungsvermögen des Immunserums [§ 99—100] auf dem Zusammenwirken des spezifischen thermostabilen Ambozeptors mit dem normalen thermolabilen Komplement, indem auch hier die Bakterienleiber für die auflösende Komplementwirkung durch den spezifischen Ambozeptor („Präparin") vorbereitet werden. Ähnlich wie gegen *Vibr. cholerae* lassen sich auch z. B. gegen *Strept. lanceolatus, Bact. typhi, Bact. paratyphi* B und *Bact. pyocyaneum* im frischen Zustand auflösend wirkende Immunsera darstellen. Im allgemeinen verläuft jedoch hierbei die Bakteriolyse bei weitem langsamer als beim *Vibr. cholerae*; vielfach ist sie nur angedeutet vorhanden. Gegen *Bac. anthracis* und andere grampositive Bakterienzellen bildet der Tierkörper überhaupt keine Präparine[165].

B. Die Adsorptionserscheinungen.

§ 102. In Flüssigkeiten aufgeschwemmte Bakterienzellen werden von vielen fein verteilten Substanzen infolge von Oberflächenattraktion festgehalten, und sie selbst vermögen auch gewisse Stoffe an ihrer Oberfläche zu verdichten. Diese Vorgänge nennt man „Adsorptionserscheinungen".

1. Die sog. mechanische Adsorption.

§ 103. Schüttelt man lebende Bakterienzellen, welche in physiologischer NaCl-Lösung aufgeschwemmt sind, mit fein pulverisierten Stoffen (z. B. mit Tierkohle, Kaolin oder Kieselgur), und schickt man hierauf diese Mischung durch ein angefeuchtetes Papierfilter, so ist die anfangs trübe Bakterienaufschwemmung ziemlich (mitunter völlig) geklärt, und man kann sich durch Keimzahlbestimmungen davon überzeugen, daß je nach der geprüften Bakterienart und je nach der Oberflächenentfaltung des benutzten Pulvers stets eine mehr oder weniger große Zahl von Keimen im Filterrückstand verbleibt. Allem Anschein nach handelt es sich dabei um eine mechanische Adsorption der Bakterienzellen an der Oberfläche der Pulverteilchen[166].

§ 104. Wie EISENBERG[167] nachgewiesen hat, werden die grampositiven Bakterien im allgemeinen viel stärker adsorbiert als die gramnegativen. Als Beispiel sei hierfür ein Adsorptionsversuch EISENBERGS angegeben, welchen er mit geglühter Kieselgur und mit den Aufschwemmungen der grampositiven Bakterien: *Micr. candicans*, *Micr. pyogenes*, *Sarc. lutea*, *Bac. tumescens* und der gramnegativen Bakterien: *Bact. typhi*, *Bact. coli*, *Bact. pyocyaneum* und *Vibr. cholerae* ausführte. Die Aufschwemmungen wurden von 16—20stündigen Schrägagarkulturen in der Weise hergestellt, daß eine 6 mg-Öse feuchter Bakteriensubstanz in 15 ccm physiologischer NaCl-Lösung aufgeschwemmt wurde. Es wurden hierauf je 5,0 ccm dieser Aufschwemmungen mit je einem vollen Platinspatel Kieselgur in Flaschen mit eingeschliffenem Glasstöpsel 15 Minuten lang geschüttelt, dann durch angefeuchtete Papierfilter geschickt und vom Filtrat bzw. seinen Verdünnungen Aussaaten auf je zwei Agarplatten angelegt, deren Keimzahl nach 48stündiger Bebrütung bei 37° festgestellt wurde. Die Berechnung der Adsorptionsergebnisse erfolgte in der Weise, daß alle Werte auf eine 6 mg-Öse filtrierter, nicht adsorbierter Aufschwemmung bezogen wurden. Die hierbei von EISENBERG ermittelten Zahlenwerte sind in der nachfolgenden Tabelle zusammengestellt.

Tabelle 2.

Bakterienart	Keimzahl einer Öse des unverdünnten Filtrates		
	Ohne Kieselgur geschüttelt und filtriert	Mit Kieselgur geschüttelt und filtriert	In % der Keimzahl der ursprünglichen Aufschwemmung
M. candicans . .	2 537 500	3 040	0,119
M. pyogenes . . .	28 250 000	44 640	0,158
Sarc. lutea	8 737 500	480	0,011
B. tumescens . . .	262 500	1 760	0,670
B. typhi	6 175 000	2 400 000	38,87
B. coli	2 212 500	36 000	1,62
B. pyocyaneum .	1 900 000	74 000	3,90
V. cholerae	162 500	100 000	61,54

§ 105. Abgesehen von den beträchtlichen Adsorptionsunterschieden zwischen den geprüften grampositiven und gramnegativen Bakterienarten, zeigt diese Übersicht, daß auch innerhalb dieser beiden Gruppen recht verschiedene Adsorptionswerte vorkommen. So betrug z. B. der Keimgehalt des Filtrates bei dem Versuch mit *Bact. typhi* 38,87 %, im Versuch mit *Bact. coli* dagegen nur 1,62 %; d. h. *Bac. coli* wird von der Kieselgur stärker adsorbiert als *Bact. typhi.* Diese „elektive“ Adsorption findet nun auch bei der Behandlung von Bakteriengemischen (z. B. von *Bact. typhi* + *Bact. coli*) mit gewissen Adsorptionsmitteln (z. B. Tierkohle oder Kaolin) statt, so daß auf diese Weise eine Trennung der miteinander vermengten Bakterienzellen erzielt werden kann, indem die stark adsorbierbaren Bakterien (z. B. *Bact. coli*) im Filterrückstand, die weniger adsorbierbaren (z. B. *Bact. typhi*) im Filtrat „relativ“ angereichert sind[168]. So fand z. B. MICHAELIS[169] eine Anreicherung des *Bact. typhi* bei Typhus-Colibazillenmischungen, welche er mit Kaolinpulver vorbehandelte und hierauf filtrierte. MICHAELIS ließ z. B. auf je 5,0 ccm gemischter Typhus-Colibazillenaufschwemmungen, welche einen übereinstimmenden Gehalt an *Bact. coli* und einen abnehmenden Gehalt an *Bact. typhi* aufwiesen, 0,5 g Kaolin 5 Minuten lang einwirken, filtrierte die Mischungen und bestimmte dann den Gehalt des Filtrates an *Bact. coli* bzw. an *Bact. typhi.* Das Ergebnis zeigt die folgende Zusammenstellung.

Tabelle 3.

Ursprüngliches Verhältnis von Coli/Typhus	Die vom Filtrat geimpfte Platte zeigt Colikol.	Typhuskol.	Coli/Typhus nach der Anreicherung
10 : 1	300	3000	100 : 1000
100 : 1	200	700	100 : 35
1 200 : 1	500	15	100 : 5
13 000 : 1	500	8	100 : 1,6
150 000 : 1	200	2	100 : 1

Wie diese Übersicht zeigt, war z. B. bei der mit Kaolin behandelten Mischung, welche *Bact. coli* und *Bact. typhi* im Verhältnis von 10 : 1 enthielt, die Menge des im Filtrat nachweisbaren *Bact. typhi* 10 mal so groß als die des *Bact. coli,* d. h. das Verhältnis *Coli/Typhus* nach der Anreicherung war 1 : 10.

2. Die spezifische Adsorption.

§ 106. Als Beispiel für einen spezifischen Adsorptionsvorgang diene die immunbiologische Agglutinationsreaktion[170]. Spritzt man lebende (oder auch abgetötete) Bakterienzellen (z. B. *Bact. typhi*) in die Blutbahn eines Kaninchens, so bilden sich in dem Körper dieses Tieres spezifisch wirksame Antikörper, welche von GRUBER und DURHAM[171] „Agglutinine" genannt wurden, weil ihnen die Fähigkeit zukommt, die Zellen der homologen, d. h. der eingespritzten Bakterienart zu verklumpen („Agglutination"). Zur Beobachtung des Agglutinationsphänomens fügt man z. B. zu 0,5 ccm einer 24stündigen, gleichmäßig getrübten Bouillonkultur des *Bact. typhi* einen Tropfen (0,05 ccm) stark wirksamen Typhusimmunserums. Schon kurze Zeit nach dem Zusatz des Serums beginnen in der Kultur deutlich wahrnehmbare und immer größer werdende Flöckchen aufzutreten, welche aus zusammengeballten Bakterienleibern bestehen und unter völliger Klärung der Flüssigkeit sich allmählich zu Boden setzen. Will man den sog. Agglutinationstiter eines solchen Immunserums bestimmen, d. h. diejenige Verdünnung des Serums ermitteln, bei welcher (innerhalb einer bestimmten Zeit) eine deutlich wahrnehmbare Agglutination der homologen Bakterienzellen eintritt, so wählt man hierzu die sog. makroskopische Agglutinationsprobe. Zweckmäßig werden von dem zu prüfenden Serum mit physiologischer NaCl-Lösung verschiedene Verdünnungen mit abnehmendem Serumgehalt in bestimmten Proportionen (z. B. $^1/_{10}$, $^1/_{20}$, $^1/_{40}$, $^1/_{80}$ usw.) hergestellt und in je 1,0 ccm dieser Verdünnungen eine 2 mg-Öse einer frischen Kultur gleichmäßig verteilt. Als Grenzwert („Titer") z. B. des Typhusimmunserums pflegt man diejenige Serummenge zu bezeichnen, welche genügt, um eine in 1,0 ccm physiologischer NaCl-Lösung aufgeschwemmte 2 mg-Öse einer 24stündigen Typhusagarkultur innerhalb einer Stunde bei 37° zur makroskopischen Agglutination zu bringen.

§ 107. Wie EISENBERG und VOLK[172] zuerst nachgewiesen haben, werden bei einem derartigen Auswertungsversuch sehr verschiedene Mengen Agglutinin von ein und derselben Bakterienmenge gebunden.

Um die Bindungsverhältnisse zwischen Agglutinin und agglutinabler Bakteriensubstanz zu ermitteln, ließen EISENBERG und VOLK die Versuchsröhrchen einer (mit einem stark wirksamen Typhusimmunserum angesetzten) Agglutinationsreihe zunächst 2 Stunden bei 37°, dann 22 Stunden bei Zimmertemperatur stehen und prüften hierauf den Agglutinationswert der oberen, von den agglutinierten Bakterien abgehobenen (klaren) Flüssigkeit. Auf diese Weise ermittelten EISENBERG und VOLK die im ersten Versuch tatsächlich gebundenen Mengen des Agglutinins als Differenz zwischen der ursprünglich zugegebenen und der restlichen Agglutininmenge. Als Maßstab für die jeweils gebundenen Agglutininmengen diente ihnen dabei eine für die verwendete Bakterienkultur festgelegte „Agglutinationseinheit" („Ag.-E.") des geprüften Immunserums. Aus den in Agglutinationseinheiten berechneten Mengen des tatsächlich („absolut") gebundenen Agglutinins bestimmten EISENBERG und VOLK weiterhin das Verhältnis dieser Agglutininmengen zu den im Versuch dargereichten Mengen, d. h. den „relativen" Grad der Agglutininbindung (sog. „Adsorptionskoëffizient"). Das Ergebnis eines solchen Bindungsversuches, bei welchem EISENBERG und VOLK *Bact. typhi* mit einem hochwertigen Typhusimmunserum zusammenbrachten, zeigt die nachstehende Übersicht:

Tabelle 4.

Serumverdünnung	Dargereichte Agglutininmenge in „Ag.-E."	Absol. gebundene Agglutininmenge	Relat. gebundene Agglutininmenge
$^1/_{10000}$	2	2	$^{20}/_{20}$
$^1/_{1000}$	20	20	$^{20}/_{20}$
$^1/_{500}$	40	40	$^{20}/_{20}$
$^1/_{300}$	67	67	$^{20}/_{20}$
$^1/_{100}$	200	180	$^{18}/_{20}$
$^1/_{50}$	400	340	$^{17}/_{20}$
$^1/_{10}$	2 000	1 500	$^{15}/_{20}$
$^1/_{2}$	10 000	6 500	$^{13}/_{20}$
$^1/_{1}$	20 000	11 000	$^{11}/_{20}$

Wie aus diesem Versuchsbeispiel hervorgeht, steigt die von ein und derselben Bakterienmenge adsorbierte Agglutininmenge mit der dargebotenen Agglutininmenge, d. h. die Bakterien adsorbieren ein Vielfaches derjenigen Agglutininmenge, welche zu ihrer Agglutination notwendig ist. Demgegenüber sinkt die relativ adsorbierte Agglutininmenge (von gewissen Serumverdünnungen ab) mit der dargereichten Agglutininmenge, d. h. die Bakterien adsorbieren aus den Serumverdünnungen mit zunehmendem Agglutiningehalt relativ immer weniger als aus den Verdünnungen mit abnehmendem Agglutiningehalt.

§ 108. Ähnliche Bindungsverhältnisse bestehen nun auch bei vielen anderen Adsorptionsvorgängen, so z. B. bei der Adsorption von Salzsäure durch das Hydrogel der Zinnsäure (VAN BEMMELEN[173]) und bei der Aufnahme von Benzoepurin, Molybdänblau und Kollargol durch Seide (BILTZ[174]). Für diese Vorgänge gilt erfahrungsgemäß mit beträchtlicher Annäherung die Formel:

$$\frac{C_1^p}{C_2} = k,$$

worin C_1 die Konzentration der gebundenen und C_2 die Konzentration der restlichen Stoffmenge bedeuten; p und k sind *konstante Größen. Auf Grund der von* EISENBERG und VOLK festgestellten Adsorptionswerte hat ARRHENIUS[175] für die Agglutininadsorption die Beziehung:

$$\frac{C_1^{\frac{3}{2}}}{C_2} = k$$

ermittelt. In dieser Gleichung bedeutet C_1 die absolut adsorbierte, C_2 die noch ungebundene Agglutininmenge und k eine Konstante. Mit Hilfe dieser Formel hat ARRHENIUS für den obigen Versuch von EISENBERG und VOLK die in der folgenden Tabelle aufgeführten Werte von C_2 berechnet.

Tabelle 5.

Gesamte Agglutininmenge	C_1	C_2		k
		beobachtet	berechnet	
2	2	0	0,024	—
20	20	0	0,69	—
40	40	0	2,1	—
67	67	0	4,0	—
200	180	20	19,7	24,4
400	340	60	52,9	22,6
2 000	1 500	500	478	23,7
10 000	6 500	3500	3890	28,2
20 000	11 000	9000	9160	25,4

Abgesehen von den Adsorptionsergebnissen mit den sehr stark verdünnten Serumproben, zeigt diese Übersicht eine ziemlich gute Übereinstimmung der für C_2 beobachteten bzw. berechneten Werte[176].

C. Die Ausflockungserscheinungen.

§ 109. Unter dem Einfluß gewisser Elektrolyt- bzw. Kolloidmengen werden in Flüssigkeiten aufgeschwemmte Bakterienzellen vielfach ausgeflockt. Diese „Ausflockungserscheinungen" werden durch elektrochemische Vorgänge an der Bakterienoberfläche hervorgerufen.

1. Die Bakterienkataphorese.

§ 110. Füllt man eine Aufschwemmung lebender Bakterienzellen (z. B. des *Bact. typhi*) in den von MICHAELIS angegebenen elektrischen Überführungsapparat mit unpolarisierbaren Elektroden, so zeigt sich beim Durchleiten eines galvanischen Stromes, daß die Zellen elektronegativ geladen sein müssen, da sie sich an der positiven Elektrode (Anode) ansammeln (sog. anodische Konvektion). Diese Bewegung der Bakterienzellen unter dem Einfluß eines elektrischen Feldes, welche auch viele in Wasser fein zerteilte Stoffe (z. B. Kohle-, Schwefel-, Glas- und Kaolinteilchen) sowie andere Zellen (z. B. Spermatozoen, Erythrozyten und Hefezellen) zeigen, wird „Kataphorese" genannt. Allem Anschein nach beruht dieses Verhalten der Bakterienzellen im Kataphoreseversuch auf dem Gehalt ihrer Membran an anodischen Kolloiden wie Eiweiß und Lezithin, so daß der Bakterienleib gleichsam von einer elektronegativ geladenen Eiweiß- bzw. Lezithinschicht umhüllt ist und demzufolge wie ein Eiweiß- bzw. Lezithinteilchen unter der Einwirkung des elektrischen Stromes zur Anode wandert[177].

2. Die Bakterienfällung.

§ 111. Naturgemäß begünstigt die gleichsinnige (elektronegative) Ladung der Bakterienzellen die sog. Stabilität der Bakterienaufschwemmung, d. h. den „Suspensionszustand" der Zellen, da dieselben als Träger gleichartiger Elektrizität sich einer Annäherung (mit nachfolgender Verklebung und Verklumpung) widersetzen. Eine Entladung der elektronegativen Bakterienleiber durch elektropositive Ionen bedingt dagegen eine Zusammenflockung der Zellen. Hierauf beruht offenbar die Bakterienfällung durch gewisse Säuren [§ 112—114] bzw. Salze [§ 115—117].

a) Die Säureausflockung der Bakterienzellen.

§ 112. Fügt man zu verschieden dichten Aufschwemmungen lebender (oder auch abgetöteter) Bakterienzellen (z. B. des *Bact. typhi*) abgestufte Säuremengen (z. B. von $\frac{n}{10}$ HCl), so beobachtet man, wie BECHOLD[178], NEISSER und FRIEDEMANN[179] zuerst fanden, daß die Zellen von einer bestimmten Aufschwemmungsdichte („Suspensionsschwelle") bzw. von einer bestimmten Säuremenge („Elektrolytschwelle") an ausflocken. Wie MICHAELIS[180] nachwies und durch BENIASCH[181] für verschiedene Bakterienarten eingehend feststellen ließ, tritt diese „Säureagglutination" stets nur in den Grenzen bestimmter Wasserstoffionenkonzentrationen, $[H^{\cdot}]$, auf, und das Flockungsoptimum der verschiedenen Bakterien liegt im allgemeinen bei einer bestimmten $H^{\cdot}$-Ionenkonzentration (z. B. für *Bact. typhi* bei $[H^{\cdot}] = 4 \cdot 10^{-5}$).

§ 113. BENIASCH stellte sich durch Mischung von je 0,5 ccm $\frac{n}{10}$ milchsauren Natriums mit 0,06; 0,12; 0,25; 0,5; 1,0 ccm $\frac{n}{10}$- bzw. mit 0,2; 0,4; 0,8; 1,6 ccm n-Milchsäure für $\frac{[\text{Milchsäure}]}{[\text{milchsaures Natrium}]}$ die Verhältnisse: $^1/_8$, $^1/_4$, $^1/_2$, $^1/_1$, $^2/_1$, $^4/_1$, $^8/_1$, $^{16}/_1$ und $^{32}/_1$ her, so daß sich für

$$[\mathrm{H}^{\cdot}] = k \cdot \frac{[\text{Milchsäure}]}{[\text{milchsaures Natrium}]}$$

(worin für Milchsäure $k = 1{,}38 \cdot 10^{-4}$ ist) die Werte: $1{,}7 \cdot 10^{-5}$; $3{,}5 \cdot 10^{-5}$; $0{,}7 \cdot 10^{-4}$; $1{,}4 \cdot 10^{-4}$; $2{,}8 \cdot 10^{-4}$; $5{,}5 \cdot 10^{-4}$; $1{,}1 \cdot 10^{-3}$; $2{,}2 \cdot 10^{-3}$ und $4{,}4 \cdot 10^{-3}$ ergaben. Sämtliche Säuremischungen wurden mit destilliertem Wasser auf 2,1 ccm aufgefüllt und dann mit je 1,0 ccm der zu prüfenden Bakterienagarkultur versetzt. Hierauf blieben die Versuchsröhrchen für etwa eine Stunde bei 37°; in den Versuchen mit schwach agglutinierenden Kulturen erfolgte die Ablesung erst nach 8—12 Stunden. Von den zahlreichen Versuchen, welche BENIASCH nach diesem Verfahren anstellte, sind in der nachfolgenden Tabelle (s. Tab. 6 S. 50) einige Ergebnisse mit verschiedenen Bakterienarten als Beispiele zusammengestellt.

Nach BENIASCH werden gewisse Bakterienstämme (z. B. *Strept. pyogenes, Strept. lanceolatus, Micr. gonorrhoeae, Bact. paratyphi* A) durch H·-Ionen nur sehr schwach ausgeflockt, während andere Stämme (z. B. *Micr. pyogenes aureus, Micr. intracellularis, Mycobact. tuberculosis, Bac. anthracis, Bact. pyocyaneum, Vibr. cholerae*) eine ziemlich breite Flockungszone (z. B. bei *Micr. intracellularis* von $3{,}5 \cdot 10^{-5}$ bis $4{,}4 \cdot 10^{-3}$) aufweisen. Bei einigen Bakterienstämmen ist das [H·]-Optimum ziemlich genau bestimmt (z. B. für *Bact. pyocyaneum* bei $[\mathrm{H}^{\cdot}] = 2{,}76 \cdot 10^{-4}$, für *Bact. typhi* bei $[\mathrm{H}^{\cdot}] = 3{,}5 \cdot 10^{-5}$ und für *Bact. paratyphi* B bei $[\mathrm{H}^{\cdot}] = 1{,}38 \cdot 10^{-4}$).

§ 114. Bemerkenswert ist noch die Tatsache, daß gewisse Stämme der sog. Enteritisgruppe bei der Säureausflockung genau wie bei der spezifischen Agglutination sich in zwei Gruppen scheiden: *Bact. paratyphi* B (SCHOTTMÜLLER) mit dem Flockungsoptimum (z. B. für Stamm J) bei $[\mathrm{H}^{\cdot}] = 1{,}38 \cdot 10^{-4}$ und *Bact. enteritidis* (GÄRTNER) mit dem Flockungsoptimum (z. B. für Stamm Fr.) bei $[\mathrm{H}^{\cdot}] = 4{,}4 \cdot 10^{-3}$. Eine Zwischenstellung nimmt der Stamm *Bact. enteritidis* (HELLMUTH) ein, dessen Flockungszone von $3{,}5 \cdot 10^{-5}$ bis $4{,}4 \cdot 10^{-3}$ reicht mit dem [H·]-Optimum bei $1{,}38 \cdot 10^{-4}$.

Tabelle 6.

	1	2	3	4	5	6	7	8	9
[H·]	$1{,}7 \cdot 10^{-5}$	$3{,}5 \cdot 10^{-5}$	$0{,}7 \cdot 10^{-4}$	$1{,}38 \cdot 10^{-4}$	$2{,}76 \cdot 10^{-4}$	$5{,}5 \cdot 10^{-4}$	$1{,}1 \cdot 10^{-3}$	$2{,}2 \cdot 10^{-4}$	$4{,}4 \cdot 10^{-3}$
Milchs. Natr. $^1/_{10}$-n.	0,5	0,5	0,5	0,5	0,5	0,5	0,5	0,5	0,5
Milchsäure v. 1–5 = $^1/_{10}$-n, v. 6–9 = $^1/_1$-n	0,06	0,12	0,25	0,5	1,0	0,2	0,4	0,8	1,6
Wasser	1,54	1,48	1,36	1,1	0,6	1,4	1,2	0,8	0
Kultur	1,0	1,0	1,0	1,0	1,0	1,0	1,0	1,0	1,0
Micr. pyog. aureus (D)	–	–	–	–	+	++	+++	+++	++
Strept. pyogenes (1) .	–	–	–	–	–	–	–	+	–
Strept. lanceolatus (1)	–	–	–	±	+	+	–	–	–
Micr. intracell. (Berl.)	–	++	+++	+++	++	++	+	+	+
Micr. gonorrh. (1) . .	–	±	–	–	–	–	–	–	–
Mycob. tubercul. (Mensch 1) . . .	–	–	+	+	++	++	++	+	±
Corynebact. diphth. (Handmann) . . .	–	–	–	±	++	++	++	+	+
Bac. anthracis (1) . .	–	+	++	++	++	+	+	+	±
Bact. pyocyaneum (1)	–	–	–	+	+++	++	++	++	–
Bact. typhi (1) . . .	–	+++	++	++	+	–	–	–	–
Bact. paratyphi A (Straßburg) . . .	–	–	–	±	–	–	–	–	–
Bact. paratyphi B (J)	–	–	+	+++	++	±	±	–	–
Bact. enterit. (Ratte 1)	–	–	++	++	–	–	–	–	–
B. ent. (Gärtner, Fr.)	–	–	–	–	–	+	++	++	+++
B. enterit. (Hellmuth)	–	++	++	+++	++	++	++	++	++
Vibr. cholerae (1) . .	–	–	–	±	++	++	+++	+++	++

b) Die Salzausflockung der Bakterienzellen.

§ 115. Wie die H·-Ionen, so vermögen auch die Kationen vieler Salze eine Bakterienausflockung hervorzurufen[182]. Schon BORDET[183] hat nachgewiesen, daß die spezifische Agglutination der Bakterien stets nur in salzhaltiger Lösung auftritt, und hat demzufolge angenommen, daß der eigentliche Flockungsvorgang der agglutininbeladenen Bakterienzellen unter dem Einfluß eines Salzes ähnlich verläuft wie die Salzfällung gewisser Kolloide (z. B. des Kaolins). Zu dem gleichen Ergebnis kamen auch JOOS[184] und FRIEDBERGER[185].

§ 116. Eingehende Untersuchungen über die Salzausflockung der Bakterienzellen und den Zusammenhang dieser Ausflockungserscheinungen mit den physikalisch-chemischen Vorgängen der Kolloidfällung wurden von BECHOLD[186], NEISSER und FRIEDEMANN[187] angestellt. Sie gaben hierzu auf je 1,0 ccm (in geometrischer Reihe) abgestufter Salzlösungen 1,0 ccm Bakterienaufschwemmung (z. B. des *Bact. typhi*), und zwar nebeneinander a) normale, in Bouillon gezüchtete, durch Formol abgetötete und mit destilliertem Wasser gewaschene Bakterien und b) Zellen des gleichen Bakterienstammes mit homologem Agglutinin beladen, gleichfalls durch Formol abgetötet und mehrfach gewaschen. Sämtliche Versuchsröhrchen wurden für 24 Stunden bei 37° gehalten. In der nachstehenden Übersicht sind einige Vergleichswerte zusammengestellt, welche BECHOLD, NEISSER und FRIEDEMANN mit Normalsalzlösungen für die Ausflockungsgrenzen der einwertigen Kationen: $Na^{\cdot}$, $Ag^{\cdot}$, der zweiwertigen Kationen: $Mg^{\cdot\cdot}$, $Ba^{\cdot\cdot}$, $Ca^{\cdot\cdot}$, $Zn^{\cdot\cdot}$, $Cd^{\cdot\cdot}$, $Ni^{\cdot\cdot}$, $Pb^{\cdot\cdot}$, $Cu^{\cdot\cdot}$, $Hg^{\cdot\cdot}$ und der dreiwertigen Kationen: $Al^{\cdot\cdot\cdot}$ und $Fe^{\cdot\cdot\cdot}$ gegenüber normalen bzw. agglutininbeladenen Zellen des *Bact. typhi* ermittelten.

Tabelle 7.

Normallösungen der Salze	*Bact. typhi*	
	unbehandelt	vorbehandelt
$NaCl$	∞	0,025
$AgNO_3$	0,001	0,001
$MgSO_4$	∞	0,0025
$BaCl_2$	∞	0,005
$CaCl_2$	∞	0,005
$ZnSO_4$	0,01	0,001
$Cd(NO_3)_2$	0,01	0,001
$Ni(CH_3COO)_2$	0,025	0,0025
$Pb(NO_3)_2$	0,0025	0,0001
$CuSO_4$	0,0025	0,0001
$HgCl$	0,0025	0,0005
$Al_2(SO_4)_3$	0,00025	0,00025
$Fe_2(SO_4)_3$	0,0005	0,0001

Wie aus dieser Tabelle hervorgeht, werden agglutininbeladene Bakterien durch viel geringere Salzmengen ausgeflockt als die normalen Bakterien. Dabei gilt im allgemeinen folgendes: Normale Bakterienzellen werden durch Normallösungen der Leichtmetallsalze: $Na^{\cdot}$ bzw. $Mg^{\cdot\cdot}$, $Ba^{\cdot\cdot}$, $Ca^{\cdot\cdot}$ überhaupt nicht ausgeflockt. Die Ausflockungskraft der fällenden Kationen wächst mit der Wertigkeit dieser Ionen, d. h. die dreiwertigen Kationen $Al^{\cdot\cdot\cdot}$ und $Fe^{\cdot\cdot\cdot}$ flocken stärker aus als die zweiwertigen Kationen.

Ferner nimmt die Ausflockungskraft der Ionen (abgesehen von einigen Ausnahmen) mit abnehmender Zersetzungsspannung der Kationen zu, d. h. die Flockungsstärke wächst z. B. für die zwei- und dreiwertigen Kationen nach folgender Reihe: $Mg^{\cdot\cdot} < Ba^{\cdot\cdot} < Ca^{\cdot\cdot} < Zn^{\cdot\cdot} < Cd^{\cdot\cdot} < Ni^{\cdot\cdot} < Pb^{\cdot\cdot} < Cu^{\cdot\cdot} < Hg^{\cdot\cdot}$ bzw. $Al^{\cdot\cdot\cdot} < Fe^{\cdot\cdot\cdot}$.

§ 117. Prüft man das Fällungsvermögen abgestufter Salzmengen gegenüber verschieden dichten Bakterienaufschwemmungen, so treten häufig bei bestimmten Verdünnungsgraden der Salzlösung bzw. der Bakterienaufschwemmung sog. Hemmungszonen auf, innerhalb deren die Bakterien nur sehr wenig oder gar nicht ausgeflockt werden. So fanden BUXTON und RAHE[188] z. B. bei einem Ausflockungsversuch mit einer $^1/_{20}$, $^1/_{60}$, $^1/_{120}$, $^1/_{240}$ bzw. $^1/_{320}$ verdünnten Aufschwemmung des *Bact. coli* und mit den Eisenchloridverdünnungen: $^1/_1$, $^1/_{20}$—$^1/_{200}$, $^1/_{300}$ ... $^1/_{3000}$, $^1/_{4000}$ die in folgender Tabelle verzeichneten Flockungsbefunde.

Tabelle 8.

Eisenchlorid	*Bact. coli comm.*				
	$^1/_{20}$	$^1/_{60}$	$^1/_{120}$	$^1/_{240}$	$^1/_{320}$
$^1/_1$	+	+	—	—	—
$^1/_{20}$—$^1/_{200}$	+++	+++	++	+	+
$^1/_{300}$	+++	+++	+	+	+
$^1/_{400}$	+++	+++	+	—	—
$^1/_{600}$	++	+++	+++	—	—
$^1/_{1000}$	—	++	+++	—	—
$^1/_{1500}$	—	—	+++	++	+
$^1/_{2000}$	—	—	+	++	++
$^1/_{3000}$	—	—	—	+	++
$^1/_{4000}$	—	—	—	—	+

Die Eisenchloridverdünnung $^1/_{1500}$ gab z. B. mit den Aufschwemmungen $^1/_{20}$ bzw. $^1/_{60}$ keine Ausflockung, dagegen eine sehr starke Fällung (+++) mit der Aufschwemmung $^1/_{120}$, eine schwächere (++) bei $^1/_{240}$ und eine noch schwächere (+) Flockung bei der Aufschwemmung $^1/_{320}$. Die Bakterienaufschwemmung z. B. von $^1/_{120}$ gab mit der Eisenchloridlösung $^1/_1$ keine Ausflockung, mit den Lösungen $^1/_{20}$—$^1/_{200}$ flockte sie sehr deutlich (++) aus, bei den Verdünnungen $^1/_{300}$ und $^1/_{400}$ war die Flockung etwas schwächer (+), bei den Lösungen $^1/_{600}$, $^1/_{1000}$ und $^1/_{1500}$ sehr stark (+++), bei $^1/_{2000}$ sehr schwach (+), bei $^1/_{3000}$ und $^1/_{4000}$ blieb sie ganz aus. Nach BECHOLD[189], NEISSER und FRIEDEMANN[190], welche solche „unregelmäßigen Reihen" auch bei der Vermischung abgestufter Kolloidmengen (z. B. von Mastixemulsion) mit verschieden starken Salzlösungen (z. B. von Eisenchlorid oder Aluminiumsulfat) sowie mit abgestuften Verdünnungen gewisser Anilinfarbstoffe (z. B. von Eosin) beobachteten, handelt es sich bei diesen Hemmungsgemischen vielleicht um sog. Umhüllungserscheinungen des einen Kolloids bzw. Suspensoids durch das andere. Das Auftreten der Hemmungszonen im angeführten Versuch (bei gewissen Mischungen einer Bakterienaufschwemmung mit Eisenchlorid) dürfte hiernach darauf beruhen, daß das bei der (starken) hydrolytischen Spaltung des Eisenchlorids gebildete (kolloidale, elektropositive) Eisenhydroxyd die Bakterienleiber umhüllt und sie auf diese Weise vor der fällenden Wirkung des $Fe^{\cdots}$-Ions schützt.

D. Die Kapillarerscheinungen.

§ 118. Schickt man eine Aufschwemmung lebender Bakterienzellen durch ein Papierfilter, so kann man mittels Keimzahlbestimmungen der unfiltrierten bzw. der filtrierten Aufschwemmung nachweisen, daß je nach der geprüften Bakterienart eine mehr oder weniger große Zahl von Zellen am Filter haften bleibt. EISENBERG[191], welcher diese Tatsache zuerst feststellte, fand z. B. bei Filtrierversuchen mit grampositiven Bakterien: *Micr. pyogenes, Micr. candicans, Sarc. lutea, Corynebact. diphtheriae* und mit den gramnegativen Bakterien: *Bact. coli, Bact. dysenteriae, Bact. prodigiosum, Vibrio cholerae* die in der folgenden Tabelle aufgeführten Keimzahlen. Es ergab sich also, daß die grampositiven Bakterienzellen im allgemeinen stärker von dem Papierfilter zurückgehalten („adsorbiert") werden als die gramnegativen Zellen. Die Keimzahl der filtrierten Aufschwemmung in % der Keimzahl der unfiltrierten Aufschwemmung war nämlich bei den grampositiven Bakterien (fast immer) kleiner als die entsprechende Zahl der gramnegativen Zellen.

Tabelle 9.

Bakterienart	Keimzahl der unfiltrierten Aufschw.	Keimzahl der filtrierten Aufschw. in % der Keimzahl der unfiltr. Aufschw.
Micr. pyogenes . . .	11 475 000	2,47
Micr. candicans . . .	5 825 000	1,69
Sarc. lutea	9 375 000	1,84
Corynebact. diphth. .	250 000	71,42
Bact. coli	800 000	19,84
Bact. dysenteriae . .	1 275 000	39,35
Bact. prodigiosum . .	5 275 000	4,45
Vibr. cholerae	425 000	53,31

§ 119. In vollem Einklang mit diesen Beobachtungen stehen die Befunde FRIEDBERGERS[192] über das sog. Kapillarsteigvermögen gewisser Bakterienarten in Filtrierpapierstreifen. Wie zuerst SCHOENBEIN[193] für Alkali-, Säure- und Farbstofflösungen erkannte und vor allem GOEPPELSROEDER[194] sehr eingehend für Farbstoffe, Alkaloide, Öle usw. zeigte, steigen gelöste Stoffe in ungeleimten Papierstreifen ungleich hoch empor[195]. FRIEDBERGER fand ein ähnliches Verhalten bei gewissen in Flüssigkeiten aufgeschwemmten Bakterienzellen. Er fand, daß z. B. an (1,0 cm breiten) Filtrierpapierstreifen, welche für etwa 10 Minuten in gleich konzentrierte Aufschwemmungen von *Bact. typhi* und *Bact. coli* hineingehängt wurden, daß *Bact. typhi* höher emporsteigt als *Bact. coli*. PUTTER[196] prüfte dann das kapillare Steigvermögen einer größeren Anzahl verschiedener Bakterienstämme und stellte fest, daß die grampositiven Bakterienzellen im allgemeinen eine geringere Steighöhe aufweisen, d. h. stärker adsorbiert werden als die gramnegativen Zellen. Von den zahlreichen Versuchen PUTTERS sind in der folgenden Übersicht eine Reihe von Beispielen zusammengestellt.

Tabelle 10.

Grampositive Bakterien	Steighöhe	Gramnegative Bakterien	Steighöhe
Micr. pyogenes	2,3	*Bact. prodigiosum* . . .	1,8
Sarc. lutea	0,9	*Bact. coli*	3,5
Bac. anthracis	1,1	*Bact. dysenteriae* . . .	3,5
Bac. subtilis	1,3	*Bact. typhi*	4,1
Bac. megatherium . . .	3,4	*Bact. pyocyan.*	4,1
Bact. Zopfii	1,1	*Bact. fluorescens* . . .	4,1
Corynebact. diphth. . . .	1,7	*Vibr. cholerae*.	3,2

Wie die Tabelle zeigt, steigen die gramnegativen Bakterien (z. B. *Bact. typhi*) meist höher als die grampositiven Zellen (z. B. *Bac. anthracis*).

Dritter Abschnitt.

Chemie der Bakterienzelle.

I. Makrochemische Analysen.

§ 120. Die makrochemischen Analysen des Bakterienleibes können naturgemäß nur an Massenkulturen vorgenommen werden. Sie ergeben den Wassergehalt [§ 121], die Trockensubstanz [§ 122—130] und die Elementarzusammensetzung [§ 131] der Bakterienzellen.

A. Der Wassergehalt der Bakterienzelle.

§ 121. Um den Wassergehalt der Bakterienzelle zu bestimmen, werden zweckmäßig auf festem Nährboden angelegte Massenkulturen der zu prüfenden Bakterienart vorsichtig von der Plattenoberfläche abgeschabt, im frischen Zustand („feucht") gewogen (sog. Frischgewicht), dann bei 100—110° getrocknet und hierauf abermals gewogen (sog. Trockengewicht). Der Unterschied zwischen Frisch- und Trockengewicht (bezogen auf 100 g frischer Kulturmasse) ist der gesuchte Wassergehalt. Auf diese Weise ermittelten z. B. NICOLLE und ALILAIRE[197] den Wassergehalt zahlreicher Bakterienkulturen, welche sie hierzu sämtlich auf Fleisch-Kartoffelsaftagar für 24 Stunden bei 37° züchteten[198]. Einige dieser Ergebnisse sind in nebenstehender Tabelle zusammengestellt. Der Wassergehalt der Bakterienzellen ist hiernach ziemlich hoch (etwa 75—85% des Frischgewichtes). Er schwankt natürlich je nach der Bakterienart und wechselt bei den einzelnen Arten mit der Zusammensetzung des Nährbodens, der Züchtungstemperatur und dem Alter der Kultur.

Tabelle 11.

Bakterienart	Wassergehalt in %
Bact. coli	73,3
Bact. prodigios.	78,0
Bact. pyocyan.	75,0
Bact. proteus	80,0
Bact. typhi	78,9
Bact. dysent.	87,2
Corynebact. diphth. . . .	84,5
Corynebact. mallei . . .	76,5
Bac. anthracis	81,7
Vibr. cholerae.	73,4

B. Die Trockensubstanz der Bakterienzelle.

§ 122. Die Trockensubstanz der Bakterienzelle besteht aus den „verbrennlichen" (organischen) [§ 123—128] und den „unverbrennlichen" (mineralischen) [§ 129—130] Bestandteilen des Zellleibes.

Wie der Wassergehalt der Bakterienzellen, so ist auch die Zusammensetzung der Trockensubstanz bei den einzelnen Bakterienarten verschieden und schwankt bei ein und derselben Art je nach den Züchtungsbedingungen, unter welchen die zur Analyse verwendeten Massenkulturen gewonnen wurden. Als Beispiel seien hierfür die Untersuchungsergebnisse von CRAMER[199] aufgeführt, welcher z. B. für *Bact. prodigiosum* den Einfluß des Nährbodens (z. B. Wachstum auf Kartoffeln oder auf gelben Rüben), der Temperatur (Wachstum bei Brutschrank- oder bei Zimmertemperatur) und der Zeitdauer des Wachstums auf den Gehalt der Prodigiosuszellen an organischer Trockensubstanz usw. prüfte. Cramer schabte die kräftig gewachsenen Kulturen des *Bact. prodigiosum* von der Nährbodenoberfläche ab, trocknete die zuvor gewogenen Kulturmassen in einem Tiegel bei 100° bis zur Gewichtskonstanz, veraschte dann die getrocknete Masse und bestimmte hierauf das Gewicht der Asche. Was zunächst den Einfluß des Nährbodens anbetrifft, so fand Cramer bei diesen Analysen des *Bact. prodigiosum*, welches (unter sonst gleichen Versuchsbedingungen) bei Zimmertemperatur auf Kartoffeln bzw. auf gelben Rüben gezüchtet war, die in der folgenden Tabelle zusammengestellten Mittelwerte für den Wassergehalt und für die organische bzw. mineralische Trockensubstanz der geprüften Kulturen.

Tabelle 12.

Bact. prodig., gewachsen auf	In % des Frischgewichtes		In % der Trockensubstanz	
	Wasser-gehalt	Trocken-substanz	organ. Substanz	mineral. Substanz
a) Kartoffeln . .	78,51	21,49	87,14	12,86
b) Rüben . . .	87,42	12,58	88,78	11,12

Hiernach betrug die Trockensubstanz der auf Kartoffel gewachsenen Prodigiosuskulturen (21,49 %) fast 50 % mehr als die Trockensubstanz der auf gelben Rüben (12,58%) angelegten Kulturen. Ferner untersuchte Cramer den Trockensubstanzgehalt von *Bact. prodigiosum*, welches bei Zimmer- bzw. bei Brutschranktemperatur auf Kartoffel gezüchtet wurde, und fand dabei die in der nachstehenden Übersicht verzeichneten Mittelwerte.

Tabelle 13.

Bact. prodig., auf Kartoffel gezüchtet bei	In % des Frischgewichtes		In % der Trockensubstanz	
	Wasser-gehalt	Trocken-substanz	organ. Substanz	mineral. Substanz
a) Zimmertemperatur . . .	79,02	20,98	87,48	12,52
b) Brutschranktemperatur .	75,83	24,17	90,69	9,31

Die bei Brutschranktemperatur (33°) gewachsenen Kulturen (24,17 %) hatten somit einen größeren Trockensubstanzgehalt als die bei Zimmertemperatur gehaltenen Kulturen (20,98 %). Wie Cramer weiterhin feststellte, ist bei solchen Trockensubstanzbestimmungen aber auch noch das Alter der Kultur, d. h. die Zeitdauer des Wachstums maßgebend. Er fand z. B. die folgenden Mittelwerte bei vergleichenden Untersuchungen mit *Bact. prodigiosum,* welche 4—6 Tage bzw. 13—16 Tage auf Kartoffel gewachsen waren.

Tabelle 14.

Bact. prodig., auf Kartoffel gezüchtet, bei Zimmertemperatur	In % des Frischgewichtes		In % der Trockensubstanz	
	Wassergehalt	Trockensubstanz	organ. Substanz	mineral. Substanz
a) 4— 6 Tage .	79,02	20,98	87,48	12,52
b) 13—16 „ .	82,55	17,45	86,23	13,77

Es zeigte sich also, daß die jungen Prodigiosuskulturen (20,98 %) mehr Trockensubstanz enthalten als die älteren Kulturen (17,45 %). Angesichts dieser Tatsache lassen sich allgemeingültige Angaben über die Mengenverhältnisse zwischen Wassergehalt und Trockensubstanz der Bakterienleiber nicht machen. Nach den zahlreichen hierüber vorliegenden Untersuchungen schwankt der Wassergehalt zwischen 75—85% des Frischgewichtes und von der Trockensubstanz können dabei etwa 70—97% auf die organische Substanz und etwa 3—30% auf die mineralische Substanz entfallen.

1. Die organische Trockensubstanz.

§ 123. In der Hauptsache besteht die organische Trockensubstanz der Bakterienzellen aus Stoffen, welche zu den Eiweißstoffen [§ 124], den Kohlenhydraten [§ 125—127] sowie zu den Fetten bzw. zu den Lipoiden [§ 128] zählen. Da die Bakterien sich in ihrem Aufbau innerhalb gewisser (ziemlich weit gezogener Grenzen) dem Nährboden anpassen, auf welchem sie wachsen, so können auch die makrochemischen Analysenbefunde über die quantitative und qualitative Zusammensetzung der organischen Trockensubstanz nicht verallgemeinert werden. Nach den vielen einschlägigen Arbeiten bewegt sich der Eiweißgehalt der organischen Trockensubstanz der Bakterienzellen etwa zwischen 40 bis 70%, der Kohlehydratgehalt ungefähr zwischen 10—30% und der Fett bzw. Lipoidgehalt etwa zwischen 1—10%.

a) Die Eiweißstoffe.

§ 124. Gut übereinstimmende, d. h. von mehreren Untersuchern mit dem gleichen Ergebnis ausgeführte Analysen des Bakterieneiweißes liegen nicht vor, so daß den zahlreichen (meist sehr voneinander abweichenden) Untersuchungsbefunden der verschiedenen Forscher[200] eine allgemeine Bedeutung bisher nicht beigemessen werden kann. Dies gilt z. B. für das von NENCKI und

SCHAFFER[201] aus „*Fäulnisbakterien*“ gewonnene sog. Mykoproteïn. Zum mindesten methodisch erwähnenswert ist der einschlägige Versuch von HAHN[202], welcher mit Hilfe der Preßsaftmethode, d. h. ohne tiefgreifende chemische Veränderung der Zellsubstanzen, aus *Micr. pyogenes, Bact. typhi, Bac. anthracis, Mycobact. tuberculosis* und *Vibr. cholerae* das sog. Bakterienplasmin darstellte. Zur Gewinnung des Preßsaftes, z. B. aus *Vibr. cholerae,* legte HAHN hiervon Massenkulturen (auf Agar) in sog. KOLLEschen Schalen an. Nach 48stündiger Bebrütung bei 37° wurde von 30—40 derartigen Schalen der dicht gewachsene Vibrionenrasen mittels Platinspatels vorsichtig abgehoben. Die gewonnene (feuchte) Kulturmasse betrug 30—35 g. Diese wurde nun mit Kieselgur und Quarzsand im Mörser fein zerrieben und dann durch Zusatz von physiologischer NaCl-Lösung zu einer teigigen Masse verarbeitet, welche in ein derbes Preßtuch eingeschlagen und hierauf unter die hydraulische Presse (in passende Einsätze) gelegt wurde. Durch einen Druck, welcher allmählich auf 400—500 Atm. gesteigert wurde, erhielt HAHN auf diese Weise einen Preßsaft, welcher sich durch dichte Filter zu einer anfangs hellen, später (an der Luft) sich gelb bis bräunlich verfärbenden, eiweißreichen Flüssigkeit, dem sog. Vibrionenplasmin, vollkommen klären ließ. Das Eiweiß des Plasmins ist nach HAHN zum allergrößten Teil durch Essigsäure in der Kälte fällbar; es löst sich nicht im Überschuß der Essigsäure, d. h. es verhält sich wie Nucleoalbumin. Der Preßsaft gibt die üblichen Eiweißreaktionen.

b) Die Kohlehydrate.

§ 125. Auch die Kohlehydrate der Bakterienzelle sind makrochemisch bisher noch wenig sicher erforscht; die meisten hierüber vorliegenden Arbeiten[203] beziehen sich auf den Kohlehydratnachweis in der Bakterienmembran. So analysierte z. B. SCHEIBLER[204] 37 kg der durch *Strept. mesenterioides* gebildeten „Froschlaichgallerte“ [§ 28]. Die gereinigten Gallertklumpen wurden hierzu mit 96%igem Alkohol ausgezogen, dann mit Kalkmilch längere Zeit gekocht und die auf diese Weise eingedickten Massen mit Kohlensäure gefällt. Von dem niedergeschlagenen Calciumcarbonat wurde die Schleimlösung abgegossen, mit Salzsäure geklärt und mit Alkohol ausgefällt. SCHEIBLER prüfte den so erhaltenen Körper, welchen er „Dextran“ nannte, und fand, daß neutrales Bleiacetat die konzentrierten Lösungen des Dextrans nicht fällt, während basisches Bleiacetat eine kleisterartige Masse liefert. Er stellte ferner fest, daß eine heiß gesättigte Lösung von Bariumhydroxyd aus konzentrierten Dextranlösungen eine ölige, und

FEHLINGsche Lösung, ohne reduziert zu werden, eine schleimige Substanz ausfällen. Für die Zusammensetzung des Dextrans ermittelte SCHEIBLER die Formel $C_6H_{10}O_5$ und fand das optische Drehungsvermögen (rechts) dreimal so stark als das des Rohrzuckers. Beim Kochen mit verdünnter Schwefelsäure ging das Dextran langsam, bei Erwärmung auf 120° in wenigen Stunden in Dextrose über. Die Dextrose gewann SCHEIBLER in kristallisierter Form. Hierher gehören auch die Untersuchungen von BROWN[205] über den Kohlehydratgehalt der sog. Kahmhäute, welche in den Kulturen des *Bact. xylinum* auftreten. BROWN reinigte zunächst die lederartigen Bakterienmassen mit Wasser, kochte sie dann mit einer 20%igen Kalilauge, wusch sie hierauf mit einer verdünnten Salzsäure bzw. mit Wasser und behandelte sie dann noch mit Brom. Auf diese Weise erhielt er farblose, fast durchscheinende, dünne Häutchen, welche sich in Kupferoxydammoniak sowie in konzentrierter Schwefelsäure auflösten und nach der Elementaranalyse die Zusammensetzung entsprechend der Formel $C_6H_{10}O_5$ aufwiesen. Wurde die Haut in konzentrierter Schwefelsäure gelöst und diese Lösung nach vorheriger Verdünnung mit Wasser gekocht und mit Bariumcarbonat neutralisiert und filtriert, so verhielt sie sich bezüglich Rechtsdrehung und Reduktionsvermögen wie Dextrose.

§ 126. Von den Arbeiten, welche sich mit den besonderen Eigenschaften der nachweisbaren Kohlehydrate befassen, seien noch die Untersuchungen von SEILER[206] aufgeführt, welcher mit Alkohol ausgefällte Kulturen (z. B. des *Strept. mesenterioides, Bac. mesentericus* und *Bact. aerogenes*) durch 3stündiges Erhitzen mit 3%iger Schwefelsäure bei 3 Atm. im Autoklaven hydrolysierte und dann die Zuckerarten näher zu bestimmen versuchte. Für *Strept. mesenterioides, Bac. mesentericus* und *Bact. aerogenes* fand SEILER z. B. folgendes:

Tabelle 15.

Bakterienart	Molekul. Drehungswinkel α (D) der		Schmelzpunkt der Osazone d. Zuckerarten	Die unter Oxydation gebildete Säure	Anzunehmende Zuckerart
	Zucker	Dextrine (?)			
Strept. mesent.	+ 30,25°	+ 83,55°	195°	Zuckersäure + Oxalsäure	Glykose
Bac. mesent.	+ 50,36°	+ 158,00°	200°	Zuckersäure	Glykose
Bact. aerogenes	+ 25,05°	+ 30,27°	197°	Schleimsäure + Zuckersäure	Galaktose + Glykose

§ 127. Im Einklang stehen hiermit die Befunde von SMITH[207], welcher z. B. aus gummihaltigen Früchten von *Sterculia diversifolia* und aus dem Gummifluß von *Persica vulgaris* schleimige Bakterienkulturen gewann, welche durch Kochen mit 5%iger Schwefelsäure in ein Gemisch von reduzierenden Zuckern hydrolysiert wurden; diese erwiesen sich durch ihre Osazone als Galaktose und Arabinose. Das wesentliche Kohlehydrat ist hierbei nach SMITH das sog. Parabin.

c) Die Fette und Lipoide.

§ 128. Makrochemische Untersuchungen über den Fett- bzw. Lipoidgehalt der Bakterienzelle sind vielfach ausgeführt worden[208]. Aus diesen Arbeiten geht hervor, daß die Menge und die Zusammensetzung der nachweisbaren Fette, Lipoide und Wachse für die einzelnen Bakterienarten verschieden sind und auch von den Züchtungsbedingungen abhängen. Eingehende Untersuchungen[209] sind mit Reinkulturen des *Mycobact. tuberculosis* angestellt worden, welches einen besonders hohen Fettgehalt aufweist. Eine sehr ausführliche Fettbestimmung stammt von KRESLING[210], der hierzu 4—5 Monate alte Glycerinbouillonkulturen des *Mycobact. tuberculosis* im Autoklaven bei 110° abtötete, die Bakterienmassen auf einem Papierfilter sammelte und so lange mit heißem Wasser behandelte, bis alle Nährbodenbestandteile ausgewaschen waren. Alsdann wurde die Masse auf porösen Tonplatten ausgebreitet und bei 40° getrocknet. Um den Fettgehalt der zerriebenen Bakterienmasse zu ermitteln, wurde dieselbe im SOXHLETschen Extraktionsapparat mit verschiedenen Fettlösungsmitteln (Äther, Chloroform, Alkohol, Benzol) nacheinander (z. B. im Versuch I zuerst mit Äther, dann mit Chloroform und hierauf noch mit Alkohol) behandelt. Er fand dabei (auf die Trockensubstanzmenge berechnet) folgende Zahlen:

Tabelle 16.

Versuch	Reihenfolge der angewendeten Lösungsmittel	Im Lösungsmittel nachweisbares Fett in % der Trockensubstanz			
		Äther	Chloroform	Alkohol	Benzol
I.	Äther — Chloroform — Alkohol	30,75%	4,11%	3,46%	—
II.	Alkohol — Äther — Chloroform	10,42%	2,83%	24,76%	—
III.	Chloroform — Äther — Alkohol	0,63%	35,72%	3,34%	—
IV.	Benzol	—	—	—	34,31%

Nach dieser Tabelle erscheint als bestes Lösungsmittel für das Fett des *Mycobact. tuberculosis* das Chloroform (Vers. III 35,72 %), darauf das Benzol (Vers. IV 34,31 %); noch schwächer löst der Äther (Vers. I 30,75 %) und am wenigsten gut der Alkohol (Vers. II 24,76 %). Zur näheren Bestimmung des Fettes behandelte KRESLING ein und dasselbe Bakterienpulver mehrfach mit Chloroform, mischte die verschiedenen Extraktportionen, destillierte hiervon das Chloroform ab und trocknete den Rückstand bei 100° ein. Er gewann auf diese Weise eine dunkelbraune, festweiche Masse mit glänzendem Bruch und mit dem für Kulturen des *Mycobact. tuberculosis* typischen Geruch nach gutem Wachs aus Linden- oder Blütenhonig. Der Schmelzpunkt dieser Fettmasse lag bei 46°; durch Verbrennen mit kohlensaurem Natrium und mit Ammoniumnitrat lieferte das Fett eine Asche mit einer Menge Phosphorsäure, aus welcher sich ein Lecithingehalt des Fettes von 0,16 % berechnete[211]. Auf Grund der weiteren chemischen Untersuchungen ergab sich, „daß das Fett der Tuberkelbazillen eine ganz eigenartige Substanz darstellt, welche keinerlei Ähnlichkeit mit irgendeinem anderen Fett oder Wachs aufweist. Es handelt sich hier eher um ein Gemisch, zusammengesetzt aus freien Fettsäuren, Neutralfetten, Fettsäureestern und höheren Alkoholen (Lecithin, Cholesterin) und außerdem einer großen Menge von Extraktivstoffen, welche in Wasser unlöslich, aber in Äther, Alkohol, Chloroform oder Benzol löslich sind, und welche beim Erwärmen mit Alkalien zum Teil zerfallen, um in Wasser lösliche Produkte zu bilden".

2. Die mineralische Trockensubstanz.

§ 129. Über die Mengenverhältnisse der mineralischen Trockensubstanz, d. h. der sog. Aschenbestandteile der Bakterienzelle und über die chemische Zusammensetzung dieser Stoffe sind an zahlreichen Bakterienarten eingehende Untersuchungen[212] ausgeführt worden. Es hat sich dabei ergeben, daß die mineralische Trockensubstanz der Bakterienleiber stets nur einen ziemlich kleinen Anteil der Zellsubstanz bildet und für die einzelnen Bakterienarten verschieden ist, und daß die Menge und Beschaffenheit der Mineralstoffe bei ein und derselben Bakterienart mit den Kulturbedingungen der Bakterienzellen wechselt. So fanden z. B. KAPPES[213], CRAMER[214] sowie DE SCHWEINITZ und DORSET[215] für den Aschengehalt der Bakterien: *Bact. prodigiosum*[213], *Corynebact. xerosis*[213], *Mycobact. tuberculosis*[215] und *Vibr. cholerae*[214] folgende Zahlen:

Tabelle 17.

Bakterienart	In % der mineralischen Trockensubstanz								
	K_2O	Na_2O	CaO	MgO	Fe_2O_3	SiO_2	SO_3	Cl	P_2O_5
Bact. prodigiosum	11,5	28,0	4,0	7,0	—	0,5	—	5,0	38,01
Coryneb. xerosis.	11,1	24,0	3,0	6,0	—	0,5	—	0,6	34,45
Mycobact. tuberc.	6,4	13,6	12,6	11,6	0,006—0,008	0,6	—	—	55,2
Vibr. cholerae . .	4—6	27—34	0,3—1,3	0,1—0,6	—	—	1—8	5—44	10—45

Abgesehen von den Unterschieden im Aschengehalt der verschiedenen Bakterienarten (z. B. *Mykobact. tuberculosis* mit 13,6% Na_2O gegenüber *Bact. prodigiosum* mit 28,0% Na_2O) zeigt diese Tabelle auch, daß die Mengen gewisser Mineralbestandteile bei ein und derselben Bakterienart große Schwankungen aufweisen (z. B. schwankt bei *Vibr. cholerae* der Cl-Gehalt zwischen 5 und 44% der mineralischen Trockensubstanz).

§ 130. Wie CRAMER[216] nachwies, beruhen diese Schwankungen bei ein und derselben Bakterienart (abgesehen von besonderen Stammeigentümlichkeiten) auf der wechselnden Zusammensetzung des Nährbodens, auf welchem die analysierten Bakterienmassen gewachsen sind. Um sich hiervon zu überzeugen, züchtete CRAMER z. B. *Vibr. cholerae* vergleichsweise in normaler Bouillon 1. mit 1% Zusatz von Natriumcarbonat (Na_2CO_3), 2. mit Zusatz von 4% Natriumphosphat (Na_3PO_4) und 3. mit Zusatz von 3% Natriumchlorid. Für den Aschengehalt fand CRAMER:

Tabelle 18.

Nährboden	Bakterienasche in % der Trockensubstanz	Phosphorsäure in %		Chlorgehalt in %	
		der Nährbodenasche	der Bakterienasche	der Nährbodenasche	der Bakterienasche
Carbonatbouillon	9,3	7,9	28,7	23,0	16,9
Phosphatbouillon	22,3	39,8	38,4	11,4	7,97
Chloridbouillon	25,9	2,1	10,9	49,2	40,7

Es zeigt sich also, daß die mineralische Trockensubstanz der Vibrionenleiber je nach der Menge und je nach der Beschaffenheit der dargebotenen Salze eine recht verschiedenartige Zusammensetzung aufweist. Innerhalb gewisser Grenzen wachsen im allgemeinen mit Zunahme der Aschenbestandteile des Nährbodens (z. B. an Phosphorsäure) auch die Aufnahme und Speicherung derselben im Bakterienleib, ohne daß sich hierfür bestimmte Regeln aufstellen ließen.

C. Die Elementarzusammensetzung der Bakterienzelle.

§ 131. Die Elementarzusammensetzung der Bakterienzelle ist im Hinblick auf die vielseitige Anpassungsfähigkeit der Bakterien an die ihnen dargebotenen Nährstoffe sehr verschieden. Im allgemeinen sind wohl C, H, O, N, ferner P, S sowie Si und Metalle wie Na, Mg, Ca und Fe mehr oder weniger am Aufbau des Bakterienkörpers beteiligt [§ 216]. Welche dieser Elemente (abgesehen von C, H, O, N, P und S) jedoch unbedingt erforderlich sind, läßt sich mit Sicherheit nicht feststellen, da die fraglichen Stoffmengen schon bei dem üblichen Züchtverfahren mangels wirklich chemisch reinen Wassers, chemisch reiner Nährstoffe usw. in möglicherweise ausreichenden Mengen vorhanden sind, ohne dabei auf analytischem Wege ermittelt werden zu können. Je nach den Kulturbedingungen und je nach den besonderen Lebenseigenschaften sind bei dieser oder jener Bakterienart gewisse chemische Elemente (z. B. Schwefel bei den sog. *Schwefelbakterien* und Eisen bzw. Mangan bei den sog. *Eisenbakterien*) besonders stark vertreten,

II. Mikrochemische Reaktionen.

§ 132. Viele chemische Eigenschaften der Bakterienzelle, welche makrochemisch nur sehr schwer und dabei ungenau oder überhaupt nicht nachzuweisen sind, können mit gewissen sog. mikrochemischen Reaktionen festgestellt werden. Zweckmäßig werden die mikrochemischen Reaktionen der Zellhaut [§ 134—136], des Zellinhaltes [§ 137—168] und der Geißeln [§ 169] unterschieden.

A. Mikrochemie der Zellhaut.

§ 133. Die Zellhaut der Bakterien besteht aus einer ziemlich festen, aber noch dehnbaren Innenschicht [§ 134] und einer gallertartigen elastischen Außenschicht [§ 135], welche je nach ihrer Dicke als „Schleimschicht" bzw. als „Kapsel" hezeichnet wird [§ 23—29].

1. Die Innenschicht der Zellhaut.

§ 134. Die Innenschicht der Zellhaut ist mikrochemisch nur bei einigen Bakterien eingehend geprüft[217]. MEYER[218] fand z. B. bei *Bac. tumescens* folgendes:

Tabelle 19.

Reagens	Beobachtung
Jodjodkalium	färbt nicht.
Chlorzinkjod	färbt schwach blauviolett.
Kupferoxydammoniak	löst nicht.
Kalilauge (1 %) . . .	löst bei 28° in 8 Tagen nicht, auch nicht bei 60° in 3 Tagen.
Schwefelsäure (5 %) .	löst bei 85° in 3 1/2 Stunden.
Salzsäure (1,2 %) . .	löst bei 28° in 8 Tagen nicht.

Wie dieses Versuchsbeispiel zeigt, besteht (oder enthält) die Innenschicht der Zellhaut des *Bac. tumescens* aus kohlehydratartigen Stoffen, welche den sog. Hemicellulosen nahestehen. Dies gilt wohl auch für die Membran der meisten anderen Bakterienzellen, womit jedoch nicht gesagt sein soll, daß die Zellhäute aller Bakterien aus ein und denselben Stoffen zusammengesetzt seien. Gewisse Artunterschiede werden auch im stofflichen Aufbau der Bakterienmembran vorkommen[219].

2. Die Außenschicht der Zellhaut.

§ 135. Die Außenschicht der Zellhaut, welche als „Schleimschicht" [§ 26] oder (besonders stark entwickelt) als „Kapsel" [§ 18] auftritt, ist mikrochemisch von verschiedenen Forschern untersucht worden[220]. Meyer[221] fand z. B. für das mikrochemische Verhalten der Schleimschicht des *Bac. tumescens* folgendes:

Tabelle 20.

Reagens	Beobachtung
Jodjodkalium	färbt nicht.
Kalilauge (1 %) . . .	löst bei 28° in 8 Tagen nicht, dagegen gut bei 60° in 3 Tagen.
Kupferoxydammoniak	löst auf.
Salzsäure (1,2 %) . .	löst bei 28° in 8 Tagen.
Wasser (100 %) . . .	löst nicht.

Hiernach löst sich die Schleimschicht des *Bac. tumescens* in 1 %iger Kalilauge (bei 60°), in Kupferoxydammoniak und in 1,2 %iger Salzsäure (bei 28°) auf, während die Innenschicht der Zellhaut des *Bac. tumescens* hierdurch nicht gelöst wird. Allem Anschein nach besteht auch die schleimige Außenschicht der Bakterienzellen aus kohlehydratartigen Stoffen. Diese sind aber offenbar von denen der Innenschicht der Zellhaut verschieden. Dafür spricht auch das unterschiedliche Verhalten dieser Membranschichten gegenüber gewissen Farbstoffen [§ 26]. Während nämlich die innere Zellhautschicht im allgemeinen sehr schnell (auch an lebenden Zellen) gefärbt werden kann (z. B. mit verdünnter Methylenblaulösung), ist die Außenschicht der lebenden Bakterienzellen mit solchen Farbstoffen unfärbbar [§ 74].

§ 136. Für die Färbung der Kapsel bei abgetöteten („fixierten") Bakterienzellen, welcher vielfach eine artdiagnostische Bedeutung zukommt, sind zahlreiche Verfahren angegeben worden. Diese sog. Kapselfärbungsmethoden beruhen darauf, daß die Kapselsubstanz entweder mit gewissen Chemikalien oder durch Erhitzung für die Farbstoffaufnahme präpariert wird oder schon an sich gewisse Farbstoffe bzw. Farbstoffbestandteile in charakteristischer Weise aufnimmt. So ist bekannt, daß vor oder nach der Färbung mit Essigsäure behandelte *Kapselbakterien* hierdurch so verändert werden, daß nun auch die Kapsel gefärbt wird. Auf diese Weise erfolgt die Kapselfärbung z. B. nach JOHNE[222], FRIEDLÄNDER[223], RIBBERT[224], BUNGE[225], SERAFINI[226] und WELCH[227]. JOHNE[228] färbt die lufttrockenen und in der Flamme fixierten Ausstriche für 1—2 Minuten mit erwärmter 2%iger wässeriger Methylviolett- oder Gentianaviolettlösung, spült hierauf in Wasser ab und entfärbt etwa 6—10 Sekunden in 1—2%iger Essigsäure. Bei der mikroskopischen Untersuchung der (zuvor mit Wasser abgespülten) Präparate in Wasser erscheinen kapseltragende Bakterienzellen tief(blau)violett gefärbt und von einem matt(rot)violetten Saum, d. h. der gefärbten Kapsel umgeben. Mit stärkerem Erhitzen der Präparate erzielen z. B. KLETT[229], OLT[230], BONI[231] und HISZ[232] die Färbbarkeit der Kapselsubstanz. OLT[233] färbt mit 3%iger wässeriger (heiß bereiteter und filtrierter) Safraninlösung für 1—2 Minuten unter mehrmaligem Erhitzen. Dabei färbt sich der Bakterienleib rotbraun und die Kapsel quittengelb. Auch eine besondere Fixierung der Ausstrichpräparate, z. B. mit Osmiumsäure (HAMM[234]), MÜLLERscher Flüssigkeit (BÜRGER[235]), Sublimat (MEDALIA[236]) oder mit Formalin (PREUSSE[237], WADSWORTH[238]), ermöglicht die Färbbarkeit der Kapsel. HAMM[239] schwemmt hierzu auf dem Objektträger die Zellen in einem Tröpfchen unverdünnten Blutserums auf, fixiert dann mit Osmiumsäuredämpfen und färbt hierauf das lufttrockene Präparat 10—15 Minuten mit GIEMSA-Lösung unter leichtem Erwärmen. Die Zellen färben sich himmelblau bis blauviolett und die Kapsel rosa bis hellrot. Nach HEIM[240] werden alle Farben, welche die sog. Mucinreaktion geben, wie z. B. rotstichiges Methylenblau, Methylenazur, LAUTHsches Violett, Formalingentiana, Safranin, Thionin und Mucincarmin, auch von der Kapselsubstanz aufgenommen. So erscheinen nach HEIM z. B. mit rotstichigem Methylenblau (d. h. mit solcher LÖFFLERscher Methylenblaulösung, die beim Schütteln mit Chloroform oder Äther das sich wieder ausscheidende Chloroform bzw. den Äther rot färbt) behandelte Kapselbakterien tiefblau und ihre Kapsel rotviolett gefärbt. Zu dieser sog. metachromatischen Kapselfärbung eignen sich auch Methylenblaueosin, Methylgrünpyronin sowie GIEMSA-Lösung. Schließlich sind zur Kapseldarstellung auch noch sog. Doppelfärbungsmethoden, z. B. von PIANESE[241], KLETT[242], FRANK[243], KAUFMANN[244] und ROSENOW[245] angegeben worden. KLETT[246] färbt z. B. die lufttrockenen Ausstriche mit einer wässerig-alkoholischen Methylenblaulösung, welche aus 10,0 ccm gesättigter, alkoholischer Methylenblaulösung und aus 100,0 ccm Aqu. dest. besteht, unter Erwärmen bis zum Aufkochen. Die hierauf mit Wasser abgespülten Präparate werden 5 Sekunden mit wässeriger alkoholischer Fuchsinlösung, welche wie die Methylenblaulösung hergestellt ist, ohne Erwärmen nachgefärbt und dann mit Wasser abgespült. Die Bakterienleiber erscheinen blau und die Kapsel rosa gefärbt. Weitere Kapselfärbungsmethoden stammen noch von NICOLLE[247], FOTH[248], GINS[249], RULISON[250], VAN RIEMSDIJK[251], RÄBIGER[252], HOFFMANN[253] und VINCENT[254].

B. Mikrochemie des Zellinhaltes.

§ 137. Die mikrochemisch nachweisbaren Unterschiede in der stofflichen Zusammensetzung des Zellinhaltes erstrecken sich bei den verschiedenen Bakterienarten auf die protoplasmatische Zellsubstanz [§ 138—150] und gewisse im Bakterienleib vorhandene Einschlüsse [§ 151—168].

1. Das Protoplasma.

§ 138. Von den mikrochemischen Reaktionen des Bakterienprotoplasmas [§ 32—33] sind die sog. GRAMfärbbarkeit [§ 139] bis 141], die sog. Säurefestigkeit [§ 142—146] und noch eine Reihe anderer sog. Elektivfärbungen [§ 147—150] der Bakterienzellen zu erwähnen.

a) Die Gramfärbbarkeit.

§ 139. Wie GRAM[255] zuerst festgestellt hat, vermögen Pararosanilinsalze (z. B. Gentianaviolett, Methylviolett, Viktoriablau) dauerhafter als Rosanilinsalze (z. B. Fuchsin, Methylenblau) sich mit

Jod zu vereinigen. Gewisse Bakterienarten (z. B. *Micr. pyogenes, Strept. lanceolatus, Corynebact. diphtheriae, Bac. anthracis, Bac. tetani* und *Mycobact. tuberculosis*) vermögen nun die hierbei gebildete Farbstoffverbindung fester in sich aufzunehmen, d. h. bei nachfolgender Alkoholbehandlung nicht so leicht wieder abzugeben, als gewisse andere Bakterienarten (z. B. *Micr. gonorrhoeae, Micr. intracellularis, Bact. influencae, Bact. typhi, Bact. pestis, Bac. oedematis maligni, Bac. Chauvei* und *Vibr. cholerae*). Angesichts dieser Tatsache lassen sich „nach GRAM färbbare“, sog. grampositive (jv. +) und „nach GRAM nicht färbbare“, sog. gramnegative (jv. —) Bakterienarten unterscheiden.

§ 140. Zur GRAMfärbung werden die lufttrockenen und in der Flamme fixierten (dünnen) Ausstrichpräparate zweckmäßig mit einer 2%igen Carbolgentianaviolettlösung[256] 2 Minuten (unter Erwärmen) gefärbt, hierauf mit sog. LUGOLscher Lösung, welche auf 300,0 ccm Aqu. dest. 1,0 g Jod und 2,0 g Jodkalium enthält, für 1—2 Minuten behandelt, dann mit Alkohol etwa 10 Sekunden entfärbt und dann (nach Wasserspülung) mit 10fach verdünnter Fuchsinlösung nachgefärbt. Grampositive Bakterien sind nun tiefblauviolett, gramnegative Zellen leuchtend rot gefärbt[257]. Sog. Modifikationen dieser GRAMfärbung sind z. B. von DREYER[258], EISENBERG[259], GÜNTHER[260], KUTSCHER[261], LÖFFLER[262], NICOLLE[263] und von UNNA[264] angegeben worden. EISENBERG[265] z. B. behandelt das fixierte Präparat 3—5 Minuten lang mit einer 1%igen wässerigen Lösung von Viktoriablau B (GÜNTHER), spült mit Wasser, beizt 1—2 Minuten mit LUGOLscher Lösung, entfärbt mit NICOLLEschem Acetonalkohol (3 Teile Alcohol. absol. + 1 Teil Azeton), bis kein Farbstoff mehr abgegeben wird, spült hierauf wieder mit Wasser und färbt dann mit 10fach verdünntem Carbolfuchsin nach. Wie CLAUDIUS[266] feststellte, bildet der Pararosanilinfarbstoff auch mit Pikrinsäure eine Verbindung, welche von gewissen Bakterienarten (nämlich von den sog. grampositiven Bakterien sowie von *Bac. oedematis maligni* und von *Bac. Chauvei*) sehr festgehalten wird. CLAUDIUS färbt dünne Bakterienausstriche 1 Minute mit 1%iger wässeriger Methylviolettlösung (Methylviolett 6 B extra MERCK), spült mit Wasser ab, trocknet mit Fließpapier, spült dann 1 Minute mit halbgesättigter wässeriger Pikrinsäurelösung, spült dann wieder mit Wasser, trocknet mit Fließpapier und entfärbt hierauf mit Chloroform (oder Nelkenöl). Grampositive Bakterien sowie *Bac. oedematis maligni* und *Bac. Chauvei* sind blau gefärbt.

§ 141. Das unterschiedliche Verhalten der einzelnen Bakterienarten im Färbungsversuch nach GRAM beruht offenbar auf (noch unaufgeklärten) Verschiedenheiten im physikalisch-chemischen Aufbau des Protoplasmas. Die Tatsache, daß die grampositiven Bakterienzellen im allgemeinen nichtplasmolysierbar [§ 84—86] und gegenüber Lösungsmitteln (Säure-, Alkali- bzw. Enzymwirkung) widerstandsfähiger sind [§ 89—101] als die gramnegativen Zellen (z. B. nach BRUDNY[267], EISENBERG[268], KRUSE[269], AUCLAIRE und PARIS[270], KONTOROWICZ[271] und FISCHER[272]), läßt vermuten, daß neben rein chemischen Protoplasmaverschiedenheiten der grampositiven und gramnegativen Zellen auch noch physikalische Unterschiede (z. B. Durchlässigkeit und Dichtigkeit) der Zellsubstanz für das abweichende GRAMverhalten maßgebend sind. Auf solchen Unterschieden in der chemischen Zusammensetzung und im physikalischen Bau der Bakterienzellen beruhen offenbar auch die Verschiedenheiten, welche innerhalb der grampositiven bzw. gramnegativen Bakteriengruppe und sogar bei ein und demselben Bakterienstamm in der Aufnahme- und Bindungsfähigkeit des Jodpararosanilinfarbstoffes vorkommen. Von den zahlreichen hierüber vorliegenden Beobachtungen seien nur die Arbeiten von GRIMME[273] und NEIDE[274] genannt, welche ergaben, daß die Gramfärbbarkeit ein und desselben Bakterienstammes je nach den zum Versuch gewählten Entwicklungsformen, je nach dem Alter der Kultur und je nach der Art der Ernährung wechselt. So fand z. B. NEIDE bei Färbeversuchen an *Bac. tumescens*, daß eine 48stündige Kultur desselben schon nach 45 Minuten den ursprünglich tiefblauschwarz aufgenommenen Farbstoff bei Behandlung mit 80%igem Alkohol wieder abgab, während die 18stündige Kultur hierzu $1^1/_4$—$1^1/_2$ Stunde gebrauchte. NEIDE beobachtete ferner, daß die Zellen des *Bac. tumescens*, welche auf traubenzuckerhaltigem Nähragar gewachsen waren, sich schneller entfärbten als solche, welche auf gewöhnlichem Nähragar gezüchtet worden waren. Abgesehen von diesen Stammeigenheiten ist, wie vor allem NEIDE nachwies, auch noch die gewählte Färbetechnik von ausschlaggebender Bedeutung für das Gramverhalten eines Bakterienstammes. Wie NEIDE angibt, wurde z. B. *Bac. tumescens* bei 28° durch verschieden stark verdünnten Alkohol innerhalb der folgenden Einwirkungszeiten entfärbt:

Tabelle 21.

Bac. tumescens	Konzentration des Alkohols					
	90 %	80 %	60 %	40 %	20 %	10 %
Entfärbungszeit bei 28° . .	3h	1h 20′	1h	25′	3h 30′	6h

Am schnellsten erfolgte hiernach die Entfärbung bei der Einwirkung eines 40%igen Alkohols. Der 80%ige Alkohol, welcher bei 28° innerhalb 1 Stunde 20 Minuten entfärbte, brauchte hierzu bei 18° 7 Stunden 30 Minuten, bei 40° nur 8 Minuten und bei 60° nur 3—4 Minuten. KISSKALT[275], welcher die entfärbende Wirkung verschiedener Alkohole prüfte, stellte hierfür die Reihenfolge: Methyl-Äthyl-Propyl-Butyl-Amylalkohol fest und fand, daß der am stärksten wirksame Methylalkohol sogar einige (bei Behandlung mit Äthylalkohol grampositive) Bakterienarten vollkommen entfärbt, während der am schwächsten entfärbende Amylalkohol einige (bei Behandlung mit Äthylalkohol gramnegative) Bakterien (z. B. *Bact. typhi*) nicht entfärbt.

b) Die Säurefestigkeit.

§ 142. Wie EHRLICH[276] zuerst festgestellt hat, werden manche Bakterienzellen (z. B. *Mycobact. tuberculosis*, *Mycobact. leprae*, *Mycobact. smegmatis*, *Mycobact. phlei*), welche sich mit den gewöhnlichen Farbstofflösungen nur sehr schwer oder überhaupt nicht färben, im gebeizten Zustand (d. h. nach Behandlung z. B. mit Anilin, Phenol, Formaldehyd, Chloroform, Goldchlorid oder Sublimat) durch verschiedene Farbstoffe (z. B. Fuchsin, Gentiana- oder Methylviolett, Methylenblau oder Nachtblau) derart stark gefärbt, daß sie auch durch starke Mineralsäuren (z. B. durch Schwefelsäure, Salpetersäure, Salzsäure) oder durch angesäuerten Alkohol (z. B. durch salzsauren Alkohol) sich nicht mehr entfärben. Will man sich von dieser sog. Säurefestigkeit der Bakterienzellen überzeugen, so übergießt man einen dünnen, lufttrockenen und in der Flamme fixierten Bakterienausstrich mit ZIEHL-NEELSENscher Carbolfuchsinlösung[277], erwärmt das Präparat bis zum leichten (mehrmaligen) Aufkochen der Farblösung, läßt diese noch 2—3 Minuten einwirken, taucht dann das Präparat 15 Sekunden in 5%ige Schwefelsäure (oder 25%ige Salpetersäure), hierauf noch in 70%igen Alkohol, bis keine Farbwolken mehr abgehen, und färbt mit wässeriger Methylenblaulösung nach. Säurefeste Bakterienzellen sind in solchen Präparaten leuchtend rot, alle übrigen blau gefärbt. Dieses EHRLICH-ZIEHL-NEELSENsche Färbungsverfahren ist vielfach (z. B. von FRÄNKEL-GABBET[278], CZAPLEWSKY[279], WEICHSELBAUM[280], PAPPENHEIM[281], KRONBERGER[282], MÜLLER[283], RONDELLI und BUSKALIONI[284], DORSET[285], EISENBERG[286], SPENGLER[287], v. BETEGH[288], ASSMANN[289] und OGAVA[290]) durch Verwendung besonderer Farbstofflösungen, Beizen oder Entfärbungsmittel abgeändert worden.

§ 143. Prüft man verschiedene säurefeste Bakterienstämme mit der bewährten EHRLICH-ZIEHL-NEELSENschen Färbungsmethode, so zeigt sich, daß der Grad der Farbstoffaufnahme und der Säurefestigkeit dieser Zellen sehr verschieden ist. Auf Grund dieser Tatsache sind sogar verschiedene Färbungsverfahren angegeben worden (z. B. von BAUMGARTEN[291], SCHÄFFER[292], BABES[293], BUNGE und TRAUTENROT[294], HONSELL[295], PAPPENHEIM[296] und MALOWAN[297]), um *Mycobact. tuberculosis* von anderen säurefesten Bakterien (z. B. von *Mycobact. leprae* oder *Mycobact. smegmatis*) abzugrenzen. Zur Unterscheidung des *Mycobact. tuberculosis* und *Mycobact. leprae* färbt z. B. BAUMGARTEN[298] 5 Minuten mit einer sehr verdünnten alkoholischen Fuchsinlösung, entfärbt dann 20 Sekunden in einer Mischung von 10 Teilen Alkohol und 1 Teil Salpetersäure und färbt (nach vorheriger Wasserspülung) mit Methylenblaulösung nach. Da *Mycobact. tuberculosis* schwerer färbbar als *Mycobact. leprae* ist, bleibt dasselbe bei dieser Methode ungefärbt, während *Mycobact. leprae* rot gefärbt erscheint; die übrigen (nicht säurefesten) Bakterien sind blau gefärbt. Auch bei ein und demselben Bakterienstamm ist der Grad der Säurefestigkeit verschieden[299]. Die Säurefestigkeit wechselt mit dem Alter der Kultur und mit der Art bzw. der Zusammensetzung des Nährbodens. Junge Kulturen des *Mycobact. tuberculosis* sind im allgemeinen weniger säurefest als alte (z. B. nach KLEIN[300], MARMOREK[301], OLSCHANETZKY[302]); auch *Mycobact. leprae* ist nach BARANNIKOW[303] in verschiedenen Entwicklungsstadien verschieden säurefest. Von den vorliegenden Arbeiten (OLSCHANETZKY[304], WEBER[305], FREI und POKSCHISCHEWSKY[306], DOSTAL[307]) über den Einfluß des Nährbodens auf die Säurefestigkeit seien die Untersuchungen von FREI und POKSCHISCHEWSKY genannt, welche z. B. *Mycobact. phlei* auf alkalischem bzw. saurem Glycerinagar (bei 37°) züchteten und fanden, daß die auf saurem Agar gewachsenen Zellen allmählich ihre Säurefestigkeit einbüßen und bei Überimpfung auf alkalischen Glycerinagar dieselbe wiedererlangen, während die auf alkalischem Agar gezüchteten Kulturen ihre Säurefestigkeit bewahrten. Wie LUBARSCH und MAYR[308], AUJESZKY[309], KARLINSKI[310] sowie BUESTNEW und FEISTMANTEL[311] feststellten, kann die Säurefestigkeit auch durch Tierpassage beeinflußt werden. So fanden LUBARSCH und MAYR[308], daß die Säurefestigkeit z. B. des *Mycobact. tuberculosis* und des *Mycobact. phlei* im Verlauf einer Passage durch den Froschkörper abnimmt.

§ 144. In diesem Zusammenhang ist auch noch hervorzuheben, daß nicht alle Teile eines säurefesten Bakteriums in gleichem Grade säurefest sind. Wie GRIMME[273] fand, werden z. B. Saftvakuolen, Fetttröpfchen und Glykogenkörnchen bei der EHRLICH-

ZIEHL-NEELSENschen Färbungsmethode überhaupt nicht gefärbt, so daß auf diese Weise z. B. bei *Mycobact. tuberculosis* und *Mycobact. phlei* neben rot gefärbtem Protoplasma häufig auch ungefärbte Lücken im Zelleib beobachtet werden. Demgegenüber besitzen gewisse Bestandteile der säurefesten Leibessubstanz mitunter eine besonders große Säurefestigkeit, so daß z. B. in den hellrot gefärbten, d. h. nicht überfärbten Zellen des *Mycobact. tuberculosis* dunkelrot gefärbte Körnchen (sog. Granula) vorkommen. Um diese Gebilde färberisch besonders nachzuweisen, sind eine Reihe von Verfahren angegeben worden (HERMANN[312], CAAN[313], BERKA[314], KONSTED[315], BOIT[316], MUCH[317], ROSENBLAT[318], FONTES[319], WEHRLI und KNOLL[320], WEISS[321], HATANO[322], CARPINTERO[323], v. BETEGH[324], ISHIWARA[325], KRONBERGER[326], KIRCHENSTEIN[327]). MUCH z. B. färbt unter Aufkochen oder 24 Stunden bei 37° oder 48 Stunden bei Zimmertemperatur mit Carbolmethylviolettlösung, dann 1—5 Minuten mit LUGOLscher Lösung, entfärbt 2 Minuten mit Jodkaliumwasserstoffsuperoxyd und spült hierauf das Präparat mit absolutem Alkohol ab. Die Zelleiber sind bläulich und die Granula blauschwarz gefärbt. Eine Doppelfärbung der Granula gibt z. B. CZAPLEWSKI[279] an. Er färbt den Ausstrich mehrere Stunden mit heißem Carbolfuchsin, entfärbt mit Natriumbisulfatlösung und färbt mit Carbolmethylenblau nach. Die Granula erscheinen dann als rotgefärbte Körnchen in dem blaugefärbten Zelleib.

§ 145. Die Ursache der Säurefestigkeit ist noch nicht völlig aufgeklärt. Allem Anschein nach handelt es sich dabei um besondere chemische und physikalische Eigenschaften der Zellsubstanz. Auf diesen beruht wohl auch die Fähigkeit der säurefesten Bakterienzellen, den einmal aufgenommenen Farbstoff auch an andere farbstoffentziehende Mittel wie Alkohol („Alkoholfestigkeit"), Alkalien („Alkalifestigkeit"), Formol („Formolfestigkeit") nicht so leicht wieder abzugeben und die angenommene Färbung selbst in der Hitze („Kochfestigkeit") beizubehalten. Von den vielen Versuchen, welche über die Natur der an diesem Entfärbungswiderstand der säurefesten Zellen beteiligten Stoffe angestellt worden sind (z. B. von BIENSTOCK[328], SPINA[329], MARMOREK[330], KLEBS[331], ARONSON[332], HELBING[333], GRIMME[237]), seien die Beobachtungen von GRIMME z. B. für *Mycobact. phlei* in der folgenden Tabelle (S. 72) zusammengestellt.

§ 146. Nach dieser Übersicht wird die Säurefestigkeit des *Mycobact. phlei* durch fettlösende Mittel wie Xylol, Alkohol und Äther (allerdings auch durch Eau de Javelle und Salzsäure) aufgehoben. Dies gilt z. B. nach KLEBS[334], BORREL[335], RITSCHIE[336],

Camus und Pagniez[337], Cantaciczene[338], Krylow[339] auch für *Mycobact. tuberculosis*, während z. B. Fontes[340], Aronson[341], Helbing[342], Auclaire und Paris[343], Kozniewski[344], Sabrazès[345] nur eine Abschwächung oder überhaupt keine Beeinflussung der Säurefestigkeit des *Mycobact. tuberculosis* durch Fettlösungsmittel feststellten. Offenbar besteht zum mindesten ein gewisser Zusammenhang zwischen dem Fettgehalt der Bakterienzellen und ihrer Säurefestigkeit, und zwar um so mehr, als vielfach (z. B. von Klebs[346], Aronson[347], Ruppel[348], Kresling[349], Bulloch und Macleod[350], Dorset und Emery[351], Tamura[352], Bürger[353]) beobachtet worden ist, daß die aus den Bakterienleibern gewonnenen fettwachsartigen Stoffe im Färbungsversuch sich als säurefest erwiesen. Wie besonders Fischer[354], Auclaire und Paris[355], Pappenheim[356], Benians[357] und Sherman[358] anführen, spielt auch der physikalische Aufbau (Dichtigkeit, Adsorptionsfähigkeit, Durchlässigkeit) der Leibessubstanz sowie die Unversehrtheit des Zelleibes eine wichtige Rolle für die färberische Eigenart der säurefesten Bakterien. Dafür spricht z. B. die von Benians[359] ermittelte Tatsache, daß gefärbte und dann zerriebene bzw. zerriebene und hierauf gefärbte Zellen des *Mycobact. tuberculosis* nicht mehr säurefest sind.

Tabelle 22.

Reagens	Beobachtungen
Xylol.	Nach 6stündiger Behandlung mit heißem X. sind die Stäbchen nur noch sehr wenig säurefest.
Alkohol.	Nach 4tägiger Behandlung mit 80%igem A. sind die Stäbchen nicht mehr säurefest.
Äther.	Die mit Ä. behandelten Stäbchen sind nicht mehr säurefest.
Eau de Javelle . .	Nach 10 Minuten langer Einwirkung von E. d. J. sind die Stäbchen nicht mehr säurefest.
Salzsäure	Nach 12tägiger Behandlung mit 0,5%iger S. sind die Stäbchen nicht mehr säurefest.
Aqu. dest.	12tägige Behandlung mit Aqu. dest. hat keinen Einfluß auf die Säurefestigkeit.
Trypsinlösung . . .	8tägige Behandlung mit Trypsinlösung ist ohne Einfluß auf die Säurefestigkeit.

c) Elektivfärbungen.

§ 147. Von den besonderen „Elektivfärbungen" der Bakterienzellen seien die Färbungen des *Micr. gonorrhoeae* [§ 148] sowie des *Corynebact. diphtheriae* [§ 149] erwähnt und schließlich noch einige Verfahren der sog. Vitalfärbung [§ 150] besprochen.

α) Die Färbung des Micr. gonorrhoeae.

§ 148. Zur Färbung des *Micr. gonorrhoeae*, welcher gut und leicht fast alle Anilinfarbstoffe (besonders stark LÖFFLERS Methylenblau) annimmt, sind, abgesehen von der differential-diagnostischen GRAM-Färbung (*Micr. gonorrhoeae* ist gramnegativ!) eine Reihe von Verfahren (CZAPLEWSKI [360], PICK und JAKOBSOHN [361], LANZ [362], SCHÄFFER [363], LÖFFLER [364], SCHÜTZ [365], v. LESZCYNSKI [366], v. WAHL [367], PAPPENHEIM [368]) angegeben worden. Nach der von PAPPENHEIM [369] empfohlenen Methode hat man dabei folgendermaßen zu verfahren: Die dünnen und in der Flamme fixierten Ausstriche werden 2—5 Minuten mit einer Methylgrünpyroninmischung gefärbt und dann mit Wasser abgespült. Es empfiehlt sich, hierzu die gebrauchsfertige und haltbare UNNA-PAPPENHEIMsche Farblösung zu verwenden, welche auf 100,0 0,5 %igen Carbolwassers 0,15 Methylgrün (00 kryst. gelblich), 0,25 Pyronin, 2,5 96 %igen Alkohol und 20,0 Glycerin enthält. Die mit dieser Lösung gefärbten Präparate geben sehr schöne und vor allem übersichtliche Bilder. Das Methylgrün, welches von Bakterien nur sehr schwer aufgenommen wird, färbt Eiterzellen und Zellkerne blaugrün; das Pyronin färbt *Micr. gonorrhoeae* dunkelrot. Durch diesen Unterschied („Kontrastfärbung“) wird das Aufsuchen des *Micr. gonorrhoeae* (auch der den Eiterzellen usw. aufgelagerten Kokken) außerordentlich erleichtert. Nach PAPPENHEIM kann man auch die GRAM-Färbung mit dieser Methylgrünpyroninmethode verbinden. Man übergießt die Präparate mit der üblichen Carbolgentianaviolettlösung, färbt hierauf 3 Minuten mit Jodjodkaliumlösung, entfärbt $^1/_2$—2 Minuten mit Acetonalkohol (nach NICOLLE), färbt dann nach mit Orange-G-Lösung, saugt diese mit Fließpapier wieder ab und färbt zuletzt mit Methylgrünpyroninlösung. Ein mit dieser Methode gefärbter Trippereiter gibt folgendes Bild: *Micr. gonorrhoeae* rot, grampositive Bakterien blauschwarz, Zellkerne blaugrün, Lymphocyten und Epithelzelleiber rot, Leukocytenplasma und eosinophile Granula orange.

β) Die Färbung des Corynebact. diphtheriae.

§ 149. *Corynebact. diphtheriae* färbt sich mit allen Anilinfarbstoffen; besonders gut mit LÖFFLERscher Methylenblaulösung [370] sowie mit verdünnter ZIEHLscher Carbolfuchsinlösung. Bei Behandlung mit Carbolfuchsin- und Methylenblaulösung läßt sich eine Doppelfärbung erzielen, bei welcher rot gefärbte Körnchen in dem blau gefärbten Zelleib beobachtet werden. Auf der Nachweisbarkeit dieser sog. metachromatischen Körnchen in den Zellen des *Corynebact. diphtheriae* (und auch einer Reihe anderer Bakterien) beruhen mehrere Färbeverfahren, denen eine gewisse differential-diagnostische Bedeutung zukommt. Hierher gehören die Färbemethoden z. B. von NEISSER[371], GINS[372], LJUBINSKI[373], COLES[374], EPSTEIN[375], PIORKOWSKI[376], DE ROVAART[377], PECK[378], FALIÈRES[379], TRINCAS[380], SOMMERFELD[381], PITFIELD[382], SCHAUFFTER[383], RASKIN[384] und FICKER[385]. NEISSER[386] färbt den fixierten Ausstrich zunächst 1—2 Sekunden in einer Mischung von 2 Teilen der Lösung A (1,0 Methylenblau + 20,0 96%igen Alkohol + 950,0 Aqu. dest. + 50,0 *Acid. acet. glaciale*) und 1 Teil der Lösung B (1,0 Krystallviolett + 10,0 Alkohol. absol. + 300,0 Aqu. dest.), spült mit Wasser und färbt dann mit Chrysoidinlösung (2,0 Chrysoidin + 300,0 Aqu. ferv.) nach. Das Protoplasma des *Corynebact. diphtheriae* färbt sich hierbei gelb bis braun; die metachromatischen Körnchen erscheinen dunkelblau gefärbt. Nach LANGER und KRÜGER[387] gelingt die Unterscheidung des *Corynebact. diphtheriae* vom *Corynebact. pseudodiphtheriae* mit Hilfe der „verlängerten" GRAM-Färbung. LANGER und KRÜGER färben das Präparat 2 Minuten mit Anilinwassergentianaviolett- (oder mit Anilinwasserbrillantgrün-)Lösung, hierauf 5 Minuten mit LUGOLscher Lösung. Alsdann entfärben sie 15 Minuten mit absolutem Alkohol und färben 1 Sekunde mit einer verdünnten Fuchsinlösung nach. Während *Corynebact. diphtheriae* rot gefärbt (also „gramnegativ") erscheint, ist *Corynebact. pseudodiphtheriae* blau gefärbt (also „grampositiv"). *Corynebact. pseudodiphtheriae* ist hiernach gram(alkohol)fester als *Corynebact. diphtheriae.*

γ) Die Vitalfärbung.

§ 150. Um lebende Bakterienzellen zu färben (d. h. zur sog. Lebend[„Vital"-]färbung), mischt man die lebensfeuchten Zellen (z. B. einen Tropfen flüssiger Kultur) mit einer Spur sehr verdünnter Farblösung und legt ein Deckglas darauf, oder man läßt zu einem einfachen Deckglaspräparat (z. B. zu in physiologischer NaCl-Lösung aufgeschwemmten Bakterienzellen) seitlich etwas Farblösung zufließen. Besondere Vitalfärbungsverfahren sind z. B. von NAKANISHI[388], ERNST[389], KRAL[390], AMATO[391], UHMA[392], PLATO[393], VAY[394], RUZICKA[395] und PROGA[396] angegeben worden. RUZICKA z. B. läßt einen Tropfen einer Farbmischung, welche gleiche Teile einer 0,5%igen wässerigen Neutralrotlösung bzw. einer 0,5%igen wässerigen Methylenblaulösung enthält, auf einem gut gereinigten Objektträger bei 35° verdampfen, bringt auf die zurückbleibende dünne, gleichmäßige Farbschicht die zu prüfenden Bakterienzellen (z. B. in Bouillon aufgeschwemmt) und legt ein Deckglas darauf. Nach RUZICKA färben sich lebende Bakterien rot und tote Bakterien blau. VAY erzielt die Vitalfärbung durch Züchtung der Bakterienzellen auf farbstoffhaltigem Nährboden (z. B. auf Nähragar, welches mit Dahlia oder Pfaublau gefärbt ist) und findet, daß diese Farbstoffe in die wachsenden Zellen übergehen und diese anfärben.

2. Die Zelleinschlüsse.

§ 151. Die Mikrochemie der Zelleinschlüsse bezieht sich auf gewisse lebende Inhaltskörper [§ 152—154] und auf verschiedene leblose (meist geformte) Inhaltsstoffe [§ 155—168] der Bakterienzellen.

a) Die lebenden Inhaltskörper.

§ 152. Von den lebenden Inhaltskörpern der Bakterienzelle liegen mikrochemische Untersuchungen über die zellkernähnlichen Protoplasmagebilde [§ 153] und über die Sporen [§ 154] vor.

α) Die zellkernähnlichen Protoplasmagebilde.

§ 153. Zur färberischen Darstellung der „Zellkerne", welche MEYER[397] in der Saftvakuole der Sporenanlage z. B. bei *Bac. asterosporus* nachwies, empfiehlt sich vor allem die von MEYER angegebene Formolfuchsinmethode. Man verreibt hierzu eine kleine Öse Kultur in einem Tropfen Formol und läßt dieses 4—5 Minuten einwirken. Alsdann setzt man 1—2 Tropfen Farblösung (15 Tropfen der Mischung: 2,0 ccm gesättigte, alkoholische Fuchsinlösung + 10,0 ccm 95%igen Alkohol + 10,0 ccm Wasser) — kurz vor Gebrauch — zu 10,0 ccm Wasser, läßt diese (unter mehrmaligem Umrühren) 10 Minuten färben und untersucht dann eine Öse des Gemisches unter dem Mikroskop. Treten die „Kerne" der Bakterien noch nicht hervor, so untersucht man nach je 5 Minuten wieder, bis alle „Kerne" deutlich in der rotvioletten Farbe hervortreten, welche die Fuchsinlösung beim Vermischen mit Formol annimmt.

β) Die Sporen.

§ 154. Färbt man den Ausstrich einer sporenhaltigen Bakterienkultur (z. B. von *Bac. subtilis*) in der üblichen Weise (z. B. 2 Minuten mit LÖFFLERS alkalischer Methylenblaulösung), so nehmen die (reifen) Sporen diesen Farbstoff nicht an und erscheinen demzufolge als helle Lücken in dem blaugefärbten Bakterienleib. Um auch die Sporen zu färben, muß man die Präparate mit stark erwärmten Farblösungen behandeln (bei den Methoden z. B. von HAUSER[398], GÜNTHER[399], WALDMANN[400], WIRTZ[401], BOTELHO[402], KLEIN[403], TRIBONDEAU[404]), oder man muß die zuvor gebeizten Ausstriche in Farblösungen kochen (z. B. bei den Verfahren von MÖLLER[405], TRINCAS[406], AUJESZKY[407], THESING[408], ORSZAG[409], BITTER[410], LAGERBERG[411]). MÖLLER[412] z. B. behandelt das lufttrockene und in der Flamme fixierte Präparat zur Entfettung zunächst 2 Minuten mit Chloroform, spült mit Wasser ab und beizt dann 1½—2 Minuten in 5%iger Chromsäure. Das wiederum in Wasser gespülte Präparat wird hierauf unter Erwärmen 1 Minute mit wässeriger Carbolfuchsinlösung gefärbt, dann 5 Sekunden in 5%iger Schwefelsäure entfärbt und zuletzt noch ½ Minute mit wässeriger Methylenblaulösung nachgefärbt. Man erhält auf diese Weise blaugefärbte Zellen und leuchtend rot gefärbte Sporen. Will man nur die Sporen färben, so behandelt man nach BUCHNER[413] den fixierten Ausstrich mit konzentrierter Schwefelsäure und färbt mit Carbolfuchsin nach. Die Sporen erscheinen als rot gefärbte Körnchen.

b) Die leblosen Inhaltsstoffe.

§ 155. Von den leblosen Inhaltsstoffen der Bakterienzellen sind Eiweißstoffe (Volutin) [§ 156—157], Kohlehydrate (Glykogen, Jogen) [§ 158], Fette [§ 159—160], gewisse Farbstoffe [§ 161—165], sowie Schwefel-, Eisen- und Manganeinschlüsse [§ 166—168] mikrochemisch bemerkenswert.

α) Eiweißstoffe (Volutin).

§ 156. Zuverlässige mikrochemische Untersuchungen über das Bakterieneiweiß liegen bisher nur über das sog. Volutin vor, welches in vielen Bakterienzellen in Form von mikroskopisch nachweisbaren (farblosen, stark lichtbrechenden) Kügelchen von offenbar zähflüssiger Beschaffenheit vorkommt. Die wichtigsten mikrochemischen Reaktionen des Volutins sind nach den Arbeiten von GRIMME[414] und MEYER[415] in der folgenden Übersicht zusammengestellt.

Tabelle 23.

Reagens	Beobachtungen
Wasser	W. von 28° löst V. innerhalb von 2—3 Tagen. In 80° warmem W. löst sich V. in 5 Min. auf; in W. von 100° noch schneller. In der Hitze oder durch Alkohol bzw. Formol fixiertes V. ist in kochendem W. unlöslich.

Tabelle 23 (Fortsetzung).

Reagens	Beobachtungen
Alkalien	5 %ige oder gesättigte, wässerige Natriumcarbonatlösung löst V. in 5 Min., ebenso Kalilauge. Frisch bereitete Lösung von Eau de Javelle löst (oder zersetzt) V. in 5 Min.
Säuren	5 %ige Schwefel- oder Salzsäure löst V. in 5 bis 10 Min., 1 %ige in 24 Std.; 25 %ige Salpetersäure löst V. sofort; 1 %ige Essig- und Osmium- sowie 5 %ige Carbolsäure lösen V. langsam.
Alkohol, Äther, Chloroform und Tetrachlorkohlenstoff .	lösen V. nicht auf.
Jodjodkalium . . .	In konzentrierter Lösung ist V. bei tiefer Einstellung im Mikroskop hellgelb, bei hoher Einstellung dunkelgelb gefärbt. Schwache Lösung färbt V. und Plasma hellgelb.
Millons Reagens, Rohrzuckerlösung + konz. Schwefelsäure, Vanillinsalzsäure, Chlorzinkjod	geben mit V. keine auffallenden Reaktionen.
Trypsin und Pepsin	sind auf V. ohne bemerkenswerten Einfluß.

§ 157. Nach GRIMME und MEYER läßt sich das Volutin auch mit verschiedenen Farbstoffen mikrochemisch nachweisen. In der nachstehenden Übersicht sind die wichtigsten Farbreaktionen des Volutins aufgeführt.

Tabelle 24.

Farbstoffe	Beobachtungen
Methylenblau	Lösung (1 + 10) ruft zunächst Quellung des V., dann starke Blauschwarzfärbung hervor. Nachträgliche Einwirkung von 1 %iger Schwefelsäure entfärbt Plasma, aber nicht V.
Carbolfuchsin	Lösung (1 + 10) färbt Plasma und V. gleichmäßig rot. Nachträgliche Einwirkung von 1 %iger Schwefelsäure entfärbt Plasma, aber nicht V.
Methylviolett, Gentianaviolett	färben V. unter Quellung tiefdunkelviolett.
Eosin, Boraxcarmin, Nigrosin, Kernschwarz	färben V. nicht.
Safranin	3 %ige wässerige Lösung färbt V. stärker gelb rot als das Plasma.
Bismarckbraun	Lösung (1 + 10) färbt V. stärker gelbbraun als das Plasma.
Hämatoxylin (DELAFIELD)	färbt V. nur sehr langsam schwachviolett.
Rutheniumrot	Lösung (von 0,02 g R. in 10,0 g heißem Wasser) färbt V. stark rot.

β) Kohlehydrate (Glykogen und Jogen).

§ 158. Die mikrochemisch nachweisbaren Kohlehydrate der Bakterienzellen sind Glykogen und Jogen (Granulose), welche als farblose, zähflüssige Massen im Protoplasma vieler Zellen auftreten. Glykogen und Jogen unterscheiden sich mikrochemisch durch ihr Verhalten gegenüber Jod. Fügt man sehr verdünnte Jodjodkaliumlösung zu Bakterienzellen, welche Glykogen und Jogen enthalten (z. B. *Bac. amylobacter*), so färbt sich zunächst nur das Jogen blau; erst mit stärkerer Jodjodkaliumlösung färbt sich auch das Glykogen dunkelrotbraun. Färbt sich das Kohlehydrat der Bakterien nur rotbraun, so besteht es nur aus Glykogen (z. B. bei *Bac. subtilis*); tritt auch mit stärkerer Jodjodkaliumlösung nur Blaufärbung ein, so handelt es sich nur um Jogen (z. B. bei *Spir. amyliferum*). Kocht man kohlehydrathaltige Bakterienzellen 5 Minuten in Wasser, so sind Kohlehydrate mittels Jodjodkaliumlösung noch nachweisbar; kocht man mit Jodjodkalium gefärbte (kohlehydrathaltige) Zellen mit Wasser, so erscheinen dieselben bei der mikroskopischen Untersuchung (auf heißem Objektträger) ungefärbt; dagegen färben sie sich wieder, wenn die Jodjodkaliumlösung erkaltet. Werden kohlehydrathaltige Bakterienzellen für 3 Minuten mit kochender konzentrierter Schwefelsäure behandelt, so werden die Kohlehydrate völlig gelöst. Auch frisch bereiteter (mit Toluol versetzter) Malzauszug sowie Speichel löst die Kohlehydrate bei 28° innerhalb von 24 Stunden.

γ) Fette.

§ 159. Die Fette, welche in den Zellen vieler Bakterien in Form von stark lichtbrechenden Tröpfchen vorkommen, sind besonders von Meyer mikrochemisch untersucht worden[416]. Dabei ergab sich folgendes:

Tabelle 25.

Reagens	Beobachtungen
Eisessig	löst F.; auch noch nach Härtung der Zellen mit Formol sowie nach Färbung des F. mit Alkannin.
Chloralhydrat	Lösung (5 g Chl. in 2 g Wasser) löst F. Mit Chl. behandelte Zellen enthalten nach dem Auswaschen des Chl. mit Wasser wieder nachweisbares F. Auch gesättigte alkoholische Lösung des Chl. löst F.
Eau de Javelle	löst F. nicht.
Osmiumsäure	schwärzt F. nicht.

Tabelle 25 (Fortsetzung).

Reagens	Beobachtungen
Jodjodkalium	färbt F. gelbbraun.
Alkohol (abs.) u. Chloroform	dringen in die Zellen nicht ein und üben demzufolge auch keinen Einfluß auf F. aus.
Kalilauge (1%)	scheint F. zu verseifen.

§ 160. Bemerkenswert ist auch das Verhalten des Bakterienfettes gewissen Farbstoffen gegenüber. Dies geht aus der nachstehenden Übersicht hervor.

Tabelle 26.

Farbstoffe	Beobachtungen
Dimethylamidoazobenzol.	Lösung (0,4 g D. + 100,0 g 95%igen Alkohols) färbt F. gelb, das Plasma nicht.
Sudan III	Lösung (0,1 g S. + 20,0 ccm 95%igen Alkohols) färbt F. rot.
Naphtholblau	färbt F. tiefblau.
Methylenblau, Fuchsin, Gramfärbung	färben F. nicht.

δ) Farbstoffe.

§ 161. Mikrochemische Untersuchungen sind auch über die Farbstoffe der sog. *Purpurbakterien* (z. B. *Rhodobact. capsulatum, Rhodobac. palustris, Rhodospir. photometricum*) angestellt worden[417]. Winogradsky[418] fand z. B. bei *roten Purpurbakterien* folgende Farbveränderungen der Zellen:

Tabelle 27.

Reagens	Farbveränderungen
Warmes Wasser . . .	goldbraun.
Verd. Schwefelsäure .	olivgrün.
Konz. Schwefelsäure .	blau.
Salzsäure, Essigsäure.	orange-braunrot-olivgrün.
Ammoniak, Kalilauge	schmutziggrün.
Absol. Alkohol . . .	farblos.

Molisch[419] behandelte lufttrockne Reinkulturen des *Rhodobac. palustris* einige Stunden (im Dunkeln) mit absolutem Alkohol und erhielt auf diese Weise eine grüngefärbte Lösung. Den grünen Farbstoff nannte er „Bakteriochlorin“. Aus den nach der Alkoholbehandlung noch braunrot gefärbten Zellen gewann MOLISCH mit Chloroform (oder mit Schwefelkohlenstoff) einen roten Farbstoff, den er als „Bakteriopurpurin“ bezeichnete.

§ 162. Das Bakteriochlorin kann aus seiner alkoholischen Lösung durch Benzin, Terpentinöl, Olivenöl und Chloroform ausgeschüttelt werden; die alkoholische Schicht wird dabei farblos. Die grüne alkoholische Bakteriochlorinlösung hat eine chlorophyllähnliche bis spangrüne Farbe und fluoresziert schwach rot. Die Lösung ist sehr lichtempfindlich, da sie in direktem Sonnenlicht schon nach 1/2 Minute sich bräunlich verfärbt. Bei Zusatz von Kalilauge bzw. von (verdünnter oder konzentrierter) Salzsäure färbt sich die grüne Bakteriochlorinlösung braun. Das Bakteriochlorin zeigt (in dicker Schicht der alkoholischen Lösung) folgendes Spektrum:

Endabsorption im Rot	von	0,750—0,650 μ,
Band I im Gelb	„	0,615—0,565 μ,
Endabsorption im Violett	„	0,535 μ ab.

§ 163. Das Bakteriopurpurin, von welchem MOLISCH auf Grund des spektroskopischen Verhaltens zwei (einander nahestehende) Modifikationen: Bakteriopurpurin-α (z. B. bei *Rhodospir. photometricum*) und Bakteriopurpurin-β (z. B. bei *Rhodobac. palustris*) unterscheidet, krystallisiert sehr leicht in mikroskopischen Krystallen von lachsroter oder braunroter Farbe. Die Krystalle sind unlöslich in Wasser und Glycerin, schwerlöslich in kaltem absoluten Alkohol, leicht löslich in Chloroform, Schwefelkohlenstoff und Äther; in kaltem Eisessig so gut wie unlöslich, in heißem leicht löslich. Mit reiner Schwefelsäure färben sich die Krystalle indigoblau bis blauviolett, mit Jodjodkalium langsam schmutziggrün und mit Bromwasser werden sie zunächst blau, später farblos. Das Bakteriopurpurin-α gibt (in Schwefelkohlenstoff gelöst) folgendes Spektrum:

Band A im Gelbgrün	von	λ 0,585—0,555 μ,
Band II im Grün	„	λ 0,540—0,515 μ,
Band III im Blau	„	λ 0,500—0,485 μ.

und das Bakteriopurpurin-β:

Band A im Grün	„	λ 0,560—0,535 μ,
Band II im Blaugrün	„	λ 0,520—0,490 μ,
Band III im Blau	„	λ 0,480—0,460 μ.

§ 164. Wie MOLISCH zeigte, läßt sich das Vorkommen des Bakteriochlorins und des Bakteriopurpurins auch auf mikroskopischem Wege nachweisen. Nach MOLISCH bringt man zu diesem Zweck eine dichte Bakterienmasse (stark rotgefärbte Flocken oder den Bodensatz einer Reinkultur) z. B. des *Rhodobac. palustris* auf einen Objektträger, läßt die Zellen eintrocknen, bedeckt sie mit einem Deckglas und füllt dann (vom Rande aus) den Raum zwischen Objektträger und Deckglas mit absolutem Alkohol aus. Dabei empfiehlt es sich, das Deckglas an der einen Seite durch ein feines Glaskapillarröhrchen zu stützen, um auf diese Weise einen keilförmigen Flüssigkeitsraum zu erhalten, so daß sich der beim Verdunsten des Alkohols ausscheidende Farbstoff hauptsächlich an einer Kante des Deckglases (an der Schmalseite des Raumes) anhäuft. Bei Verwendung von absolutem Alkohol scheidet sich am Deckglasrande das Bakteriochlorin in grünen Tropfen aus; daneben kann sich auch etwas Bakteriopurpurin in Form von Tröpfchen oder äußerst kleinen roten Krystallen zeigen.

§ 165. Mit Hilfe des Mikrospektralokulars läßt sich auch das Spektrum der lebenden Purpurbakterien ermitteln; es entspricht ungefähr demselben Spektrum, welches man erhält, wenn die Spektra des Bakteriochlorins und des Bakteriopurpurins zur Deckung gebracht werden[420].

ε) Schwefel-, Eisen- und Manganeinschlüsse.

§ 166. Der in manchen Bakterienzellen (z. B. bei *Beggiatoa alba*) in Form von kugeligen, zähflüssigen, stark lichtbrechenden doppelbrechenden Tröpfchen ausgeschiedene Schwefel läßt sich mikrochemisch nachweisen[421]. Die wichtigsten hierüber vorliegenden Beobachtungen sind in der folgenden Tabelle zusammengestellt.

Tabelle 28.

Reagens	Verhalten der Schwefeleinschlüsse
Wasser (100°)	unlöslich.
Salzsäure	unlöslich.
Salpetersäure	löslich.
Osmiumsäure	Braunfärbung.
Kalilauge	löslich.
Natriumsulfitlösung .	löslich.
Kaliumchloratlösung .	löslich.
Schwefelkohlenstoff .	löslich.
Alkohol (abs.)	löslich.

Werden die schwefelhaltigen Bakterienzellen durch Erhitzen oder durch Einlegen (1 Minute) in konzentrierte Pikrinsäure (mit nachfolgendem Auswaschen durch Wasser) abgetötet, so krystallisiert der Schwefel in monoklinen Prismen aus[422].

§ 167. Zum mikrochemischen Nachweis des als Eisenoxydul (oder Eisenoxydhydrat) in den Scheiden der sog. *Eisenbakterien* (z. B. *Crenothrix polyspora*) vorhandenen Eisens [§ 64] dient die Blaufärbung, welche bei Zusatz von Salzsäure und Ferri- (bzw. Ferro-)zyankalium eintritt[423].

§ 168. Um die (schwarzbraunen) Manganablagerungen in Bakterienzellen nachzuweisen, schmilzt man die Bakterienmasse mit Borax (oder Phosphorsalz) in der äußeren Lötrohrflamme; bei Anwesenheit von Manganverbindungen erhält man amethystrote Perlen[424]. Mit Soda und Salpeter erhitzt, geben die Manganverbindungen blaugrüne Schmelzen[425] von Natriummanganat[426].

C. Mikrochemie der Geißeln.

§ 169. Von der Mikrochemie der Geißeln ist nur die Färbung der Geißelsubstanz zu erwähnen. Zur Geißelfärbung bringt man auf ein (besonders gut gereinigtes) Deckglas eine sehr dünne Aufschwemmung einer jungen Kultur des zu färbenden (zuvor im hängenden Tropfen auf seine Beweglichkeit geprüften) Bakteriums, läßt das Tröpfchen möglichst schnell (vielleicht in einem warmen Luftstrom) antrocknen und fixiert dann das Präparat entweder durch Erwärmung für 5 Minuten auf 40—50° oder durch Zusatz von etwas 2%iger Osmiumsäurelösung. Von den vielen empfohlenen Färbeverfahren (z. B. von Löffler[427], Trenkmann[428], Bunge[429], Meyer[430], Peppler[431], Valenti[432], Gemelli[433], De Rossi[434], Benignetto-Gino[435], Casares-Gil[436], Tribondeau[437], van Ermengen[438], Hinterberger[439] und Zettnow[440]) liefern besonders die Methoden von Peppler[441] und Zettnow[442] recht gute Bilder. Peppler beizt die fixierten Ausstriche für 1—5 Minuten mit einer (4—6 Tage alten) chromsäurehaltigen Tanninlösung (20 g Tannin + 80 ccm Wasser + 15 ccm einer 2,5%igen schwefelsäurefreien Chromsäure), spült dann mit Wasser, färbt hierauf 2 Minuten mit Carbolgentianaviolettlösung (10 ccm gesättigte alkoholische Gentianaviolettlösung + 2,5 ccm Carbolsäure + 100 ccm Wasser) und spült wieder mit Wasser ab. Zettnow beizt das nach dem Osmiumsäureverfahren fixierte Deckglaspräparat im Blockschälchen 5 bis 7 Minuten auf einer 100° heißen Eisenplatte mit sog. Antimonbeize[443], spült diese sorgfältig mit Wasser ab, fügt 3—4 Tropfen Äthylaminsilberlösung zu und erhitzt nun so lange, bis die Flüssigkeit stark raucht und die Ränder des Ausstriches schwarz erscheinen. Hierauf wird das Präparat wieder mit Wasser abgespült. Die nach Zettnow gefärbten Geißeln sind schwarz, der Untergrund ist hell.

Zweiter Teil.

Allgemeine Physiologie.

Erster Abschnitt.

Allgemeine Lebensbedingungen der Bakterienzelle.

§ 170. Die Physiologie ist die Lehre von den Lebenserscheinungen. Die Lebenserscheinungen der Bakterien umfassen die gesamten eng miteinander verknüpften Vorgänge des Stoff-, Kraft- und Formwechsels der Bakterienzelle; sie sind von gewissen sog. inneren [§ 171—175] und äußeren [§ 176—214] Lebensbedingungen abhängig.

I. Allgemeine innere Lebensbedingungen.

§ 171. Die allgemeinen inneren Lebensbedingungen der Bakterien sind in den zur Lebensfähigkeit unbedingt erforderlichen chemischen [§ 172], physikalischen [§ 173] und morphologischen [§ 174] „Zustandseigenschaften" des Zelleibes begründet.

A. Die inneren chemischen Lebensbedingungen.

§ 172. Unter den sog. inneren chemischen Lebensbedingungen der Bakterienzelle versteht man die stoffliche Zusammensetzung der lebensfähigen Zellsubstanz [§ 122—131]. Alle Lebensäußerungen des Zelleibes gehen von dieser Substanz aus, und die an ihrem Aufbau beteiligten Stoffe vermitteln die hierzu notwendigen Wechselwirkungen mit der Umwelt. Träger der Lebenserscheinungen ist das Zellplasma [§ 32—33]. An sich sind die Stoffe, aus welchen das Plasma sich zusammensetzt, leblose Gebilde; das stofflich Eigenartige der lebendigen Substanz, welche von selbst sich ernährt und atmet, sich bewegt und wächst, bildet die unaufhörlich wechselnde Zusammensetzung ihrer Teile.

Vor allem sind Eiweißstoffe [§ 124], Kohlehydrate [§ 125—127] und Fette [§ 128] von noch völlig unbekanntem inneren Aufbau sowie Wasser [§ 121] und Salze [§ 129—130] an diesem Chemismus der lebendigen Substanz beteiligt [§ 131].

B. Die inneren physikalischen Lebensbedingungen.

§ 173. In engstem Zusammenhang mit der lebensnotwendigen Stoffzusammensetzung der Bakterienzelle stehen die sog. inneren physikalischen Lebensbedingen des Zelleibes. Es handelt sich dabei vor allem um den feineren Aufbau und das innere Gefüge der lebendigen Substanz. Die vorwiegend kolloidale Natur der Zellbausteine verleiht dem lebenden Zellinhalt [§ 30—42] jene eigenartige zähflüssige und anpassungsfähige Gallertbeschaffenheit, welche ihn in hohem Grade für alle Entmischungs-, Verflüssigungs- und Auflösungsvorgänge im Verlauf der Lebenstätigkeit befähigt. Auch hierbei erweist sich die Eigentümlichkeit der lebendigen Zellsubstanz in immerwährenden Zustandsänderungen des Stoffgefüges. Zu den inneren physikalischen Lebensbedingungen der Bakterienzelle gehören ferner die Eigenschaften der Zellhaut, welche den lebenden Inhalt vor Verletzungen und Schädigungen schützt und den osmotischen Stoffverkehr mit der Außenwelt vermittelt [§ 23—29].

C. Die inneren morphologischen Lebensbedingungen.

§ 174. Wenngleich die Bakterienleiber unter dem Mikroskop selbst bei Anwendung der stärksten Vergrößerungen als Zellgebilde ohne morphologisch besonders entwickelten Inhalt erscheinen [§ 32—33], so dürfte doch zum mindesten dem lebendigen Zellplasma trotz aller seiner chemischen und physikalischen Umwandlungen eine Struktur eigen sein, welche die lebenswichtigen Auf- und Abbauvorgänge im Innern aufs engste miteinander verknüpft. Auch diese inneren morphologischen Lebensbedingungen müssen zur Verrichtung und Erhaltung des Stoff-, Kraft- und Formwechsels der Zelle erfüllt sein.

II. Allgemeine äußere Lebensbedingungen.

§ 175. Bakterienzellen, welche ihrer inneren Organisation nach lebensfähig sind, vermögen nur dann Lebensäußerungen, sog. „aktuelles“ Leben (wie Ernährung [§ 215—355], Wachstum [§ 356—372], Fortpflanzung [§ 364—366] und Bewegung [§ 373—388]) zu zeigen, wenn sie mit ihrer Umwelt in Verkehr treten. Am deutlichsten tritt diese Tatsache bei den Sporen [§ 38—40] hervor, welche jahrelang ein sog. „latentes" Leben [§ 367—371] führen können, um erst unter günstigen Verhältnissen auszukeimen [§ 370—377]. Auch gewisse vegetative Bakterienzellen [§ 367], welche z. B. an Seidenfäden angetrocknet sind oder in Kulturen durch Zuschmelzen der Röhrchen oder durch Überschichtung mit Paraffin vor allem vor Luftzutritt geschützt werden, bewahren mehr oder weniger lange Zeit ihre Lebensfähigkeit, ohne dabei irgendwelche nachweisbare Lebenszeichen von sich zu geben [§ 72]. Für das „aktuelle" Leben der Bakterienzellen sind die äußeren chemischen [§ 176—185] und physikalischen [§ 186—214] Lebensbedingungen maßgebend.

A. Die äußeren chemischen Lebensbedingungen.

§ 176. Die äußeren chemischen Lebensbedingungen, welche erfüllt sein müssen, um einer lebensfähigen Bakterienzelle eine normale Weiterentwicklung zu ermöglichen, sind sowohl für die einzelnen Bakterienarten als auch für ein und denselben Bakterienstamm verschieden. Dies beruht auf der großen Mannigfaltigkeit der Lebensansprüche der verschiedenen Bakterien und auch vor allem auf der weitgehenden Anpassungsfähigkeit des Bakterienkörpers an die ihm dargebotenen Lebensverhältnisse. Von ausschlaggebender Bedeutung für das Leben der vegetativen Bakterienzelle und die Auskeimung der Spore sind im allgemeinen: Nahrungsstoffe, Wasser und Sauerstoff sowie Konzentration und Reaktion des Nährbodens.

1. Nahrungsstoffe, Wasser und Sauerstoff.

§ 177. Notwendige Vorbedingung für die normale Entwicklung einer lebensfähigen Bakterienzelle ist die Zufuhr von Nahrungsstoffen [§ 178]. Das allgemeine Lösungsmittel bildet hierfür das Wasser [§ 179]. Viele Bakterienzellen bedürfen auch noch des freien Sauerstoffs [§ 180].

a) Nahrungsstoffe.

§ 178. Die für das Leben der Bakterienzelle unbedingt erforderlichen Nahrungsstoffe [§ 216—220] dienen dem Zelleib zum Wiederaufbau seiner (im Verlauf des Stoffwechsels verbrauchten) lebendigen Substanz. Da das Zellplasma und die von ihm gebildeten übrigen Leibessubstanzen im allgemeinen aus C, H, O und N, ferner aus S und P sich zusammensetzen und Salze der

Metalle Na, K, Mg, Ca und Fe enthalten können [§ 131], so müssen diese Elemente mit der Nahrung zugeführt werden. Unentbehrlich für das Leben der Bakterienzelle sind C, H, O, N, P, S und vielleicht auch die Metalle K und Mg. Die Form, in welcher die Elemente verlangt und aufgenommen werden, ist für die einzelnen Bakterien sehr verschieden. Auf Grund dieser Unterschiede lassen sich die Bakterien in mehrere ernährungsphysiologische Gruppen einteilen[444]. Als „prototroph" bezeichnet man Bakterien, welche einen Nährstoff (z. B. den Stickstoff) in elementarer Form aufnehmen (sog. Stickstoffprototrophie, z. B. bei *Bact. radicicola*). „Metatroph" werden jene Bakterien genannt, welche die notwendigen Elemente nur aus gewissen Verbindungen aufnehmen können[445]; handelt es sich dabei um die Verarbeitung von anorganischen Verbindungen (z. B. bei *Bac. methanicus* um die Ausnutzung des Methans als C-Quelle), so spricht man von „autotrophen" Bakterien (z. B. Kohlenstoffautotrophie) [§ 218], und man unterscheidet hiervon die „heterotrophen" Bakterien [§ 219], welche organische Verbindungen ausnutzen[446]. Bakterien, welche sich teils autotroph, teils heterotroph ernähren, werden „mixotroph" genannt[447]. Unter „paratrophen" Bakterien versteht man schließlich solche, welche am besten im lebenden Tier- bzw. Menschenkörper gedeihen[448]. Diese Eigenschaften sind entweder „obligat" oder „fakultativ", je nachdem die Bakterienzellen an eine ganz bestimmte Art der Stoffzufuhr gebunden sind oder auf verschiedene Weise ihren Nährstoffbedarf decken können. Es gibt z. B. sog. „obligat autotrophe" Bakterien (z. B. obligate N-Autotrophie des *Bac. Azotobacter*), welche sich nur autotroph ernähren können und durch nennenswerte Mengen organischer Nahrung im Wachstum sogar gehemmt werden (sog. Oligonitrophilie z. B. des *Bac. Azotobacter* und sog. Oligocarbophilie z. B. des *Bac. oligocarbophilus*[449]). Man kennt auch sog. „fakultativ autotrophe" Bakterien (z. B. fakultative H-Autotrophie des *Bac. pantotrophus*), welche von anorganischer Nahrung leben können, aber auch auf einem organischen Nährboden gedeihen. Die meisten paratrophen Bakterien (z. B. *Micr. gonorrhoeae*) sind fakultativ paratroph.

b) Wasser.

§ 179. Das Wasser ist für das aktuelle Leben der Bakterienzellen unbedingt erforderlich [§ 72]. Es bildet einen wesentlichen Bestandteil der lebendigen Zellsubstanz und vermittelt den Stoffverkehr des Bakterienleibes mit der Umwelt [§ 224]. Manche Bakterien lassen sich überhaupt nur in Nährflüssigkeiten züchten. Um Bakterienwachstum auch auf bzw. in einem festen Nährboden zu erzielen, darf nach Wolf[450] der Wassergehalt auf der Oberfläche des Nährbodens im allgemeinen nicht weniger als 40—50% betragen. Wie Weigert[451] z. B. für *Micr. pyogenes*, *Bac. proteus*, *Bact. pyocyaneum*, *Bact. typhi* und für *Bact. coli* zeigte, erfordert das Wachstum im Innern des Nährbodens etwa 60%.

c) Sauerstoff.

§ 180. Der Sauerstoff ist für alle vegetativen Bakterienzellen unbedingt erforderlich. Im allgemeinen lassen sich sauerstoffliebende (sog. „aerophile“) und sauerstoffscheue „aerophobe“) Bakterien unterscheiden[452]. Wie Pasteur[453] gezeigt hat, gibt es eine große Zahl von sog. anaeroben Bakterien (z. B. *Bac. tetani*, *Bac. botulinus*, *Bac. oedematis maligni*), die nur ohne freien Sauerstoff leben können, während die sog. aeroben Bakterien (z. B. *Bact. influencae*, *Bact. pyocyaneum*, *Bact. putidum*, *Bact. syncyaneum*) auf die Zufuhr von Sauerstoffgas angewiesen sind. Neben diesen obligat anaeroben bzw. obligat aeroben Bakterien gibt es auch viele sog. fakultativ anaerobe Bakterien (z. B. *Bact. prodigiosum*), welche zwar am besten bei Sauerstoffzutritt leben, aber auch ohne Sauerstoffgas auskommen, ferner noch sog. fakultativ aerobe Bakterien (z. B. vereinzelte Stämme des *Bac. tetani*), welche im allgemeinen nur bei Sauerstoffabschluß leben, mitunter aber auch aerob wachsen. Manche Bakterien (z. B. *Bact. proteus*) gedeihen gleich gut mit oder ohne Sauerstoffzufuhr.

2. Konzentration und Reaktion des Nährbodens.

§ 181. Die zur Entwicklung lebensfähiger Bakterienzellen unbedingt erforderlichen Nährstoffe müssen in geeigneten Mengenverhältnissen vorhanden sein und auch bei einer günstigen Reaktion des Nährbodens den Zellen dargeboten werden. Konzentration [§ 182—183] und Reaktion [§ 184—185] des Nährbodens sind wichtige (äußere chemische) Lebensbedingungen der Bakterien.

a) Konzentration des Nährbodens.

§ 182. Was zunächst die Konzentration des Nährbodens, d. h. die Nährstoffdichte, anbetrifft, so gilt im allgemeinen, daß die zur Bakterienentwicklung unbedingt notwendigen (ge sten) Nährstoffmengen sehr klein sind. An ihren natürlichen Standorten (z. B. im Wasser) gedeihen viele Bakterienarten (sog. *Wasserbakterien*) mit Spuren organischer Stoffe (z. B. *Vibr. cholerae* in wenig verunreinigtem Brunnenwasser), und auch die zum künstlichen Züchtungsversuch üblichen Nährlösungen (z. B. Nährbouillon), welche meist nur etwa 2—3% Trockensubstanz enthalten, bieten in mehr oder weniger starken Verdünnungen ($^1/_{10}$ bis $^1/_{50}$) für viele Bakterien noch recht gute Entwicklungsbedingungen. Als Beispiel für die geringen Ansprüche, welche viele Bakterien an die Art und die Konzentration der Nährstoffe stellen, sei das Bakterienwachstum in den künstlichen sog. eiweißfreien Nährlösungen angeführt, welche z. B. von USCHINSKY[454], VOGES und FRÄNKEL[455] sowie von PROSKAUER und BECK[456] angegeben worden sind. Die z. B. von VOGES und FRÄNKEL empfohlene Nährlösung enthält auf 1 Liter Wasser: 5 g Kochsalz, 2 g neutrales Natriumphosphat, 6 g milchsaures Ammonium und 4 g Asparagin. In dieser Nährlösung wachsen z. B. *Bac. subtilis*, *Bac. mycoides*, *Bact. pyocyaneum*, *Bact. syncyaneum*, *Bact. coli* und sämtliche Vibrionen sehr gut, ferner (wenn auch etwas schwächer) z. B. *Micr. pyogenes*, *Strept. pyogenes*, *Bact. typhi* und *Bac. anthracis*.

Nichtsdestoweniger vertragen viele Bakterienarten mitunter auch einen bei weitem höheren Nährstoffgehalt des Mediums. So fand z. B. SCHREIBER[457] folgende obere Grenzen für die zulässigen Nährstoffkonzentrationen in Kulturen des *Bac. anthracis*: Traubenzucker 15%, Maltose 6%, Glycerin 5%, Fleischextrakt 12%, Kaliumphosphat 3% und Magnesiumsulfat 2%. Auch die Salzkonzentration des Nährbodens kann vielfach innerhalb ziemlich weit gezogener Grenzen schwanken. Dies gilt nach den Untersuchungen von MAZUSCHITA[458], PETTERSSON[459], LACHNER-SANDOVAL[460], DE FREYTAG[461] u. a. auch z. B. für den Kochsalzgehalt der Nährböden. Als Beleg diene hierfür eine Reihe der Untersuchungsergebnisse PETTERSSONs, welcher das Wachstum verschiedener Bakterienarten in Nährbouillon mit 5, 10 und mit 15% Kochsalzgehalt prüfte. In der nachfolgenden Tabelle bedeutet: +++ = starkes Wachstum, ++ = gutes Wachstum, + = mäßiges Wachstum, — = kein Wachstum; bei jedem Befund ist gleichzeitig das Alter der Kultur in Tagen angegeben.

Tabelle 29.

Bakterienart	Kochsalzgehalt		
	5%	10%	15%
Micr. pyogenes	1 Tag: +++	1 Tag: +++	1 Tag: + 2 Tage: ++
Micr. tetragenus . . .	1 Tag: +++	1 Tag: ++	4 Tage: +
Strept. pyogenes. . . .	8 Tage: —	—	—

Tabelle 29 (Fortsetzung).

Bakterienart	Kochsalzgehalt		
	5 %	10 %	15 %
Bact. typhi	1 Tag: +	—	—
Bact. proteus	1 Tag: ++	2 Tage: +	—
Bact. pyocyaneum . . .	1 Tag: — 2 Tage: + 6 Tage: +++	—	—
Bac. subtilis	1 Tag: ++ 6 Tage: +++	1 Tag: + 2 Tage: ++	1 Tag: — 6 Tage: ++
Bac. mesentericus . . .	1 Tag: ++	2 Tage: + 6 Tage: ++	—
Bac. anthracis	2 Tage: + 4 Tage: +++	—	—
Vibr. cholerae.	2 Tage: ++	4 Tage: +	—

Im allgemeinen vermögen die Bakterienzellen jedoch viel leichter in sehr verdünnten Nährlösungen zu leben als auf Nährböden mit einem hohen Nährstoffgehalt. Dabei zeigt sich, daß in den nährstoffreichen Lösungen das Wachstum der Zellen weniger beeinflußt (gehemmt) wird als gewisse andere Lebensäußerungen (z. B. als Sporenbildung, Bewegung, Farbstoffbildung und Virulenz). Abgesehen von sog. salzliebenden („halophilen") Bakterien (z. B. *Meeresbakterien*), gilt dies für viele Bakterien schon bei der Züchtung in mittelstark salzhaltigen Nährlösungen. MATZUSCHITA[462] fand z. B. für den Einfluß des Kochsalzgehaltes auf das Wachstum und die Sporenbildung bei *Bac. botulinus*, *Bac. sporogenes*, *Bac. oedematis maligni* und *Bac. anthracis* folgende Konzentrationswerte:

Tabelle 30.

Bakterienart	Kochsalzgehalt in %					
	Wachstum			Sporenbildung		
	Min.	Optim.	Max.	Min.	Optim.	Max.
Bac. botulinus	—	0,5	7	—	0,25 bis 0,5	5
Bac. sporogenes . . .	—	0,25	7,5	—	0,25 bis 0,5	5
Bac. oedem. maligni .	—	0,5	7,5	—	0,25	7
Bac. anthracis	—	0,25	7	—	0,25 bis 0,5	6,5

Hiernach blieb z. B. im Versuch mit *Bac. botulinus* bei einem Kochsalzgehalt der Nährlösung von über 5 % die Sporenbildung aus, während das Wachstum der Zellen noch in einer Lösung erfolgte, welche 7% Kochsalz enthielt.

§ 183. In diesem Zusammenhang sind noch die Veränderungen der Nährstoffkonzentration in den künstlichen Bakterienkulturen zu erwähnen[463]. An vielen natürlichen Standorten (z. B. in fließendem Gewässer) herrscht meistens ein ungestörter Stoffaustausch zwischen der Zelle und ihrer Umwelt. Demgegenüber stellt sich in einer künstlichen Bakterienkultur (z. B. in einem bakterienhaltigen Bouillonröhrchen) mit der Zeit ein gewisser Gleichgewichtszustand zwischen den sog. transportablen Stoffen ein. In einer künstlichen Bakterienkultur ist ja die Menge der von der Zelle aufnehmbaren Nährstoffe begrenzt, und die von der Zelle abgeschiedenen Stoffwechselerzeugnisse häufen sich in einer verhältnismäßig eng begrenzten Flüssigkeitsmenge an [§ 363]. Unter solchen Verhältnissen wachsen die Bakterienzellen nicht mehr [§ 366]; sie sterben schließlich an Nahrungsmangel (sog. Hungertod) oder infolge der Anhäufung der eigenen Stoffwechselerzeugnisse an sog. Selbstvergiftung („Autointoxikation") und werden zuletzt aufgelöst (sog. Autolyse) [§ 93]. Langsam wachsende Bakterienzellen (z. B. *Mycobact. tuberculosis*, *Bact. pestis*, *Corynebact. diphtheriae*) werden in sog. Mischkulturen von schneller wachsenden Zellen (z. B. von *Micr. pyogenes*, *Bact. proteus*), mit welchen sie in der Kultur zusammenleben, „überwuchert". Dabei werden manche (auch verhältnismäßig schnell wachsende) Bakterienzellen auch noch durch die Stoffwechselerzeugnisse der fremden Bakterienart im Wachstum geschädigt und schließlich vollkommen unterdrückt. Impft man in ein Bouillonkölbchen z. B. gleiche Mengen von *Bact. pyocyaneum* und *Vibr. cholerae*, so kann man sich mit Hilfe von Keimzählungsversuchen davon überzeugen, daß die Zahl der Vibrionen immer mehr abnimmt, und daß schließlich nur noch eine Reinkultur des *Bact. pyocyaneum* vorliegt. Diese Schädigung der Bakterienzellen durch die schnelle Ausbreitung und die Stoffwechselerzeugnisse einer fremden Bakterienart nennt man „Antibiose". Zum Unterschied von der „isoantagonistischen" Wirkung der Selbstgifte hat man die Beeinflussung der Bakterien durch fremde Stoffwechselerzeugnisse als „heteroantagonistische" Wirkung bezeichnet.

Im Anschluß hieran seien noch die biologisch bemerkenswerten Erscheinungen der „Autobiose", der „Symbiose" und der „Metabiose" der Bakterienzellen hervorgehoben. Bei der sog. Autobiose wird das Wachstum einer Bakterienart durch gewisse eigene Stoffwechselerzeugnisse gefördert. Nach BUCHNER wächst z. B. *Vibr. cholerae* besonders üppig in einer sterilisierten

Nährlösung, in welcher *Vibr. cholerae* schon zuvor gewachsen ist. Ferner fand CARNOT ein besonders gutes Wachstum des *Mycobact. tuberculosis* auf tuberkulinhaltigen Nährböden. Unter der sog. Symbiose versteht man ein gedeihliches Nebeneinanderleben („Lebensgemeinschaft“) verschiedener Bakterienarten (z. B. des *Bact. influencae* mit *Micr. pyogenes aureus*). Als Metabiose bezeichnet man schließlich das Neben- (oder Nach-)einanderleben verschiedener Bakterienarten, wobei die eine Bakterienart der anderen den Nährboden günstig vorbereitet (z. B. bei der Züchtung von anaeroben Bakterien in Gemeinschaft mit aeroben Zellen, die den im Kulturgefäß vorhandenen Luftsauerstoff verbrauchen und auf diese Weise die Entwicklung der Anaerobier erst ermöglichen[464]).

b) Die Reaktion des Nährbodens.

§ 184. Von ausschlaggebender Bedeutung für die Entwicklung des Bakterienlebens ist ferner die sog. chemische Reaktion des Nährbodens[465]. Im allgemeinen bevorzugen die Bakterienzellen einen neutralen bis schwach alkalischen Nährboden. Sog. säureliebende („acidophile“) Bakterien sind z. B. *Bac. acidophilus*, *Bac. bifidus*, *Bact. pasteurianum* und *Strept. acidi lactici*; eine verhältnismäßig stark alkalische Reaktion des Nährbodens beansprucht z. B. *Vibr. cholerae*. Von den zahlreichen Arbeiten über das verschiedene Verhalten der einzelnen Bakterienarten gegenüber der Reaktion des Nährbodens (z. B. LÜBBERT[466], DEELEMANN[467], COBBETT[468], SCHREIBER[469], FERMI[470], LAITINEN[471], WLADIMIROFF und KRESLING[472], UFFELMANN[473], FICKER[474], FINKELSTEIN[475], RODELLA[476] und SCHLÜTER[477]) seien in der nachfolgenden Tabelle einige der einschlägigen Untersuchungsergebnisse FERMIs zusammengestellt. FERMI prüfte das Wachstum einer großen Zahl von Bakterienarten auf Glycerinagar, welchem er tropfenweise verschiedene Mengen verdünnter Säuren und Alkalien zugefügt hatte. Er ermittelte auf diese Weise die kleinsten (in Tropfen ausgedrückten) Säure- bzw. Alkalimengen, welche die Entwicklung der geprüften Bakterienarten hemmten. FERMI fand die in Tab. 31 aufgeführten Grenzwerte.

Wie aus dieser Übersicht hervorgeht, ist die Säure- bzw. Alkaliempfindlichkeit der verschiedenen Bakterienarten sehr verschieden. *Bact. proteus* verträgt ziemlich viel Säure, ebenso die farbstoffbildenden Bakterien: *Micr. pyogenes aureus*, *Sarc. lutea*, *Bact. prodigiosum*, *Bact. syncyaneum* und *Bact. pyocyaneum*. *Sarc. lutea* verträgt gegenüber den anderen geprüften Bakterienarten auch eine ziemlich große Menge Alkali.

Tabelle 31.

Bakterienart	Salzsäure			Borsäure	Milchsäure	Zitr.-säure	Weinsäure	Oxalsäure	Normalkalilösung
	10%	5%	2%	4%	10%	10%	10%	10%	
Micr. pyogenes aureus . .	5	9	15	9	4	3	3	2	10
Sarc. lutea	4	7	12	6	3	3	2	2	24
Bact. proteus	7	12	22	9	5	5	3	2	7
Bact. prodigiosum	3	5	11	7	4	5	3	3	8
Bact. syncyaneum	5	9	14	7	4	3	3	3	3
Bact. pyocyaneum	4	8	14	7	3	3	3	3	9
Bac. anthracis	4	6	10	9	4	3	2	2	7
Bac. subtilis	4	7	11	11	4	4	3	2	8
Bac. megatherium	3	6	10	10	4	4	3	3	6
Corynebact. diphtheriae . .	3	6	10	5	2	2	2	1	—

§ 185. Bei weitem genauere Untersuchungen über die Reaktionsempfindlichkeit der verschiedenen Bakterienarten lassen sich mit Hilfe der sog. Wasserstoffionenkonzentration der Nährböden durchführen. Von den hierüber vorliegenden Arbeiten (MICHAELIS[478], STICKDORN[479], SCHEER[480] u. a.) sind in der nachstehenden Zusammenstellung einige Versuchsergebnisse STICKDORNs über die Abhängigkeit des Bakterienwachstums von der „Wasserstoffzahl" (P_H) des Nährbodens angeführt. In dieser Tabelle bedeuten: +++ = gutes Wachstum, ++ = mäßiges Wachstum und + = spärliches Wachstum.

Tabelle 32.

Bouillonprobe:	I.	II.	III.	IV.	V.	VI.	VII.	VIII.	IX.	X.
P_H	6,8	7,0	7,2	7,3	7,5	7,7	7,9	8,0	8,2	8,4
Lackmus . . .	amph.	amph.	hellbl.	blau	blau	blau	blau	blau	blau	blau
Phenolphthalein	farbl.	farbl.	farbl.	farbl.	farbl.	Umschlg.	rosa	rosa	rosa	rot
Bact. typhi . .	+	++	+++	+++	+++	+++	+++	++	++	++
Bact. alcaligenes	++	+++	+++	+++	+++	+++	+++	++	+	+
Bact. coli . . .	+++	+++	+++	+++	+++	+++	+++	+++	+++	++
Bac. anthracis .	++	++	++	++	++	+++	+++	+++	++	+
Micr. pyogenes.	+++	+++	+++	+++	+++	+++	+++	+++	+++	++
Strept. pyogenes	+	+	++	++	+++	+++	++	+	+	+

B. Die äußeren physikalischen Lebensbedingungen.

§ 186. Die äußeren physikalischen Lebensbedingungen, ohne welche ein normales Bakterienwachstum unmöglich ist, sind für die einzelnen Bakterienarten sehr verschieden. Entsprechend den verschiedenen Energieformen lassen sich mechanische [§ 187—194], thermische [§ 195—203], photische [§ 204—213] und elektrische [§ 214] Einwirkungen auf das Leben der Bakterienzelle unterscheiden.

1. Mechanische Einwirkungen.

§ 187. Von den mechanischen Wirkungen auf die Bakterienzelle seien Gas- und Wasserdruck [§ 188—191], der osmotische Druck [§ 192—193] und die mechanischen Erschütterungen [§ 194] als besonders bemerkenswert hervorgehoben.

a) Der Gas- und Wasserdruck.

§ 188. An ihrem natürlichen Standort leben viele Bakterienzellen bei dem gewöhnlichen Luftdruck der Atmosphäre; nahezu der gleiche Druck herrscht auch bei der künstlichen Züchtung der Bakterien unter den üblichen Versuchsbedingungen.

§ 189. Gemäß dem verschiedenen Sauerstoffbedürfnis der einzelnen Bakterienarten ist neben jeder Druckwirkung auch noch der Gehalt des drückenden Gasgemisches an Sauerstoff (sog. Sauerstoffdruck) zu berücksichtigen. PORODKO[481], welcher für mehrere Bakterienarten die zulässigen Grenzen des Sauerstoffdruckes feststellte, fand z. B. bei *Sarc. lutea*, *Bact. pyocyaneum*, *Bact. prodigiosum*, *Bact. proteus*, *Bac. subtilis*, *Bac. mycoides*, *Vibr. albensis* und *Spir. volutans* folgende Sauerstoffmaxima:

Tabelle 33.

Bakterienart	Sauerstoffmaximum in Atmosphären[1])
Sarc. lutea	2,51—3,18
Bact. pyocyaneum	1,81—2,18
Bact. prodigiosum	5,45—6,32
Bact. proteus	3,63—4,35
Bac. subtilis	3,18—3,88
Bac. mycoides	1,94—2,18
Vibr. albensis	2,51—3,18
Spir. volutans	1,68—2,25

Hiernach vermag z. B. *Bact. prodigiosum* noch 5,45—6,32 Sauerstoffatmosphären, d. h. einen Überdruck bis zu etwa 25—30 Luftatmosphären zu vertragen. Als Sauerstoffminimum fand Po-

---

[1]) In sogenannten Sauerstoffatmosphären, d. h. 760 mm Druck reinen Sauerstoffs.

RODKO z. B. für *Sarc. lutea, Bact. prodigiosum, Bact. proteus, Bac. subtilis* und *Vibr. albensis* folgende Werte:

Tabelle 34.

Bakterienart	Sauerstoffminimum in Vol.-%
Sarc. lutea	0,00016—0,06
Bact. prodigiosum	0,0
Bact. proteus	0,0
Bac. subtilis	0,0—0,00016
Vibr. albensis	0,0—0,00016

Nach dieser Übersicht gedeihen z. B. *Bact. prodigiosum* und *Bact. proteus*, welche einen Sauerstoffdruck von nahezu 20 bis 30 Luftatmosphären aushalten, auch bei völligem Sauerstoffabschluß. Je nach dem Grade der Sauerstoffspannung, welche mit jeder Erhöhung bzw. Verminderung des Luftdruckes naturgemäß wechselt, können die Lebensbedingungen für die Bakterien verschieden sein; dabei wird eine Druckerhöhung vor allem für die „aerophoben" und eine Druckverminderung für die „aerophilen" Bakterienarten eine ungünstige Veränderung der Sauerstoffspannung hervorrufen. Wie SABRAZES und BAZIN[482], BERT[483], FOÀ[484], BERGHAUS[485], HOFFMANN[486] u. a. zeigten, werden hohe Gasdrucke an sich von vielen Bakterienzellen ohne Schädigung vertragen. So fanden z. B. SABRAZES und BAZIN, daß 6—10-stündige Einwirkung eines Kohlensäuregasdruckes von 60 Atm. die Lebensfähigkeit der Bakterien: *Micr. pyogenes aureus, Bact. pyocyaneum, Bact. typhi, Bact. coli* und *Bac. anthracis* nicht beeinflußte.

Tabelle 35.

Meerestiefe in m	Keimzahl für 1,0 ccm	
	Wasser	Schlamm
50	121	245 000
85	57	285 000
100	10	200 000
140	10	70 000
200	59	70 800
250	31	27 000
300	5	24 000
400	30	22 000
500	22	12 500
825	31	20 000
1100	—	24 000

§ 190. Auf Bakterienzellen, welche z. B. im Fluß-, See- oder Meerwasser heimisch sind, wirkt im Gewässer stets ein mehr oder weniger großer sog. Wasserdruck. RUSSELL[487], welcher die Bakterienflora im Golf von Neapel bis zu einer Tiefe von 1100 m näher untersuchte, fand für 1,0 ccm Wasser bzw. Schlamm aus verschiedenen Meerestiefen die in Tab. 35 gebrachten Keimzahlen.

Um nun nachzuweisen, daß die in so beträchtlichen Meerestiefen (besonders zahlreich im Schlamm des Meeresbodens) vorhandenen Keime nicht nur Dauerformen, sondern auch vegetative Bakterienzellen sind, bestimmte RUSSELL vergleichsweise die Keimzahl von Schlammproben, welche er zuvor (zwecks Abtötung der darin enthaltenen vegetativen Bakterienzellen) eine Stunde auf 80° erwärmte. Die Ergebnisse einer solchen Versuchsreihe RUSSELLs sind in der folgenden Tabelle zusammengestellt:

Tabelle 36.

Meerestiefe in m	Keimzahl für $^1/_{1000}$ ccm Schlamm				Prozentsatz der in vegetativem Zustand gefundenen Bakterien
	nicht erwärmt		auf 80° erwärmt		
15	280	275	111	135	59
85	263	278	71	91	70
100	212	188	63	74	65
180	24	30	10	13	56
200	96	100	40	44	57
400	14	22	13	14	23
500	10	15	10	14	11

Es ergibt sich hieraus, daß die untersuchten Schlammproben auch noch nach der Erwärmung auf 80° einen ziemlich hohen Keimgehalt aufweisen, daß aber doch der größere Teil der im Meerschlamm (etwa bis zu 200 m Meerestiefe) nachweisbaren Keime vorwiegend vegetative Bakterienzellen sind, während die Dauerformen besonders zahlreich in den noch tieferen Schichten des Meerschlammes vorkommen. Auf *Wasserbakterien*, wie diese von RUSSELL im Schlamm des Mittelländischen Meeres aus Tiefen bis zu 1100 m gefundenen vegetativen Bakterienzellen (*Bac. thalassophilus, Bac. granulosus, Bac. limosus* usw.), übt das darüberstehende Wasser einen Druck bis zu mehreren Hundert Atmosphären aus, ohne dadurch die Lebensfähigkeit der Zellen zu schädigen. Dafür sprechen ferner die Befunde von CORTES[488] und FISCHER[489], welche zeigten, daß manche Bakterienzellen selbst unter dem gewaltigen Wasserdruck leben können, welcher in den größten Meerestiefen herrscht, wie z. B. im Bodenschlamm des Atlantischen Ozeans in Tiefen bis zu 5000 m.

§ 191. Unter sonst günstigen Lebensbedingungen werden viele Bakterienzellen auch durch noch bei weitem stärkere, künstlich erzeugte Druckwirkungen nicht abgetötet. So fanden CHLOPIN und TAMMANN[490], welche den Einfluß hoher Drucke auf verschiedene Bakterienkulturen (durch Pressung mit Ricinusöl) prüften, daß Drucke bis zu 3000 kg pro qcm die Lebensfähigkeit der vegetativen Bakterienzellen im allgemeinen nicht schädigen. Wie CHLOPIN und TAMMANN nachweisen konnten, üben jedoch länger anhaltende, hohe Drucke auf gewisse Lebensäußerungen der Bakterienzellen eine lähmende Wirkung aus. Soweit es sich dabei um eine Beeinflussung der Wachstumsfähigkeit der Zellen handelt, sind z. B. *Bact. pyocyaneum* und *Vibr. cholerae* sehr empfindlich, dagegen z. B. *Micr. pyogenes aureus*, *Micr. agilis*, *Sarc. rosea*, *Bact. prodigiosum*, *Bact. typhi* und *Mycobact. tuberculosis* viel unempfindlicher und z. B. *Bac. anthracis* und *Corynebact. pseudodiphtheriae* außerordentlich widerstandsfähig. Als Beispiel sind hierfür in der nachfolgenden Tabelle einige Ergebnisse dieser Untersuchungen zusammengestellt. Die Zahlen bezeichnen in dieser Übersicht die Verzögerung des Wachstums der Bakterien auf Nähragar nach der Druckwirkung in Tagen. Ferner bedeuten: 0 = keine Verzögerung des Wachstums, — = überhaupt kein Wachstum und · = nicht untersucht.

Tabelle 37.

Bakterienart	Druck von 2000 kg pro 1 qcm im Verlaufe von			Druck von 3000 kg pro 1 qcm im Verlaufe von		
	4 Std. bei 36°	12 Std. bei 20°	96 Std. bei 15°	4 Std. bei 0°	4 Std. bei 20°	4 Std. bei 37,5°
Micr. pyog. aureus	1	0	—	—	4	2
Micr. agilis	—	1	·	—	0	—
Sarc. rosea	0	0	·	—	—	1
Bact. prodigiosum	1	3	—	1	1	5
Bact. coli	1	$2^1/_2$	—	—	$^1/_2$	—
Bact. typhi murium	—	6	—	—	·	—
Bact. typhi abdom.	—	1	—	·	·	·
Bac. anthracis	2	1	1	0	1	1
Vibr. cholerae	—	—	—	·	1	·
Mycob. ps.-tub. Rabin.	—	1	—	3	1	11

Unter dem Einfluß solcher Drucksteigerungen beobachteten CHLOPIN nnd TAMMANN mehrfach auch eine verminderte Bewegungsfähigkeit der Zellen (z. B. bei *Vibr. cholerae*), ferner Verlangsamung bzw. Verlust der Gasbildung aus Zuckerarten (z. B. bei *Bact. coli*) und der Farbstoffbildung (z. B. bei *Sarc. rosea*, *Bact. prodigiosum*) sowie eine Schwächung der Virulenz (z. B. bei *Bac. anthracis*, *Bact. typhi murium*). In vollem Einklang steht hiermit z. B. die Beobachtung von REGNARD[491], welcher Harn mit faulendem Käse versetzte und fand, daß derselbe unter dem Druck von 650 Atmosphären 21 Tage lang klar und geruchlos blieb, obwohl Bakterien darin enthalten waren. Ebenso beobachtete REGNARD, daß Milch, die mit einem Stückchen Käse versetzt war, unter dem Druck von 700 Atmosphären im Verlauf von 12 Tagen nicht sauer wurde. Alle diese Befunde erklären sich aus der Tatsache, daß hohe Druckwirkungen die vegetativen Bakterienzellen zwar nicht abzutöten vermögen, wohl aber gewisse Lebensäußerungen der Zellen hemmen können.

b) Der osmotische Druck.

§ 192. Das Leben der Bakterienzelle ist in hohem Grade auch von dem osmotischen Druck der Flüssigkeit, in welcher sie lebt, abhängig [§ 82—87]. Da nämlich die halbdurchlässige Plasmahaut des Bakterienkörpers [§ 84] zwar stets für Wasser sehr leicht, dagegen für die im Zellinhalt gelösten, osmotisch wirksamen Stoffe gar nicht oder nur sehr schwer durchgängig ist [§ 85], hängt der lebensnotwendige Wassergehalt der lebendigen Zellsubstanz wesentlich von den osmotischen Druckverhältnissen in der Nährflüssigkeit ab. Viele Bakterienzellen, welche in osmotisch stark wirksamen Lösungen aufgeschwemmt werden, erfahren dabei eine durch Wasserentziehung bedingte Schrumpfung ihres Inhaltes („Plasmolyse") [§ 84—86], während viele Zellen, welche aus einer osmotisch stark wirksamen Flüssigkeit in eine osmotisch unwirksamere Lösung übertragen werden, stark aufquellen und infolge des hierdurch hervorgerufenen Überdruckes sogar platzen können („Plasmoptyse") [§ 87]. Wenn auch die meisten Bakterienzellen eine weitgehende Anpassungsfähigkeit an veränderte osmotische Druckverhältnisse der Umwelt zeigen [§ 83], so dürften doch sehr große osmotische Druckunterschiede sowie häufige oder plötzliche osmotische Druckveränderungen zum mindesten eine Schädigung, wenn nicht sogar den Tod der Zellen herbeiführen.

§ 193. Bemerkenswert sind in diesem Zusammenhang noch die Beobachtungen HOLZINGERS[492] über den Einfluß osmotischer Strömungen auf die Entwicklung und die Lebensfähigkeit der Bakterienzellen. HOLZINGER fand, daß manche Bakterien (z. B.

Bac. subtilis) in gewissen Nährlösungen (z. B. in einem zuckerhaltigen Heuaufguß), welche längere Zeit (etwa 48 Stunden) von osmotischen Strömungen durchzogen werden, an ihrer Weiterentwicklung gehindert und schließlich abgetötet werden. Der hierzu von HOLZINGER benutzte Apparat besteht aus zwei ineinandergestellten Tonzellen, welche mit Hilfe einer sog. Niederschlagsmembran aus Ferrocyankupfer halbdurchlässig gemacht sind. In die kleinere (innere) Tonzelle wird die mit Bakterien beimpfte Nährlösung vom spezifischen Gewicht 1038—1050 gegeben und dann mit einem Gummistopfen, durch den ein Glastrichter gesteckt ist, verschlossen. Die größere (äußere) Tonzelle, d. h. der etwa $^1/_2$ cm breite Raum zwischen den beiden Tonzellen, wird mit einer entsprechend (2—3fach) verdünnten Zuckerlösung gefüllt. Hierauf wird der ganze Apparat in Wasser gestellt. Unter dem Einfluß der sich nun entwickelnden osmotischen Strömungen, d. h. der Bewegungen des Wassers aus dem äußeren Gefäß in die größere Tonzelle und von dieser in die kleinere Zelle, werden die in der Nährlösung vorhandenen Bakterien nach und nach abgetötet.

c) Die mechanischen Erschütterungen.

§ 194. Bakterienzellen, welche in fließendem Gewässer heimisch sind und daselbst beständig hin und her bewegt werden, erfahren durch diese mechanischen Erschütterungen keine Schädigung ihrer Lebensfähigkeit. Viele Bakterien (z. B. *Bact. fluorescens*) werden auch in künstlichen Kulturflüssigkeiten, welche gleichmäßigen leichten Erschütterungen ausgesetzt sind, im allgemeinen nicht geschädigt, während langdauernde grobe Erschütterungen (z. B. im sog. Schüttelapparat und in der Zentrifuge) sowie Zitterbewegungen (z. B. durch starke Schallwellen, die sich im Nährboden fortpflanzen) manche Bakterienzellen (z. B. *Micr. pyogenes, Bac. megatherium*) im Wachstum hemmen und schließlich sogar töten. Offenbar handelt es sich bei diesen Schädigungen der Bakterienzellen um mechanische Verletzungen der Zelleiber infolge der Reibung und des Zusammenstoßens der Zellen aneinander sowie infolge des Anpralls an die Gefäßwände. In der Tat gelingt es auch, viele Bakterienzellen durch ähnliche mechanische Einwirkungen zu zertrümmern, d. h. die Bakterienleiber in mehr oder weniger wasserfreiem oder in gefrorenem Zustand z. B. mit feinstem Glaspulver, Sand oder Kieselgur zu zerreiben oder in lebensfeuchtem Zustand (z. B. in Wasser aufgeschwemmt) zu zerschütteln. Mit Erfolg bedient man sich solcher Verfahren zum Nachweis und zur Darstellung von gewissen Leibesbestandteilen der Bakterien wie z. B. von Enzymen und Giften. Wie z. B. BÜTSCHLI[493], MIGULA[494], ZETTNOW[495] und SCHAUDINN[496] angeben, kann man bei besonders großen Bakterienzellen den Zerquetschungsvorgang der Zelleiber unter dem Mikroskop verfolgen. So beobachtete z. B. MIGULA bei Versuchen mit *Bac. oxalaticus*, dessen Zellen er durch Druck auf das Deckglas zerquetschte, daß der protoplasmatische Inhalt aus der geplatzten Zellhaut in die Aufschwemmungsflüssigkeit heraustrat und sich daselbst zu einem kugeligen Ballen zusammenzog [§ 87].

2. Die thermischen Einwirkungen.

§ 195. Das aktuelle Leben der Bakterienzelle entfaltet sich stets nur unter dem Einfluß gewisser thermischer Einwirkungen, d. h. nur innerhalb bestimmter Temperaturgrenzen (sog. „Temperaturbreite"). Dieser Wärmebereich ist für die Lebensfähigkeit sowie für die Verrichtung bestimmter Lebensäußerungen der einzelnen Bakterienarten verschieden und ändert sich vielfach auch mit der Dauer der thermischen Einwirkungen [§ 196 bis § 203].

a) Die Kardinalpunkte der Temperatur.

§ 196. Die Temperaturbreite, innerhalb deren die Bakterienzellen zu leben vermögen, findet ihre Begrenzung in einem sog. Minimum und einem sog. Maximum des Temperaturanspruches; zwischen dieser unteren („minimalen") und oberen („maximalen") Temperaturgrenze liegt das sog. Temperaturoptimum, d. h. die Temperatur, bei welcher das Bakterienleben am besten gedeiht. Unter Zugrundelegung dieser drei sog. Kardinalpunkte der Temperatur: Minimum, Optimum und Maximum des Temperaturbedürfnisses lassen sich nach LEHMANN und NEUMANN[497] folgende drei Bakteriengruppen unterscheiden:

Tabelle 38.

Bakteriengruppe	Kardinalpunkte der Temperatur		
	Minimum	Optimum	Maximum
1. Psychrophile B. .	0°	15–20°	ca. 30°
2. Mesophile B. . . .	10–15°	37°	ca. 45°
3. Thermophile B. .	40–49°	50–55°	60–70°

Zur Gruppe der „psychrophilen" (sog. „kälteliebende", „glaciale", „kryophile") Bakterien, deren Temperaturoptimum schon bei 15—20° liegt, zählen vor allem die eigentlichen „*Wasserbakterien*", ferner viele „*Leuchtbakterien*" (z. B. *Bact. phosphorescens*) sowie manche farbstoffbildende Bakterien (z. B. *Bact. syncyaneum, Bact. violaceum, Bact. fluorescens*). Die „mesophilen" Bakterien, für welche die Körperwärme (37°) die optimale Temperatur bietet, umfassen alle für den Warmblüter krankheitserregend wirkenden Arten sowie sehr viele Saprophyten. Zu den „thermophilen" Bakterien, welche bei 50—55° am besten gedeihen, gehören vor allem viele (fast nur sporentragende) *Bodenbakterien* (z. B. *Bac. vulgatus, Bac. mesentericus*) und eine Reihe von Bakterien, welche an besonders warmen Standorten (z. B. in den Tropen oder in heißen Quellen) vorkommen.

§ 197. Diese nach der Lage der Kardinalpunkte der Temperatur unterschiedenen Bakteriengruppen sind jedoch nicht scharf abgegrenzt, und auch bei ein und derselben Bakteriengruppe ist die Lage des Temperaturoptimums innerhalb der Wärmebreite je nach der Bakterienart verschieden. Als Beispiele sind hierfür in der nachfolgenden Zusammenstellung für eine Reihe mesophiler Bakterienarten die Kardinalpunkte der Temperatur aufgeführt.

Tabelle 39.

Bakterienart	Kardinalpunkte		
	Minimum	Optimum	Maximum
Micr. gonorrhoeae	30°	36—37°	39°
Micr. intracellularis	25°	37°	43°
Strept. lanceolatus	25°	37°	42°
Bact. pestis	5°	25—30°	43,5°
Bact. influencae	22°	37°	42—45°
Bact. suipestifer	8°	37°	42°
Bact. sept. haemorrhag. . .	12—13°	37—38°	42—43°
Corynebact. mallei	22°	30—40°	43°
Corynebact. diphtheriae . . .	20°	35—37°	41°
Mycobact. tuberculosis . . .	30°	37—38°	42°

Nach dieser Übersicht ist der Temperaturbereich, innerhalb dessen die verschiedenen Bakterienarten leben können, sehr verschieden groß. Er beträgt z. B. für *Micr. gonorrhoeae* (Min. 30°; Max. 39°) nur 9° und für *Mycobact. tuberculosis* (Min. 30°; Max. 42°) nur 12°; dagegen beträgt die Temperaturbreite z. B. für *Bact. suipestifer* (Min. 8°; Max. 42°) nicht weniger als 34° und für *Bact. pestis* (Min. 5°; Max. 43,5°) sogar 38,5°. Dabei ist der Abstand des Temperaturoptimums vom Minimum bzw. Maximum des Temperaturanspruches bei manchen Bakterien mit nahezu gleicher Temperaturbreite verschieden. So beträgt der Abstand des Temperaturoptimums vom Temperaturmaximum z. B. für *Bact. pestis* 13,5—18,5°; für *Bact. suipestifer* dagegen nur 5°.

b) Die Wirkung extremer Temperaturen.

§ 198. Wie aus den Untersuchungen über den Einfluß sog. extremer, d. h. besonders niedriger („inframinimaler") bzw. besonders hoher („supramaximaler") Temperaturen auf das Bakterienleben hervorgeht, sind die Grenzen für die Lebensfähigkeit der vegetativen Bakterienzellen im Gebiet der niederen Temperaturen ziemlich weit gezogen, während hierfür im Bereich der höheren Temperaturen eine scharfe Umgrenzung vorliegt. Die Sporen erweisen sich den extremen Temperaturen gegenüber bei weitem widerstandsfähiger als die vegetativen Formen; dies gilt vor allem für die Widerstandskraft gegenüber den gesteigerten Temperaturen. Die Wirkung der abnormen Temperaturen auf das aktuelle bzw. latente Bakterienleben wird noch durch eine Reihe von Nebenumständen beeinflußt, d. h. entweder verstärkt oder abgeschwächt. Abgesehen von der Art und dem Alter der Bakterienkultur schwankt der Temperatureinfluß, je nachdem es sich um lebensfeuchte oder um eingetrocknete Zellen handelt, und es ist nicht gleichgültig, ob die Zellen in einer sauer, neutral oder in einer alkalisch reagierenden Flüssigkeit aufgeschwemmt sind; ferner ob sie unter erhöhtem oder vermindertem Luftdruck stehen, und ob sie bei Zutritt oder bei Abschluß von Sauerstoff stark abgekühlt oder stark erwärmt werden. Dabei spielt auch die Dauer der Temperatureinwirkung eine wichtige Rolle, und es ist weiterhin von Bedeutung, ob die Bakterienzellen nur ein einziges Mal oder mehrfach einem bestimmten Wärmegrad ausgesetzt werden[498].

α) Inframinimale Temperatureinwirkungen.

§ 199. Was zunächst die sog. inframinimalen Temperatureinwirkungen betrifft, so zeigen diesen gegenüber viele Bakterienzellen eine ganz erstaunliche Widerstandsfähigkeit. Dies gilt nicht nur für jene Arten, welche an ihren natürlichen Standorten (z. B. in den arktischen Gegenden, im Schnee und Eis oder im Gletscherwasser) stets unter der Kälteeinwirkung leben, sondern auch für viele andere Bakterien, welche in den gemäßigten Zonen (z. B. in der Luft, im Wasser oder im Boden) heimisch sind. Hierher gehören auch viele krankheitserregend wirkende Bakterien (z. B. *Bact. typhi*, *Bac. anthracis*, *Mycobact.*

tuberculosis, Vibr. cholerae). Nach BREHME[499] sind manche Bakterienzellen sogar so wenig kälteempfindlich, daß z. B. Zellen wie die des *Bact. typhi* und der *Vibr. cholerae*, welche einem 40 maligen Wärmewechsel zwischen — 15° und + 15° ausgesetzt wurden, dabei nicht zugrunde gingen.

§ 200. Manche dieser sog. kältevertragenden („psychrotoleranten“) Bakterienarten werden selbst bei einer Abkühlung auf Temperaturen, welche weit unter dem Gefrierpunkt liegen, nicht abgetötet, so daß die lebendige Substanz solcher Zellen zweifellos zu Eis gefrieren kann, ohne dabei ihre Lebensfähigkeit einzubüßen. Nach PAUL[500] erweisen sich z. B. Zellen des *Micr. pyogenes*, welche in zugeschmolzenen Glasröhrchen bei einer Temperatur von — 80° (in einer Mischung aus festem Kohlensäureschnee und Äther in einem sog. WEINDOLDschen Gefäß) aufbewahrt werden, noch nach Wochen und Monaten entwicklungsfähig. Es wird sogar angegeben (PICTET[501], WHITE[502], MACFADYEN[503], MEYER[504], PAUL und PRALL[505]), daß vegetative Zellen verschiedener Bakterienarten (z. B. von *Micr. pyogenes, Bact. phosphorescens, Vibr. cholerae*) und auch Sporen (z. B. des *Bac. anthracis*) der Temperatur der „flüssigen Luft“ (ca. — 190°) tagelang ausgesetzt werden können, ohne daß dieselben dadurch den Gefriertod erleiden. MACFADYEN[506] konnte selbst mit der Temperatur des verflüssigten Wasserstoffgases (— 252°), die nur 21° über dem sog. absoluten Nullpunkt liegt, die Grenze, bei welcher das Bakterienleben infolge Erfrierens erlischt, nicht erreichen.

§ 201. Im allgemeinen hören mit zunehmender Abkühlung der Bakterienzellen zunächst eine Reihe von Lebensäußerungen wie z. B. Bewegung und Lichtentwicklung auf, dann versagen die Fähigkeiten der Ernährung, des Wachstums und der Fortpflanzung. Wie zuerst FORSTER[507] an *Bact. phosphorescens* nachwies und dann z. B. von FISCHER[508] an *Leuchtbakterien* [§ 355] aus dem Kieler Hafenwasser, von MÜLLER[509] z. B. an *Bact. fluorescens* (aus Milch), *Micr. flavus* (aus der Luft) und von SCHMIDT-NIELSEN[510] z. B. an *Bact. fluorescens, Bact. granulosum* und *Bact. paracoli* aus der Straßburger Wasserleitung bestätigt wurde, vermögen jedoch gewisse Bakterien auch bei 0° zu wachsen, sich zu vermehren und eine Reihe von Lebensäußerungen (z. B. Lichterzeugung, Farbstoffbildung, Kohlensäuregasentwicklung, Stickstoffabspaltung) zu zeigen. Naturgemäß ist die Lebenstätigkeit solcher bei 0° gehaltenen Bakterienzellen beträchtlich verlangsamt. MÜLLER bestimmte z. B. für einen von ihm gezüchteten, auch noch bei 0° (im Eiscalorimeter) wachsenden Stamm des

Bact. fluorescens liquefaciens die sog. Generationsdauer, d. h. den Zeitraum, innerhalb dessen die Vermehrung (Zweiteilung) einer Bakterienzelle erfolgt, und fand dafür in den Versuchen bei 0° und 30° folgende Werte:

Tabelle 40.

0°			30°		
Bakterienzahl in 1 ccm Bouillon	Zeit nach d. Impfung	Generationsdauer	Bakterienzahl in 1 ccm Bouillon	Zeit nach d. Impfung	Generationsdauer
1 325	—	—	1 325	—	—
1 250	24 Std.	—	1 500	1 Std.	335′ 16″
4 240	4 Tage	57 Std. 13′	3 200	3 Std.	165′ 43″
390 000	8 Tage	23 Std. 25′	28 125	6 Std.	81′ 42″
3 120 000	10 Tage	21 Std. 26′	150 000	8 Std.	70′ 21″
61 200 000	14 Tage	21 Std. 41′	862 500	10 Std.	64′ 11″
106 600 000	16 Tage	23 Std. 33′	832 500 000	24 Std.	74′ 46″
342 000 000	18 Tage	24 Std. 2′	1 092 000 000	30 Std.	91′ 36″

Aus dieser Zusammenstellung geht deutlich hervor, daß die Generationsdauer der Zellen des geprüften *Bact. fluorescens liquefaciens* mit zunehmender Temperaturerniedrigung größer wird, d. h. daß die Vermehrung und das Wachstum der Zellen bei niedriger Temperatur viel langsamer verlaufen als bei höherer Temperatur.

β) Supramaximale Temperatureinwirkungen.

§ 202. Selbst wenn die Maximalgrenze nur wenig überschritten wird, führen die sog. supramaximalen Temperatureinwirkungen fast immer zu Entartungserscheinungen und schließlich zum „Wärmetod" der Bakterienzellen. Ausgesprochen „hitzevertragende" (sog. thermotolerante) Bakterienarten sind ziemlich selten, und bei den bisher bekannten Formen erstreckt sich die Thermotoleranz nur auf wenige Wärmegrade über das Temperaturmaximum. Hierher gehören z. B. *Bac. calfactor* sowie *Bac. thermophilus*, welche noch bei Temperaturen über 70° leben können.

§ 203. Im allgemeinen werden die psychrophilen Bakterienarten durch Temperaturen $> 37°$, die mesophilen durch Temperaturen $> 65°$ und die thermophilen Bakterienarten durch Temperaturen $> 75°$ binnen kurzem abgetötet. Wie die nachstehende Tabelle, in welcher einige Versuchsergebnisse Langes[511] über den Einfluß heißer (unbewegter) Luft von 70—170° auf verschiedene mesophile Bakterienarten aufgeführt sind, erkennen läßt, ist die Widerstandskraft der einzelnen Arten den höheren Temperaturen gegenüber sehr verschieden.

Tabelle 41.

Bakterienart	60°	80°	100°	110°	120°	140°	150°	170°
Micr. pyogenes . . .	.	.	.	60–120′	30′	15′	10′	.
Bact. typhi	.	.	120′	60′	20′	10′	.	.
Bact. coli.	.	.	120′	30′	30′	10′	.	.
Bact. dysenteriae . .	.	120′	30′	15′	10′	.	.	.
Coryneb. diphth.. . .	.	120′	30′	30′	20′	10′	.	.
Vibr. cholerae	60′	15′	10′	.	.	.	.	.
Sporen d. Bac. anthracis	.	.	.	.	120′	60′	30′	10′

So betrug bei Einwirkung 100°-warmer Luft die Abtötungszeit z. B. für *Vibr. cholerae* nur 10′, für *Bact. typhi* dagegen 120′. Die Sporen des *Bac. anthracis* tötete 150°-warme Luft erst nach 30′. Wesentlich schneller abtötend wirkt feuchte Wärme. Dies geht z. B. aus der folgenden Übersicht hervor, in welcher einige Befunde Patzschkes[512] über die Abtötungszeiten der genannten Bakterien in 48—80° warmem Wasser zusammengestellt sind.

Tabelle 42.

Bakterienart	48°	50°	55°	60°	65°	70°	75°	80°
Micr. pyogenes	—	60—90′	10—20′	5—10′	30—60″	10—20″	3—5″	1—2″
Bact. typhi . .	—	30—45′	3—5′	30—60″	10—20″	1—3″	0—1″	.
Bact. coli . . .	—	.	15—20′	2—3′	45—60″	5—6″	2—3″	.
Bact. dysent. .	—	30—45′	5—10′	1—3′	5—10″	1—3″	0—1″	.
Coryneb. diph.	—	1—3′	30—60″	5—10″	3—5″	0—1″	.	.
Vibr. cholerae.	3—5′	45—60″	10—20″	5—10″	1—5″		.	.

Um die Zellen z. B. des *Vibr. cholerae* abzutöten, genügt hier nur die 3—5′ lange Einwirkung eines 48° warmen Wassers; alle aufgeführten Bakterienarten werden durch Wasser von 65° in wenigen Sekunden bis in einer Minute abgetötet.

3. Die photischen Einwirkungen.

§ 204. Von den sog. photischen Einwirkungen auf die Bakterienzellen sind hier die Veränderungen dieser Zellen unter dem Einfluß der Lichtstrahlen [§ 205—211], der Röntgenstrahlen [§ 212] und der Bequerelstrahlen [§ 213] zu erwähnen.

a) Die Wirkung der Lichtstrahlen.

§ 205. Die Lichtstrahlen, von denen bisher eine Wirkung auf das Leben der Bakterienzelle beobachtet worden ist, entstammen entweder dem Sonnenlicht [§ 206—208], dem ultravioletten Licht [§ 209—210] oder dem elektrischen Bogenlicht [§ 211].

α) Das Sonnenlicht.

§ 206. Abgesehen von den sog. *Purpurbakterien* (z. B. *Rhodobac. palustris, Rhodospir. photometricum*), welche nach MOLISCH[513] besonders gut im Licht, jedoch auch im Dunkeln (d. h. nicht unbedingt unter dem Einfluß des Lichtes, aber dadurch begünstigt) organische Nahrung in sich aufnehmen und zu verarbeiten vermögen, gedeihen alle Bakterien am besten oder überhaupt nur ohne Licht. Wie zuerst von DOWNES und BLUNT[514] an den vegetativen Zellen gewisser *Fäulnisbakterien* und zuerst von ARLOING an den Sporen des *Bac. anthracis* nachgewiesen worden ist, besitzt direktes Sonnenlicht sogar stark bakterientötende Eigenschaften. Um sich hiervon zu überzeugen, stellt man nach BUCHNER[515] eine frisch mit Bakterien (z. B. mit *Bact. typhi*) dicht besäte Agarplatte, welche teilweise (z. B. in Form von Buchstaben) durch in den Schalendeckel eingeklebte schwarze Papierstreifen abgedeckt ist, für 1—1½ Stunde in die Sonne und hierauf für 24 Stunden in den 37° warmen Brutschrank. Es zeigt sich dann, daß die Bakterien nur an den vor Licht geschützt gewesenen Stellen der Plattenoberfläche gewachsen sind, während die belichteten Bakterienzellen unter dem Einfluß des Lichtes zugrunde gingen. DIEUDONNÉ[516] fand, daß z. B. *Bact. putidum* und *Bact. prodigiosum* durch direktes Sonnenlicht im Sommer (Juli, August) schon in ½ Stunde, im Winter (November) nach 1½ Stunde in ihrem Vermögen, Farbstoff („Bakteriofluorescin“ bzw. „Prodigiosin“) und Trimethylamin zu bilden, gestört werden und selbst im diffusen Tageslicht in ihrer Entwicklung gehemmt und schließlich abgetötet werden. Nach DIEUDONNÉ sind die ultravioletten, violetten und blauen Lichtstrahlen am wirksamsten; grünes Licht wirkt sehr schwach, gelbes und rotes Licht gar nicht. Auch die ultraroten Lichtstrahlen sind ziemlich wirksam.

§ 207. Die bakterientötenden („bactericiden“) Wirkungen der Lichtstrahlen beruhen nach MIRAMOND DE LAROQUETTE[517] vor allem auf einer allzu großen Lichtenergieaufspeicherung in den Zelleibern und auf den hiermit verbundenen sog. hydrolytischen Spaltungen des Bakterieneiweißes, d. h. Zerfallserscheinungen der lebendigen Substanz. Zweifellos spielen dabei aber auch noch gewisse chemische Vorgänge (Zersetzungen) im Nährboden eine Rolle, denn auch auf Nährböden (z. B. auf einer Nähragarplatte), welche längere Zeit dem direkten Sonnenlicht ausgesetzt und dann mit Bakterien (z. B. mit *Bact. typhi*) beimpft und hierauf vor Licht geschützt bei 37° aufbewahrt werden, gedeihen die Bakterien bei weitem schlechter als auf unbelichteten, aber sonst gleichartig zusammengesetzten Nährböden. Wie DIEUDONNÉ zeigte, entsteht bei Belichtung z. B. einer Agarplatte Wasserstoffsuperoxyd. Zum Nachweis desselben stellt man eine mit schwarzem Papier halbverdeckte Agarplatte in die Sonne, übergießt dieselbe dann mit jodkaliumhaltigem Stärkekleister und hierauf mit einer verdünnten Ferrosulfatlösung. Das auf der belichteten Hälfte der Plattenoberfläche gebildete Wasserstoffsuperoxyd oxydiert (bei Gegenwart von Ferrosulfat) das Kaliumjodid ($2\,KJ + H_2O_2 = 2\,KOH + J_2$), und das hierbei freiwerdende Jod gibt mit dem Stärkekleister blaue Jodstärke, so daß die belichtete Agarfläche blau gefärbt erscheint. Bemerkenswert ist hierzu noch die Tatsache, daß die Wasserstoffsuperoxydbildung und auch die Schädigung der Bakterienzellen durch das Licht in sauerstoff-freien Gasen ausbleibt.

§ 208. Nach TAPPEINER[518] läßt sich die Lichtwirkung noch steigern durch Zusatz einer Spur von sog. fluorescierenden Farbstoffen (Fluorescin, Erythrosin, Eosin), welche gewisse (wirksame) Lichtstrahlen absorbieren und auf diese Weise als „Lichtkatalysator“ eine sog. photodynamische Wirkung ausüben[519].

β) Das ultraviolette Licht.

§ 209. Eine besonders stark bakterientötende Wirkung entfalten die kurzwelligen (ultravioletten) Strahlen im unsichtbaren Teil des Spektrums, welche z. B. mit Hilfe der Quarzquecksilberdampflampe (Wellenlänge etwa 300 $\mu\mu$) sowie durch Verbrennen von Schwefelkohlenstoff in Stickoxydgas (Wellenlänge etwa 340 bis 490 $\mu\mu$) oder mit dem in einem elektrischen Lichtbogen entworfenen Magnesiumspektrum erzeugt werden können und sogar zur technischen Entkeimung („Sterilisation“) von Trinkwasser empfohlen worden sind. Von den hier einschlägigen Untersuchungen seien vor allem die grundlegenden Arbeiten von HERTEL[520] erwähnt, welcher mit den ultravioletten Strahlen des Magnesiumspektrums von der Wellenlänge 280 $\mu\mu$ die Wirkung des kurzwelligen Lichtes z. B. auf die Zellen des *Bact. coli, Bact. typhi, Bact. prodigiosum, Bact. proteus* und des *Vibr. cholerae* prüfte und dabei feststellte, daß zu Beginn der Strahlenwirkung eine Beschleunigung der Zellbewegung, d. h. eine Erregung der Zellen zu beobachten ist, welcher in wenigen Sekunden eine völlige Lähmung und Abtötung folgt[521].

§ 210. Nach REICHENBACH[522] wird die Farbstoffbildung gewisser sog. farbstoffbildender Bakterienarten durch das ultraviolette Licht verursacht.

γ) Das elektrische Bogenlicht.

§ 211. Von künstlich erzeugtem Licht, welches gleichfalls ultraviolette Strahlen enthält (elektrisches Glühlicht, elektrisches Bogenlicht, Gas- und Spiritusglühlicht) und Bakterienzellen schädigt, ist noch das elektrische Bogenlicht zu nennen, welchem auch eine keimtötende Wirkung zukommt. So fand z. B. DIEUDONNÉ[523], daß elektrisches Bogenlicht von 900 Kerzen Lichtstärke die Zellen des *Bact. putidum*, *Bact. prodigiosum*, *Bact. coli*, *Bact. typhi* und des *Bac. anthracis* nach etwa 6stündiger Einwirkung im Wachstum hemmte und in etwa 8 Stunden abtötete. Nach CHATIN und NICOLAU[524] ist hierbei auch die chemische Beschaffenheit der Elektroden und die Entfernung der Lichtquelle von den zu bestrahlenden Zellen maßgebend. Sie ließen auf Agarplatten, welche mit *Micr. pyogenes aureus*, *Bact. coli*, *Bact. pyocyaneum*, *Bac. anthracis* (mit Sporen), *Corynebact. diphtheriae* und mit *Mycobact. tuberculosis* beimpft waren, elektrisches Bogenlicht (mit Eisen- bzw. Kohleelektroden; bei 18 Ampère und 110 Volt) in 12 cm Entfernung einwirken und fanden folgende Abtötungszeiten:

Tabelle 43.

Bakterienart	Abtötungszeit nach Bestrahlung mit Bogenlicht	
	Eisenelektrode	Kohleelektrode
Micr. pyog. aureus	12″	4′
Bact. coli	25″	5′
Bact. pyocyaneum .	12″	3′
Bac. anthracis . .	1′	4½′
Coryneb. diphth. .	15″	4′
Mycob. tuberculosis	25″	3½′

Das elektrische Bogenlicht mit Eisenelektroden ist hiernach wirksamer als das Bogenlicht mit Kohleelektroden, welches unter den gewählten Versuchsbedingungen die Zellen der genannten Bakterien in etwa 3—5′ abtötete.

b) Die Wirkung der Röntgenstrahlen.

§ 212. Eine stark wachstumshemmende und sogar keimtötende Wirkung der Röntgenstrahlen ist von RIEDER[525] bei Bestrahlungsversuchen z. B. mit *Micr. pyogenes*, *Strept. pyogenes*, *Bact. typhi*, *Bac. anthracis*, *Corynebact. diphtheriae*, *Mycobact. tuberculosis* und *Vibr. cholerae* beobachtet worden. RIEDER ließ die genannten Bakterienarten auf Agar-, Gelatine- bzw. Serumnährböden in Kulturschalen, welche mit durchlöcherten Bleiplatten und dann noch mit schwarzem Papier verdeckt waren, bestrahlen, wobei die Antikathode etwa 10 cm von den Zellen entfernt war. Alle bestrahlten Bakterien gingen im Verlauf einstündiger starker Bestrahlung zugrunde, während die nichtbestrahlten Zellen ungeschädigt wuchsen. Bei kurzdauernder Bestrahlung fand RIEDER nur eine Entwicklungshemmung der Bakterien.

c) Die Wirkung der Bequerelstrahlen.

§ 213. Die baktericide Wirkung der Bequerelstrahlen, d. h. der von sog. radioaktiven Stoffen wie Barium-, Polonium-, Radium-, Thorium- und Uranpräparaten entsendeten Strahlenarten, ist zuerst von ASCHKINESS und CASPARI[526] (an *Bact. prodigiosum*) festgestellt und durch die Arbeiten z. B. von PFEIFFER und FRIEDBERGER[527] (an *Bact. typhi, Bac. anthracis, Vibr. cholerae*), v. BAEYER[528] (an *Bact. prodigiosum*) und von KUZNITZKY[529] (an *Micr. gonorrhoeae*) völlig bestätigt worden. ASCHKINESS und CASPARI beimpften den mittleren Teil einer Gelatineplatte mit *Bact. prodigiosum* und stülpten diese Kulturschale dann in den zugehörigen Glasdeckel, in welchem sich (in 4—10 mm senkrechter Entfernung von den Zellen) 1 g Barium-Radium-Bromidkrystalle befand. Schon nach 2—3stündiger Bestrahlung war eine deutliche Entwicklungshemmung der Zellen gegenüber dem Wachstum einer unbestrahlten Kultur des *Bact. prodigiosum* zu beobachten. Filtrierten ASCHKINESS und CASPARI die Strahlen durch Aluminium, indem sie zwischen den radioaktiven Krystallen und der Bakterienaussaat ein 0,1 mm dünnes Aluminiumblatt einfügten, welches die weichen, leicht absorbierbaren α- und β-Strahlen zurückhält und nur die harten γ-Strahlen durchläßt, so blieb die Wachstumshemmung aus, d. h. die bakterienfeindliche Wirkung der Radiumstrahlen geht nur von den α- bzw. β-Strahlen aus. Nach KUZNITZKY erweist sich das α-strahlende Thorium X als ganz besonders bakterid wirksam.

4. Elektrische Einwirkungen.

§ 214. Unbedingt zuverlässige Angaben über wachstumshemmende oder abtötende Wirkungen der Elektrizität auf Bakterienzellen liegen bisher nicht vor. Alle (in Flüssigkeiten aufgeschwemmte) Bakterienzellen, welche selbst elektronegativ geladen sind, bewegen sich in einem elektrischen Feld nach der Anode (sog. Kataphorese), ohne dabei geschädigt zu werden, wofern durch Verwendung unpolarisierbarer Elektroden die elektrolytischen Zersetzungen der Aufschwemmungsflüssigkeit (z. B. Säure- und Alkalibildung an der Anode bzw. Kathode) vermieden werden. Die bei solchen elektrolytischen Zersetzungsvorgängen gebildeten Stoffe (z. B. Chlor, Chlorwasserstoff, Natriumhydroxyd) sind für die Bakterienzellen starke Gifte. In Verbindung mit den bei der Elektrolyse außerdem noch auftretenden Reaktionsänderungen, Temperatursteigerungen usw. können die hierdurch hervorgerufenen Schädigungen der Bakterienzellen eine baktericide Wirkung des galvanischen Stromes vortäuschen[530]. Wie z. B. THIELE und WOLF[531] sowie ZEIT[532] einwandfrei nachgewiesen haben, werden die Bakterienzellen weder durch Gleich- oder Wechselstrom, welcher durch eine Bakterienkultur geschickt wird, noch durch Induktionsströme, welche (in einer von Wechselströmen durchflossenen Drahtspirale) eine Bakterienkultur umschließen, noch durch Teslaströme geschädigt. Über den Einfluß der statischen Elektrizität (und auch des Magnetismus) auf die Bakterien ist Sicheres nicht bekannt.

Zweiter Abschnitt.

Allgemeine Lebensäußerungen der Bakterienzelle.

I. Ernährungsphysiologie der Bakterienzelle.

§ 215. Notwendige Vorbedingung für die Entfaltung und Erhaltung der aktuellen Lebensfähigkeit des Bakterienkörpers ist die Ernährung seines Zelleibes. Die Vorgänge, welche sich hierzu in der Bakterienzelle abspielen, sind von der Art und der Menge der dargebotenen Nahrungsstoffe [§ 216—223] abhängig und äußern sich in der Aufnahme [§ 224—246] und in der Verarbeitung [§ 247—355] der Nahrungsspender.

A. Die Nahrungsstoffe der Bakterienzelle.

§ 216. Als „Nahrungsstoffe“ der Bakterienzelle gelten alle Stoffe, welche der Bakterienkörper aus seiner Umgebung in sich aufnehmen und zum Aufbau seiner Leibessubstanzen verwerten kann [§ 177—180]. Im allgemeinen handelt es sich dabei um die Aufnahme und die Verarbeitung von Stoffen, welche dem Bakterienleib die unbedingt erforderlichen Zellbausteine, d. h. die Metalloide: C, H, O, N, P, S und Metalle wie Na, K, Mg, Ca und Fe liefern [§ 131]. Während die ein Metall sowie die Phosphor und Schwefel spendenden „Mineralnährstoffe“ häufig einfach gebaute anorganische Salze (wie z. B. Chloride, Carbonate, Sulfate und Phosphate) darstellen, sind vor allem die Kohlenstoff und Stickstoff, vielfach auch die Wasserstoff und Sauerstoff liefernden Nahrungsstoffe für die einzelnen Bakterienarten sehr verschieden und verwickelt zusammengesetzte Stoffe. Dabei ist zu beachten, daß ein und dieselbe Bakterienart meist auf verschiedene Weise ihren Nährstoffbedarf decken kann, d. h. nicht von einem ganz bestimmten Nährstoffspender abhängt[533].

Aus diesen Gründen lassen sich allgemeingültige Angaben über die Nährstoffquellen der Bakterien nicht machen. Soweit der ernährungsphysiologische Zellchemismus des Bakterienkörpers bisher erschlossen ist, läßt sich über die Quellen der C-, N-, H- und O-Nahrung der Bakterienzellen im allgemeinen folgendes sagen[534]:

1. Kohlenstoffquellen.

§ 217. Quellen der Kohlenstoffnahrung sind anorganische [§ 218] oder organische [§ 219] Kohlenstoffverbindungen, je nachdem es sich um Bakterienzellen handelt, welche ihren Kohlenstoffbedarf auf autotrophe, oder solche, die ihn auf heterotrophe Ernährungsweise decken [§ 178].

a) Anorganische Kohlenstoffnahrung.

§ 218. Von den anorganischen Kohlenstoffverbindungen, welche gewissen Bakterienarten die erforderliche Kohlenstoffmenge liefern können, sind hier neben den wasserlöslichen Carbonaten (z. B. des Na, K, Mg, Ca und Fe) die Gase: Kohlendioxyd [§ 264—266], Kohlenoxyd [§ 263] und Methan [§ 262] zu erwähnen. Die genannten Carbonate bilden die Kohlenstoffquelle z. B. für die sog. *Nitrit-* und *Nitratbakterien*; Kohlendioxyd wird z. B. von den sog. *Purpurbakterien*, Kohlenoxyd z. B. von *Bac. oligocarbophilus* und Methan z. B. von *Bac. methanicus* aufgenommen und zur Bildung von organischer Zellsubstanz verwertet. Es handelt sich hierbei um rein autotrophe Assimilationsvorgänge, deren Verlauf im einzelnen bisher noch völlig unaufgeklärt ist.

b) Organische Kohlenstoffnahrung.

§ 219. Der weitaus größte Teil der bisher bekannten und näher untersuchten Bakterienarten deckt seinen Kohlenstoffbedarf aus mehr oder weniger verwickelt zusammengesetzten organischen Kohlenstoffverbindungen. Bevorzugte Kohlenstoffquellen dieser Art sind Eiweißstoffe (z. B. Albumosen, Peptone) [§ 307—314], Zuckerarten (z. B. Dextrose, Maltose, Saccharose) [§ 278—292], Alkohole (z. B. Äthylalkohol, Methylalkohol, Mannit,

Glycerin) [§ 293—399], Aminosäuren (z. B. das Amid der Asparaginsäure: Asparagin) [§ 319], organische Säuren (z. B. Bernstein-, Äpfel-, Wein-, Zitronensäure) [§ 305—306], aromatische Säuren (z. B. China-, Gallus- und Oxybenzoesäure), ferner Amine (z. B. Propylamin) und Säureamide (z. B. Lactamid und Acetamid) [§ 319—320]. Die Assimilation dieser Kohlenstoffverbindungen ist ziemlich verwickelt.

2. Stickstoffquellen.

§ 220. Abgesehen von den sog. *Nitrogenbakterien* (z. B. *Bac. azotobacter*, *Bact. radicicola*), welche den elementaren Stickstoff der Atmosphäre verarbeiten können [§ 268—269], vermögen alle übrigen Bakterienarten nur chemisch gebundenen Stickstoff, welchen sie in Form von anorganischen [§ 221] oder organischen [§ 222] Verbindungen aufnehmen, zu verwerten.

a) Anorganische Stickstoffnahrung.

§ 221. Als wichtigste anorganische Stickstoffnahrung sind hier Ammoniak, Ammoniumverbindungen, Nitrite und Nitrate zu nennen, mit denen viele Bakterienarten ihren Stickstoffbedarf vollkommen decken können. Ammoniak und manche Ammoniumverbindungen assimilieren die sog. *Ammonbakterien*, zu denen z. B. *Bact. rancens*, *Bact. xylinum*, *Bact. oxydans*, *Bact. acetosum* und gewisse Stämme des *Bact. coli* gehören. Den Ammoniakstickstoff bzw. (zu Nitrit und Nitrat) oxydierten Ammoniakstickstoff verwerten die sog. *Nitrit-* und *Nitratbakterien*, von denen z. B. *Bact. Nitromonas* den Ammoniakstickstoff in Nitritstickstoff und *Bact. Nitrobacter* den Nitritstickstoff in Nitratstickstoff überführen [§ 270]. Der Nitratstickstoff wird von den sog. *Nitrobakterien* als Stickstoffquelle ausgenutzt; zu dieser Gruppe gehören z. B. *Bact. pyocyaneum*, *Bact. fluorescens* und *Bac. subtilis*.

b) Organische Stickstoffnahrung.

§ 222. Viele organische Stickstoffverbindungen bilden für zahlreiche Bakterien eine vorzügliche Stickstoffquelle. Besonders anspruchsvoll sind die sog. *Proteinbakterien*, welche auf die Zufuhr von Stickstoff in Form von unveränderten („nativen", „genuinen") Eiweißstoffen angewiesen sind (z. B. *Micr. gonorrhoeae*) oder solche Eiweißkörper bevorzugen (z. B. *Micr. intracellularis*, *Bact. influencae*). Mehr oder weniger einfach zusammengesetzte Eiweißabbau- und Spaltungsprodukte wie z. B. Peptone (Albumosen) und Amidokörper (Asparagin, Leucin, Alanin) können von den sog. *Peptonbakterien* (z. B. *Bact. phosphorescens*) bzw. von den sog. *Amidbakterien* (z. B. *Bac. subtilis*) als Stickstoffquelle ausgenutzt werden [§ 307—314].

3. Wasserstoff- und Sauerstoffquellen.

§ 223. Die zum Aufbau der Leibessubstanz der Bakterienzelle erforderlichen Wasserstoff- und Sauerstoffmengen sind im freien Zustand in der Luft, chemisch gebunden im Wasser vorhanden und stehen auch in den zahlreichen kohlenstoff- bzw. stickstoffspendenden Nahrungsstoffen zur Verfügung. Ob freies, insbesondere das in der Atmosphäre spurenweise enthaltene Wasserstoffgas von Bakterienzellen aufgenommen und verarbeitet werden kann, und ob Wasserstoff und Sauerstoff dem Wasser oder gewissen anderen Verbindungen entnommen werden können, ist bisher nicht aufgeklärt. Dem atmosphärischen Sauerstoff gegenüber verhalten sich die einzelnen Bakterienarten sehr verschieden [§ 180].

B. Die Aufnahme der Nahrungsstoffe.

§ 224. Nicht alle (an sich verwertbaren) Nahrungsstoffe, welche der Bakterienzelle am natürlichen Standort oder im künstlichen Nährboden zur Verfügung stehen, werden von verschiedenen Bakterienarten und auch nicht von ein und derselben Art stets in gleicher Weise aufgenommen und im Zelleib verarbeitet. Abgesehen davon, daß jede Bakterienzelle nur in Wasser [§ 179] gelöste Nährstoffe in sich aufnehmen kann [§ 72], zeigen die Zellen vieler Bakterienarten bei gemischter Ernährung ein sog. Wahlvermögen [§ 225—228] gegenüber den dargebotenen Nahrungsstoffen. Unter gewissen Bedingungen sind viele Bakterienzellen auch zur Bildung von Stoffen befähigt, welche eine extracelluläre Auflösung von festen Nahrungsstoffen hervorrufen und dadurch die Aufnahme der Nahrung, die sog. Resorption erst ermöglichen [§ 229—246].

1. Die Nahrungsauswahl der Bakterienzelle.

§ 225. Was zunächst das ernährungsphysiologische Wahlvermögen, die sog. Elektion von Nahrungsstoffen durch die Bakterienzelle anbelangt, so bevorzugen viele Bakterienzellen gewisse Nährstoffe vor anderen Stoffen [§ 226] und vermögen von manchen Nährstoffen (z. B. von racemischen Verbindungen) nur gewisse Spaltstücke zu verwerten [§ 227]. Von besonderer Bedeutung für die Nahrungsaufnahme ist ferner auch noch das Zusammenwirken mancher Nährstoffe [§ 228].

a) Die Bevorzugung von Nahrungsstoffen.

§ 226. Viele Bakterienzellen vermögen aus Nahrungsgemischen gewisse Nährstoffe, welche ihnen ganz besonders zusagen, herauszuziehen, in sich aufzuspeichern und auszunützen. Bevorzugte Nährstoffe, welche nur spurenweise in der Nährflüssigkeit enthalten sind, können auf diese Weise in den Zelleibern angereichert werden. So kann z. B. *Vibr. cholerae* (die für ihn notwendige) Phosphorsäure in derartigen Mengen in sich aufnehmen, daß die Vibrionenasche bis zu fünfmal mehr Phosphorsäure enthält als die Nährbodenasche, während z. B. der Chlorgehalt solcher Vibrionen selten und dann immer nur wenig die Chlormenge im Nährboden übertrifft. Stehen einer Bakterienart mehrere Nahrungsspender zur Verfügung, so werden vielfach nur die bevorzugten Nährstoffe und erst, wenn diese verbraucht sind, die übrigen Stoffe angegriffen. Als Beispiel seien hierfür die sog. *Essigsäurebakterien* (z. B. *Bact. aceti*, *Bact. rancens*) aufgeführt, welche zunächst den Äthylalkohol und nach dem Verbrauch desselben die von ihnen gebildete Essigsäure als Kohlenstoffquelle verwerten [§ 284 u. § 343].

b) Die Spaltung racemischer Verbindungen.

§ 227. Zu den Erscheinungen der „elektiven" Nahrungsaufnahme durch die Bakterienzelle gehört auch die Spaltung der sog. racemischen Verbindungen. Man versteht hierunter die merkwürdige Tatsache, daß gewisse als „racemisch" bezeichnete organische Stoffe durch Bakterientätigkeit in zwei sog. stereoisomere Spaltstücke („Modifikationen") zerlegt werden können, welche zwar die gleiche chemische Zusammensetzung und die gleichen chemischen Eigenschaften aufweisen, dagegen (offenbar infolge der Unterschiede in der räumlichen Anordnung der Atome im Molekül) ein verschiedenes physikalisches Verhalten (z. B. in bezug auf Löslichkeit, Krystallform, Drehung der Polarisationsebene) zeigen und je nach der Bakterienart verschieden als Nährstoffquelle ausgenützt werden. Ein klassisches Beispiel bieten hierfür *Strept. acidi lactici* und *Bact. acidi laevolactici*, welche aus Dextrose und Lactose die optisch unwirksame Gärungsmilchsäure, die sog. Äthylidenmilchsäure [α-Oxypropionsäure: $CH_3-CH(OH)-COOH$], bilden und diese in die rechtsdrehende Fleisch- oder Paramilchsäure, sog. d-Milchsäure („Rechtsmilchsäure"), und in die linksdrehende Modifikation, sog. l-Milchsäure („Linksmilchsäure"), zerlegen, indem *Strept. acidi lactici* nur die l-Milchsäure und *Bact. acidi laevolactici* nur die d-Milchsäure als Kohlenstoffquelle ausnützt[535].

c) Das Zusammenwirken von Nahrungsstoffen.

§ 228. Von ausschlaggebender Bedeutung für die Nahrungsaufnahme und die Verarbeitung der Nährstoffe durch die Bakterienzelle ist vielfach auch noch das Zusammenwirken der dargebotenen Nahrungsstoffe, indem manche Nährstoffe nur bei gleichzeitiger Darbietung von gewissen anderen Stoffen aufgenommen und verarbeitet werden können[536]. Sehr deutlich zeigt sich dies z. B. bei der sog. fakultativen Stickstoffautotrophie, zu welcher eine große Zahl von Bakterien befähigt ist, wenn eine geeignete Kohlenstoffquelle gleichzeitig zur Verfügung steht. So vermögen z. B. *Bact. oxydans* und *Bact. acetosum* Kaliumnitrat und Ammoniumsulfat als Stickstoffquelle auszunutzen, wenn gleichzeitig eine zugängliche Kohlenstoffquelle (z. B. Dextrose) vorhanden ist, und so können z. B. *Bact. pyocyaneum* und *Bact. fluorescens* ihren Stickstoffbedarf mit Kaliumnitrat bei Anwesenheit von Glycerin decken. In diesem Zusammenhang ist auch der günstige Einfluß zu erwähnen, welchen viele organische Säuren (z. B. Äpfel-, Bernstein-, Zitronen-, Glycerin-, Milch-, Schleim- und Weinsäure) sowie pflanzliche Rohsäfte (Vitamine?) auf die Nahrungsaufnahme zahlreicher Bakterienarten ausüben[537].

2. Die Auflösung von Nahrungsstoffen.

§ 229. Alle Stoffe, welche der Bakterienzelle als Nahrung dienen, müssen in Wasser gelöst sein [§ 72], um in den Zelleib aufgenommen werden zu können [§ 179]. Aufgelöste und in den Bakterienkörper aufgenommene Nährstoffe erfahren vielfach auch im Innern der Zelle noch gewisse „Spaltungen“, welche die eigentliche ernährungsphysiologische Verarbeitung der Spaltstücke vorbereiten und aus diesem Grunde für die Aufnahme der Nahrungsstoffe in den Zellchemismus von großer Bedeutung sind.

§ 230. Viele Bakteriennährstoffe sind an sich wasserlöslich und chemisch derartig zusammengesetzt, daß sie aus der Flüssigkeit, welche die Oberfläche der Bakterienleiber am natürlichen Standort oder im künstlichen, flüssigen oder festen („Scheinlösung“) Nährboden umspült, unmittelbar in die Zelle aufgenommen und daselbst zum Aufbau der Zellsubstanz verwendet werden können. Sehr oft stehen den Bakterien aber auch noch Nährstoffe zur Verfügung, welche entweder in fester, wasserunlöslicher Form sich befinden und zur Aufnahme in den Zellleib erst lösbar gemacht und verflüssigt werden müssen, oder es sind lösliche und bereits in Wasser gelöste, aufnahmefähige

Stoffe, welche zur Ausnutzung als Nährquelle erst aufgeschlossen, d. h. in „assimilierbare“ Spaltstücke zerlegt werden müssen.

§ 231. Zu dieser biologisch wichtigen Arbeitsleistung werden die Bakterienzellen durch die Ausbildung von eigentümlichen Körpern, den sog. Enzymen, befähigt, welche ähnlich wie „Katalysatoren“ (z. B. Platinmohr) gewisse chemische Umsetzungen lediglich durch ihre Gegenwart („Kontaktwirkung“) auslösen, ohne im Verlauf der Reaktion selbst verändert und verbraucht zu werden[538]. Zum Unterschied von den anorganischen „Kontaktsubstanzen“, welche verschiedenartige chemische Vorgänge hervorrufen können, wirken die in der lebenden Bakterienzelle gebildeten Enzyme jedoch stets spezifisch, d. h. ein bestimmtes Enzym vermag immer nur eine ganz bestimmte chemische Reaktion auszulösen. Über das Wesen der Bakterienenzyme, welche vielleicht zur Gruppe der Eiweißkolloide gehören, ist Sicheres nicht bekannt, da sie bisher noch nicht rein dargestellt werden konnten.

§ 232. Entsprechend den verschiedenen Aufgaben, welche den einzelnen Enzymen im Leben der Bakterienzelle zufallen, d. h. 1. dargebotene Nährstoffe zur Aufnahme in den Zelleib vorzubereiten [§ 238] und 2. in die Zelle aufgenommene Nährstoffe a) in verwendbare Formen zu spalten [§ 241—244] und b) nährfähige Spaltstücke weiterhin umzusetzen, spielen die Enzyme für die Ernährungsphysiologie der Bakterien die wichtige Rolle von „Vorbereitungsstoffen“ oder von „Spaltungs“- und „Umsatzstoffen[539]“. Während die als sog. Vorbereitungsstoffe wirksamen Enzyme gewisse physikalisch-chemische Veränderungen an Stoffen in der Umgebung der Bakterienzelle hervorrufen, also „extracellulär“ wirken und hierzu von der Zelle ausgeschieden werden müssen (sog. Ektoenzyme), kommen die als sog. Spaltungs- bzw. Umsetzungsstoffe tätigen Enzyme im Innern der Zelle („intracellulär“) zur Wirkung (sog. Endoenzyme). Inwieweit auch die Endoenzyme von der Zelle ausgeschieden werden und außerhalb der Zelle wirken können, ist schwer zu entscheiden, da dieselben bei Zerfall von abgestorbenen oder von mechanisch zertrümmerten und aufgelösten Bakterienleibern stets in den Nährboden übergehen.

§ 233. Was die Natur der „enzymatisch“ verursachten Stoffveränderungen anbelangt, so lassen sich im Hinblick auf die chemische Zusammensetzung der durch Enzymtätigkeit wandlungsfähigen Stoffe zahlreiche Enzymarten bzw. Enzymwirkungen unterscheiden. Im allgemeinen pflegt man auf Grund der verschiedenen Wirkungsweise I. „abbauende“, II. „oxydierende", III. „reduzierende" und IV. „gärende" Bakterienenzyme zu unterscheiden.

§ 234. Zur Gruppe der sog. abbauenden Enzyme („Schizasen", „Hydrolasen") gehören:

a) „eiweißspaltende" Enzyme (sog. Proteasen), z. B. Tryptase; Pepsinase, Nuclease, Peptase, Urease, Casease,

b) „kohlehydratspaltende" Enzyme (sog. Carbohydrolasen), wie: α) „Polysaccharasen" (z. B. Amylase, Cellulase, Gelase, Pektinase),

β) „Trisaccharasen" (z. B. Raffinase),

γ) „Disaccharasen" (z. B. Invertase, Lactase, Maltase),

c) „glykosidspaltende" Enzyme (sog. Glykosidasen), z. B. Amygdalase,

d) „fettspaltende" Enzyme (sog. Esterasen), z. B. Lipase.

§ 235. Die sog. oxydierenden Bakterienenzyme („Oxydasen") vermitteln die ernährungsphysiologisch überaus wichtigen oxydativen Vorgänge in der Bakterienzelle; zu ihnen gehören:

a) „Alkoholasen", welche z. B. in den sog. Essigsäurebakterien vorkommen und die Oxydation des Äthylalkohols zu Essigsäure bewirken,

b) „Acidoxydasen", welche viele Bakterienzellen z. B. zur Oxydation des Traubenzuckers zu Oxalsäure befähigen,

c) „Phenolasen", welche viele aromatische Amine und Phenole oxydieren,

d) „Tyrosinasen", welche die Oxydation z. B. von Tyrosin und Tryptophan vermitteln.

§ 236. Die sog. reduzierenden Enzyme („Reduktasen") sind noch wenig sicher erforscht; auf ihrer Tätigkeit beruht vielleicht die Umwandlung leicht reduzierbarer Farbstoffe, wie z. B. von Methylenblau, Lackmus und Indigocarmin, in die sog. Leukobasen. Auf die sog. gärenden Enzyme („Bakterienzymasen") schließlich sind die Umsetzungen von gewissen Kohlehydraten (z. B. von Hexosen: Glykose, Galactose, Fructose, Mannose; und von Pentosen: Rhamnose, Arabinose, Xylose) in Milchsäure und in Alkohol und Kohlensäure zurückzuführen. Solche „Gärungsenzyme" sind bei den Bakterien weitverbreitet.

§ 237. Von den Enzymwirkungen, welche die Aufnahme ungelöster oder gelöster, aber nichtdiffundierbarer Nahrungsstoffe in den Bakterienleib vorbereiten, indem sie extracellulär jene Stoffe in diffundierbare Formen überführen, seien hier die Spaltung von Eiweißkörpern [§ 238—240], die Verzuckerung von Kohlehydraten [§ 241—244] und die Verseifung von Fetten [§ 245—246] an einigen Beispielen erläutert.

a) Die Spaltung von Eiweißkörpern.

§ 238. Die eiweißspaltenden („proteolytischen") Bakterienenzyme, die sog. Proteasen [§ 234], vermitteln die Auflösung von erstarrter Leimgallerte (Gelatine) sowie von koaguliertem Eiweiß (z. B. von Eiereiweiß, Serumeiweiß, Fibrin, Casein). Im allgemeinen werden diese Stoffe zunächst in wasserlösliche und diffundierbare Albumosen, Peptone usw. gespalten, welche vielfach dann (meist erst im Innern der Zelle) bis zu den Aminosäuren, Diaminosäuren usw. abgebaut werden. Um sich auf einfache Weise von dem Vorhandensein und der Wirkungsweise proteolytischer Enzyme bei Bakterienzellen zu überzeugen, pflegt man die Gelatine heranzuziehen, welche von vielen Bakterienarten „verflüssigt" wird. Wie die nachfolgende Tabelle zeigt, wird die Gelatine verflüssigt z. B. von den bekannten Farbstoffbildnern: *Micr. luteus, Sarc. flava, Bact. prodigiosum, Bact. pyocyaneum, Bact. violaceum, Bact. fluorescens* und von den bekannten Sporenbildnern: *Bac. anthracis, Bac. mycoides, Bac. subtilis, Bac. tetani* und *Bac. mesentericus*, während z. B. *Strept. lanceolatus, Micr. intracellularis, Bact. influencae, Bact. pestis, Bact. typhi, Bact. erysip. suum, Corynebact. diphtheriae* und *Mycobact. tuberculosis* hierzu nicht befähigt sind.

Tabelle 44.

Bakterienarten	
mit Gelatineverflüssigung	ohne Gelatineverflüssigung
Micr. candicans	*Strept. pyogenes*
Micr. pyogenes	*Strept. lanceolatus*
Micr. gonorrhoeae	*Strept. mucosus*
Micr. luteus	*Micr. intracellularis*
Sarc. flava	*Sarc. tetragena*
Bact. prodigiosum	*Bact. influencae*
Bact. pyocyaneum	*Bact. pestis*
Bact. violaceum	*Bact. acidi lactici*
Bact. fluorescens	*Bact. typhi*
Bact. proteus	*Bact. syncyaneum*
Bac. anthracis	*Bact. pneumoniae*
Bac. mycoides	*Bact. coli*
Bac. subtilis	*Bact. putidum*
Bac. tetani	*Bact. erysip. suum*
Bac. mesentericus	*Corynebact. diphtheriae*
Vibr. proteus	*Corynebact. mallei*
Vibr. cholerae	*Mycobact. tuberculosis*
Vibr. aquatilis	*Mycobact. phlei*
Vibr. albensis	*Spir. rubrum*
Vibr. danubicus	*Spir. concentricum*

§ 239. Zur Prüfung des gelatineverflüssigenden („kollolytischen“, „gelatinolytischen“) Bakterienenzyms verwendet man, um die Tätigkeit des lebenden Zellplasmas auszuschließen (durch $^1/_2$stündiges Erwärmen auf 60° oder durch Zusatz von gewissen Zellgiften, z. B. von Thymol, Carbolsäure, Salicylsäure, Toluol, Fluornatrium oder Sublimat), abgetötete oder vermittels Tonkerzenfiltration entkeimte Bakterienkulturen, welche man (durch Überschichten) auf eine etwa 5—10%ige erstarrte Gelatine einwirken läßt. Dabei zeigt sich, daß sowohl verschiedene Bakterienarten unter gleichen Bedingungen als auch ein und dieselbe Bakterienart unter verschiedenen Bedingungen recht verschieden große Mengen Gelatine in einer bestimmten Zeit verflüssigen können. Diese Unterschiede im Verflüssigungsvermögen beruhen darauf, daß entweder die Bildung oder die Wirkung der Enzyme je nach den Bedingungen mehr oder weniger stark hervortritt. Im allgemeinen werden die Proteasen nur bei Anwesenheit von Eiweißstoffen (z. B. bei der Züchtung der Bakterien in Nährbouillon, auf Nährgelatine, auf Nähragar oder auf erstarrtem Serumnährboden) gebildet, wofern gewisse Stoffe, wie z. B. manche Kohlehydrate (Dextrose, Lactose), welche die Enzymbildung hemmen, nicht zugegen sind. Vereinzelte Bakterienarten vermögen jedoch auch in eiweißfreien Nährsalzlösungen proteolytische Enzyme zu entwickeln. Nach FERMI[540] bilden z. B. *Bact. prodigiosum* und *Bact. pyocyaneum*, welche in einer Lösung von 1000 ccm Wasser + 50 g Glycerin + 0,5 g Magnesiumsulfat + 0,05 g Tricalciumphosphat + 0,5 g Dikaliumphosphat + 0,5 bis 1,0 g Ammoniumsulfat gezüchtet werden, ein kollolytisch wirksames Enzym. Werden in dieser Nährlösung an Stelle des Glycerins (als Kohlenstoffquelle) die Kohlehydrate: Saccharose, Lactose und Mannit dargeboten, so ergibt sich in bezug auf die Enzymbildung folgendes:

Tabelle 45.

Anorganische Nährsalzlösung mit Zusatz von	Enzymbildung von	
	Bact. prodigiosum	*Bact. pyocyaneum*
Glycerin	+	+
Saccharose	—	—
Lactose	+	—
Mannit	+	+

Hiernach ist die Enzymbildung des *Bact. prodigiosum* und des *Bact. pyocyaneum* in der benutzten eiweißfreien Mineralsalzlösung von der dargebotenen Kohlenstoffquelle abhängig, indem *Bact.*

prodigiosum nur bei einem Zusatz von Glycerin, Lactose oder Mannit zu jener Lösung, nicht dagegen bei einer entsprechenden Gabe von Saccharose das kollolytische Enzym entwickelt, während *Bact. pyocyaneum* nur bei Anwesenheit von Glycerin bzw. von Mannit im Nährboden, nicht aber bei Darbietung von Saccharose bzw. Lactose hierzu befähigt ist.

§ 240. Wie die Bildung, so ist auch die Wirkung des gelatinolytischen Enzyms von einer Reihe äußerer Bedingungen (z. B. Temperatur, Lichtwirkung, Sauerstoffzutritt und Reaktion des Mediums) abhängig.

Um beispielsweise die Säurewirkung auf das Gelatineverflüssigungsvermögen zu prüfen, überschichtete FERMI[541] 3,0 ccm Carbolgelatine mit 1,0 ccm wirksamer Enzymflüssigkeit, welche den Kulturen z. B. von *Bact. prodigiosum, Bact. pyocyaneum, Bac. subtilis, Bac. anthracis, Bac. tetani* und *Vibr. cholerae* entstammte, und fügte dann noch je 2,0 ccm einer 1%igen Verdünnung von Schwefelsäure, Salpetersäure, Salzsäure, Milchsäure, Apfelsäure, Buttersäure, Ameisensäure, Zitronensäure, Essigsäure und Carbolsäure zu. Das Ergebnis dieses Versuches zeigt die folgende Tabelle, in welcher das Zeichen + die Verflüssigung der Gelatine bedeutet:

Tabelle 46.

Enzymflüssigkeit stammt von	Art der zugesetzten Säure:									
	Schwefelsäure	Salpetersäure	Salzsäure	Milchsäure	Apfelsäure	Buttersäure	Ameisensäure	Zitronensäure	Essigsäure	Carbolsäure
Bact. prodigiosum . . .	—	+	+	+	+	+	+	+	+	+
Bact. pyocyaneum . . .	—	+	+	+	+	+	+	+	+	+
Bac. subtilis	—	+	+	+	+	+	+	+	+	+
Bac. anthracis	—	—	+	+	+	+	+	+	+	+
Bac. tetani	—	—	—	—	—	+	—	+	+	—
Vibr. cholerae	—	—	+	—	—	—	—	—	+	—

Hiernach erwiesen sich die von *Bac. tetani* und *Vibr. cholerae* gebildeten Enzyme als ganz besonders säureempfindlich, während die von *Bact. prodigiosum, Bact. pyocyaneum* und *Bac. subtilis* ausgeschiedenen Enzyme nur im Versuch mit Schwefelsäurezusatz geschädigt wurden.

Auf ähnliche Weise konnten FERMI und PERNOSSI[542] auch einen Einfluß der Belichtung auf den Verlauf der Gelatinolyse feststellen. Je 5,0 ccm verflüssigter Gelatinekulturen (z. B. von *Micr. pyogenes albus*, *Bact. prodigiosum*, *Bact. pyocyaneum*, *Bact. proteus*, *Bac. subtilis*, *Bac. anthracis* und *Vibr. cholerae*) wurden hierzu 200 Stunden dem direkten Sonnenlicht ausgesetzt bzw. ebenso lange im Dunkeln aufbewahrt. Alsdann wurde die Wirkung der belichteten bzw. der nichtbelichteten Enzymflüssigkeiten gegenüber Carbolgelatine geprüft, von welcher gleiche Mengen in gleichweite (enge) Glasröhrchen abgefüllt waren, um aus der Höhe der in Millimeter gemessenen Verflüssigungsschicht der Gelatine auf die Wirksamkeit des Enzyms zu schließen. Bei diesem Versuch fanden FERMI und PERNOSSI für die Enzyme der genannten Bakterienarten folgende Werte der Verflüssigungsfähigkeit:

Tabelle 47.

Enzymflüssigkeit stammt von:	Verflüssigung der Gelatine in mm nach	
	200 stündigem Aufenthalt der Enzymflüssigkeit im Sonnenlicht	200 stündigem Aufenthalt der Enzymflüssigkeit im Dunkeln
Micr. pyog. albus	8	10
Bact. prodigiosum	4	28
Bact. pyocyaneum	8	22
Bact. proteus	2,5	7
Bac. subtilis	0	4
Bac. anthracis	3	9
Vibr. cholerae	9	23

Wie diese Übersicht zeigt, war bei allen geprüften Enzymflüssigkeiten eine mehr oder weniger starke Schädigung des Gelatineverflüssigungsvermögens durch die Belichtung aufgetreten. Als ganz besonders empfindlich erwies sich dabei das von *Bact. prodigiosum*, *Bact. pyocyaneum* und *Vibr. cholerae* gebildete Enzym.

b) Die Verzuckerung von Kohlehydraten.

§ 241. Die Verzuckerung von Kohlehydraten durch die „Carbohydrolasen" [§ 234] ist eine sog. Hydrolyse, d. h. eine Spaltung der Kohlehydrate unter Wasseraufnahme.

α) Die Hydrolyse der Polysaccharide.

§ 242. Die „hydrolytische" Spaltung der Polysaccharide beruht auf der Wirkung der „Polysaccharasen", welche entsprechend der Zusammensetzung der von ihnen spaltbaren Polysaccharide, wie Amylum, Cellulose, Pektin, Inulin und Gelose, als „Amylase", „Cellulase", „Pektinase", „Inulase" und „Gelase" bezeichnet werden. Die Hydrolyse der Polysaccharide, denen die Formel $(C_6H_{10}O_5)_x$ zukommt, erfolgt nach der chemischen Gleichung:

$$x\,C_6H_{10}O_5 + \frac{x}{2}\,H_2O = \frac{x}{2}\,C_{12}H_{22}O_{11}.$$

Im Sinne dieser Gleichung wird z. B. die Stärke („Amylum") durch die sog. diastatischen Enzyme, d. h. durch die „Amylase" zu Dextrin und dieses durch „Dextrinase" zu Maltose hydrolysiert. Wie die nachfolgende, nach den Befunden FERMIS zusammengestellte Tabelle zeigt, sind viele, jedoch nicht alle Bakterienarten zur Entwicklung dieser Enzyme befähigt.

Tabelle 48.

Diastatische Enzyme	
werden gebildet von:	werden nicht gebildet von:
Micr. flavus	*Micr. ascoformans*
Micr. tetragenus	*Micr. pyogenes citreus*
Bact. pneumoniae	*Bact. prodigiosum*
Bact. coli	*Bact. pyocyaneum*
Bact. violaceum	*Bact. cyanogenes*
Bac. anthracis	*Bact. phosphorescens*
Bac. subtilis	*Bact. typhi*
Bac. megatherium	*Corynebact. diphtheriae*
Mycobact. mallei	*Bac. viscosus*
Vibr. cholerae	*Streptothrix carnea*

§ 243. Zum Nachweis der „amylolytischen" Spaltung versetzt man dünnen Stärkekleister, welcher etwa 1% Thymol enthält, mit der zu untersuchenden, durch Zusatz von 1—2% Thymol zuvor abgetöteten Bakterienkultur. Nach etwa 6—8stündigem Verweilen dieser Mischung bei 37° prüft man mit FEHLINGscher Lösung auf Zucker, welcher an der Bildung eines rotgelben Niederschlages (Reduktion der alkalischen Kupfersalzlösung zu Kupferoxyd) erkannt wird. Nach EIJCKMANN[543] läßt sich die Amylolyse auch mit Hilfe von sog. Stärkeagarplatten nachweisen, auf welchen in der Umgebung der Kolonien der amylolytisch wirksamen Bakterienarten eine Aufhellung des Nährbodens zo beobachten ist.

β) Die Hydrolyse der Disaccharide.

§ 244. Die Hydrolyse der Disaccharide (z. B. Saccharose, Maltose, Lactose, Trehalose und Melibiose) wird durch die zugehörigen Disaccharasen (wie „Saccharase" [„Invertase"], „Maltase", „Lactase" usw.) hervorgerufen [§ 234]. Diese Spaltungen erfolgen nach der chemischen Gleichung:

$$C_{12}H_{22}O_{11} + H_2O = C_6H_{12}O_6 + C_6H_{12}O_6.$$

So wird z. B. die Saccharose (z. B. durch *Strept. mesenterioides, Bact. proteus, Bact. fluorescens liquefaciens, Bac. megatherium* und *Vibr. cholerae*) in Dextrose [$CH_2OH \cdot CH(OH) \cdot CH(OH) \cdot CH(OH) \cdot CH(OH) \cdot COH$] und in Lävulose [$CH_2OH \cdot CH(OH) \cdot CH(OH) \cdot CH(OH) \cdot CO \cdot CH_2OH$] gespalten:

$$C_{12}H_{22}O_{11} + H_2O = \begin{array}{c} COH \\ | \\ HCOH \\ | \\ HOCH \\ | \\ HCOH \\ | \\ HCOH \\ | \\ CH_2OH \\ \text{d-Glucose} \\ \text{(Dextrose)} \end{array} + \begin{array}{c} CH_2OH \\ | \\ CO \\ | \\ HOCH \\ | \\ HCOH \\ | \\ HCOH \\ | \\ CH_2OH \\ \text{d-Fructose} \\ \text{(Lävulose)} \end{array}$$

und die Lactose (z. B. durch *Strept. acidi lactici* und *Bact. coli*) in Dextrose und in d-Galaktose [$CH_2OH \cdot CH(OH) \cdot CH(OH) \cdot CH(OH) \cdot CH(OH) \cdot COH$] zerlegt:

$$C_{12}H_{22}O_{11} + H_2O = \begin{array}{c} COH \\ | \\ HCOH \\ | \\ HOCH \\ | \\ HCOH \\ | \\ HCOH \\ | \\ CH_2OH \\ \text{d-Glukose} \\ \text{(Dextrose)} \end{array} + \begin{array}{c} COH \\ | \\ HCOH \\ | \\ HOCH \\ | \\ HOCH \\ | \\ HCOH \\ | \\ CH_2OH \\ \text{d-Galaktose} \end{array}$$

c) Die Verseifung von Fetten.

§ 245. Eine Reihe von Bakterienarten ist durch die Ausbildung von sog. fettspaltenden Enzymen („E s t e r a s e n"), wie z. B. Lipasen, dazu befähigt [§ 234], gewisse Fette in Glycerin und freie Fettsäuren zu zerlegen. Diese sog. Verseifungen verlaufen im Sinne der chemischen Gleichung:

$$C_3H_5(O \cdot C_nH_{2n-1}O)_3 + H_2O = C_3H_5(OH)_3 + 3\,C_nH_{2n}O_2.$$

§ 246. Zum Nachweis von Lipasen bedeckt EIJCKMANN[544] den Boden einer PETRI-Schale mit einer dünnen Fettschicht, indem er geschmolzenes Fett (z. B. Rindertalg) in die Schale hinein- und wieder ausgießt. Auf die erstarrte Fettschicht wird eben noch flüssiger Nähragar zu einer Platte ausgegossen, welche dann (abgekühlt und erstarrt) mit der zu prüfenden Bakterienart beimpft wird. Bei lipasebildenden Bakterienarten findet man, daß das Fett unter den Kolonien infolge eingetretener Verseifung weißer und undurchsichtiger, feucht und brüchig geworden ist und sich mit dem Agar abheben läßt[545]. Auf diese Weise untersuchte EIJCKMANN eine große Zahl von Bakterienarten; einige seiner Befunde sind in der nachstehenden Übersicht zusammengestellt:

Tabelle 49.

Rindertalg	
wird gespalten von:	wird nicht gespalten von:
Micr. pyogenes aureus	*Bact. typhi*
Bact. prodigiosum	*Bact. pestis*
Bact. pyocyaneum	*Bac. anthracis*
Bact. fluorescens	*Corynebact. diphtheriae*
Bact. indicum	*Vibr. cholerae*

C. Die Verarbeitung der Nahrungsstoffe.

§ 247. Von der Bakterienzelle aufgenommene Nahrungsstoffe werden im Innern des Zelleibes als Stoff- und Kraftspender für den Aufbau und die Lebenstätigkeit des Bakterienkörpers verwertet. Ernährungsphysiologisch sind dementsprechend „plastische“ Nährstoffe (sog. Baustoffe) und „dynamogene“ Nährstoffe (sog. Betriebsstoffe) zu unterscheiden, und es ist der „Baustoffwechsel“ [§ 248—337] (sog. „Assimilation“) von dem „Betriebsstoffwechsel“ [§ 338—355] (sog. „Dissimilation“) abzugrenzen. Naturgemäß sind alle im Verlauf des gesamten Bau- und Betriebsstoffwechsels der Bakterienzelle auftretenden Stoff- und Kraftveränderungen aufs engste miteinander verknüpft.

1. Der Baustoffwechsel der Bakterienzelle.

§ 248. Der Baustoffwechsel der Bakterienzelle umfaßt die eigentliche Einverleibung („Assimilation“) der Nahrungsstoffe, d. h. die Umsetzung der Nährstoffe in die Zellsubstanz. Die chemischen Vorgänge [§ 249—258], welche diese Stoffumformungen [§ 259—320] herbeiführen, sind (unter sonst günstigen Lebensbedingungen der Zellen) sowohl von der ernährungsphysiologischen Leistungsfähigkeit der verschiedenen Bakterienarten als auch von der Zusammensetzung der zu verarbeitenden Nährstoffe abhängig.

a) Die chemische Natur der Stoffwechselvorgänge.

§ 249. Was zunächst die chemische Natur der Vorgänge anbelangt, welche sich im Verlauf des Bakterienstoffwechsels abspielen, so handelt es sich dabei meist um Oxydationen [§ 250], Reduktionen [§ 251—252), Hydratationen [§ 253], Anhydridbildungen [§ 254), Kondensationen [§ 255—256], Spaltungen [§ 257] oder Synthesen [§ 258]. Viele dieser Umsetzungen beruhen nachweislich auf Enzymtätigkeit [§ 229—237].

α) Oxydationen.

§ 250. Ein klassisches Beispiel für das Vorkommen oxydativer Stoffwechselvorgänge im Bakterienleib bildet die Oxydation gewisser Kohlehydrate (z. B. des Zuckermoleküls: $C_6H_{12}O_6$), welche von zahlreichen Bakterienarten sowohl je nach den verfügbaren Sauerstoffmengen, den Temperaturbedingungen, der Reaktion des Mediums usw. als auch je nach der Bakterienart mehr oder weniger stark oxydiert werden und dementsprechend recht verschiedenartige Oxydationsprodukte liefern können [§ 343]. So entstehen je nach der Zahl der Sauerstoffatome, welche z. B. auf das Zuckermolekül: $C_6H_{12}O_6$ einwirken, als Oxydationsprodukte: Wasser, Kohlensäure, Oxalsäure, Glycerose, Essigsäure, Zitronensäure, Zuckersäure, Glykuronsäure und Glykonsäure.

Die Bildung der Glykonsäure ($C_6H_{12}O_7$), welche nach der Gleichung:

$$C_6H_{12}O_6 + O = CH_2OH\cdot CHOH\cdot CHOH\cdot CHOH\cdot CHOH\cdot COOH$$

verläuft („Glykonsäuregärung"), erfolgt z. B. bei der Züchtung gewisser *Essigsäurebakterien* (z. B. *Bact. aceti*, *Bact. Pasteurianum* und *Bact. Kützingianum*) in Traubenzuckerlösung. Unter gewissen Bedingungen kann die so entstandene Glykonsäure zu Glykuronsäure ($C_6H_{10}O_7$) oxydiert werden („Glykuronsäuregärung"):

$$C_6H_{12}O_7 + O_2 = COH\cdot CHOH\cdot CHOH\cdot CHOH\cdot CHOH\cdot COOH + H_2O,$$

und unter Umständen kann auch die Zuckersäure ($C_6H_{10}O_8$) entstehen („Zuckersäuregärung"):

$$C_6H_{12}O_6 + 3\,O = COOH\cdot CHOH\cdot CHOH\cdot CHOH\cdot CHOH\cdot COOH + H_2O.$$

Über das Auftreten der Zitronensäure ($C_6H_8O_7$) als Oxydationsprodukt („Zitronensäuregärung"), welche durch gewisse Schimmelpilze (z. B. *Citromyces glaber*) bedingt wird und nach der Gleichung:

$$C_6H_{12}O_6 + 3\,O = \begin{matrix} COOH\cdot CH_2 \\ OH \end{matrix}\!\!>C<\!\!\begin{matrix} CH_2\cdot COOH \\ COOH \end{matrix} + 2\,H_2O$$

verläuft, ist bei den Bakterien bisher nichts bekannt. Ebenso ist die unmittelbare Entwicklung der Essigsäure ($C_2H_4O_2$) bei der Oxydation des Zuckermoleküls („Essigsäuregärung“) durch die sog. Essigsäurebakterien im Sinne der Gleichung:

$$C_6H_{12}O_6 + 4\,O = 2\,CH_3COOH + 2\,CO_2 + 2\,H_2O$$

noch nicht erwiesen. Zur sog. „Glycerosegärung“ sind gewisse Bakterienarten (z. B. *Bac. subtilis* und *Bac. mesentericus*) befähigt, welche das Kohlehydrat $C_6H_{12}O_6$ zu Kohlensäure, Wasser und zu dem Aldehyd des Glycerins, der Glycerose ($C_3H_6O_3$), oxydieren:

$$C_6H_{12}O_6 + 6\,O = COH \cdot CHOH \cdot CH_2OH + 3\,CO_2 + 3\,H_2O.$$

Zahlreiche *Essigsäurebakterien* rufen bei der Züchtung in Zuckerlösungen die „Oxalsäuregärung“ hervor:

$$C_6H_{12}O_6 + 9\,O = 3\,COOH \cdot COOH + 3\,H_2O.$$

Dabei scheidet sich die gebildete Oxalsäure häufig in Form der charakteristischen Krystalle von Calciumoxalat aus. Weit verbreitet unter den Bakterien ist schließlich die vollständige Oxydation des Zuckermoleküls zu Kohlensäure und Wasser:

$$C_6H_{12}O_6 + 12\,O = 6\,CO_2 + 6\,H_2O.$$

Je nach der Zahl der Sauerstoffatome, welche mit dem Zuckermolekül reagieren, spielen sich hiernach folgende Umsetzungen ab:

I. Unvollständige Oxydationen:
1. Glykonsäuregärung: $C_6H_{12}O_6 + O = C_6H_{12}O_7$.
2. Glykuronsäuregärung: $C_6H_{12}O_6 + 2\,O = C_6H_{10}O_7 + H_2O$.
3. Zuckersäuregärung: $C_6H_{12}O_6 + 3\,O = C_6H_{10}O_8 + H_2O$.
4. Zitronensäuregärung: $C_6H_{12}O_6 + 3\,O = C_6H_8O_7 + 2\,H_2O$.
5. Essigsäuregärung: $C_6H_{12}O_6 + 4\,O = 2\,C_2H_4O_2 + 2\,CO_2 + 2\,H_2O$.
6. Glycerosegärung: $C_6H_{12}O_6 + 6\,O = C_3H_6O_3 + 3\,CO_2 + 3\,H_2O$.
7. Oxalsäuregärung: $C_6H_{12}O_6 + 9\,O = 3\,C_2H_2O_4 + 3\,H_2O$.

II. Vollständige Oxydation: $C_6H_{12}O_6 + 12\,O = 6\,CO_2 + 6\,H_2O$.

β) Reduktionen.

§ 251. Wie die Oxydationserscheinungen, so sind auch die Reduktionsvorgänge im Bakterienstoffwechsel weit verbreitet; entstehen doch z. B. die lebenswichtigen Fette und Eiweißstoffe der Bakterienzelle durch Reduktion von Kohlehydraten. Eine typische Reduktion ruft z. B. *Bac. manniticus*, der Erreger der sog. Mannitgärung [§ 282], hervor, bei welcher die Ketohexose: Fructose ($CH_2OH \cdot CHOH \cdot CHOH \cdot CHOH \cdot CO \cdot CH_2OH$) zu Mannit ($CH_2OH \cdot CHOH \cdot CHOH \cdot CHOH \cdot CHOH \cdot CH_2OH$) reduziert wird:

$$13 \begin{array}{c} CH_2OH \\ | \\ COH \\ | \\ HOCH \\ | \\ HCOH \\ | \\ HCOH \\ | \\ CH_2OH \end{array} + 6\,H_2O = 12 \begin{array}{c} CH_2OH \\ | \\ HOCH \\ | \\ HOCH \\ | \\ HCOH \\ | \\ HCOH \\ | \\ CH_2OH \end{array} + 6\,CO_2$$

(d-Fructose) (d-Mannit)

§ 252. Neben der Abspaltung des Mannits und der Entwicklung des Kohlensäuregases entstehen bei dieser Reduktionsgärung auch noch verschiedene organische Säuren. So werden durch einfache Spaltungen des Fructosemoleküls z. B. noch Essigsäure:

$$C_6H_{12}O_6 = 3\,CH_3{\cdot}COOH$$

und Milchsäure:

$$C_6H_{12}O_6 = 2\,CH_3{\cdot}CHOH{\cdot}COOH$$

gebildet.

γ) Hydratationen.

§ 253. Eine große ernährungsphysiologische Bedeutung besitzen auch die Hydratationen, d. h. die Spaltungen gewisser chemischer Verbindungen unter Wasseraufnahme („hydrolytische Spaltungen"). Diese Vorgänge ermöglichen die Aufnahme wasserunlöslicher und nichtdiffundierbarer (kolloidaler) Nahrungsstoffe in den Bakterienleib durch Zerlegung solcher Stoffe in wasserlösliche, diffundierbare (krystalloide) Spaltstücke und bewerkstelligen die Verarbeitung wasserlöslicher, aber nichtassimilierbarer Nährstoffe durch Spaltung dieser Stoffe in assimilierbare Verbindungen. Zu den Hydratationen, welche sich vor allem an Eiweißkörpern, an Kohlehydraten und an Fetten abspielen können, gehören auch die Spaltungen der Glykoside in Zucker usw. sowie die Umwandlung des Harnstoffs in Ammoniumcarbonat. So bilden gewisse Stämme des *Bact. coli* z. B. aus dem Glykosid Amygdalin ($C_{20}H_{27}NO_{11}$) durch hydrolytische Spaltung („Glykosidgärung") [§ 301] die Glykose ($C_6H_{12}O_6$), ferner Blausäure (HCN) und Benzaldehyd (C_6H_5CHO):

$$C_{20}H_{27}NO_{11} + 2\,H_2O = 2\,C_6H_{12}O_6 + HCN + C_6H_5CHO.$$

Dieser Vorgang beruht auf der Wirkung eines glykosidspaltenden Bakterienenzyms, der Glykosidase „Emulsin". Die Hydrolyse des Harnstoffs („Harnstoffgärung") [§ 216], welche von zahlreichen als „*Harnstoffbakterien*" bezeichneten Bakterienarten (z. B. auch von *Bact. prodigiosum, Bact. proteus, Bact. kiliense*) bewirkt wird, erfolgt im Sinne der Gleichung:

$$CO\begin{matrix} \diagup NH_2 \\ \diagdown NH_2 \end{matrix} + 2\,H_2O = CO\begin{matrix} \diagup O - NH_4 \\ \diagdown O - NH_4 \end{matrix}$$

und wird durch das sog. Harnstoffenzym, die „Urease", hervorgerufen.

δ) Anhydridbildungen.

§ 254. Unter Anhydridbildungen sind hier chemische Umwandlungen zu verstehen, bei welchen (im Gegensatz zu den Hydratationen) gewisse Stoffveränderungen unter Wasserabspaltung eintreten. Hierher gehören z. B. die enzymatischen Vorgänge der Maltose- (oder Isomaltose-)Bildung aus Glykose unter Einwirkung der Maltase:

$$2\,C_6H_{12}O_6 = C_{12}H_{22}O_{11} + H_2O$$

und der Aufbau des Lactosemoleküls aus je einem Molekül Galactose und Glykose durch Vermittlung der Lactase:

$$\begin{matrix} COH \\ | \\ HCOH \\ | \\ HOCH \\ | \\ HOCH \\ | \\ HCOH \\ | \\ CH_2OH \\ \text{(d-Galaktose)} \end{matrix} \quad + \quad \begin{matrix} COH \\ | \\ HCOH \\ | \\ HOCH \\ | \\ HCOH \\ | \\ HCOH \\ | \\ CH_2OH \\ \text{(d-Glucose).} \end{matrix} \quad = C_{12}H_{22}O_{11} + H_2O$$

ε) Kondensationen.

§ 255. Wie bei den Anhydridbildungen aus gleich- oder verschiedenartigen Molekülen unter Wasserabspaltung, so werden auch bei den Kondensationen einfache Verbindungen durch Verschiebungen und Verkettungen von Atomen zu kompliziert zusammengesetzten Stoffen verdichtet („polymerisiert"). Auf diese Weise kommt allem Anschein nach die Bildung von vielen Zellbestandteilen (z. B. von Polysacchariden) zustande, welche an sich wasserunlöslich sind und demzufolge nur innerhalb des Zellkörpers, d. h. im Verlauf des Stoffwechsels, als Kondensationsprodukte aus wasserlöslichen Verbindungen (z. B. aus krystallisierbarem Kohlehydrat) hervorgehen, so z. B. im Sinne der Gleichungen:

$$m\,C_6H_{12}O_6 = (C_6H_{10}O_5)m + m\,H_2O$$

und:

$$n\,C_{12}H_{22}O_{11} = (C_6H_{10}O_5)n + n\,H_2O.$$

§ 256. Zu den Kondensationsvorgängen zählen vielleicht auch die sog. Schleimgärungen, welche durch eine Reihe von Bakterienarten (z. B. durch *Strept. mesenterioides* und *Bact. viscosum*) in zuckerhaltigen Flüssigkeiten entsprechend der Gleichung:

$$p\,C_{12}H_{22}O_{11} = (C_6H_{10}O_5)_p + p\,C_6H_{12}O_6$$

hervorgerufen werden.

ζ) Spaltungen.

§ 257. Eine große Zahl von Stoffwechselvorgängen umfaßt die Gruppe der sog. Spaltungen, bei welchen z. B. viele Kohlehydrate, höhere Alkohole, organische Säuren und auch Eiweißstoffe tiefgreifend zerlegt werden. Ein einfaches Beispiel für diese sonst sehr verwickelten „Spaltungsgärungen" bildet z. B. die Zerlegung der Dextrose:

$$C_6H_{12}O_6 = 2\,C_3H_6O_3$$

und der Saccharose:

$$C_{12}H_{22}O_{11} + H_2O = 4\,C_3H_6O_3$$

in Milchsäure ($CH_3 \cdot CHOH \cdot COOH$) durch die sog. *Milchsäurebakterien* (z. B. *Strept. acidi lactici*). Je nach der Bakterienart und je nach den obwaltenden Lebensbedingungen kann bei der Dextrosespaltung eine ganze Reihe verschiedenartiger Stoffe gebildet werden; so werden z. B. bei der Vergärung der Dextrose durch *Bact. coli*:

$$2\,C_6H_{12}O_6 + H_2O = 2\,C_3H_6O_3 + C_2H_4O_2 + C_2H_6O + 2\,CO_2 + 2\,H_2$$

Milchsäure ($CH_3 \cdot CHOH \cdot COOH$), Essigsäure ($CH_3 \cdot COOH$), Äthylalkohol ($CH_3 \cdot CH_2OH$), Kohlensäure- und Wasserstoffgas entwickelt.

η) Synthesen.

§ 258. Die sog. Synthesen, welche vor allem für den Baustoffwechsel der Bakterienzelle von Bedeutung sind, umfassen jene Stoffumwandlungen, bei welchen aus den aufgenommenen Nahrungsstoffen die Leibessubstanz der Zelle zusammengesetzt wird. Ganz besondere Beachtung verdienen dabei jene Umsetzungen, bei denen aus einfachsten (anorganischen) Verbindungen (z. B. Kohlensäuregas, Nitrat- oder Ammoniakstickstoff) verwickelt zusammengesetzte (organische) Stoffe (z. B. Kohlehydrate, Fette und Eiweißstoffe) aufgebaut werden. Zu diesen synthetischen Stoffwechselvorgängen, deren Verlauf im einzelnen noch nicht erschlossen ist, gehören z. B. die Assimilation des Luftstickstoffs (z. B. durch *Bact. radicicola*) sowie die Assimilation der Kohlensäure (z. B. durch die sog. *Nitrobakterien*).

b) Die Nährstoffveränderungen beim Stoffwechsel.

§ 259. Angesichts der Tatsache, daß die verschiedenen Bakterienarten alle möglichen Stoffe auf die verschiedenste Art und Weise als Nährquelle ausnützen können, lassen sich allgemeingültige Angaben über die Nährstoffveränderungen im Verlauf des Bakterienstoffwechsels nicht machen. Abgesehen davon ist der weitaus größte Teil dieser chemischen Umsetzungen noch nicht aufgeklärt. Aus diesen Gründen sollen im folgenden nur die wichtigsten Veränderungen der anorganischen und organischen Bakteriennahrung an einigen Beispielen erörtert werden.

α) Der Stoffumsatz der anorganischen Nahrung.

§ 260. Von den Umwandlungen der anorganischen Bakteriennahrung sei hier die Verarbeitung einiger Kohlenstoff-, Stickstoff- und Schwefelverbindungen besprochen.

I. Kohlenstoffnahrung.

§ 261. Ernährungsphysiologisch verwertbare, anorganische Kohlenstoffverbindungen sind für die sog. kohlenstoffautotrophen Bakterienarten z. B. das Methan-, Kohlenoxyd- und das Kohlendioxydgas [§ 218].

1. Methan. § 262. Das Methan (CH_4) wird nach SÖHNGEN[546] und KASERER[547] z. B. von einem beweglichen Kurzstäbchen, dem *Bac. methanicus*, verarbeitet, welches dieses Gas im Sinne der Gleichung:

$$CH_4 + 2\,O_2 = CO_2 + 2\,H_2O$$

zu Kohlendioxyd und Wasser oxydiert.

2. Kohlenoxyd. § 263. Nach KASERER[548] kann das Kohlenoxydgas (CO) z. B. von den unbeweglichen Stäbchenzellen des *Bac. oligocarbophilus* als Kohlenstoffquelle ausgenutzt werden. Es wird dabei zu Kohlendioxyd oxydiert:

$$CO + O = CO_2.$$

3. Kohlendioxyd. § 264. Das Kohlendioxydgas (CO_2) wird von einer ganzen Reihe weitverbreiteter kohlenstoffautotropher Bakterienarten (z. B. von den sog. *Purpurbakterien* und den sog. *Nitrobakterien*) zum Aufbau der Leibessubstanz verwertet, ohne daß etwas Sicheres über die Bildungsweise der organischen Kohlenstoffverbindungen in der Zelle bekannt ist.

§ 265. Vielleicht spielen sich bei dieser Kohlendioxydassimilation ähnliche Vorgänge ab, wie sie nach der BAEYERschen Auffassung[549] für die sog. photochemische Zuckersynthese im Chlorophyllkörper der grünen Pflanzenzelle angenommen werden.

Nach der BAEYERschen Hypothese wird das Kohlendioxyd durch Reduktion in Formaldehyd (CHOH) verwandelt:

$$CO_2 + H_2O = CHOH + O_2.$$

Der gebildete Aldehyd wird durch Kondensation in Zucker übergeführt:

$$6\ CHOH = C_6H_{12}O_6,$$

indem sechs Formaldehydmoleküle durch Aneinanderlagerung („Polymerisation") sich zu einem Dextrosemolekül vereinigen:

$$6\ CHOH = \begin{array}{c} COH \\ | \\ HCOH \\ | \\ HOCH \\ | \\ HCOH \\ | \\ HCOH \\ | \\ CH_2OH \end{array}$$

(Dextrose)

§ 266. Im Sinne der BAEYERschen Hypothese gehen ebenfalls durch Polymerisation aus der Dextrose die Polysaccharide von der Zusammensetzung $(C_6H_{10}O_5)_x$ hervor, indem eine Anzahl (x) Dextrosemoleküle unter Wasserabspaltung sich zu dem Kohlehydratmolekül $(C_6H_{10}O_5)_x$ verdichten:

$$x\,(C_6H_{12}O_6 - H_2O) = (C_6H_{10}O_5)_x + x\,H_2O.$$

II. Stickstoffnahrung.

§ 267. Bemerkenswerte Umsetzungen, welche bei der Verarbeitung der anorganischen Stickstoffnahrung durch die Bakterienzelle hervorgerufen werden, sind vor allem die Bindung des Luftstickstoffs [§ 268—269), die Nitrifikation [§ 270], die Denitrifikation [§ 271—272] und die Zersetzung des Kalkstickstoffs [§ 273].

1. Die Bindung des Luftstickstoffs. § 268. Eine biologisch ganz besonders beachtenswerte Stoffwechselleistung ist die Bindung des elementaren Luftstickstoffs durch die sog. *Nitrogenbakterien*[550]. Hierzu gehören eine Reihe freilebender Bakterienarten (z. B. *Bac. Pasteurianus* [*Bac. amylobacter*] und *Azotobacter chroococcum*) sowie solche Bakterien (*Bact. radicicola*), welche in Knöllchen an den Wurzeln der Leguminosen (*Papilionaceae, Caesalpiniaceae, Mimosaceae*) parasitisch vorkommen („*Knöllchenbakterien*").

§ 269. Über den Chemismus der Stickstoffassimilation durch diese stickstoffprototrophen Bakterien ist Sicheres bisher nicht bekannt. Vielleicht entsteht Ammoniak im Sinne der Gleichung:

$$N_2 + 3\,H_2O = 2\,NH_3 + 3\,O$$

als erstes Assimilationsprodukt, welches sich intracellulär mit dem Kohlehydrat $C_6H_{12}O_6$ zu Aminosäuren (z. B. Alanin, Glykokoll, Leucin, Tyrosin, Asparagin) umsetzen könnte, aus denen dann durch Polymerisation die Polypeptide, Peptone usw. hervorgehen. So könnte Alanin ($C_3H_7NO_2$) entsprechend der Gleichung:

$$\begin{array}{c} COH \\ | \\ HCOH \\ | \\ HOCH \\ | \\ HCOH \\ | \\ HCOH \\ | \\ CH_2OH \end{array} + 2\,NH_3 = 2\,NH_2 - \begin{array}{c} COOH \\ | \\ C \\ | \\ CH_3 \end{array} - H + 2\,H_2O$$

aus dem Traubenzucker gebildet werden. Auf ähnliche Weise könnten entstehen:

Glykokoll ($C_2H_5NO_2$) nach der Gleichung:

$$C_6H_{12}O_6 + 3\,NH_3 = 3\,CH_2(NH_2)COOH + 3\,H_2;$$

Leucin ($C_6H_{13}NO_2$) nach der Gleichung:

$$C_6H_{12}O_6 + NH_3 = (CH_3)_2 \cdot CH \cdot CH_2 \cdot CH(NH_2) \cdot COOH + H_2O + 3\,O,$$

Tyrosin ($C_9H_{11}NO_3$) nach der Gleichung:

$$3\,C_6H_{12}O_6 + 2\,NH_3 = 2\,C_6H_4(OH) \cdot C_2H_3(NH_2) \cdot COOH + 10\,H_2O + 2\,O$$

und Asparaginsäure ($C_4H_7NO_4$) nach der Gleichung:

$$2\,C_6H_{12}O_6 + 3\,NH_3 = 3\,COOH \cdot C_2H_3 \cdot (NH_2) \cdot CO(NH_2) + 6\,H_2.$$

Dabei wäre jedoch wohl anzunehmen, daß vor der Bildung der Aminosäuren die entsprechenden Säuren als Zwischenprodukte auftreten. So könnte man sich vorstellen, daß z. B. für den Aufbau des Alanins (α-Aminopropionsäure) zunächst aus dem Traubenzucker die Milchsäure ($C_3H_6O_3$) gebildet wird:

$$C_6H_{12}O_6 = 2\,C_3H_6O_3,$$

und daß aus dieser die Propionsäure ($C_3H_6O_2$):

$$3\,C_3H_6O_3 = 2\,C_3H_6O_2 + C_2H_4O_2 + CO_2 + H_2O$$

hervorgeht, welche mit Ammoniak:

$$C_3H_6O_2 + NH_3 = C_3H_7NO_2 + H_2$$

Alanin liefert, so daß aus einem Traubenzuckermolekül durch

Reaktion mit zwei Ammoniakmolekülen im Sinne der (obigen) Gleichung:

$$C_6H_{12}O_6 + 2\,NH_3 = 2\,C_6H_7NO_2 + 2\,H_2O$$

zwei Moleküle Alanin entstehen könnten[551].

2. Die Nitrifikation. § 270. Unter der sog. Nitrifikation („Salpetergärung") versteht man die Oxydation des Ammoniaks zu salpetriger Säure („Nitritation") und die Oxydation der gebildeten salpetrigen Säure zu Salpetersäure („Nitratation") durch die Lebenstätigkeit gewisser kohlenstoff- und stickstoffautotropher Bakterien. Diese werden als „Nitritbildner" (*Nitrosobakterien*) bzw. als „Nitratbildner" (*Nitrobakterien*) bezeichnet, je nachdem sie zur Nitritation oder zur Nitratation befähigt sind.

Die Nitritation, welche im Sinne der Gleichung:

$$(NH_4)_2CO_3 + 3\,O_2 = 2\,HNO_2 + CO_2 + 3\,H_2O$$

verläuft, wird von dem weitverbreiteten, beweglichen Bodenbakterium *Bact. nitrosomonas* bewirkt, und die Nitratation, für welche die Gleichung:

$$KNO_2 + O = KNO_3$$

gilt, wird durch das überall im Erdboden heimische, unbewegliche *Bact. nitrobacter* hervorgerufen[552].

3. Die Denitrifikation. § 271. Als Denitrifikation bezeichnet man Reduktionsvorgänge, bei welchen durch Bakterienwirkung Nitrate zu Nitriten, Nitrite zu Ammoniak und zu freiem Stickstoffgas sowie Nitrate und Nitrite zu Stickstoffoxyden reduziert werden[553]. Wie die nachfolgende Tabelle zeigt, vermögen viele, jedoch nicht alle bekannten Bakterienarten Nitrat zu Nitrit zu reduzieren[554]. In der Tabelle bedeuten: $+++$ = starkes, $+$ = schwaches und: $-$ = fehlendes Reduktionsvermögen.

Tabelle 50.

Bildung von Nitrit aus Nitrat:		
+++	+	—
Micr. pyogenes	*Micr. candicans*	*Sar. flava*
Bact. aerogenes	*Sarc. mobilis*	*Sarc. aurantiaca*
Bact. coli	*Bact. pneumoniae*	*Bact. fluorescens non l.*
Bact. typhi	*Bact. pestis*	*Bac. subtilis*
Bact. proteus	*Bact. violaceum*	*Bac. megatherium*
Bact. prodigiosum	*Bact. cyanogenes*	*Bac. mesentericus*
Bact. pyocyaneum	*Bac. anthracis*	*Spir. rubrum*
Bact. phosphorescens	*Corynebact. diphtheriae*	*Spir. volutans*
Bact. fluoresc. liqu.	*Corynebact. mallei*	*Spir. rugula*
Bac. mycoides	*Vibr. cholerae*	*Spir. serpens*

§ 272. Viele Bakterienarten (z. B. *Bact. denitrificans*), welche im Mist, auf Stroh, in der Ackererde und im Schmutzwasser leben, bewirken völlige Entbindung des Nitritstickstoffs („Stickstoffgärung")[555]:

$$2\,KNO_2 = K_2O + 3\,O + N_2.$$

Manche Bakterienarten (z. B. *Bact. coli*, *Bact. aerogenes*, *Bact. proteus*) können dabei die Nitrite auch zu Stickstoffoxyden, wie Stickstoffoxydul (N_2O), Stickstoffmonoxyd (NO) und Stickstoffdioxyd (NO_2), reduzieren; und wieder andere Bakterienarten, die zwar Nitrat in Nitrit verwandeln, zur Entbindung des Nitritstickstoffs aber nicht befähigt sind, bilden aus Nitrit Ammoniak („Ammoniakgärung"); hierfür gilt vielleicht die Gleichung:

$$2\,KNO_2 + 3\,H_2O = 2\,NH_3 + K_2O + 3\,O_2.$$

4. Die Zersetzung des Kalkstickstoffs. § 273. Eine besondere Erwähnung verdient in diesem Zusammenhang noch die Zersetzung des „Kalkstickstoffs" (Calciumcyanamid: $CaCN_2$), welcher bekanntlich als technisches Produkt durch Bindung des atmosphärischen Stickstoffs an Calciumcarbid gewonnen wird und als landwirtschaftliches Stickstoffdüngemittel eine große praktische Bedeutung für die Ernährung der Kulturgewächse erlangt hat[556]. Von den verschiedenen Umsetzungen, welche der Kalkstickstoff im Boden erleidet, ist hier zu erwähnen, daß er unter dem Einfluß von Wasser unter Abspaltung von Calciumhydroxyd ($Ca(OH)_2$) in Cyanamid (H_2CN_2) übergeht:

$$CN{\cdot}CaN + 2\,H_2O = CN{\cdot}NH_2 + Ca(OH)_2.$$

Aus dem so gebildeten Cyanamid geht unter Wasseraufnahme der Harnstoff: $CO(NH_2)_2$ hervor („Ammonisation"):

$$CN{\cdot}NH_2 + H_2O = OC\langle{NH_2 \atop NH_2},$$

welcher durch die Lebenstätigkeit gewisser „harnstoffspaltender" *Bodenbakterien* (z. B. *Bac. Kirchneri*) in das von der Kulturpflanze assimilierbare Ammoniumcarbonat ($(NH_4)_2CO_3$) verwandelt wird („Harnstoffgärung"):

$$OC\langle{NH_2 \atop NH_2} + 2\,H_2O = OC\langle{O(NH_4) \atop O(NH_4)}.$$

Dabei ist jedoch hervorzuheben, daß nicht alle harnstoffvergärenden Bakterienarten (z. B. *Bact. proteus*) den im Boden aus Kalkstickstoff hervorgegangenen Harnstoff in Ammoniumcarbonat überführen können [§ 316]. Vielleicht werden diese Bakterien durch gewisse Zersetzungsprodukte des Kalkstickstoffs geschädigt.

III. Schwefelnahrung.

§ 274. Beispiele für den Stoffumsatz bei der Verarbeitung der anorganischen Schwefelnahrung[557] der Bakterienzellen bieten die sog. Schwefelwasserstoffgärung [§ 275] und die Schwefelsäuregärung [§ 276].

1. Die Schwefelwasserstoffgärung. § 275. Die Schwefelwasserstoffgärung („Desulfuration") beruht auf der Reduktion gewisser anorganischer Schwefelverbindungen (z. B. von Sulfiten, Sulfaten und Thiosulfaten) durch die Lebenstätigkeit der sog. *Desulfobakterien*, zu welchen z. B. *Bact. desulfuricans, Bact. hydrosulfureum, Bact. sulfureum, Spir. desulfuricans* und *Vibr. hydrosulfureus* gehören. Unter anaeroben Lebensbedingungen und bei Gegenwart von Peptonen vermögen z. B. auch *Bact. proteus* sowie *Bac. mycoides* Sulfate zu Schwefelwasserstoff zu reduzieren. Ganz besonders starke Sulfatreduktion ruft das anaerobe *Spir. desulfuricans* hervor, welches von BEIJERINCK[558] reingezüchtet wurde und nach VAN DELDEN[559] den aus dem Sulfat gewonnenen Sauerstoff dazu benutzt, um dargebotene organische Kohlenstoffverbindungen (z. B. Salze der Milch-, Äpfel- und Bernsteinsäure) zu oxydieren. So verläuft die Schwefelwasserstoffgärung durch *Spir. desulfuricans* in einer Magnesiumsulfatlösung, welche Natriumlactat ($C_3H_5O_3Na$) als einzige organische Nahrung enthält, nach VAN DELDEN im Sinne der Gleichung:

$$2\begin{array}{l}CH_3\\ |\\ CH(OH)\cdot COONa\end{array} + 3\,MgSO_4 = 3\,MgCO_3 + Na_2CO_3 + 2\,H_2O + 2\,CO_2 + 3\,H_2S.$$

Der Kohlenstoff des Natriumlactats wird auf diese Weise vollkommen zu Kohlensäure ($MgCO_3$, Na_2CO_3, CO_2) oxydiert.

2. Die Schwefelsäuregärung. § 276. Bei der Schwefelsäuregärung werden anorganische Schwefelverbindungen, wie Schwefelwasserstoff, Calciumsulfid, Natriumthiosulfat und Natriumtetrathionat, von verschiedenen Bakterien (z. B. von gewissen Purpurbakterien und farblosen Schwefelbakterien) zu Sulfat oxydiert. So ermittelte NATHANSON[560] für den Schwefelumsatz der von ihm daraufhin geprüften *Schwefelbakterien*[561] die Bildung von Natriumsulfat (Na_2SO_4) und von Natriumtetrathionat ($Na_2S_4O_6$) aus Natriumthiosulfat entsprechend der Gleichung:

$$3\,Na_2S_2O_3 + 5\,O = 2\,Na_2SO_4 + Na_2S_4O_6.$$

Der bei diesem Oxydationsvorgang (auf der Oberfläche der Nährflüssigkeit oder um die Bakterienkolonien auf festem Nährboden) ausgeschiedene Schwefel entstammt offenbar einer weiteren Oxydation des gebildeten Tetrathionats. Wie BEIJERINCK[562] angibt, vermögen manche Bakterienarten (z. B. *Thiobac. denitrificans*) neben der Schwefelsäuregärung durch Oxydation freien Schwefels und Sulfits auch noch die Stickstoffgärung [§ 272] bei gleichzeitig vorhandenem Nitrat hervorzurufen. Nach BEIJERINCK entspricht dabei die Oxydation des Schwefels bzw. des Sulfits und die gleichzeitige Reduktion des Nitrates folgender Gleichung:

$$6\,KNO_3 + 5\,S + 2\,CaSO_3 = 3\,K_2SO_4 + 2\,CaSO_4 + 2\,CO_2 + 3\,N_2.$$

Der gesamte Schwefel wird in Sulfat übergeführt, und der gesamte Stickstoff wird entbunden[563].

β) Der Stoffumsatz der organischen Nahrung.

§ 277. Im Hinblick auf die Mannigfaltigkeit der organischen Bakteriennahrung und mit Rücksicht auf die Vielseitigkeit der bei diesen Nährstoffen hervorgerufenen chemischen Umsetzungen seien in folgendem nur die hauptsächlichsten stofflichen Veränderungen der von den Bakterien besonders bevorzugten und praktisch wichtigen organischen Nahrungsstoffe, d. h. der Kohlehydrate (Zuckerarten, Cellulose, Pektinkörper) [§ 278—292], Alkohole (niedere Alkohole, Zuckeralkohole) [§ 293—299], Glykoside (Amygdalin, Indican) [§ 300—303], Fette [§ 304], Fettsäuren [§ 305—306], Eiweißstoffe (aromatische und aliphatische Aminosäuren) [§ 307—314], einiger einfacher Stickstoffverbindungen (Harnstoff, Harnstoffderivate) [§ 315—318] und der Säureamide (Asparagin) [§ 319—320] erläutert.

I. Kohlehydrate.

1. Zuckervergärungen. § 278. Von Natur aus assimilierbare oder durch vorausgegangene enzymatische Spaltung in assimilierbare Form übergeführte Kohlehydrate erfahren im Bakterienleib tiefgreifende Veränderungen („Gärungen"). Je nach den durch einfache Spaltung, Oxydation, Reduktion usw. der Zuckerarten erzeugten Stoffen können unterschieden werden z. B. Alkoholgärung [§ 279—280], Glyceringärung [§ 281], Mannitgärung [§ 282], Ameisensäuregärung [§ 283], Essigsäuregärung [§ 284], Propionsäuregärung [§ 285], Buttersäuregärung [§ 286], Milchsäuregärung [§ 287—288], Oxalsäuregärung [§ 289] und Bernsteinsäuregärung [§ 290] der Zuckerarten.

Besonders bemerkenswert ist ferner die Zersetzung der Cellulose („Cellulosegärung") [§ 291] und der Pektinkörper („Pektingärung") [§ 292].

a) Alkoholgärung. § 279. Einer Reihe von Bakterienarten (z. B. *Strept. acidi lactici, Bac. manniticus, Bact. aerogenes, Bact.*

coli und *Bact. paratyphi*) kommt die Fähigkeit zu, gewisse Kohlehydrate (z. B. Hexosen) unter Bildung von Äthylalkohol zu zerlegen („Alkoholgärung“)[564]. So bildet z. B. *Bact. coli* aus Glykose im Sinne der Gleichung:

$$2\,C_6H_{12}O_6 + H_2O = 2\,C_3H_6O_3 + C_2H_4O_2 + C_2H_6O + H_2 + 2\,CO_2$$

den Äthylalkohol (C_2H_6O) neben Milchsäure ($C_3H_6O_3$), Essigsäure ($C_2H_4O_2$) und Kohlensäure (CO_2) und Wasserstoff. Diese Umsetzungen, welche offenbar auf mehreren Teilgärungen beruhen, lassen sich durch folgendes Formelbild verständlich machen[565]:

CH_2OH			
$CHOH$	CH_2OH		$= CH_3{\cdot}CH_2OH + CO_2 + H_2$ (Alkohol, Kohlensäure, Wasserstoff)
$CHOH$	$CHOH$		
$CHOH$	$CHOH$		$= 2\,CH_3{\cdot}CHOH{\cdot}COOH$ (Milchsäure)
$CHOH$	$CHOH$		
COH	$CHOH$		
	COH	$+ H_2O$	$= CH_3COOH + CO_2 + H_2$ (Essigsäure, Kohlensäure, Wasserstoff)
Glykose	Glykose	Wasser	

§ 280. Verwickelter ist die Alkoholgärung, welche z. B. *Bac. manniticus* bei Zuckerarten, wie Glykose, Galaktose und Saccharose, hervorruft. Bei dieser Gärung wird der Äthylalkohol neben Essigsäure, Milchsäure, Bernsteinsäure, Kohlensäure und Glycerin gebildet. Zur Erklärung dieser Tatsache muß angenommen werden, daß auch hier mehrere verschiedenartige Gärungsvorgänge (Alkoholgärung, Milchsäuregärung, Essigsäuregärung usw.) nebeneinander verlaufen[566]. Da nach den analytischen Bestimmungen der Gärprodukte, welche bei dieser durch *Bac. manniticus* hervorgerufenen Gärung entstehen, nahezu gleiche Mengen Alkohol und Kohlensäuregas gebildet werden, dürfte die bekannte Gärungsgleichung:

$$C_6H_{12}O_6 = 2\,C_2H_5OH + 2\,CO_2$$

auch für die Alkoholgärung des Zuckers $C_6H_{12}O_6$ durch *Bac. manniticus*, welche hier neben den übrigen genannten Gärungen verläuft, gültig sein[567].

b) Glyceringärung. § 281. Wie bei der Vergärung gewisser Zuckerarten (z. B. Glykose und Saccharose) durch *Bac. manniticus*, so entsteht auch bei der Gärung des Zuckers durch andere Bakterienarten (z. B. durch *Milchsäurebakterien*) nicht selten der dreiwertige Alkohol Glycerin: $C_3H_5(OH)_3$ („Glyceringärung"). Für diese gilt die Gleichung:

$$7\,C_6H_{12}O_6 + 6\,H_2O = 12\,C_3H_5(OH)_3 + 6\,CO_2,$$

wobei angenommen wird, daß aus dem Zucker zunächst Wasserstoff entsteht: $C_6H_{12}O_6 + 6\,H_2O = 6\,CO_2 + 12\,H_2$,

und daß dieser in statu nascendi den Zucker entsprechend der Gleichung: $6\,(C_6H_{12}O_6 + 2\,H_2) = 6\,(2\,C_3H_5(OH)_3)$

zu Glycerin reduziert[568]. Es besteht jedoch auch die Möglichkeit, daß bei Gärungen auftretendes Glycerin nicht dem Zucker, sondern Fetten entstammt, welche vermittels Lipasewirkung in Glycerin und freie Fettsäuren:

$$C_3H_5(O{\cdot}C_nH_{2n-1}O)_3 + 3\,H_2O = C_3H_5(OH)_3 + 3\,C_nH_{2n}O_2$$

gespalten werden [§ 304].

c) Mannitgärung. § 282. Während *Bac. mannitícus* aus den Hexosen: Glykose, Mannose, Galaktose, Sorbose; aus den Disacchariden: Saccharose, Lactose und Maltose, und aus dem Trisaccharid: Raffinose den Äthylalkohol neben Essigsäure, Milchsäure, Bernsteinsäure, Kohlensäure und Glycerin bildet; das Disaccharid: Trehalose, die Pentose: Arabinose und die Polysaccharide: Stärke, Glykogen, Dextrin und Gummi; die Alkohole: Äthylalkohol, Glycerin, Mannit, Dulcit, Sorbit, Erythrit und die Säuren: Milch-, Äpfel-, Bernstein-, Wein- und Zitronensäure sowie Glykoside überhaupt nicht angreift, wird die Fructose als einzige Ausnahme von *Bac. manniticus* in den sechswertigen Alkohol Mannit ($C_6H_{14}O_6$) neben Essigsäure, Milchsäure, Bernsteinsäure, Kohlensäure und Glycerin vergoren („Mannitgärung"). Allem Anschein nach handelt es sich bei dieser Mannitbildung um eine Reduktion der Fructose[569], indem diese zunächst in Kohlensäure und Wasserstoff zerlegt wird:

$$\begin{array}{l} CH_2OH \\ | \\ CO \\ | \\ HOCH \\ | \\ HCOH \\ | \\ HCOH \\ | \\ CH_2OH \end{array} + 6\,H_2O = 6\,CO_2 + 12\,H_2$$

und dann durch den entstandenen Wasserstoff zu Mannit reduziert wird:

$$12\begin{array}{c}CH_2OH\\|\\CO\\|\\HOCH\\|\\HCOH\\|\\HCOH\\|\\CH_2OH\end{array} + 12\,H_2 = 12\begin{array}{c}CH_2OH\\|\\HOCH\\|\\HOCH\\|\\HCOH\\|\\HCOH\\|\\CH_2OH\end{array} + 6\,CO_2,$$

so daß die Mannitbildung nach der Gleichung:

$$13\,C_6H_{12}O_6 + 6\,H_2O = 12\,C_6H_{14}O_6 + 12\,CO_2$$

verläuft. Daneben entstehen:

Kohlensäure (CO_2) nach der Gleichung:

$$C_6H_{12}O_6 + 6\,H_2O = 6\,CO_2 + 12\,H_2;$$

Essigsäure ($C_2H_4O_2$) nach der Gleichung:

$$C_6H_{12}O_6 = 3\,C_2H_4O_2;$$

Milchsäure ($C_3H_6O_3$) nach der Gleichung:

$$C_6H_{12}O_6 = 2\,C_3H_6O_3;$$

Bernsteinsäure ($C_4H_6O_4$) nach der Gleichung:

$$7\,C_6H_{12}O_6 + 6\,CO_2 = 12\,C_4H_6O_4 + 6\,H_2O$$

und Glycerin [$C_3H_5(OH)_3$] nach der Gleichung:

$$7\,C_6H_{12}O_6 + 6\,H_2O = 12\,C_3H_5(OH)_3 + 6\,CO_2.$$

Auch verschiedene andere Bakterienarten (z. B. gewisse *Milchsäurebakterien*) bilden auf ähnliche Weise Mannit aus Fructose, Invertzucker und Saccharose[570].

d) Ameisensäuregärung. § 283. Die Bildung von Ameisensäure (H · COOH) aus Zuckerarten („Ameisensäuregärung") kommt neben der Entwicklung von anderen Säuren (z. B. Milchsäure, Essigsäure, Kohlensäure), von Alkohol und Wasserstoff bei vielen Gärungen vor. So entsteht Ameisensäure z. B. bei der Vergärung von Traubenzucker durch verschiedene kohlendioxyd- und wasserstoffgasbildende Bakterienarten, wie *Bact. coli*, *Bact. aerogenes*, *Bact. ethaceticum*, *Bact. cloacae*; beträchtliche Mengen Ameisensäure vermögen auch gewisse nichtgasbildende Bakterienarten (z. B. *Bact. typhi*, *Bact. dysenteriae*) zu entwickeln. Für die Bildung der Ameisensäure neben Kohlensäure- und Wasserstoffgas durch die genannten gasbildenden Bakterienarten dürfte die Gleichung:

$$C_6H_{12}O_6 + 6\,H_2O = 6\,H{\cdot}COOH + 6\,H_2$$

die Entstehung der Ameisensäure ausdrücken, und die Gleichung:

$$C_6H_{12}O_6 + 6\,H_2O = 6\,CO_2 + 12\,H_2$$

für die gleichzeitige Entwicklung des Kohlendioxydes und Wasserstoffgases gültig sein. Die Bildung von Ameisensäure neben Alkohol durch nichtgasbildende Bakterien läßt sich durch die Gleichung:

$$2\,C_6H_{12}O_6 + 3\,H_2O = 3\,C_2H_5OH + 6\,HCOOH$$

ausdrücken[571].

e) Essigsäuregärung. § 284. Die Essigsäure (CH_3COOH) kann als Gärprodukt sowohl bei der Spaltung gewisser Kohlehydrate (sog. anaerobe Essigsäuregärung) auftreten als auch bei der Oxydation des Äthylalkohols (sog. aerobe Essigsäuregärung) gebildet werden. Die anaerobe Essigsäuregärung kommt bei den zahlreichen Gärungserscheinungen der Kohlehydrate häufig vor. Manche Bakterienarten (z. B. *Bact. coli*) vermögen gewisse Kohlehydrate (z. B. Dextrose) in Essigsäure neben Milchsäure, Kohlensäure, Äthylalkohol und Wasserstoff zu vergären[572]:

$$2\,C_6H_{12}O_6 + H_2O = C_2H_4O_2 + 2\,C_3H_6O_3 + C_2H_5OH + 2\,CO_2 + 2\,H_2.$$

Andere Bakterienarten (z. B. *Bact. typhi*, *Bact. dysenteriae*) bilden aus manchen Kohlehydraten (z. B. aus Dextrose) die Essigsäure neben Äthylalkohol und Ameisensäure:

$$C_6H_{12}O_6 + H_2O = C_2H_4O_2 + C_2H_5OH + 2\,HCOOH.$$

Und wieder andere Bakterienarten (z. B. gewisse Stämme des *Bact. aerogenes*) spalten z. B. Dextrose nach der Gleichung:

$$C_6H_{12}O_6 + 2\,H_2O = 2\,C_2H_4O_2 + 2\,CO_2 + 4\,H_2$$

in Essigsäure, Kohlensäure und Wasserstoff. Die reine Essigsäure entsprechend der Formel:

$$C_6H_{12}O_6 = 3\,C_2H_4O_2$$

ist sehr selten[573].

f) Propionsäuregärung. § 285. Bei der Vergärung mancher Zuckerarten (z. B. Lactose, Dextrose) durch *Milchsäurebakterien* können neben anderen Gärungsprodukten (z. B. Essigsäure, Ameisensäure, Kohlensäure) mitunter auch reichliche Mengen von Propionsäure ($C_3H_6O_2$) gebildet werden. Für die Entstehung der Propionsäure neben der Ameisensäure dürfte dabei die Gleichung:

$$2\,C_6H_{12}O_6 = 3\,C_3H_6O_2 + 3\,H_2CO_2$$

gelten und die Bildung der Propionsäure neben Essigsäure und Kohlensäure aus Dextrose nach der Gleichung:

$$7\,C_6H_{12}O_6 = 12\,C_3H_6O_2 + 6\,CO_2 + 6\,H_2O$$

erfolgen[574].

g) Buttersäuregärung. § 286. Abgesehen von einigen Arten (z. B. von *Bac. tetani* und von einigen Stämmen des *Bac.*

putrificus) vermögen alle streng anaeroben Bakterienzellen aus verschiedenen Zuckerarten Buttersäure ($C_4H_8O_2$) zu entwickeln („Buttersäuregärung“). Weitverbreitete *Buttersäurebakterien* sind z. B. *Bac. saccharobutyricus, Bac. phlegmonis emphysematosae, Bac. Chauvoei* und *Bac. oedematis maligni.* Was den hier in Frage stehenden Chemismus der Buttersäuregärung anbelangt, so lassen sich unter den Gärprodukten neben Buttersäure stets auch reichliche Mengen von Kohlensäure und von Wasserstoff, ferner mehr oder weniger reichlich noch Ameisensäure, Essigsäure, Propionsäure, Milchsäure und mitunter auch Alkohole (z. B. Butylalkohol) nachweisen. Nach PERDRIX[575], welcher sehr eingehende analytische Untersuchungen über den Verlauf der Buttersäuregärung durch *Bac. amylocyma* anstellte, erfolgt die Vergärung der Dextrose unter Bildung von Buttersäure, Essigsäure, Kohlensäure und von Wasserstoff in drei Phasen:

1. $56\,C_6H_{12}O_6 + 42\,H_2O = 116\,H_2 + 114\,CO_2 + 30\,C_2H_4O_2 + 36\,C_4H_8O_2$,
2. $46\,C_6H_{12}O_6 + 18\,H_2O = 112\,H_2 + 94\,CO_2 + 15\,C_2H_4O_2 + 38\,C_4H_8O_2$,
3. $C_6H_{12}O_6 = 2\,H_2 + 2\,CO_2 + C_4H_8O_2$,

und ebenso die Vergärung der Saccharose zu den gleichen Stoffen entsprechend den Gleichungen:

1. $39\,C_{12}H_{22}O_{11} + 59\,H_2O = 172\,H_2 + 152\,CO_2 + 26\,C_2H_4O_2 + 66\,C_4H_8O_2$,
2. $30\,C_{12}H_{22}O_{11} + 34\,H_2O = 120\,H_2 + 116\,CO_2 + 10\,C_2H_4O_2 + 56\,C_4H_8O_2$,
3. $C_{12}H_{22}O_{11} + H_2O = 4\,H_2 + 4\,CO_2 + 2\,C_4H_8O_2$.

Wie KRUSE[576] auf Grund dieser Untersuchungsergebnisse PERDRIX' ausführt, setzt sich die durch *Bac. amylocyma* hervorgerufene Buttersäuregärung aus drei zeitlich voneinander getrennten Gärungen zusammen, indem zuerst die „Wasserstoffgärung“ nach der Gleichung:

$$C_6H_{12}O_6 + 6\,H_2O = 6\,CO_2 + 12\,H_2$$

eintritt, dann die „anaerobe Essigsäuregärung“ [§ 284] nach der Gleichung:

$$C_6H_{12}O_6 = 3\,C_2H_4O_2$$

folgt und schließlich die eigentliche Buttersäuregärung im Sinne der Gleichung:

$$C_6H_{12}O_6 = 2\,CO_2 + 2\,H_2 + C_4H_8O_2$$

auftritt. Noch bei weitem verwickelter ist die z. B. durch *Bac. orthobutyricus* hervorgerufene „Butylgärung“, bei welcher neben Buttersäure usw. auch noch Butylalkohol ($C_4H_{10}O$) gebildet wird.

h) Milchsäuregärung. § 287. Die wichtigste und bei weitem häufigste Zuckerspaltung ist die „Milchsäuregärung“, welche von zahlreichen Bakterienarten (z. B. *Strept. acidi lactici*,

Micr. pyogenes, Bact. acidi lactici, Bact. pneumoniae, Bact. caucasicum, Bact. coli und *Vibr. cholerae*) vor allem bei den einfachsten Hexosen (Glykose, Fructose, Galaktose), ferner bei Disacchariden (Saccharose und Lactose), bei Pentosen (Arabinose, Rhamnose) und bei höheren Alkoholen (Mannit, Dulcit, Glycerin) verursacht wird. Die Bildung der Milchsäure ($C_3H_6O_3$) erfolgt bei der Spaltung des Zuckers: $C_6H_{12}O_6$ nach der Gleichung:

$$C_6H_{12}O_6 = 2\,C_3H_6O_3$$

und bei der Zerlegung des Zuckers: $C_{12}H_{22}O_{11}$ entsprechend der Gleichung:

$$C_{12}H_{22}O_{11} + H_2O = 4\,C_3H_6O_3.$$

§ 288. Abgesehen davon, daß die milchsäurebildenden Bakterienarten je nach dem dargebotenen Gärmaterial eine mehr oder weniger starke oder überhaupt keine Milchsäuregärung hervorrufen, wechselt auch die Beschaffenheit der Milchsäure mit den jeweils obwaltenden Bedingungen. Soweit bisher bekannt ist, wird stets die α-Oxypropionsäure („Äthylidenmilchsäure"):

$$\begin{matrix} CH_3 & & OH \\ & \rangle C \langle & \\ H & & COOH \end{matrix}$$

und nicht die β-Oxypropionsäure („Äthylenmilchsäure"):

$$\begin{matrix} HOCH_2 & & H \\ & \rangle C \langle & \\ H & & COOH \end{matrix}$$

gebildet. Von den bekannten Modifikationen der racemischen α-Oxypropionsäure wird primär offenbar die optisch inaktive Form der Milchsäure („Gärungsmilchsäure") gebildet, aus welcher dann durch elektive Verarbeitung der Komponenten je nach der Bakterienart usw. nur eine oder beide optisch aktiven, stereoisomeren Modifikationen: die rechtsdrehende Fleisch- oder Paramilchsäure, sog. d-Milchsäure („Rechtsmilchsäure"), und die linksdrehende Modifikation, sog. l-Milchsäure („Linksmilchsäure"), hervorgehen. So erzeugen inaktive Milchsäure z. B. *Bac. bulgaricus*, Rechtsmilchsäure z. B. *Strept. acidi lactici* und Linksmilchsäure z. B. *Bact. acidi laevolactici*[577].

Allgemeingültige Angaben lassen sich jedoch hierüber nicht machen. Wie verschiedenartig die Milchsäuregärung vielmehr auch bei ein und derselben Bakterienart je nach dem Bakterienstamm usw. verlaufen kann, zeigen z. B. die Beobachtungen von PÉRÉ[578], welcher feststellte, daß ein Stamm des *Bact. coli* aus Dextrose: d-Milchsäure, aus Fructose: inaktive Milchsäure bildete, daß ein zweiter Stamm des *Bact. coli* aus Glykose:

d-Milchsäure, aus Galaktose, Mannose und Mannit: l-Milchsäure, aus Arabinose: mehr l- als d-Milchsäure, aus Saccharose: mehr d- als l-Milchsäure, aus Lactose: inaktive Säure erzeugte, und daß ein dritter Stamm des *Bact. coli* aus allen Zuckerarten: l-Milchsäure bildete. PÉRÉ zeigte ferner, daß ein und derselbe Stamm des *Bact. coli* nicht nur alle drei Modifikationen der Milchsäure (Gärungsmilchsäure, d-Milchsäure, l-Milchsäure) erzeugt, wofern ihm verschiedene Zuckerarten dargeboten werden, sondern daß er unter wechselnden Ernährungsbedingungen auch aus ein und derselben Zuckerart die drei verschiedenen Formen der Milchsäure bilden kann.

i) Oxalsäuregärung. § 289. Eine große Zahl von Bakterienarten (z. B. viele *Essigsäurebakterien*) sind imstande, Kohlehydrate im Sinne der Gleichung:

$$C_6H_{12}O_6 + 9\,O = 2\,C_2H_2O_4 + 3\,H_2O$$

zu Oxalsäure zu oxydieren („Oxalsäuregärung)". Vielleicht beruhen manche durch Bakterien verursachte Pflanzenkrankheiten (z. B. die weiße Fäule der Kohlrübe durch gewisse Stämme des *Bact. coli*) auf der Bildung von Oxalsäure, welche auf die Zellen der Wirtspflanze als Gift wirkt[579].

k) Bernsteinsäuregärung. § 290. Wie bei den alkoholischen Gärungen mancher Zuckerarten (z. B. durch *Bac. mannitícus*), so tritt auch im Verlauf einiger anderer Gärungsvorgänge (z. B. in Milchkulturen durch *Bact. proteus* und *Bact. prodigiosum*) spurenweise die Bernsteinsäure auf („Bernsteinsäuregärung"). Auch manche Bakterienarten (z. B. *Bact. coli, Bact. aerogenes*) vermögen z. B. in Lactosekulturen neben der Milchsäure- auch eine Bernsteinsäuregärung hervorzurufen. Für die Bernsteinsäuregärung aus Dextrose dürfte die Gleichung:

$$7\,C_6H_{12}O_6 + 6\,CO_2 = 12\,C_4H_6O_4 + 6\,H_2O$$

gültig sein[580].

2. Cellulosegärung. § 291. Als „Cellulosegärung" bezeichnet man die Auflösung der Cellulose: $(C_6H_{10}O_5)_x$ durch Bakterien, welche vor allem im Verdauungskanal der Pflanzenfresser (z. B. im Pansen- und Blinddarminhalt des Rindes sowie im Dickdarminhalt des Pferdes) heimisch sind und die Cellulose hauptsächlich in flüchtige Säuren (z. B. Buttersäure, Essigsäure, Kohlensäure) sowie in Methan- und Wasserstoffgas zerlegen[581]. Je nachdem bei dieser Cellulosegärung die Methan- oder Wasserstoffentwicklung vorwiegt, unterscheidet man eine Methangärung (durch *Bac. methanigenes*) und eine Wasserstoffgärung (durch *Bac. fossicularum*). Unter der Voraussetzung, daß die Cellulose zunächst hydrolytisch gespalten wird:

$$(C_6H_{10}O_5)_x + x\,H_2O = x\,C_6H_{12}O_6,$$

erfolgen die Essigsäure- und Buttersäurebildung bei der Cellulosegärung nach den Gleichungen:

$$C_6H_{12}O_6 = 3\,C_2H_6O$$

und

$$C_6H_{12}O_6 = C_4H_8O_2 + 2\,CO_2 + 2\,H_2.$$

Bei der Methangärung der Cellulose findet außerdem vorwiegend die Entwicklung des Methans statt:

$$C_6H_{12}O_6 = 3\,CH_4 + 3\,CO_2,$$

während bei der Wasserstoffgärung hauptsächlich noch Wasserstoffgas nach der Formel:

$$C_6H_{12}O_6 + 6\,H_2O = 6\,CO_2 + 12\,H_2$$

gebildet wird[582].

3. Pektingärung. § 292. Eine große Zahl von Bakterienarten (z. B. *Bact. coli*, *Bact. typhi*, *Bact. fluorescens*, *Bac. subtilis*, *Bac. mesentericus*, *Bac. mycoides*) und besonders solche, die auf Pflanzen parasitisch vorkommen (z. B. *Bac. phytophtorus*, *Bac. carotovorus*), vermögen die zu den hochzusammengesetzten Kohlehydraten gehörigen Pektinstoffe durch ein hydrolytisches Enzym, die „Pektinase“, zu verflüssigen und die dabei abgespaltenen Zuckerarten (z. B. Galaktose, Arabinose) zu vergären („Pektingärung“)[583]. Bekanntlich sind die Pektinstoffe mit Cellulose innig vereinigt in den pflanzlichen Zellmembranen (z. B. des Parenchyms, des Weichbastes, der Epidermis und des Collenchyms) enthalten und spielen eine wichtige Rolle bei der technischen Aufbereitung der Gespinstfasern (z. B. der Bastfasern von Flachs und Hanf). Zur Gewinnung dieser Gespinstfasern werden die Faserpflanzen der Pektingärung („Rotte“) unterworfen, bei welcher die Gewebszellen durch Lösung der pektinhaltigen, nicht verholzten Mittellamelle voneinander getrennt werden, indem die festen Pektinkörper zunächst auf enzymatischem Wege in lösliche Kohlehydrate gespalten und diese weiterhin unter Bildung z. B. von Buttersäure, Essigsäure, Kohlensäure und Wasserstoff vergoren werden. Für die bei der Hydrolyse der Pektinstoffe gebildeten Kohlehydrate von der Formel $C_6H_{12}O_6$ (z. B. Galaktose) würde diese Vergärung sich durch die Gleichung:

$$3\,C_6H_{12}O_6 + 6\,H_2O = C_4H_8O_2 + 3\,C_2H_4O_2 + 8\,CO_2 + 14\,H_2$$

ausdrücken lassen.

II. Alkohole.

§ 293. Sowohl die einwertigen (niederen) Alkohole [§ 294—296] der Fettsäurereihe ($C_nH_{2n+1}OH$), wie: Methylalkohol (CH_3OH), Äthylalkohol (C_2H_5OH), Propylalkohol (C_3H_7OH), Butylalkohol (C_4H_9OH) und Amylalkohol ($C_5H_{11}OH$), welche verschiedentlich (vor allem Äthylalkohol) im Verlauf des Bakterienstoffwechsels auftreten, als auch die mehrwertigen (höheren) Alkohole („Zuckeralkohole") [§ 297—299] von der Zusammensetzung:

1. $C_nH_{2n-1}(OH)_3$, wie Glycerin: $C_3H_5(OH)_3$,
2. $C_nH_{2n-2}(OH)_4$, wie Erythrit: $C_4H_6(OH)_4$,
3. $C_nH_{2n-3}(OH)_5$, wie Arabit: $C_5H_7(OH)_5$,
4. $C_nH_{2n-4}(OH)_6$, wie Mannit, Dulcit, Sorbit: $C_6H_8(OH)_6$

erfahren durch die Lebenstätigkeit zahlreicher Bakterienarten ähnliche chemische Veränderungen („Vergärungen") wie die einfachen Zuckerarten.

1. Vergärungen der niederen Alkohole. § 294. Bei den Vergärungserscheinungen der niederen Alkohole handelt es sich hauptsächlich um Oxydationsvorgänge, indem viele Bakterienarten (z. B. *Bact. oxydans* und *Bact. acetosum*) dazu befähigt sind, den Methyl-, Äthyl-, Propyl-, Butyl- und den Amylalkohol ($C_nH_{2n+1}OH$) zu der entsprechenden Fettsäure, d. h. zu Ameisensäure, Essigsäure, Propionsäure, Buttersäure bzw. zu Valeriansäure ($C_nH_{2n}O_2$) zu oxydieren:

$$C_nH_{2n+1}OH + O_2 = C_nH_{2n}O_2 + H_2O$$

§ 295. Eine große Zahl von Bakterienarten (z. B. die meisten *Essigsäurebakterien*) vermögen jedoch nur den Äthylalkohol (C_2H_5OH) zu oxydieren, wobei je nach der Bakterienart und je nach den verfügbaren Sauerstoffmengen usw. eine mehr oder weniger tiefgreifende Oxydation des Alkohols stattfindet. So kann der Äthylalkohol entweder zu Essigsäure ($C_2H_4O_2$) und Wasser:

$$C_2H_5OH + 2\,O = C_2H_4O_2 + H_2O$$

oder zu Oxalsäure ($C_2H_2O_4$) und Wasser:

$$C_2H_5OH + 5\,O = C_2H_2O_4 + 2\,H_2O$$

oder sogar zu Kohlensäure (CO_2) und Wasser:

$$C_2H_5OH + 6\,O = 2\,CO_2 + 3\,H_2O.$$

oxydiert werden.

§ 296. Die bei weitem häufigste Oxydation des Äthylalkohols ist die Bildung der Essigsäure („aerobe Essigsäuregärung"), welche vor allem von den hiernach benannten „*Essigsäurebakterien*" (z. B. *Bact. aceti*, *Bact. rancens*, *Bact. Pasteurianum*,

Bact. xylinum, Bact. oxydans, Bact. acetosum, Bact. xylinoides, Bact. vini-aceti) hervorgerufen wird und auf der Wirkung eines oxydierenden Bakterienenzyms, der „Alkoholase", beruht[584]. Dabei wird der Äthylalkohol zunächst zu Acetaldehyd ($CH_3 \cdot COH$):

$$C_2H_5OH + O = CH_3COH + H_2O,$$

und dieser zu Essigsäure (CH_3COOH):

$$C_2H_5OH + O = CH_3COOH$$

oxydiert[585]. Manche Bakterienarten (z. B. *Bact. industrium*) bilden besonders große Mengen von Acetaldehyd, und bei vielen anderen Bakterienarten kann dieses Zwischenprodukt der Essigsäuregärung durch einen Zusatz von neutralem Calciumsulfit „abgefangen" werden[586].

2. Vergärungen der Zuckeralkohole. § 297. Die Zuckeralkohole zeigen ähnliche Vergärungserscheinungen wie die einfachen Zuckerarten, welche bekanntlich als die Aldehyde der Zuckeralkohole aufgefaßt werden. Auch im Verlauf dieser Stoffumsetzungen können je nach der Bakterienart und je nach der Beschaffenheit des Gärmaterials verschiedene Säuren (z. B. Kohlensäure, Ameisensäure, Essigsäure, Propionsäure, Buttersäure, Milchsäure, Bernsteinsäure), ferner Alkohole (Methylalkohol, Äthylalkohol, Butylalkohol) sowie Wasser und Wasserstoffgas gebildet werden. Neben diesen Alkohol- und Säuregärungen können die Zuckeralkohole durch die Lebenstätigkeit verschiedener Bakterienarten auch noch oxydiert werden; meistens entstehen dabei die einfachen Zuckerarten (z. B. Fructose aus Mannit, und Sorbose aus Sorbit).

§ 298. Die Spaltungsgärungen der Zuckeralkohole sind sehr häufig. So wird z. B. Mannit ($C_6H_{14}O_6$) durch *Bact. pneumoniae* in Äthylalkohol, Essigsäure, Kohlensäure und Wasserstoff im Sinne der Gleichung:

$$6\,C_6H_{14}O_6 + H_2O = 9\,C_2H_5OH + 4\,CH_3COOH + 10\,CO_2 + 8\,H_2,$$

durch *Bact. ethaceticus* in Äthylalkohol, Essigsäure, Ameisensäure und Kohlensäure entsprechend der Gleichung:

$$3\,C_6H_{14}O_6 + H_2O = 5\,C_2H_5OH + CH_3COOH + 5\,HCOOH + CO_2,$$

und durch *Bact. coli* in Äthylalkohol, Milchsäure, Kohlensäure und Wasserstoff nach der Gleichung:

$$2\,C_6H_{14}O_6 = 2\,C_2H_5OH + 2\,CH_3CHOH{\cdot}COOH + 2\,CO_2 + 2\,H_2$$

gespalten[587]. Hierher gehören auch die Vergärungen des Glycerins[588] durch *Bac. orthobutyricus* zu Butylalkohol, Buttersäure, Essigsäure, Kohlensäure und Wasserstoff:

$$50\,C_3H_8O_3 + 39\,H_2O = 5\,C_4H_{10}O_2 + 12\,C_4H_8O_2 + 2\,C_2H_4O_2 + 78\,CO_2 + 162\,H_2$$

sowie die Zerlegung des Glycerins durch *Bact. coli* in Äthylalkohol und Ameisensäure:

$$C_3H_5(OH)_3 = C_2H_5OH + HCOOH.$$

§ 299. Von den Oxydationsgärungen der Zuckeralkohole seien hier angeführt die Oxydationen des Mannits durch *Bact. aceti* zu Fructose[589]:

$$\begin{array}{c} CH_2OH \\ | \\ HOCH \\ | \\ HOCH \\ | \\ HCOH \\ | \\ HCOH \\ | \\ CH_2OH \\ \text{(d-Mannit)} \end{array} + O = \begin{array}{c} CH_2OH \\ | \\ CO \\ | \\ HOCH \\ | \\ HCOH \\ | \\ HCOH \\ | \\ CH_2OH \\ \text{(d-Fructose)} \end{array} + H_2O,$$

ferner die Oxydation des Glycerins durch *Bact. xylinum* zu Dioxyaceton[590]:

$$\begin{array}{c} CH_2OH \\ | \\ HCOH \\ | \\ CH_2OH \\ \text{(Glycerin)} \end{array} + O = \begin{array}{c} CH_2OH \\ | \\ CO \\ | \\ CH_2OH \\ \text{(Dioxyaceton)} \end{array} + H_2O$$

und die Oxydation des Sorbits zu Sorbose[591]:

$$\begin{array}{c} CH_2OH \\ | \\ \boxed{HOCH} \\ | \\ HOCH \\ | \\ HCOH \\ | \\ HOCH \\ | \\ CH_2OH \\ \text{(d-Sorbit)} \end{array} + O = \begin{array}{c} CH_2OH \\ | \\ CO \\ | \\ HOCH \\ | \\ HCOH \\ | \\ HOCH \\ | \\ CH_2OH \\ \text{(d-Sorbose)} \end{array} + H_2O$$

Ebenso wie Glycerin zu Dioxyaceton und Sorbit zu Sorbose, so oxydiert *Bact. xylinum* auch alle diejenigen Zuckeralkohole (z. B. Erythrit, Arabit, Mannit), welche in ihrer Konfigurationsformel, wie z. B. der d-Sorbit, eine Gruppe $\boxed{HOCH}$ enthalten, deren OH-Komplex auf derselben Formelseite nicht neben einem H-Atom steht, wie z. B. bei dem d-Dulcit:

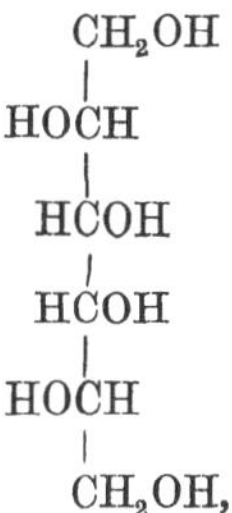

der von *Bact. xylinum* nicht oxydiert wird. In dieser Hinsicht bieten die Oxydationsgärungen der Zuckeralkohole (z. B. die „Sorbosegärung") ein schönes Beispiel für die Abhängigkeit des Vergarungsvermögens dieser Stoffe von der Konfiguration des Moleküls.

III. Glykoside.

§ 300. Auch die Glykoside, welche als ätherartige Verbindungen der Zuckerarten mit organischen Hydroxylderivaten aufgefaßt werden und mitunter auch einen aromatischen Bestandteil enthalten, werden von vielen Bakterien zersetzt[592]. Von den hierher gehörigen Stoffumwandlungen sei die Spaltung des Amygdalins [§ 301] und des Indicans [§ 302] erwähnt.

1. Amygdalinspaltung. § 301. Eine ganze Reihe von Bakterienarten (z. B. manche Stämme des *Bact. coli*) vermögen Glykoside, wie Amygdalin ($C_{21}H_{27}NO_{11}$), Coniferin ($C_{18}H_{22}O_8$), Iridin ($C_{24}H_{26}O_{13}$) und Salicin ($C_{13}H_{18}O_7$), zu zerlegen. Am bekanntesten hiervon ist die Spaltung des Amygdalins, welches besonders in den Samen gewisser Rosaceen (z. B. in *Amygdalae amarae*) vorkommt und vermittels der „Amygdalase" entsprechend der Gleichung:

$$C_{20}H_{27}NO_{11} + H_2O = 2\,C_6H_{12}O_6 + HCN + C_6H_5OH$$

in Dextrose, Blausäure und Benzaldehyd („Bittermandelöl") gespalten wird. In ähnlicher Weise erfolgen die Spaltungen:

von Coniferin ($C_{18}H_{22}O_8$):

$$C_{18}H_{22}O_8 + H_2O = C_6H_{12}O_6 + C_{10}H_{12}O_3$$

in Dextrose und Konferylalkohol ($C_{10}H_{12}O_3$);

von Iridin ($C_{24}H_{26}O_{13}$):

$$C_{24}H_{26}O_{13} + H_2O = C_6H_{12}O_6 + C_{18}H_{16}O_8$$

in Dextrose und Irigenin ($C_{18}H_{16}O_8$);

von Salicin ($C_{13}H_{18}O_7$):

$$C_{13}H_{18}O_7 + H_2O = C_6H_{12}O_6 + C_7H_8O_2$$

in Dextrose und Saligenin ($C_7H_8O_2$).

2. Indicanspaltung. § 302. Viele Bakterienarten (z. B. *Bact. indigogenes, Bact. pneumoniae, Bact. coli, Bact. prodigiosum*) zerlegen das in den sog. Indigopflanzen (z. B. in den Blättern der Indigoferaarten) vorhandene Glykosid: I n d i c a n ($C_{14}H_{17}NO_6$) im Sinne der Gleichung:

$$C_{14}H_{17}NO_6 + H_2O = C_6H_{12}O_6 + C_8H_7NO$$

in Dextrose und Indoxyl (C_8H_6NO). Das Indoxyl:

```
          H
          |
          C
        //  \
    H—C      C—C(OH)
      |      ||   ||
    H—C      C    C—H
        \\  /  \ /
          C     NH
          |
          H
```

wird an der Luft zu I n d i g o b l a u ($C_{16}H_{10}N_2O_2$):

```
          H                             H
          |                             |
          C                             C
        //  \                         /  \\
    H—C      C—C=O             O=C—C      C—H
      |      ||  |                 |  ||      |
    H—C      C   C=================C  C      C—H
        \\  /  \ /                  \ /  \  //
          C     NH                  NH    C
          |                               |
          H                               H
```

nach der Gleichung:

$$2\,C_6H_4\left\langle{COH \atop NH}\right\rangle CH + O_2 = C_6H_4\left\langle{CO \atop NH}\right\rangle C{=}C\left\langle{CO \atop NH}\right\rangle C_6H_4 + H_2O$$

oxydiert.

§ 303. Ähnlich wie eine Reihe von Farbstoffen (Methylenblau, Lackmus, Neutralrot) durch Bakterientätigkeit infolge von Reduktasewirkung in das sog. L e u k o p r o d u k t, wie z. B. Methylenblau:

```
    C6H3—N=(CH3)2
   /    \
  N      S
   \    /
    C6H3=N=(CH3)2
         |
         Cl
```

in die zugehörige Leukobase:

```
     C6H3—N=(CH3)2
    /    \
  HN      S
    \    /
     C6H3—N=(CH3)2
```

übergeführt wird, so entsteht aus Indigoblau das „Indigoweiß“:

```
          H                            H
          |                            |
          C                            C
        //  \                        /  \\
    H—C       C—C(OH)     (OH)C—C       C—H
       |      ||  ||           ||  ||     |
    H—C       C   C————————————C   C     C—H
        \\  /   \ /             \ /  \  //
          C      NH             NH     C
          |                            |
          H                            H
```

IV. *Fette.*

§ 304. Neben der Oxydation der Fette zu assimilierbaren Stoffen ist von den Veränderungen der Fette im Bakterienstoffwechsel vor allem die Fettspaltung hervorzuheben[593]. Zahlreiche Bakterienarten (z. B. *Micr. pyogenes, Micr. tetragenus, Bact. pyocyaneum, Bact. prodigiosum, Bact. indicum, Bact. fluorescens*) sind dazu befähigt, Fette in Glycerin und freie Fettsäure zu spalten. Dieser Vorgang erfolgt nach der allgemeinen Gleichung:

$$C_3H_5(O \cdot C_nH_{2n+1}O)_3 + 3\,H_2O = C_3H_5(OH)_3 + 3\,C_nH_{2n}O_2.$$

So entsteht z. B. bei der Spaltung des Tristearins: $C_3H_5(O \cdot C_{18}H_{35}O)_3$ neben Glycerin die Stearinsäure $[C_{16}H_{36}O_2]$:

$$C_3H_5(O \cdot C_{18}H_{35}O)_3 + 3\,H_2O = C_3H_5(OH)_3 + 3\,C_{18}H_{36}O_2.$$

V. *Fettsäuren.*

§ 305. Die Fettsäuren können von einer großen Zahl von Bakterienarten als Kohlenstoffquelle verwertet werden. MAASSEN[594] z. B. prüfte 45 verschiedene Bakterienarten gegenüber 21 verschiedenen Fettsäuren. Die hierzu benutzten Nährlösungen enthielten auf 1 l Wasser: 10 g Pepton; 1,5 g Monokaliumphosphat; 1 g Natriumchlorid; 0,3 g Magnesiumsulfat und je ein Zehntel des Äquivalentgewichtes der verschiedenen Säuren in Form des Kalium- oder Natriumsalzes. Das Ergebnis dieser Versuche zeigt die nachfolgende Zusammenstellung:

Tabelle 51.

Von 45 verschiedenen Bakterienarten griffen an:

Säure	Arten	Säure	Arten
Äpfelsäure	41 Arten	Milchsäure	30 Arten
Zitronensäure	38 „	Schleimsäure	23 „
Fumarsäure	38 „	Weinsäure	21 „
Glycerinsäure	34 „	Essigsäure	14 „
Bernsteinsäure	32 „	Propionsäure	13 „
Ameisensäure	30 „	Oxyessigsäure	13 „

Tabelle 51 (Fortsetzung).

Von 45 verschiedenen Bakterienarten griffen an:			
Chinasäure	10 Arten	β-Oxybuttersäure	5 Arten
Maleinsäure	9 „	Mandelsäure	4 „
Malonsäure	8 „	α-Oxyisobuttersäure	0 „
Aconitsäure	7 „	Oxalsäure	0 „
Tricarballylsäure	5 „		

Unter den von MAASSEN gewählten Versuchsbedingungen erwiesen sich hiernach die Äpfelsäure ($C_4H_6O_5$):

```
        H
        |
        C—OH
       / \
   COOH   CH₂—COOH;
```

Zitronensäure ($C_6H_7O_7$):

```
        CH₂—COOH
        |
        C—OH
       / \
   COOH   CH₂—COOH;
```

Fumarsäure ($C_4H_4O_4$):

```
   COOH     H
   |        |
   C════════C
   |        |
   H        COOH;
```

Glycerinsäure ($C_3H_6O_4$):

```
        H
        |
        C—OH
       / \
   COOH   CH₂—OH;
```

Bernsteinsäure ($C_4H_6O_4$):

```
     H         H
     |         |
   H—C—————————C—H
     |         |
     COOH      COOH;
```

Ameisensäure (CH_2O_2):

```
   H
   |
   C=O
   |
   OH;
```

Milchsäure ($C_3H_6O_3$):

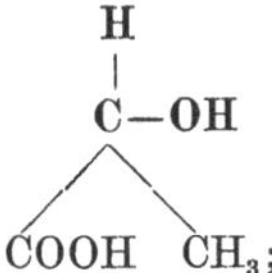

Schleimsäure ($C_6H_{10}O_8$):

H
|
C—OH
/ \
COOH CH·OH—CH·OH—CH·OH·COOH

und die Weinsäure ($C_4H_6O_6$):

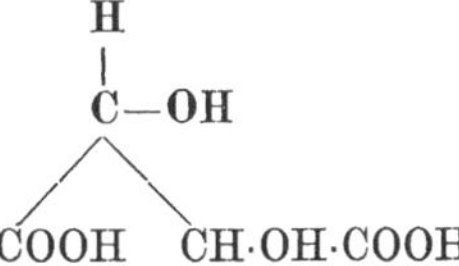

als ganz besonders gute Bakteriennährstoffe, während die α-Oxyisobuttersäure und die Oxalsäure von den geprüften Bakterienarten nicht angegriffen wurden. Wie aus den Konstitutionsformeln der nährtüchtigen Fettsäuren hervorgeht, scheinen vor allem diejenigen Säuren assimilierbar zu sein, welche die mit der Carboxylgruppe —COOH verbundene Atomgruppe (H | =C—OH) bzw. die Atomgruppen (CH_2= | C—OH); (H | H—C=); (H | —C=) und (H | —C=O) enthalten.

Zur Erläuterung des Verhaltens der einzelnen Bakterienarten gegenüber den verschiedenen Säuren diene noch Tabelle 52 auf S. 152, in welcher die Befunde MAASSENs für 15 der bekanntesten Bakterienarten zusammengestellt sind. In dieser Übersicht bedeuten: + = Verbrauch der Säure, ⊕ = Verbrauch der Säure und Kohlensäuregasentwicklung, und — = kein Säureverbrauch.

Die Tabelle zeigt, daß bei der Vergärung der Fettsäuren sehr häufig Kohlensäuregas entwickelt wird; daneben können Wasserstoff, Methan und auch noch andere ziemlich einfach gebaute Gärprodukte entstehen. Dies veranschaulichen die nachstehenden chemischen Gleichungen, welche den Verlauf einiger der bekanntesten Fettsäurevergärungen ausdrücken.

1. Vergärung der Ameisensäure (H·COOH):

$$2\,H\cdot COONa + 2\,H_2O = Na_2CO_3 + H_2O + CO_2 + 2\,H_2.$$

2. Vergärung der Essigsäure (CH_3COOH):

$$Ca(CH_3COO)_2 + H_2O = 2\,CH_4 + CO_2 + CaCO_3.$$

3. Vergärung der Buttersäure ($CH_3CH_2CH_2COOH$):

$$Ca(C_3H_7COO)_2 + 3\,H_2O = CaCO_3 + 2\,CO_2 + 5\,CH_4.$$

4. Vergärung der Milchsäure ($CH_3CHOH{\cdot}COOH$):

$$Ca(CH_3CHOH{\cdot}COO)_2 + H_2O = Ca(C_3H_7COO)_2 + CaCO_3 + 3\,CO_2 + 4\,H_2.$$

5. Vergärung der Glycerinsäure ($CH_2OH{\cdot}CHOH{\cdot}COOH$):

$$5\,(CH_2OH{\cdot}CHOH{\cdot}COOH) = 4\,C_2H_4O_2 + C_2H_5OH + 5\,CO_2 + 3\,H_2 + H_2O.$$

6. Vergärung der Weinsäure ($COOH{\cdot}CHOH{\cdot}CHOH{\cdot}COOH$):

$$3\,(COOH{\cdot}CHOH{\cdot}CHOH{\cdot}COOH) = C_2H_5OH + 2\,CH_3COOH + 5\,CO_2 + 2\,H_2O.$$

Tabelle 52.

Bakterienart	Säuren																				
	Ameisensäure	Essigsäure	Propionsäure	Oxyessigsäure	Milchsäure	α-Oxyisobuttersäure	β-Oxybuttersäure	Glycerinsäure	Oxalsäure	Malonsäure	Bernsteinsäure	Fumarsäure	Maleinsäure	Äpfelsäure	Weinsäure	Tricarballylsäure	Zitronensäure	Aconitsäure	Schleimsäure	Chinasäure	Mandelsäure
Bact. fluoresc.	⊕	⊕	⊕	⊕	⊕	—	+	⊕	—	⊕	⊕	⊕	⊕	⊕	⊕	—	⊕	+	⊕	⊕	⊕
Bact. pyocyan.	⊕	⊕	⊕	⊕	⊕	—	+	⊕	—	⊕	⊕	⊕	—	⊕	⊕	—	⊕	—	⊕	⊕	⊕
Bact. prodig.	⊕	—	—	—	⊕	—	—	⊕	—	⊕	+	⊕	+	⊕	—	+	⊕	⊕	⊕	—	—
Bact. syncyan.	⊕	⊕	⊕	⊕	⊕	—	+	⊕	—	⊕	⊕	⊕	+	⊕	⊕	—	⊕	⊕	⊕	⊕	⊕
Bact. aerogen.	⊕	—	—	—	⊕	—	—	⊕	—	⊕	+	⊕	—	⊕	—	—	⊕	—	⊕	⊕	—
Bact. pneumon.	⊕	—	—	—	⊕	—	—	⊕	—	⊕	⊕	⊕	—	⊕	⊕	—	⊕	⊕	—	—	—
Bact. coli	⊕	⊕	⊕	⊕	⊕	—	—	⊕	—	—	⊕	⊕	—	⊕	⊕	—	⊕	—	⊕	—	—
Bact. proteus	⊕	—	—	—	—	—	—	—	—	—	—	⊕	—	⊕	—	—	—	—	—	—	—
Bact. enterit.	⊕	⊕	⊕	—	⊕	—	—	⊕	—	—	⊕	⊕	+	⊕	⊕	⊕	⊕	—	⊕	—	—
Bact. typhi	⊕	—	—	—	⊕	—	—	⊕	—	—	+	⊕	—	⊕	⊕	+	⊕	—	⊕	—	—
Bac. subtilis	⊕	—	—	—	+	—	—	—	—	—	—	⊕	—	⊕	—	—	⊕	—	—	—	—
Bac. mesent.	⊕	—	—	—	—	—	—	⊕	—	—	⊕	⊕	—	⊕	—	—	⊕	—	—	—	—
Bac. anthracis	—	—	—	—	—	—	—	—	—	—	—	—	—	—	—	—	—	—	—	—	—
Coryneb. diphth.	—	—	—	—	—	—	—	—	—	—	—	—	—	+	—	—	—	—	—	—	—
Vibr. cholerae	—	—	—	—	⊕	—	—	⊕	—	—	⊕	+	—	⊕	—	—	⊕	—	—	—	—

§ 306. Wie verschiedenartige Gärprodukte auch bei der Vergärung der Fettsäuren je nach der Bakterienart und je nach den obwaltenden Bedingungen auftreten können, zeigen besonders die verschiedenen Vergärungen der Äpfelsäure ($COOH{\cdot}CHOH{\cdot}CH_2COOH$), welche entsprechend den Gleichungen[595]:

$$1.\quad 3\,C_4H_6O_5 = 2\,C_4H_6O_4 + C_2H_4O_2 + 2\,CO_2 + H_2O,$$

$$2.\quad 3\,C_4H_6O_5 = 2\,C_3H_6O_2 + C_2H_4O_2 + 4\,CO_2 + H_2O,$$

3. $2\,C_4H_6O_5 = C_4H_8O_2 + 4\,CO_2 + 2\,H_2O$,

4. $C_4H_6O_5 = C_3H_6O_3 + CO_2$

in Bernsteinsäure ($C_4H_6O_4$), Essigsäure ($C_2H_4O_2$), Propionsäure ($C_3H_6O_2$), Buttersäure ($C_4H_8O_2$), Milchsäure ($C_3H_6O_3$), Kohlensäure (CO_2) und Wasser gespalten werden kann. Man kennt hiernach also z. B. eine Milchsäuregärung der Äpfelsäure; diese wird z. B. durch *Bact. aerogenes* hervorgerufen[596].

VI. Eiweißstoffe.

§ 307. Ganz besonders verwickelt und daher auch noch wenig genau und sicher erforscht sind die Umwandlungen der Eiweißstoffe („Proteine"), aus denen im Bakterienstoffwechsel vor allem Ammoniak und Amine, Kohlendioxyd, Schwefelwasserstoff- und Methangas, Fettsäuren und aromatische Säuren, ferner Stoffe wie Phenol, Skatol, Indol und auch solche wie Neurin, Putrescin, Cadaverin und Neuridin gebildet werden[597]. Einen Überblick gewährt die nachfolgende Zusammenstellung, in welcher die bekanntesten Eiweißabbaustoffe aufgeführt sind.

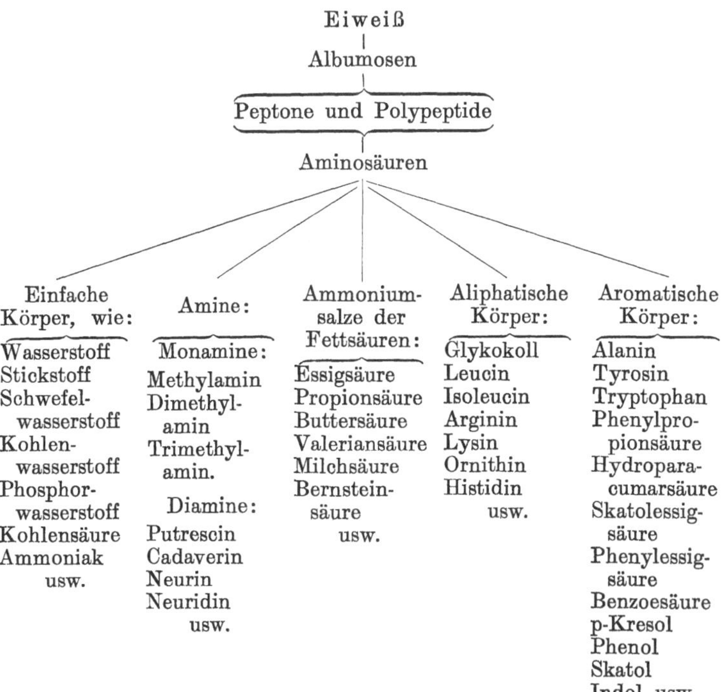

§ 308. Die Zersetzung der Eiweißstoffe wird durch hydrolytische Spaltungen in einfacher zusammengesetzte Stoffe, wie Albumosen, Peptone und Polypeptide, eingeleitet. Gleichfalls auf enzymatischem Wege zerfallen dann diese Spaltstücke weiter in die verschiedenen Aminosäuren, deren chemische Zusammensetzung und deren molekularer Aufbau bekannt ist. Je nach der Bakterienart und je nach den bei der Eiweißzersetzung vorherrschenden (physikalischen und chemischen) Verhältnissen können aus den verschiedenen Aminosäuren die oben genannten Stoffe und unter Umständen aus diesen Stoffen wieder andere hervorgehen.

Aus der Fülle der über solche Stoffumwandlungen vorliegenden Beobachtungen seien hier als Beispiele die Zersetzungen der aromatischen [§ 309—311] und aliphatischen [§ 312—314] Aminosäuren erläutert.

1. Aromatische Aminosäuren. § 309. Zu den aromatischen Aminosäuren, denen die allgemeine Formel:

$$R \cdot CH \cdot NH_2 \cdot COOH$$

zukommt, gehört z. B. die Phenylaminopropionsäure: $C_6H_5 \cdot CH_2 \cdot CH(NH_2) \cdot COOH$ („Phenylalanin"):

```
          H
          |
          C          H  H
        //  \        |  |
   H—C       C———C—C—COOH,
        |       ||       |  |
   H—C       C—H  H  NH₂
        \\   /
          C
          |
          H
```

ferner die p-Oxyphenylaminopropionsäure: $C_6H_4(OH) \cdot CH_2 \cdot CH(NH_2) \cdot COOH$ („Tyrosin"):

```
          H
          |
          C          H  H
        //  \        |  |
   H—C       C———C—C—COOH
        |       ||       |  |
   H—C       C—OH H  NH₂
        \\   /
          C
          |
          H
```

sowie die 1-β-Indol-α-Aminopropionsäure: $C_6H_4(NH)C \cdot CH \cdot CH_2 \cdot CH \cdot (NH_2) \cdot COOH$ („Tryptophan"):

```
          H
          |
          C          H  H
        //  \        |  |
   H—C       C—C——C—C—COOH.
      |      ||  ||    |  |
   H—C       C   CH   H  NH2
       \\   / \  /
          C    N
          |    |
          H    H
```

§ 310. Im Sinne der Gleichung:

$$R \cdot CH \cdot NH_2 \cdot COOH + H_2 = R \cdot CH_2 \cdot COOH + NH_3$$

entstehen aus diesen Aminosäuren die aromatischen Säuren von der allgemeinen Formel:

$$R \cdot CH_2 \cdot COOH.$$

So entsteht die Phenylpropionsäure ($C_6H_5 \cdot CH_2 \cdot CH_2 \cdot COOH$):

```
          H
          |
          C          H  H
        //  \        |  |
   H—C       C——————C—C—COOH
      |      ||      |  |
   H—C       C—H     H  H
       \\   /
          C
          |
          H
```

durch Reduktion des Phenylalanins im Sinne der Gleichung:

$$C_6H_5 \cdot CH_2 \cdot CH \cdot (NH_2) \cdot COOH + H_2 = C_6H_5 \cdot CH_2 \cdot CH_2 \cdot COOH + NH_3.$$

Auf ähnliche Weise bildet sich die Hydroparacumarsäure [$C_6H_4 \cdot (OH) \cdot CH_2 \cdot COOH$]:

```
            CH2—COOH
            |
            C
          //  \
     H—C       C—H
        |      ||
     H—C       C—H
         \\   /
            C
            |
            OH
```

durch Reduktion des Tyrosins entsprechend der Gleichung:

$$C_6H_4 \cdot (OH) \cdot CH_2 \cdot CH \cdot (NH_2) \cdot COOH + H_2 = C_6H_4 \cdot (OH) \cdot CH_2 \cdot COOH + NH_3,$$

und die Skatolessigsäure [$C_6H_4 \cdot (NH) \cdot C \cdot CH \cdot CH \cdot CH_3 \cdot COOH$]:

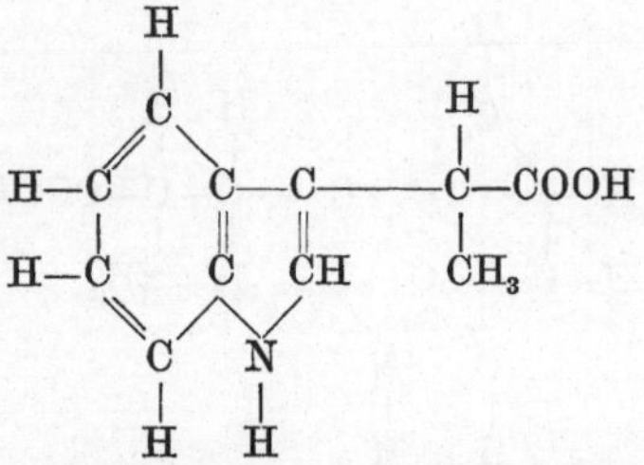

```
          H
          |
          C            H
        //  \          |
   H—C       C—C———C—COOH
      |      ||   ||   |
   H—C       C   CH   CH3
        \\  / \  /
          C     N
          |     |
          H     H
```

durch Reduktion des Tryptophans nach der Gleichung:

$$C_6H_4 \cdot (NH) \cdot C \cdot CH \cdot CH_2 \cdot CH(NH_2) \cdot COOH + H_2 = C_6H_4 \cdot (NH) \cdot C \cdot CH \cdot CH \cdot CH_3 \cdot COOH + NH_3.$$

§ 311. Aus den auf diese Weise gebildeten aromatischen Säuren können durch Oxydation andere Carbonsäuren entstehen, welche durch abermalige Oxydation oder durch Zerfall unter Kohlensäuregasabspaltung noch weiter abgebaut werden. So liefert die Phenylpropionsäure ($C_6H_5 \cdot CH_2 \cdot CH_2 \cdot COOH$) bei der Oxydation:

$$C_6H_5 \cdot CH_2 \cdot CH_2 \cdot COOH + 3\,O = C_6H_5 \cdot CH_2CH_2 \cdot COOH + CO_2 + H_2O,$$

die Phenylessigsäure ($C_6H_5 \cdot CH_2 \cdot COOH$):

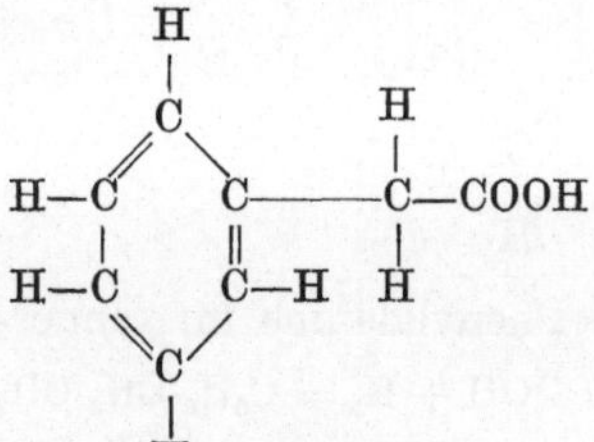

```
          H
          |
          C        H
        //  \      |
   H—C       C———C—COOH
      |      ||    |
   H—C       C—H   H
        \\  /
          C
          |
          H
```

aus welcher durch weitere Oxydation:

$$C_6H_5 \cdot CH_2COOH + 3\,O = C_6H_4 \cdot OH \cdot CH_2 \cdot COOH + CO_2 + H_2O$$

die Benzoesäure ($C_6H_5 \cdot COOH$):

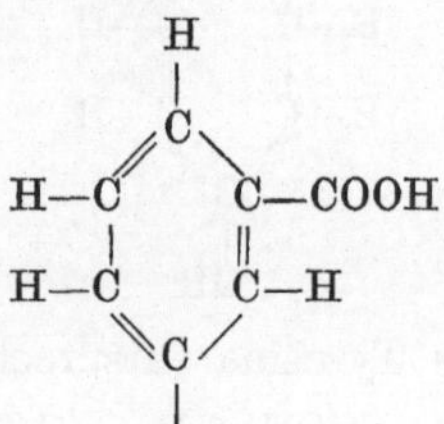

```
          H
          |
          C
        //  \
   H—C       C—COOH
      |      ||
   H—C       C—H
        \\  /
          C
          |
          H
```

hervorgeht.

Auf ähnliche Weise entsteht durch Oxydation der Hydroparacumarsäure ($C_6H_4 \cdot OH \cdot CH_2 \cdot CH_2 \cdot COOH$):

$$C_6H_4\left\langle\begin{array}{l}OH\\ CH_2 \cdot CH_2 \cdot COOH\end{array}\right. + 3\,O = C_6H_4\left\langle\begin{array}{l}OH\\ CH_2 \cdot COOH\end{array}\right. + CO_2 + H_2O$$

die p-Oxyphenolessigsäure ($C_6H_4 \cdot OH \cdot CH_2 \cdot COOH$):

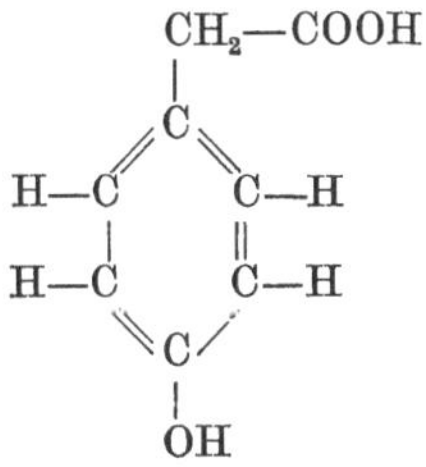

$$\begin{array}{ccc} & CH_2{-}COOH & \\ & | & \\ & C & \\ H{-}C & & C{-}H \\ | & & \| \\ H{-}C & & C{-}H \\ & C & \\ & | & \\ & OH & \end{array}$$

Diese spaltet sich:

$$C_6H_4\left\langle\begin{array}{l}OH\\ CH_2 \cdot COOH\end{array}\right. = C_6H_4\left\langle\begin{array}{l}OH\\ CH_3\end{array}\right. + CO_2$$

in Kohlensäuregas und p-Kresol ($C_6H_4 \cdot OH \cdot CH_3$):

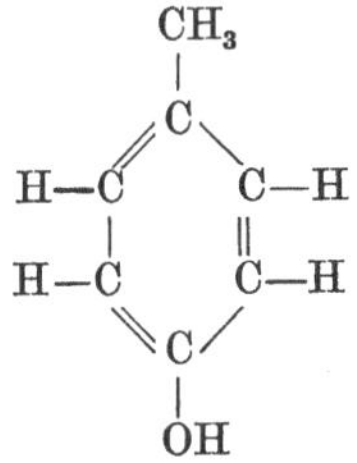

$$\begin{array}{ccc} & CH_3 & \\ & | & \\ & C & \\ H{-}C & & C{-}H \\ | & & \| \\ H{-}C & & C{-}H \\ & C & \\ & | & \\ & OH & \end{array}$$

welches durch Oxydation:

$$C_6H_4\left\langle\begin{array}{l}OH\\ CH_3\end{array}\right. + 3\,O = C_6H_4\left\langle\begin{array}{l}OH\\ COOH\end{array}\right. + H_2O$$

in p-Oxybenzoesäure ($C_6H_4 \cdot OH \cdot COOH$):

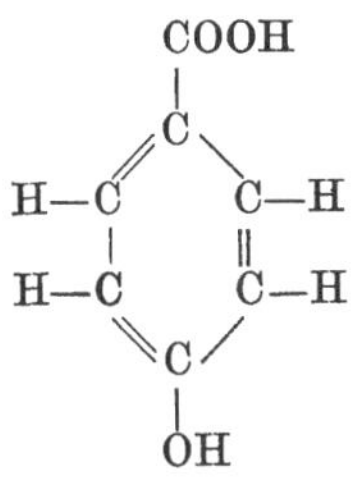

$$\begin{array}{ccc} & COOH & \\ & | & \\ & C & \\ H{-}C & & C{-}H \\ | & & \| \\ H{-}C & & C{-}H \\ & C & \\ & | & \\ & OH & \end{array}$$

übergeht, aus der nach der Gleichung:

$$C_6H_4\left\langle\begin{matrix}OH\\COOH\end{matrix}\right. = C_6H_5\cdot OH + CO_2$$

sich das Phenol ($C_6H_5\cdot OH$):

```
             H
             |
             C
           //  \
      H—C        C—H
         |        |
      H—C        C—H
           \\  /
             C
             |
             OH
```

abspaltet.

In gleicher Weise bildet sich aus der Skatolessigsäure ($C_6H_4\cdot NH\cdot C\cdot CH\cdot CH\cdot CH_3\cdot COOH$) bei der Oxydation:

$$C_6H_4\left\langle\begin{matrix}C—CH\cdot CH_3\cdot COOH\\ \| \\ CH \\ NH\end{matrix}\right\rangle + 3\,O = C_6H_4\left\langle\begin{matrix}C—CH_2\cdot COOH\\ \| \\ CH \\ NH\end{matrix}\right\rangle + CO_2 + H_2O$$

die Skatolcarbonsäure ($C_6H_4\cdot NH\cdot C\cdot CH\cdot CH_2\cdot COOH$):

```
         H
         |
         C                        H
       //  \                      |
  H—C        C————C————C————COOH
     |        ||       ||       |
  H—C        C        CH       H
       \\  /    \    /
         C        N
         |        |
         H        N
```

Diese zerfällt nach der Gleichung:

$$C_6H_4\left\langle\begin{matrix}C\cdot CH_2COOH\\ \| \\ CH \\ NH\end{matrix}\right\rangle = C_6H_4\left\langle\begin{matrix}C(CH_3)\\ \| \\ CH \\ NH\end{matrix}\right\rangle + CO_2$$

in Kohlensäuregas und Skatol ($C_6H_4\cdot NH\cdot C\cdot CH_3\cdot CH$):

```
         H
         |
         C
       //  \
  H—C        C————C(CH3)
     |        ||       ||
  H—C        C        CH
       \\  /    \    /
         C        N
         |        |
         H        H
```

welches bei weiterer Oxydation:

$$C_6H_4\langle C(CH_3), NH \rangle CH + 3\,O = C_6H_4\langle CH, NH \rangle CH + CO_2 + H_2O$$

Indol ($C_6H_4 \cdot NH \cdot CH \cdot CH$):

```
          H
          |
          C
        //  \
   H—C      C———————CH
     |      ||       ||
   H—C      C       CH
       \\  /  \    /
          C      N
          |      |
          H      H
```

liefert.

2. **Aliphatische Aminosäuren.** § 312. Wie die auf enzymatischem Wege abgespaltenen aromatischen Aminosäuren, so erfahren im Verlauf des Bakterienstoffwechsels auch noch andere primäre Spaltungsprodukte des Eiweißmoleküls tiefgreifende Veränderungen. Von den Stoffen aus der aliphatischen Reihe gehören hierher z. B. noch gewisse Monaminosäuren [§ 313] und die als „Hexonbasen" bezeichneten Diaminosäuren [§ 314].

a) Aliphatische Monaminosäuren. § 313. Über die Umwandlungen der aliphatischen Monaminosäuren, wie Glykokoll ($NH_2 \cdot CH_2 \cdot COOH$):

```
           H
 H         |
   >N —— C —COOH
 H         |
           H
```

Leuzin [$(CH_3)_2 \cdot CH \cdot CH_2 \cdot CH \cdot NH_2 \cdot COOH$]:

```
            H  H
 CH3        |  |
    >CH—C—C—COOH
 CH3        |  |
            H  NH2
```

Asparaginsäure ($COOH \cdot CH_2 \cdot CH \cdot NH_2 \cdot COOH$):

```
         H  H
         |  |
 COOH—C—C—COOH
         |  |
         H  NH2
```

und Glutaminsäure ($COOH \cdot CH \cdot NH_2 \cdot CH_2CH_2 \cdot COOH$):

$$\begin{array}{ccccccc} & & H & & H & & H & & \\ & & | & & | & & | & & \\ COOH & - & C & - & C & - & C & - & COOH \\ & & | & & | & & | & & \\ & & NH_2 & & H & & H & & \end{array}$$

ist wenig bekannt. Höchstwahrscheinlich werden diese Aminosäuren nicht selten unter Abspaltung von Ammoniak und Kohlensäuregas in Fettsäuren wie Ameisensäure, Essigsäure, Propionsäure, Buttersäure, Kapronsäure und Bernsteinsäure übergeführt. So kann z. B. aus Leuzin im Sinne der Gleichung:

$$\begin{array}{l} CH_3 \\ \quad \rangle CH - \underset{H}{\overset{H}{C}} - \underset{NH_2}{\overset{H}{C}} - COOH + 2\,H_2O = \\ CH_3 \end{array} \begin{array}{l} CH_3 \\ \quad \rangle CH - \underset{H}{\overset{H}{C}} - \underset{H}{\overset{H}{C}} - COOH + \\ CH_3 \end{array}$$

$$\begin{array}{l} CH_3 \\ \quad \rangle CH - COOH + CH_3 \cdot COOH + 2\,NH_3 \\ CH_3 \end{array}$$

neben Essigsäure und Ammoniak die Isobutylessigsäure:

$$\begin{array}{l} CH_3 \\ \quad \rangle CH - \underset{H}{\overset{H}{C}} - \underset{H}{\overset{H}{C}} - COOH \\ CH_3 \end{array}$$

und die Isobuttersäure:

$$\begin{array}{l} CH_3 \\ \quad \rangle CH - COOH \\ CH_3 \end{array}$$

hervorgehen.

b) Aliphatische Diaminosäuren. § 314. Aliphatische Diaminosäuren, welche im Verlauf der Eiweißzersetzung auftreten, sind z. B. die α-ε-Diaminocapronsäure, das Lysin:

$$\begin{array}{l} H \\ \quad \rangle N - \underset{H}{\overset{H}{C}} - \underset{H}{\overset{H}{C}} - \underset{H}{\overset{H}{C}} - \underset{H}{\overset{H}{C}} - C \begin{array}{l} H \\ COOH \\ NH_2 \end{array} \\ H \end{array}$$

die α_1-δ-Amino-Guanidin-Valeriansäure, das „Arginin“:

$$\begin{array}{l} NH \\ \quad \rangle C - N - \underset{H}{\overset{H}{C}} - \underset{H}{\overset{H}{C}} - \underset{H}{\overset{H}{C}} - C \begin{array}{l} H \\ COOH \\ NH_2 \end{array} \\ NH_2 \end{array}$$

die Diaminovaleriansäure, das „Ornithin“:

$$\begin{array}{l} \quad\;\; H \;\; H \;\; H \\ H \diagdown \;\; | \;\;\; | \;\;\; | \qquad \diagup H \\ \quad > N-C-C-C-C \!<\!- COOH \\ H \diagup \;\; | \;\;\; | \;\;\; | \qquad \diagdown NH_2 \\ \quad\;\; H \;\; H \;\; H \end{array}$$

und ein β-Imidazoderivat des Alanins, das „Histidin“:

$$\begin{array}{l} \qquad\quad \diagup NH-CH \;\; H \\ H-C \qquad\quad \| \qquad | \qquad \diagup H \\ \qquad\quad \diagdown N \!-\!-\! C \!-\!-\! C-C \!<\!- COOH. \\ \qquad\qquad\qquad\quad\; | \qquad \diagdown NH_2 \\ \qquad\qquad\qquad\quad\; H \end{array}$$

Diese Säuren können durch die Tätigkeit vieler Bakterien zu Stoffen aus der Reihe der Diamine abgebaut werden, welche man als Fäulnisalkaloide („Ptomaine“) bezeichnet. Dazu gehören z. B. das Putreszin (Tetramethylendiamin):

$$\begin{array}{l} \quad\;\; H \;\; H \;\; H \;\; H \\ H \diagdown \;\; | \;\;\; | \;\;\; | \;\;\; | \qquad \diagup H \\ \quad > N-C-C-C-C-N \!< \\ H \diagup \;\; | \;\;\; | \;\;\; | \;\;\; | \qquad \diagdown H \\ \quad\;\; H \;\; H \;\; H \;\; H \end{array}$$

welches durch Kohlensäuregasabspaltung aus dem Ornithin hervorgeht:

$$\begin{array}{l} \quad\;\; H \;\; H \;\; H \qquad\qquad\qquad\qquad\quad\; H \;\; H \;\; H \;\; H \\ H \diagdown \;\; | \;\;\; | \;\;\; | \qquad \diagup H \qquad\quad H \diagdown \;\; | \;\;\; | \;\;\; | \;\;\; | \qquad \diagup H \\ \quad > N-C-C-C-C \!<\!- COOH = \quad > N-C-C-C-C-N \!< \qquad + CO_2, \\ H \diagup \;\; | \;\;\; | \;\;\; | \qquad \diagdown NH_2 \qquad H \diagup \;\; | \;\;\; | \;\;\; | \;\;\; | \qquad \diagdown H \\ \quad\;\; H \;\; H \;\; H \qquad\qquad\qquad\qquad\quad\; H \;\; H \;\; H \;\; H \end{array}$$

sowie das Cadaverin (Pentamethylendiamin):

$$\begin{array}{l} \quad\;\; H \;\; H \;\; H \;\; H \;\; H \\ H \diagdown \;\; | \;\;\; | \;\;\; | \;\;\; | \;\;\; | \qquad \diagup H \\ \quad > N-C-C-C-C-C-N \!< \\ H \diagup \;\; | \;\;\; | \;\;\; | \;\;\; | \;\;\; | \qquad \diagdown H \\ \quad\;\; H \;\; H \;\; H \;\; H \;\; H \end{array}$$

welches sich durch Kohlensäuregasabspaltung aus dem Lysin bildet:

$$\begin{array}{l} \quad\;\; H \;\; H \;\; H \;\; H \\ H \diagdown \;\; | \;\;\; | \;\;\; | \;\;\; | \qquad \diagup H \\ \quad > N-C-C-C-C-C \!<\!- COOH = \\ H \diagup \;\; | \;\;\; | \;\;\; | \;\;\; | \qquad \diagdown NH_2 \\ \quad\;\; H \;\; H \;\; H \;\; H \end{array}$$

$$\begin{array}{l} \quad\;\; H \;\; H \;\; H \;\; H \;\; H \\ H \diagdown \;\; | \;\;\; | \;\;\; | \;\;\; | \;\;\; | \qquad \diagup H \\ \quad > N-C-C-C-C-C-N \!< \qquad + CO_2. \\ H \diagup \;\; | \;\;\; | \;\;\; | \;\;\; | \;\;\; | \qquad \diagdown H \\ \quad\;\; H \;\; H \;\; H \;\; H \;\; H \end{array}$$

VII. Einfache Stickstoffverbindungen.

§ 315. Einfache organische Stickstoffverbindungen, deren Umwandlung im Bakterienstoffwechsel eine besondere Bedeutung besitzt, sind vor allem der Harnstoff [§ 316], die Harnstoffderivate [§ 317—318], die Säureamide [§ 319] und die Hippursäure [§ 320].

1. Harnstoffgärung. § 316. Der Harnstoff (Carbamid):

$$\mathrm{CO}\left\langle\begin{matrix}\mathrm{NH_2}\\ \mathrm{NH_2}\end{matrix}\right.$$

wird von zahlreichen in der Luft, im Wasser und im Boden weitverbreiteten Bakterienarten, den sog. *Harnstoffvergärern* (z. B. *Micr. ureae, Bact. ureae, Bact. vulgare*) unter Bildung von Ammoniumcarbonat vergoren[598] [§ 273]. Diese „ammoniakalische“ Gärung[599] verläuft nach der Gleichung:

$$\mathrm{CO}\left\langle\begin{matrix}\mathrm{NH_2}\\ \mathrm{NH_2}\end{matrix}\right. + 2\,\mathrm{H_2O} = \mathrm{CO}\left\langle\begin{matrix}\mathrm{O{-}NH_4}\\ \mathrm{O{-}NH_4}\end{matrix}\right.$$

und beruht auf der Wirkung des harnstoffspaltenden Bakterienenzyms, der „Urease“ [§ 234].

2. Vergärung der Harnstoffderivate. § 317. Gärfähige Harnstoffderivate (Purinbasen) sind z. B.:

a) Guanin:

$$\begin{array}{l}\qquad\quad \mathrm{NH{-}CO{-}C{-}NH}\\ \mathrm{NH_2{-}C}\langle\qquad\quad \|\qquad \rangle\mathrm{CH}\\ \qquad\quad \mathrm{N{-}\!\!-\!\!-\!\!-C{-}N}\end{array}$$

b) Guanidin:

$$\mathrm{NH_2{-}C}\left\langle\begin{matrix}\mathrm{NH_2}\\ \mathrm{NH}\end{matrix}\right.$$

c) Kreatin:

$$\begin{array}{l}\qquad\quad \mathrm{NH_2}\quad \mathrm{H}\\ \mathrm{NH{=}C}\langle\qquad\ \ |\\ \qquad\quad \mathrm{N{-}\!\!-C{-}COOH}\\ \qquad\quad |\qquad |\\ \qquad\quad \mathrm{CH_3\ \ H}\end{array}$$

d) Kreatinin[600]:

$$\mathrm{NH{=}C}\left\langle\begin{matrix}\mathrm{NH{-}CO}\\ |\\ \mathrm{N{-}\!\!-CH_2}\end{matrix}\right.$$

e) Hypoxanthin:

```
           O
           ‖
      NH—C—C—NH
     /       ‖    \
  CH         ‖     CH
     \\      ‖    //
      N——————C—N
```

f) Xanthin:

```
           O
           ‖
      NH—C—C—NH
     /       ‖    \
  CO         ‖     CH
     \       ‖    //
      NH—————C—N
```

g) Adenin:

```
          NH₂
           |
      N=C—C—NH
     /      ‖    \
  CH        ‖     CH
     \\     ‖    //
      N—————C—N
```

h) Theobromin:

```
           O
           ‖
      NH—C—C—N—CH₃
     /       ‖    \
  CO         ‖     CH
     \       ‖    //
      NCH₃———C—N
```

i) Koffein:

```
             O
             |
      NCH₃—C—C—N—CH₃
     /         ‖    \
  CO           ‖     CH
     \         ‖    //
      NCH₃—————C—N
```

k) Harnsäure:

```
           O
           ‖
      NH—C—C—NH
     /       ‖    \
  CO         ‖     CO
     \       ‖    /
      NH—————C—NH
```

§ 318. Diese Stoffe können durch verschiedene Bakterienarten, welche vor allem im Boden, im Kot und im Mist heimisch sind, unter Wasserabspaltung (und unter Sauerstoffeinwirkung) hauptsächlich in Stoffe wie Harnstoff, Ammoniak und Kohlensäuregas gespalten werden. So kann z. B. die Harnsäure entsprechend der Gleichung:

$$\begin{array}{l} \qquad\quad \text{O} \\ \qquad\quad \Vert \\ \quad \text{NH—C—C—N—NH} \\ \text{CO}\langle \qquad\quad \Vert \qquad \rangle\text{CO} + 8\,H_2O + 3\,O = 4\,NH_4HCO_3 + CO_2 \\ \quad \text{NH——C—NH} \end{array}$$

in Ammoniumbicarbonat (NH_4HCO_3) und Kohlensäuregas zerfallen oder im Sinne der Gleichung:

$$\begin{array}{l} \qquad\quad \text{O} \\ \qquad\quad \Vert \\ \quad \text{NH—C—C—N—NH} \\ \text{CO}\langle \qquad\quad \Vert \qquad \rangle\text{CO} + 4\,H_2O = 2\,\text{CO}\langle{NH_2 \atop NH_2} + \text{HOH—C}\langle{COOH \atop COOH} \\ \quad \text{NH——C—NH} \qquad\qquad\qquad \text{(Harnstoff)} \qquad\quad \text{(Tatronsäure)} \end{array}$$

in Harnstoff und Tatronsäure [COOH · CH(OH) · COOH] oder nach der Gleichung:

$$\begin{array}{l} \qquad\quad \text{O} \\ \qquad\quad \Vert \\ \quad \text{NH—C—C—N—NH} \\ \text{CO}\langle \qquad\quad \Vert \qquad \rangle\text{CO} + 2\,H_2O + 3\,O = 2\,CO(NH)_2 + 3\,CO_2 \\ \quad \text{NH——C—NH} \end{array}$$

in Harnstoff und Kohlensäuregas zerlegt werden. Auf ähnliche Weise wird z. B. die Purinbase: Guanin durch gewisse *Fäulnisbakterien* unter Wasseraufnahme in Xanthin und Ammoniak gespalten. Diese G u a n i n v e r g ä r u n g, welche nach der Gleichung:

$$\begin{array}{l} \qquad\qquad \text{O} \qquad\qquad\qquad\qquad\qquad\qquad\qquad \text{O} \\ \qquad\qquad \Vert \qquad\qquad\qquad\qquad\qquad\qquad\qquad \Vert \\ \qquad \text{NH—C—C—NH} \qquad\qquad\qquad\qquad \text{NH—C—C—NH} \\ NH_2\text{—C}\langle \qquad \Vert \qquad \rangle\text{CH} + H_2O = \text{CO}\langle \qquad \Vert \qquad \rangle\text{CH} + NH_3 \\ \qquad \text{N——C—N} \qquad\qquad\qquad\qquad\qquad \text{NH——C—N} \\ \qquad\qquad\qquad\qquad\qquad\qquad\qquad\qquad\qquad \text{(Xanthin)} \end{array}$$

verläuft, beruht auf der Wirkung des Bakterienenzyms „G u a n a s e“. Gewisse Bakterienarten zerlegen das Guanin im Sinne der Gleichung:

$$\begin{array}{l} \qquad\qquad \text{O} \\ \qquad\qquad \Vert \\ \qquad \text{NH—C—C—NH} \\ NH_2\text{—C}\langle \qquad \Vert \qquad \rangle\text{CH} + 2\,H_2O + 2\,O_2 = \\ \qquad \text{N——C—N} \\ NH_2\text{—C}\langle{NH_2 \atop NH} + \text{CO}\langle{NH_2 \atop NH_2} + 3\,CO_2 \\ \quad \text{(Guanidin)} \end{array}$$

in Guanidin, Harnstoff und Kohlendioxyd.

3. Vergärung der Säureamide. § 319. Über die Vergärung der Säureamide (z. B. Formamid, Acetamid, Propionamid, Lactamid und Asparagin), welche vielen Bakterienarten als Stickstoffquellen dienen können, ist bisher nur wenig Sicheres bekannt. Das Amid der Amidobernsteinsäure, das „Asparagin“:

$$\begin{matrix} NH_2 \\ CH_3 \end{matrix} > C < \begin{matrix} CO(NH_2) \\ COOH \end{matrix}$$

wird von manchen Bakterienarten (z. B. von *Bact. proteus* und *Bact. pyocyaneum*) vermittels der hydrolytisch wirksamen „Asparaginase“ in die Asparaginsäure:

$$\begin{matrix} NH_2 \\ CH_3 \end{matrix} > C < \begin{matrix} COOH \\ COOH \end{matrix}$$

entsprechend der Gleichung:

$$\begin{matrix} NH_2 \\ CH_3 \end{matrix} > C < \begin{matrix} CO(NH_2) \\ COOH \end{matrix} + H_2O = \begin{matrix} NH_2 \\ CH_3 \end{matrix} > C < \begin{matrix} COOH \\ COOH \end{matrix} + NH_3$$

übergeführt. Vielfach wird dann die so gebildete Asparaginsäure durch „Aminazidasen“ in niedere Fettsäuren (z. B. Essigsäure, Bernsteinsäure), Kohlensäure und Ammoniak zerlegt.

4. Vergärung der Hippursäure. § 320. Die Hippursäure:

$$\begin{array}{ccccccccc}
 & & H & & & & & & \\
 & & | & & O & & H & & H \\
 & & C & & \| & & | & & | \\
 & // & & \backslash & & & & & \\
H-C & & & & C-C & -N- & & C & -COOH \\
| & & & & \| & & & | & \\
H-C & & & & C-H & & & H & \\
 & \backslash\backslash & & / & & & & & \\
 & & C & & & & & & \\
 & & | & & & & & & \\
 & & H & & & & & &
\end{array}$$

welche als wichtiges Stoffwechselendprodukt vor allem im Harn der Pflanzenfresser vorkommt, wird von vielen Bakterienarten (z. B. von *Micr. ureae*) in Benzoesäure:

$$\begin{array}{ccccc}
 & & H & & \\
 & & | & & \\
 & & C & & \\
 & // & & \backslash & \\
H-C & & & & C-COOH \\
| & & & & \| \\
H-C & & & & C-H \\
 & \backslash\backslash & & / & \\
 & & C & & \\
 & & | & & \\
 & & H & &
\end{array}$$

und Glykokoll:

```
 H  H
 |  |
 N—C—COOH
 |  |
 H  H
```

entsprechend der Gleichung:

```
        H
        |
        C      O  H  H
      //  \    ‖  |  |
  H—C      C—C—N—C—COOH
     |     ‖        |          + H₂O =
  H—C      C        H
      \\  /
        C
        |
        H
```

```
        H
        |
        C
      //  \            H  H
  H—C      C—COOH       |  |
     |     ‖        +   N—C—COOH
  H—C      C—H          |  |
      \\  /             H  H
        C
        |
        H
```

zersetzt. Benzoesäure und Glykokoll werden dann weiterhin zu noch einfacheren Stoffen (Ammoniak, Kohlensäure usw.) abgebaut. Genaue Angaben liegen hierüber nicht vor.

c) Die Stoffwechselerzeugnisse.

§ 321. Alle ernährungsphysiologischen Stoffumwandlungen, welche im Verlauf des Bakterienstoffwechsels auftreten, führen schließlich zu Stoffen, welche entweder als sog. Assimilationsprodukte [§ 324—327] dem Aufbau des Bakterienleibes dienen oder als sog. Dissimilationsprodukte [§ 328—337] beim Abbau der Zellsubstanz entstehen und dann entweder noch von irgendeinem Nutzen für die Zelle sind („Sekrete") oder als wertlose Endprodukte des Stoffwechsels („Exkrete") von der Zelle ausgeschieden werden. Neben diesen fertig gebildeten Assimilations- und Dissimilationsprodukten des Bakterienstoffwechsels, welche die eigentlichen Stoffwechselerzeugnisse der Bakterienzelle darstellen, kommen sowohl intra- als auch extracellulär noch vorübergehend auftretende („transitorische", „intermediäre") Stoffwechselprodukte vor, die noch weitere Umformungen erfahren. Außerdem können in der Umgebung (im Nährboden) der Bakterienzelle noch Stoffe auftreten, welche als sog. Umsatzprodukte bei der extracellulären Verarbeitung der dargebotenen Nährstoffe entstanden sind.

§ 322. Ebenso mannigfaltig wie die Natur der Stoffe, welche von der Bakterienzelle verarbeitet werden können, ist auch die chemische Zusammensetzung der hierbei als Haupt-, Zwischen- oder Nebenprodukte des Stoffwechsels gebildeten Substanzen. Die wichtigsten der bisher bekannten Stoffwechselerzeugnisse sind unter den dargelegten Gesichtspunkten in der folgenden Übersicht zusammengestellt.

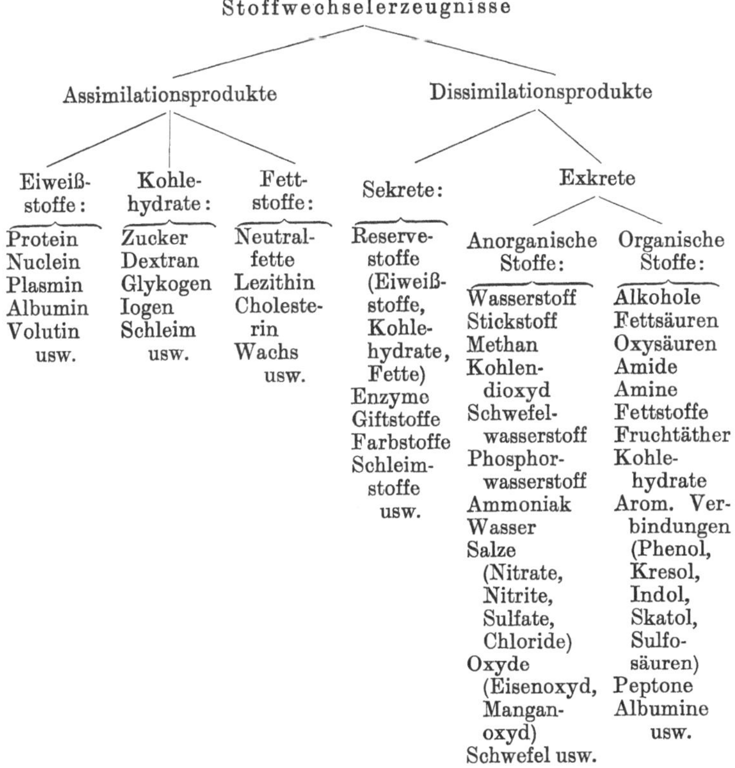

§ 323. Verschiedene der hier genannten assimilatorischen und dissimilatorischen Stoffwechselprodukte werden von manchen Bakterienarten in solchen Mengen gebildet, daß die Stoffe leicht nachzuweisen sind und mitunter bei der Bakterienbestimmung als artdiagnostisches Merkmal herangezogen werden können.

α) Assimilationsprodukte.

§ 324. Die wichtigsten Assimilationsprodukte des Bakterienstoffwechsels sind Eiweißstoffe [§ 325], Kohlehydrate [§ 326] und Fette [§ 327]. Über die chemischen Vorgänge, welche zum Aufbau dieser Stoffe führen, wissen wir sehr wenig. Zum Nachweis sind mikrochemische Reaktionen angegeben worden. Mit Hilfe solcher Reaktionen läßt sich von den Eiweißstoffen das Volutin und von den Kohlehydraten Glykogen nachweisen; mitunter gelingt auch der mikrochemische Nachweis des Bakterienfettes. Einen Überblick über das mikrochemisch feststellbare Vorkommen dieser Stoffe, welche bei einigen Bakterienarten als Reservestoffe auftreten, gibt die nachfolgende Übersicht[601]:

Tabelle 53.

Bakterienart	Eiweiß (Volutin)	Kohlehydrate (Glykogen)	Fett
Strept. tyrogenes . .	—	—	—
Sarc. ureae	—	—	—
Corynebact. diphth. .	+	—	—
Bac. subtilis	—	+	—
Bac. mycoides . . .	—	—	+
Bac. megatherium .	—	—	+
Bac. asterosporus. .	+	+	—
Bac. carotarum . .	—	+	—
Bac. robur	+	+	+
Spir. giganteum . .	+	+	+

I. *Eiweißstoffe.*

§ 325. Wie die verwickelte Zusammensetzung, so ist auch die Bildung des Bakterieneiweißes noch wenig sicher erforscht. Bei autotrophen Bakterienarten werden die anorganischen Nahrungsstoffe höchstwahrscheinlich zunächst in einfache organische Verbindungen umgewandelt, aus denen dann das Eiweißmolekül aufgebaut wird. Bei heterotrophen Bakterienarten scheinen gewisse dargebotene organische Nährstoffe ohne vorherige besonders tiefgreifende Veränderungen (z. B. Aminosäuren, Kohlehydrate, Fette) zur Eiweißsynthese verwertet werden zu können. So wäre es denkbar, daß Zuckerarten von der Zusammensetzung: $C_6H_{12}O_6$ mit Ammoniak die Aminosäuren liefern, aus denen dann die Eiweißkörper hervorgehen. Bemerkenswert ist die Bildung von Eiweißstoffen bei der Ernährung gewisser Bakterienarten mit ein und demselben Stoff (z. B. mit Alanin, Leuzin, Aspargin) als einzige Kohlenstoff- und Stickstoffquelle[602]:

II. Kohlehydrate.

§ 326. Auch über die Bildung der Kohlehydrate im Verlauf des Bakterienstoffwechsels ist nur wenig bekannt. Bei den autotrophen Bakterienarten, welche ihren gesamten Kohlenstoffbedarf aus der Kohlensäure decken, entsteht im Sinne der BAEYERschen Hypothese zunächst durch Reduktion des Kohlendioxydgases der Formaldehyd, aus dem durch Aneinanderlagerung von sechs Molekülen das Zuckermolekül $C_6H_{12}O_6$ hervorgeht. Hieraus könnten dann z. B. durch Abspaltung von Wasser die Kohlehydrate von der Zusammensetzung $(C_6H_{10}O_5)_x$ gebildet werden. Bei den Bakterienarten, welche sich heterotroph ernähren, sind vielleicht niedere Fettsäuren (z. B. Essig- und Milchsäure) an dem Aufbau des Kohlehydratmoleküls beteiligt. So wäre es denkbar, daß z. B. aus Essigsäure im Sinne der Gleichung:

$$3\,C_2H_4O_2 = C_6H_{12}O_6$$

und entsprechend aus der Milchsäure:

$$2\,C_3H_6O_3 = C_6H_{12}O_6$$

das Molekül: $C_6H_{12}O_6$ aufgebaut würde. Ob und auf welche Weise andere organische Verbindungen (z. B. Oxyfettsäuren, Alkohole, Fette, Eiweißkörper) unter Umständen Kohlehydrate liefern, ist noch unentschieden.

III. Fette.

§ 327. Ebensowenig ist etwas Sicheres über die Entstehung des Bakterienfettes bekannt. Da die Fette im Vergleich zu den gewöhnlichen Nahrungsstoffen der Bakterienzelle ziemlich wasserstoffreiche und sauerstoffarme Verbindungen darstellen, dürfte die Bildung der Fette im allgemeinen auf Reduktionsprozessen beruhen. So könnte z. B. im Sinne der Gleichung:

$$13\,C_6H_{12}O_6 = C_3H_5 \begin{cases} C_{18}H_{33}O_2 \\ C_{18}H_{35}O_2 \\ C_{16}H_{31}O_2 \end{cases} + 23\,CO_2 + 26\,H_2O$$

die Bildung des Fettes:

$$C_3H_5 \begin{cases} C_{18}H_{33}O_2 \\ C_{18}H_{35}O_2 \\ C_{16}H_{31}O_2 \end{cases}$$

aus dem Zucker: $C_6H_{12}O_6$ erfolgen[603].

β) Dissimilationsprodukte.

§ 328. Was das Vorkommen von Dissimilationsprodukten in den Kulturen der bekanntesten Bakterienarten anbetrifft, so zeigt dies die nachstehende Tabelle, in welcher für 30 Arten die Bildung von Gasen, Säuren, Schwefelwasserstoff, Indol und von

Farbstoffen (der Stärke nach mit +++, ++, +, ±, —) verzeichnet ist[604].

Tabelle 54.

Bakterienart	Stoffwechselerzeugnisse					
	Säurebildung aus Dextrose	Gasentwicklung aus Dextrose	Gerinnung der Milchkultur	Bildung von: Indol	Bildung von: Schwefelwasserstoff	Bildung von: Farbstoffen
Micr. candicans . .	+	—	—	—	—	—
Micr. roseus. . . .	±	—	—	—	—	+
Micr. luteus. . . .	±	—	—	±	±	+
Micr. intracellularis	±	—	+	—	±	—
Micr. pyog. aureus .	+++	—	+	±	++	+
Micr. pyog. citreus .	±	—	—	—	—	+
Strept. pyogenes . .	++	—	+	—	±	—
Strept. mucosus . .	+	—	+	—	+	—
Sarc. tetragena . .	+++	—	—	—	—	—
Sarc. flava	±	+	+	±	±	+
Sarc. aurantiaca . .	++	—	+	±	—	+
Bact. typhi	—	—	—	—	+++	—
Bact. pestis	+++	—	—	++	—	—
Bact. coli	+++	+	+	++	++	—
Bact. prodigiosum .	+++	—	+	±	±	—
Bact. violaceum . .	++	—	+	—	—	+
Bact. pyocyaneum .	±	—	+	—	—	+
Bact. fluorescens. .	+	—	—	—	—	+
Bact. syncyaneum .	++	—	—	—	—	+
Bact. vulgare . . .	+++	+	+	+++	+++	—
Bac. subtilis. . . .	++	—	+	—	±	—
Bac. anthracis . . .	++	—	+	—	±	—
Bac. mycoides . . .	++	—	+	—	—	—
Bac. mesenthericus .	++	—	+	±	++	+
Bac. tetani	—	+	—	±	+++	—
Corynebact. diphth.	+++	—	—	±	±	—
Corynebact. mallei .	+	—	—	±	—	—
Mycobact. phlei . .	±	—	—	±	—	+
Vibrio cholerae . .	++	—	+	+++	+++	—
Spir. rubrum . . .	±	—	—	±	—	+

Von besonders wichtigen Dissimilationsprodukten der Bakterienzelle seien hier geruchlose Gase [§ 329], starkriechende Stoffe [§ 330], Säuren und Alkalien [§ 332—333] sowie Farbstoffe [§ 334 bis § 336] und Giftstoffe [§ 337] kurz besprochen.

I. Geruchlose Gase.

§ 329. Sehr häufig treten unter den Dissimilationsprodukten des Bakterienstoffwechsels geruchlose Gase wie: Wasserstoff, Stickstoff, Kohlendioxyd und Methan (einzeln oder auf verschiedene Weise gemischt) in solchen Mengen auf, daß die Gasbildung zum Nachweis gewisser Bakterienarten herangezogen werden kann[605]. Während die Entwicklung von Wasserstoff-, Stickstoff- und Methangas nur von gewissen Bakterienarten unter bestimmten Ernährungsverhältnissen zustande kommt, wird Kohlensäuregas von den meisten Bakterienarten im Verlauf der aeroben und sehr häufig auch bei der anaeroben Atmung gebildet. Kohlendioxyd ist allerdings in Wasser ziemlich leicht löslich (1 Vol. H_2O löst 1 Vol. CO_2), so daß stets erst eine verhältnismäßig große Kohlendioxydmenge gebildet werden muß, damit dieselbe in Form von Gasblasen (z. B. in einem hierzu angesetzten Gärröhrchen) auftreten kann. Um die genannten Gase neben Sauerstoff nachzuweisen, kann man die Analyse des Gasgemisches so vornehmen, daß man zunächst das Kohlendioxyd durch Kalilauge, dann den Sauerstoff durch Pyrogallol absorbiert und hierauf den Wasserstoff durch Palladiumasbest sowie das Methan (mit reinem Sauerstoff vermischt) in einer DREHSCHMIDTschen Platinkapillare zu Kohlendioxyd und Wasser verbrennt. Durch Messung der nach Vornahme dieser Reaktionen jeweils verbleibenden Gasmengen läßt sich hiernach unter Bezugnahme auf das anfängliche Gasvolumen die Zusammensetzung des Gasgemisches ermitteln[606].

II. Starkriechende Stoffe.

§ 330. Von starkriechenden Stoffen, welche mehr oder weniger häufige Dissimilationsprodukte des Bakterienstoffwechsels darstellen, sind neben den Gasen: Schwefelwasserstoff und Ammoniak[607], welche von zahlreichen Bakterienarten gebildet werden und sich schon durch ihren charakteristischen Geruch verraten, noch einige bei gewöhnlicher Temperatur meist flüchtige Stoffe zu nennen, wie Trimethylamin, welches bei $+ 3^{\circ}$ siedet und z. B. von *Strept. pyogenes* und *Bact. prodigiosum* gebildet wird, ferner Methylmerkaptan[608], welches bei 20° siedet und z. B. in Kulturen von *Bact. proteus, Bac. tetani* und *Bac. mycoides* entsteht, sowie die fäkal riechenden Eiweißspaltungsprodukte: Indol und Skatol.

Um z. B. die Bildung von Schwefelwasserstoff in Bakterienkulturen nachzuweisen, verwendet man in der Regel gewisse Bleiverbindungen (z. B. Bleicarbonat, Bleiacetat), welche bekanntlich mit Schwefelwasserstoff braunschwarzes Bleisulfid geben und auf diese Weise auch z. B. auf einem festen Nährboden, der etwa 0,1% Bleiacetat enthält und mit einer schwefelwasserstoffbildenden Bakterienart beimpft ist, das Auftreten von Schwefelwasserstoff durch Schwarzfärbung des Nährbodens anzeigen[609].

§ 331. Zum Nachweis der Indolbildung pflegt man 10,0 ccm einer 24stündigen zuckerfreien Peptonbouillonkultur der zu prüfenden Bakterienart mit 1,0 ccm einer 0,02%igen Kaliumnitritlösung und einigen Tropfen Schwefelsäure zu versetzen[610]. Das Auftreten eines je nach der Bakterienart usw. mehr oder weniger intensiv roten Farbstoffes (Nitrosoindol), der sich mit Amylalkohol ausziehen läßt, spricht für das Vorhandensein von Indol bzw. von gewissen dem Indol verwandten Stoffen (z. B. von Skatolcarbonsäure)[611].

III. Säuren und Alkalien.

§ 332. Sauer oder alkalisch reagierende Stoffe sind weitverbreitete Dissimilationsprodukte des Bakterienstoffwechsels. Zu den chemisch nachweisbaren Säuren gehören vor allem gewisse Fettsäuren (z. B. Ameisensäure, Essigsäure, Propionsäure und Buttersäure) und manche Oxyfettsäuren (z. B. Milchsäure); zu den alkalisch reagierenden Stoffen, die häufig in Bakterienkulturen auftreten, z. B. Ammoniak, Amine, Diamine, Hydramine, Guanidine und Ptomaine.

§ 333. Seit BUCHNER[612], der durch Zusatz von Lackmuslösung zu einer Zuckerpeptonfleischextraktlösung die Bildung von Säuren oder Alkali durch Bakterientätigkeit zuerst geprüft hat, pflegt man neben dem violetten Lackmusfarbstoff, der durch Säure in Rot und durch Alkali in Blau umschlägt, jedoch durch viele Bakterienarten zu einer farblosen Leukobase reduziert wird, verschiedene Indikatoren wie Rosolsäure, Tropäolin 000, Kurkuma, Jodeosin, Methylorange, Helianthin und Kongorot zum Säure- bzw. Alkalinachweis zu verwenden. Mit Hilfe solcher Farbstoffzusätze zu geeigneten Nährböden (z. B. von Lackmusfarbstoff zu lactosehaltigem Nähragar) gelingt es auch, aus einer gemischten Bakterienflora (z. B. aus einer Mischkultur des *Bact. typhi* und des *Bact. coli*) die miteinander vermischten Bakterienarten auf Grund ihres verschiedenen Säurebildungsvermögens, d. h. durch Abimpfung von Kolonien, die den violetten Nährboden unverändert ließen (z. B. *Bact. typhi*) bzw. denselben durch Säurebildung röteten (z. B. *Bact. coli*), zu trennen[613].

IV. Farbstoffe.

§ 334. Eine sehr große Zahl von Bakterienarten bildet unter geeigneten Lebensbedingungen (im allgemeinen z. B. nur bei Sauerstoffzutritt [Ausnahme: *Spir. rubrum*] und nur innerhalb einer gewissen Wärmebreite, die meist unter dem Wachstumsoptimum liegt) Farbstoffe („*Pigmentbakterien*"). Die Bakterienfarbstoffe können sein:

Rosarot bis karminrot: z. B. bei *Micr. roseus, Sarc. rosea, Bact. lactericium, Bact. prodigiosum, Rhodobac. palustris, Rhodobact. capsulatum, Rhodospir. photometricum, Spir. rubrum;*

Orange- bis zitronengelb: z. B. *Micr. pyogenes aureus, Micr. pyogenes citreus, Sarc. aurantiaca, Bact. flavum, Bact. helvolum, Bact. herbicola aureum;*

Ockergelb bis rostbraun bis braunschwarz: z. B. *Sarc. cervina, Sarc. fulva, Bact. brunificans, Bact. ferrugineum, Bact. ochraceum, Bac. silvaticus, Bac. asterimus;*

Gelbgrün bis blaugrün: z. B. *Bact. viride, Bact. chlorinum, Bact. pyocyaneum, Bact. fluorescens, Bact. syncyaneum;*

Stahlblau bis blauschwarz: z. B. *Micr. cyaneus, Bact. violaceum, Bact. indigonaceum, Bact. caeruleum.*

§ 335. Abgesehen von den chlorophyllführenden, grünen Bakterienarten (z. B. *Bact. viride, Bact. chlorinum*) und abgesehen von den roten bakteriochlorin- und purpurinhaltigen *Purpurbakterien* (z. B. *Rhodobact. capsulatum, Rhodobac. palustris, Rhodospir. photometricum*), welche ihren Farbstoff intracellulär [§ 63] aufspeichern („chromophore" Bakterienarten) und denselben allem Anschein nach zur Photosynthese von organischer Zellsubstanz benötigen, sind alle übrigen *Pigmentbakterien* noch mit einigen wenigen nicht sicher erwiesenen Ausnahmen (z. B. *Bact. violaceum*, das [„parachromophor"] seinen Farbstoff [Janthin] vielleicht in der Zellmembran ablagert [§ 64]), „chromopar", d. h. sie scheiden ihren Farbstoff aus der Zelle aus [§ 65]. Die extracellulär ausgeschiedenen Farbstoffe, denen für das Leben der Bakterienzellen vielleicht eine gewisse Bedeutung als Sauerstoffabsorbens oder als Schutzmittel gegen feindliche Protozoen zukommt, werden entsprechend ihrer Wasserlöslichkeit entweder als wasserlösliche Stoffe (z. B. das Bakteriofluorescin des *Bact. fluorescens*) in den Nährboden diffundieren, oder sie werden als wasserunlösliche Körper (z. B. das Prodigiosin des *Bact. prodigiosum*) in Form von kleinsten Körnchen zwischen den Bakterienzellen, an deren Hüllen sie durch Flächenattraktion haften können, abgelagert.

§ 336. Was die chemische Zusammensetzung der verschiedenen Bakterienfarbstoffe anbetrifft, so ist hierüber bisher nur wenig Sicheres bekannt. Die roten und gelben Farbstoffe (z. B. das Prodigiosin des *Bact. prodigiosum*), die mit den im Pflanzen- und Tierreich weitverbreiteten Fettfarbstoffen („Lipochromen") verwandt zu sein scheinen, sind fast alle wasserunlöslich; sie lösen sich dagegen in Alkohol, Äther, Benzol, Schwefelkohlenstoff und Chloroform. Die grünen, von den fluorescierenden Bakterienarten gebildeten Farbstoffe (z. B. das grüngelb fluorescierende Bakteriofluorescin des *Bact. fluorescens*) sind in Wasser und in verdünntem Alkohol löslich, unlöslich hingegen in konz. Alkohol, Äther und Schwefelkohlenstoff. Die blauen Farbstoffe (z. B. das prachtvoll blaue, krystallisierbare Pyocyanin, das neben Bakteriofluorescin von *Bact. pyocyaneum* gebildet wird) sind in Chloroform leicht löslich. Die violetten Bakterienfarbstoffe schließlich (z. B. das Janthin des *Bact. violaceum*) sind in Wasser, Äther, Benzol, Chloroform und Schwefelkohlenstoff unlöslich, leicht löslich dagegen in Alkohol. Vielfach zeigen die Farbstofflösungen (z. B. das Prodigiosin des *Bact. prodigiosum*) ein charakteristisches Spektralverhalten[614].

V. *Giftstoffe.*

§ 337. Im Verlauf des Bakterienstoffwechsels entstehen auch sog. Giftstoffe, d. h. chemische Substanzen, die geeignet sind, die Lebensfähigkeit der Zellen des Pflanzen-, Tier- oder Menschenkörpers zu schädigen: die Lebenstätigkeit der Zellen vorübergehend zu lähmen oder völlig aufzuheben. Solche Stoffe sind zunächst zahlreiche gewöhnliche Stoffwechselprodukte der Bakterienzelle, wie Kohlensäure-, Schwefelwasserstoff- und Ammoniakgas, ferner Alkohole, Säuren, organische Basen und Fäulnisalkaloide. Von diesen „Stoffwechselgiften", die mehr oder weniger von allen Bakterienarten gebildet werden und ganz allgemein als Zellgifte wirken, sind die eigentlichen Bakteriengifte („Eigengifte") abzugrenzen, die nur von einzelnen Bakterienarten erzeugt werden und auch nur die Zellen gewisser Lebewesen vergiften. Je nachdem diese spezifischen Bakteriengifte (Toxine) von den Bakterienzellen in das umgebende Medium ausgeschieden werden oder in dem Zelleib abgelagert und dann nur bei der Zerstörung der Zellen frei werden, sind Sekretgifte (Ektotoxine) und Leibesgifte (Endotoxine) zu unterscheiden. Zu den Ektotoxinen, welche man leicht durch Filtration der betreffenden (flüssigen) Bakterienkultur (z. B. durch keimdichte Tonfilter) von den Bakterienleibern trennen kann, gehören z. B. die für den Menschenkörper sehr giftigen Toxine des *Corynebact. diphtheriae*, *Bac. tetani* und des *Bac. botulinus*. Endotoxine, welche auf den Menschenkörper stark giftig wirken, bilden z. B. *Strept. lanceolatus*, *Strept. pyogenes*, *Micr. intracellularis*, *Bact. typhi* und *Vibr. cholerae*. Gewisse Bakterienarten (z. B. *Bact. dysenteriae*) erzeugen sowohl Ekto- als auch Endotoxine.

2. Der Betriebsstoffwechsel der Bakterienzelle.

§ 338. Abgesehen von den wenigen chlorophyllführenden („grünen") Bakterienarten (z. B. *Bact. chlorinum*, *Bact. viride*) und abgesehen von den bakteriochlorin- und purpurinhaltigen *Purpurbakterien* (z. B. *Rhodobact. capsulatum*, *Rhodobac. palustris*, *Rhodospir. photometricum*), welche vielleicht (ähnlich wie höhere Pflanzen) das Sonnenlicht zum Aufbau ihrer Leibessubstanz als Energiequelle ausnützen können („Photosynthese"), sind alle übrigen (chromophyllfreien) Bakterienarten auf die Ausnützung von chemischer Energie, welche ihnen in Form von Nahrungsmitteln zugeführt wird („Chemosynthese") angewiesen [§ 339—347]. Eine hierzu im Vergleich gewiß nur untergeordnete Rolle spielt für das Bakterienleben die (strahlende oder zugeleitete) kalorische Energie, welche verschiedene Lebensäußerungen der Bakterienzelle (z. B. Wachstum und Bewegung) häufig überhaupt erst einleitet oder beschleunigt. Die gesamte der Bakterienzelle zugeführte Energie wird teils in Form von potentieller (chemisch gebundener) Energie in der Zellsubstanz aufgespeichert, teils in Form von kinetischer (aktueller) Energie, d. h. in Form von verschiedenen Kraftleistungen der Bakterienzelle nach außen hin (z. B. in Form von Bewegung und Wärmeentwicklung) entfaltet. Der Betriebsstoffwechsel der Bakterienzelle, welche hiernach mit dem Baustoffwechsel der Zelle aufs engste verknüpft ist, umfaßt somit die Gewinnung und Verarbeitung der Energie zur Erhaltung und Entfaltung der Lebenserscheinungen.

a) Die Energiequellen der Bakterienzelle.

§ 339. Angesichts der Tatsache, daß fast alle Bakterienarten nur die chemisch gebundene (potentielle) Energie ausnützen können und hierzu entweder auf die Zufuhr freien Sauerstoffes angewiesen sind oder unter Ausschluß des Luftsauerstoffes ihre Betriebsenergie gewinnen, lassen sich als Energiequellen der Bakterienzelle die „aerobe" [§ 340—344] und die „anaerobe" [§ 345—347] Atmung (Respiration) unterscheiden[615].

α) Aerobe Atmung.

§ 340. Die aerobe Atmung (Sauerstoffatmung) der Bakterienzelle umfaßt ausschließlich Oxydationsvorgänge und dient den aerophilen Bakterienarten zur Gewinnung der lebensnotwendigen Betriebsenergie. Je nachdem es sich dabei um autotroph oder heterotroph sich ernährende Bakterienarten handelt, werden anorganische [§ 341] oder organische [§ 342—344] Stoffe veratmet.

I. Veratmung anorganischer Stoffe.

§ 341. Autotroph lebende Bakterienarten decken ihren Energiebedarf aus der Veratmung anorganischer Stoffe wie: Wasserstoff (z. B. von *Bac. pantotrophus*), Methan (z. B. von *Bac. methanicus*), Kohlenoxyd (z. B. von *Bac. oligocarbophilus*), Schwefelwasserstoff (z. B. von *Beggiatoa alba*), Ammoniak (z. B. von *Bact. nitrosomonas*) und von Nitriten (z. B. von *Bact. nitrobacter*). Was die bei diesen Oxydationen freiwerdenden Energiemengen anbelangt, so zeigen dies die nachfolgenden Gleichungen, für welche der kalorische Effekt berechnet wurde:

1. $H_2 + O = H_2O$ (+ 69 Kal.);
2. $CH_4 + 2\,O_2 = CO_2 + 2\,H_2O$ (+ 220 Kal.);
3. $CO + O = CO_2$ (+ 74 Kal.);
4. $H_2S + O = H_2O + S$ (+ 62 Kal.);
5. $(NH_4)_2CO_3 + 3\,O_2 = 2\,HNO_2 + CO_2 + 3\,H_2O$ (+ 148 Kal.);
6. $KNO_2 + O = KNO_3$ (+ 22 Kal.).

Die auf diese Weise entwickelte Energie befähigt die genannten autotrophen Bakterienarten vor allem zum Aufbau ihrer organischen Zellsubstanz und auch zur Verrichtung ihrer übrigen Lebensäußerungen.

II. Veratmung organischer Stoffe.

§ 342. Von den organischen Körpern, welche den heterotroph sich ernährenden, aerophilen Bakterienarten als Nahrung dienen, eignen sich zur oxydativen Veratmung neben Eiweißstoffen, Fetten und Fettsäuren ganz besonders die verhältnismäßig sauerstoffarmen Kohlehydrate. Je nach der Bakterienart sowie je nach den zur Verfügung stehenden Sauerstoffmengen usw. können die verschiedenen oxydablen organischen Verbindungen unvollständig [§ 343] oder vollständig [§ 344] veratmet werden.

1. Unvollständige Veratmung organischer Verbindungen.

§ 343. Ein klassisches Beispiel für die unvollständige Veratmung organischer Verbindungen durch gewisse Bakterien bilden die je nach der Bakterienart verschieden verlaufenden Oxydationen z. B. der Dextrose unter Bildung von Glykon-, Glykuron- und Essigsäure (z. B. durch *Bact. aceti*), von Glyzerin (z. B. durch *Bac. subtilis*) und von Oxalsäure (z. B. durch viele *Essigsäurebakterien*). So werden z. B. bei der Oxydation der Dextrose zu Oxalsäure („Oxalsäuregärung") [§ 289] entsprechend der Gleichung:

$$C_6H_{12}O_6 + 9\,O = 2\,C_2H_2O_4 + 3\,H_2O \quad (+\,493\ \text{Kal.})$$

nahezu 500 Kal. frei. Unvollständige Veratmungen sind ferner auch die Oxydationen des Mannits zu Fruktose durch *Bact. aceti*, des Glyzerins zu Dioxyaceton durch *Bact. xylinum* und des Alkohols zu Essigsäure durch die Essigsäurebakterien. Für den letzteren Oxydationsvorgang besteht die Gleichung:

$$C_2H_5OH + 2\,O = C_2H_4O_2 + H_2O \quad (+ 112 \text{ Kal.})$$

2. Vollständige Veratmung organischer Verbindungen. § 344. Bei der vollständigen Veratmung organischer C—H—O-Verbindungen (z. B. Kohlehydrate, Alkohole, Fette und Fettsäuren), zu welcher viele Bakterienarten befähigt sind, entstehen Kohlendioxyd und Wasser. So werden z. B. bei der Oxydation der Dextrose:

$$C_6H_{12}O_6 + 6\,O_2 = 6\,CO_2 + 6\,H_2O \quad (+ 674 \text{ Kal.})$$

des Äthylalkohols:

$$C_2H_5OH + 3\,O_2 = 2\,CO_2 + 3\,H_2O \quad (+ 326 \text{ Kal.})$$

und der Palmitinsäure:

$$C_{16}H_{32}O_2 + 23\,O_2 = 16\,CO_2 + 16\,H_2O \quad (+ 236 \text{ Kal.})$$

beträchtliche Wärmemengen entwickelt. Stickstoffhaltige organische Stoffe (z. B. Eiweißstoffe) geben bei der vollständigen Veratmung neben Kohlensäuregas und Wasser noch Ammoniak.

β) Anaerobe Atmung.

§ 345. Eine biologisch besonders bemerkenswerte Kraftwechselleistung der Bakterienzelle bildet die vom Luftsauerstoff unabhängige, anaerobe Atmung, welche einer großen Zahl von Bakterienarten die erforderliche Betriebsenergie liefert. Je nachdem die bei dieser (auch als „intramolekular" bezeichneten) Atmung freiwerdende Energie durch Reduktion sauerstoffreicher Verbindungen oder durch Spaltung von mehr oder weniger verwickelt zusammengesetzten Stoffen in einfachere gewonnen wird, werden Reduktionsatmung [§ 346] und Spaltungsatmung [§ 347] unterschieden.

I. Reduktionsatmung.

§ 346. Die Reduktionsatmung ist unter den Bakterien weitverbreitet. Um eine vitale Reduktion anorganischer Stoffe handelt es sich z. B. bei der Veratmung der Sulfite, Sulfate und Thiosulfate zu Schwefelwasserstoff durch die *Desulfobakterien* sowie bei der Reduktion der Nitrate zu Nitriten und der Nitrite zu Ammoniak und Stickstoff durch die denitrifizierenden Bakterien. Zahlreiche Bakterienarten vermögen auch verschiedene organische Stoffe zu reduzieren. Hierher gehört z. B. die anaerobe Veratmung von Kohlehydraten, Fetten, höheren Alkoholen und Fettsäuren. So wird z. B. Calciumformiat durch *Bact. formicicum* unter Bildung von Calciumcarbonat, Kohlendioxyd und Wasserstoff veratmet:

$$Ca(HCO_2)_2 + H_2O = CaCO_3 + CO_2 + 2H_2.$$

II. Spaltungsatmung.

§ 347. Bei der Spaltungsatmung der Bakterienzelle erfolgt der Energiegewinn durch Umlagerungen der Atome im Nährstoffmolekül; vielfach sind hierbei Oxydations- und Reduktionsvorgänge eng miteinander verknüpft. Ein häufiges Spaltungsprodukt bildet bei dieser Atmungsart das Kohlensäuregas. Von den zahlreichen Spaltungsatmungen sei hier als Beispiel die Veratmung des Zuckers: $C_6H_{12}O_6$ durch Spaltung z. B. in Buttersäure, Kohlendioxyd und Wasserstoff („Buttersäuregärung"):

$$C_6H_{12}O_6 = C_4H_8O_2 + 2CO_2 + 2H_2 \quad (+ 14\,\text{Kal.})$$

genannt [§ 286].

b) Die Kraftwechselleistungen der Bakterienzelle.

§ 348. Die Energie, welche chemisch gebunden in Form von Nahrungsstoffen dem Bakterienkörper zugeführt wird, erleidet im Verlauf des Bau- und Betriebsstoffwechsels der Zelle mannigfaltige Umformungen und befähigt die Zelle zu verschiedenen chemischen [§ 349] und physikalischen [§ 350] Leistungen.

α) Chemische Leistungen.

§ 349. Die chemischen Leistungen des Bakterienkörpers umfassen die vielseitigen Stoffwechselvorgänge, bei welchen die aufgenommene Energie zum Aufbau, Wachstum und zur Unterhaltung des Zellkörpers sowie zur Bildung und Aufspeicherung von biologisch wichtigen Stoffen verwertet wird. Besonders deutlich tritt die chemische Leistungsfähigkeit der Bakterienzelle bei den autotrophen Bakterienarten hervor, welche auf chemosynthetischem Wege aus einfachen anorganischen Verbindungen ihre organische Zellsubstanz aufbauen und die hierzu erforderliche Energie z. B. durch Oxydation jener einfachen Nährstoffe entwickeln.

β) Physikalische Leistungen.

§ 350. Im Gegensatz zu den chemischen Leistungen der Bakterienzelle, bei denen die dem Zellkörper zugeführte potentielle Energie umgeformt und in den verschiedenen Leibesbestandteilen schließlich wieder aufgespeichert wird, handelt es sich bei den physikalischen Kraftwechselleistungen der Bakterienzelle um

Entwicklung von aktueller Energie aus potentieller Energie. Die hierauf beruhenden energetischen Leistungen der Zelle sind mechanischer [§ 351], thermischer [§ 352—354] oder photischer [§ 355] Art.

I. Mechanische Leistungen.

§ 351. In besonders sinnfälliger Weise tritt der Umsatz von potentieller Energie in kinetische Energie bei den mechanischen Leistungen der Bakterienzelle hervor, unter denen vor allem die Bewegungserscheinungen [§ 379] eine weitverbreitete Energieentfaltung darstellen[616]. Die (aktive) Eigenbewegung, zu welcher viele Bakterienarten befähigt sind, beruht bei den *Haplobakterien* (z. B. bei *Micr. agilis, Sarc. mobilis, Bact. typhi, Bact. prodigiosum, Bact. violaceum, Bact. pyocyaneum, Bact. vulgare, Bac. subtilis, Bac. mycoides, Bac. mesentericus, Bac. butyricus, Spir. volutans, Spir. undula, Spir. rubrum, Vibr. cholerae* und *Vibr. aquatilis*) auf den schraubig rotierenden Bewegungen der Geißeln („Schwimmbewegung") [§ 380—387] und bei den *Trichobakterien* (z. B. bei *Beggiatoa alba, Beggiatoa mirabilis*) offenbar auf intracellulären Plasmabewegungen, welche sich auf die biegsame („flexile") Zellmembran übertragen und auf diese Weise die „oscillierende" Gleitbewegung [§ 388] des Zellfadens verursachen.

II. Thermische Leistungen.

§ 352. Wohl immer entsteht bei den Oxydations- und Spaltungsvorgängen des dissimilatorischen Bakterienstoffwechsels auch Wärme. Unter gewöhnlichen Bedingungen werden diese (an sich schon sehr geringen) Wärmemengen infolge der großen Oberflächenentwicklung der Bakterienzellen ziemlich schnell (besonders in flüssigen Kulturen) an die Umgebung abgegeben, so daß eine nennenswerte Erhöhung der Eigentemperatur der Zelleiber sowie der Nährlösung nicht hervortritt.

§ 353. Will man sich von der Wärmeentwicklung durch lebenstätige Bakterienzellen überzeugen, so empfiehlt es sich hierzu nach Rubner[617] eine flüssige Kultur von der zu prüfenden Bakterienart in einem geeichten Vakuumkalorimeter anzulegen und dann durch Thermometerbeobachtungen die gebildeten Wärmemengen direkt zu messen. Bei solchen kalorimetrischen Messungen fand Rubner z. B. bei der Prüfung von 0,5—5,0 g Zellen des *Bact. prodigiosum* und des *Bact. coli* in 6%iger Fleichextraktlösung innerhalb von 12—24 Stunden eine Temperaturerhöhung von 0,2—0,4°. In einem entsprechenden Versuch mit 0,5 g Zellen des *Bact. proteus,* welche in 60 ccm der 6%igen Fleischwasserlösung verimpft waren, beobachtete RUBNER einen Anstieg der Temperatur von 0,4—0,8—1,0°. Nach den Berechnungen RUBNERS betrug diese Wärmeabgabe innerhalb von 4 Tagen insgesamt 2800 Kal., d. h. 15% der ursprünglich in der Nährlösung enthaltenen Kalorienmenge.

§ 354. Ganz erhebliche Temperatursteigerungen (bis zu 70°) können jedoch in Bakterienkulturen dann auftreten, wenn die von besonders wärmebildenden („thermogenen") Bakterienarten (z. B. von gewissen Stämmen des *Bac. subtilis, Bac. mesentericus, Bact. coli* und *Bac. calfactor*) durch lebhafte Stoffumsetzungen entwickelte Wärme nur sehr schwer an die Umgebung abgeleitet werden kann. Solche Bedingungen herrschen z. B. in feuchtlagernden, zersetzungsfähigen organischen Massen wie von zusammengehäuftem Getreide, Hopfen, Tabak, Kräutern, Sämereien, Heu und Mist. Hier kann soviel Wärme gebildet werden, daß die genannten Stoffe unter Zersetzung und Verfärbung der sog. Selbsterhitzung anheimfallen.

III. Photische Leistungen.

§ 355. Eine Reihe von Bakterienarten (z. B. *Micr. phosphoreus, Vibr. albensis, Vibr. indicus, Vibr. luminescens* und *Vibr. balticus*) vermögen unter geeigneten Lebensbedingungen, d. h. vor allem bei hohem Salzgehalt des Nährbodens und bei genügendem Sauerstoffzutritt, Licht auszusenden[618] („*Leuchtbakterien*"). Das von diesen (auch als „photogen" bezeichneten) Bakterienarten entwickelte Licht hat im allgemeinen eine weißliche Farbe mit einer Beimischung von Gelb, Grün oder Blau. Das Bakterienlicht liefert ein kontinuierliches Spektrum, das etwa von D bis G reicht und namentlich diejenigen Strahlen enthält, welche auf die photographische Platte einwirken. MOLISCH[619] fand z. B. bei den spektroskopischen Untersuchungen des von *Bact. phosphorescens* ausgesendeten Lichtes ein Spektrum von $\lambda = 570$ bis $\lambda = 450$; er konnte eine Strichkultur des *Bact. phosphorescens* in ihrem eigenen Lichte photographieren und ferner mit dem Licht dieses Bakteriums bei Erbsenkeimlingen einen positiven Heliotropismus hervorrufen. Was schließlich noch die optische Lichtintensität leuchtender Bakterienzellen anbelangt, so ermittelte LODE[620] bei einem Elbvibrio mit Hilfe eines (in geeigneter Weise abgeänderten) Fettfleckphotometers eine Lichtstärke von $785 \cdot 10^{-10}$ HEFNERschen Lichteinheiten pro cm^2 Leuchtfläche, so daß zur Erzielung einer Lichtentwicklung von einer Normalkerze eine lichtaussendende Kulturfläche von weit über 1000 m^2 nötig wäre. Das Leuchten von moderndem Holze, von faulenden Fischen und verdorbenem Fleisch sowie das Leuchten des Meeres wird auf die Ausbreitung und die Lebenstätigkeit der „*Photobakterien*" zurückgeführt.

II. Wachstumsphysiologie der Bakterienzelle.

§ 356. Lebensfähige Bakterienzellen zeigen unter günstigen Ernährungs- und Lebensbedingungen gewisse als Wachstum bezeichnete Formbildungsvorgänge, die einerseits der Entwicklung [§ 357—362] und andererseits der Fortpflanzung [§ 363 bis § 371] der Zelle dienen. Entwicklung und Fortpflanzung der Bakterienzelle sind hiernach Erscheinungen des auf Ernährung der Zelle beruhenden Wachstums.

A. Entwicklung der Bakterienzelle.

§ 357. Unter dem Einfluß eines normal verlaufenden Bau- und Betriebsstoffwechsels der Bakterienzelle vollzieht sich die Entwicklung ihres Zelleibes, d. h. die Formbildung des Bakterienkörpers, durch Stoffansatz [§ 358]. Aus der vollentwickelten Bakterienzelle entstehen dann bei geeigneter Vermehrungsmöglichkeit sehr häufig am natürlichen Standort sowie ganz besonders auf künstlichem Nährboden verschiedene mehr- bis vielzellige Wuchsformen [§ 359—362], denen in Gestalt von mikroskopischen Teilungs- und Wuchsverbänden [§ 10—14] sowie in Form von makroskopischen Zellanhäufungen eine gewisse artdiagnostische Bedeutung zukommt.

1. Formbildung der Einzelzelle.

§ 358. Beherrscht vom Gesetz der Erblichkeit unterliegt (bei geeigneter Ernährung und unter sonst günstigen Lebensbedingungen) jede junge, lebensfähige Bakterienzelle einem ganz bestimmten Entwicklungsvorgang, der stets mit der Ausbildung einer artspezifischen Zellform [§ 5—9] endigt. Bei diesem Formbildungsvorgang erfährt die junge, wachsende Bakterienzelle durch Aufspeicherung („Einverleibung") der in arteigene Leibessubstanz verwandelten Nahrungsstoffe eine Gewichts- und Volumenzunahme, die schließlich zum Stillstand kommt (und hierzu kommen muß), wenn das ursprüngliche Verhältnis: $\frac{\text{Zelloberfläche}}{\text{Zellmasse}}$ infolge fortgesetzten Zellwachstums sich so verändert hat, daß die im Vergleich zur Zellmasse immer kleiner werdende Zelloberfläche [§ 52] den für eine weitere Größenentwicklung der Zelle erforderlichen osmotischen Stoffverkehr nicht mehr bewältigen kann. In diesem Zustand ist die Bakterienzelle vollentwickelt.

2. Entstehung der Wuchsformen.

§ 359. Unter günstigen Lebensbedingungen beginnen vollentwickelte Bakterienzellen sich zu teilen. Je nach der Richtung der Teilungsebene und wofern die neugebildeten Bakterienleiber durch die äußerste Schleimschicht [§ 26] ihrer Hüllen zu zwei- bis zu mehrzelligen Gebilden [§ 360] auch noch nach der Teilung aneinander haften bleiben, entstehen verschiedene mehr oder weniger artspezifische, mikroskopisch kleine Zellverbände [§ 27]. Finden die Zellteilungen auf besonders dazu geeigneten Nährböden statt, so können die freilebenden wie die im Verband nebeneinander bestehenden Bakterienzellen binnen kurzem sich so stark vermehren, daß sie makroskopisch wahrnehmbare Zellanhäufungen [§ 361—362] bilden.

a) Mikroskopische Zellverbände.

§ 360. Die mikroskopischen Zellverbände [§ 10—14] der Bakterien entstehen bei den aufeinanderfolgenden Zweiteilungen der jeweils vollentwickelten Bakterienzellen, indem die hierbei aus der Mutterzelle durch Scheidewandbildung [§ 364] hervorgegangenen selbständigen Tochterzellen durch eine gemeinsame Schleimschicht miteinander verbunden bleiben. Je nachdem die Zweiteilung der Bakterienzelle stets nur in einer Ebene des Raumes erfolgt, so daß also alle Teilungsebenen parallel sind, oder je nachdem die Teilung der Zelle in zwei oder sogar in den drei verschiedenen senkrecht zueinander stehenden Ebenen des Raumes stattfindet, entwickeln sich kettenartige, flächenhafte oder körperliche Zellverbände. Während die Stäbchen- und Schraubenzellen stets nur in der zur Längsachse des Zellkörpers senkrechten Mittelebene sich teilen und demzufolge nur kettenartige Wuchsverbände (Doppelstäbchen, Gliederfäden usw.) bilden können, entstehen bei den Teilungen der (isodiametrischen) Kugelzellen sowohl kettenartige (Doppelkugel, Kugelreihe, Kugelfaden) als auch flächenhafte (Tetradenform) und körperliche (Würfelform) Zellverbände. Außer diesen im Aufbau regelmäßigen und bei den verschiedenen Kugelzellarten im allgemeinen konstanten Wuchsverbänden können bei gewissen Kugelzellen noch unregelmäßige Zellhaufen (Traubenform) gebildet werden, indem die aufeinanderfolgenden Teilungen dieser Zellen entweder in beliebigen Ebenen des Raumes erfolgen oder so vor sich gehen, daß die Zellen abwechselnd in zwei senkrecht zueinander stehenden Ebenen sich teilen, und die so entstandenen regelmäßigen Zellverbände sich trennen und unter Bildung von unregelmäßigen Zellhaufen sich gegenseitig verschieben.

b) Makroskopische Zellanhäufungen.

§ 361. Makroskopisch wahrnehmbare Zellanhäufungen werden vor allem in den hierzu angelegten Bakterienkulturen auf künstlichen (flüssigen und festen) Nährböden beobachtet.

In flüssiges Nährsubstrat (z. B. in keimfreie Nährbouillon) verimpfte Bakterienzellen werden daselbst von der Nährflüssigkeit allseitig umspült und können bei regem, im flüssigen Medium besonders erleichterten Stoffaustausch sich in solchen Massen vermehren, daß die ursprünglich völlig klare Nährflüssigkeit binnen kurzem diffus getrübt wird. Bei ausreichendem Nährstoffvorrat und unter sonst zusagenden Lebensbedingungen kann die Zellvermehrung ungehindert fortschreiten und so üppig werden, daß die wachsenden Bakterienzellen deutlich wahrnehmbare Häufchen bilden, die sich z. B. in Form von sandig-körnigen (staubartigen) Zellniederschlägen an die Glaswand der Kulturröhrchen anlagern oder, wie bei den meisten Bakterienarten, einen wolkenartigen, fadenziehenden oder bröckeligen Bodensatz bilden [§ 55]. Bei einer Reihe von Bakterienarten (z. B. bei *Bac. subtilis*) entsteht auf der Kulturflüssigkeit ein aus dicht aneinander gelagerten Zellen gebildetes Häutchen.

§ 362. Während in geeigneten Nährflüssigkeiten lebende (besonders eigenbewegliche) Bakterienzellen sich ungehindert fortentwickeln und dabei das gesamte Substrat bevölkern können, sind auf festen Nährböden (z. B. auf einer Nähragarplatte) wachsende Bakterienzellen im allgemeinen nur auf die Ausnutzung einer mehr oder weniger eng begrenzten Nährbodenfläche angewiesen. Die hierbei entstehenden makroskopisch wahrnehmbaren Zellanhäufungen werden K o l o n i e n genannt. Die geometrische und optische Beschaffenheit der Kolonien ist für die verschiedenen Bakterienarten spezifisch, indem Größe, Form, Konsistenz, innere Zeichnung, äußere Umgrenzung, Farbe- und Lichtbrechungsvermögen der Kolonie für jede Bakterienart auf dem gleichen festen Nährsubstrat charakteristisch sind. Was dabei die unterschiedlichen Eigentümlichkeiten der Kolonien ein- und derselben Bakterienart bei der Züchtung auf verschiedenen festen Nährböden anbelangt, so dürften dieselben auf die Unterschiede in der Nährbodenzusammensetzung, im Wassergehalt, in der Gallertbeschaffenheit, Oberflächenspannung usw. des

Substrates zurückzuführen sein und gewiß auch von der Beweglichkeit, dem Quellungszustand usw. des Bakterienstammes abhängen und schließlich auch noch durch die mikroskopische Wuchsform der Bakterienzellen bedingt sein[621].

B. Fortpflanzung der Bakterienzelle.

§ 363. Die Fortpflanzung der Bakterienzelle umfaßt alle Wachstumserscheinungen, welche der Erhaltung und der Verbreitung der Art dienen. Von allen Lebewesen, die wir kennen, besitzen die Bakterienzellen im allgemeinen eine ganz besonders eng begrenzte Lebensdauer; sei es, daß die innerhalb einer kurzen Lebensperiode vollentwickelte Bakterienzelle aus inneren ernährungs- und wachstumsphysiologischen Gründen automatisch durch Zweiteilung zur Vermehrung schreitet, oder, daß diese Vermehrungsfähigkeit der vegetativen Bakterienzelle infolge des durch ungünstige physikalisch-chemische Umweltsbedingungen verursachten Zelltodes überhaupt nicht mehr zur Geltung kommt, wofern die gefährdete Zelle nicht frühzeitig durch gewisse als Sporulation [§ 367—372] bezeichnete Formbildungsvorgänge in den Zustand des latenten Lebens übergeht, d. h. als widerstandsfähige Dauerzelle (Spore) zur Erhaltung der Art leben bleibt [§ 38—41]. Die Fortpflanzungserscheinungen der Bakterienzelle umfassen somit einerseits die Vermehrung der Bakterienzelle durch Zellteilung [§ 364—366] und andererseits die Erhaltung der Bakterienart durch Sporenbildung [§ 367—372].

1. Vermehrung der Bakterienzelle durch Zellteilung.

§ 364. Vollentwickelte lebende Bakterienzellen vermehren sich ausschließlich durch Zellteilung, indem der kugel-, stäbchen- oder schraubenförmige Zelleib durch eine vom wandständigen Protoplasma aus ringförmig nach innen zu fortschreitende Plasmalamelle in zwei gleichwertige, selbständige und entwicklungsfähige Tochterzellen geteilt wird (Zellteilung). Bei den Kugelzellen erfolgt diese Querwandbildung im allgemeinen ohne eine besonders sichtbare Gestaltsveränderung der Mutterzelle; nur mitunter werden die Kugelzellen vor ihrer Teilung durch Streckung mehr oder weniger ellipsoidisch. Demgegenüber teilen sich die Stäbchen- und Schraubenzellen fast immer erst nach einem voraufgegangenen Längenwachstum der Zelle; die Querwandbildung erfolgt hierbei stets in der Mitte des Zellkörpers senkrecht zu seiner Längsachse.

§ 365. Dadurch, daß die in der kugel-, stäbchen- oder schraubenförmigen Mutterzelle gebildete Scheidewand durch Auflösung einer Zwischenschicht sich in zwei Lamellen aufspaltet, und dadurch, daß diese beiden zunächst geraden Wandflächen sich gegeneinander immer mehr abrunden, kommt die völlige Abschnürung der Tochterzellen zustande (Zelltrennung). Dieser endgültige Zerfall der geteilten Mutterzelle in zwei räumlich voneinander getrennte Tochterzellen bleibt jedoch aus, wenn die jungen Zellen durch ihre äußerste, schleimige Zellhautschicht miteinander verklebt bleiben [§ 10—14, § 360]. Auf diese Weise entstehen die mehr oder weniger artcharakteristischen Wuchsverbände, bei denen die einzelnen Zellen durch dünne Protoplasmafäden (Plasmodesmen) an der ursprünglichen Einschnürungsstelle auch noch in einer inneren Verbindung miteinander stehen können [§ 34].

§ 366. Bezeichnet man die Zahl der in einer Bakterienkultur vorhandenen Zellen mit a, so wären, wofern alle a-Zellen gleichzeitig sich teilen in der 2ten Generation $2a (= 2^1 a)$, in der 3ten Generation $4a (= 2^2 a)$, in der 4ten Generation $8a (= 2^3 a)$ und in der 5ten Generation $16a (= 2^4 a)$, also in der n ten Generation $2^{n-1} a$ Bakterienzellen von gleichem Alter vorhanden. Aus einer einzigen Kugelzelle, deren Generationsdauer (d. h. die Zeit von einer Zellteilung bis zur anderen) etwa 20 Minuten beträgt, würden nach dieser Berechnung innerhalb von 24 Stunden (also für $n = 73$ und für $a = 1$) insgesamt $2^{72} = 472 \cdot 10^{19}$, d. h. nicht weniger als 4720 Quadrillionen Zellen entstehen, denen ein Gesamtgewicht von 4720 Tonnen zukommt, wenn eine Milliarde dieser Zellen ein Milligramm wiegt [§ 52]. In der Tat verläuft die Vermehrung der Bakterienzellen aber nicht auf so mathematisch regelmäßige Weise; aus rein ernährungsphysiologischen Gründen [§ 182] sind fast in allen Bakterienkulturen schon innerhalb der ersten 24 Stunden nahezu 30 % der Zellen nicht mehr entwicklungsfähig [§ 183].

2. Erhaltung der Bakterienart durch Sporenbildung.

§ 367. Wenngleich auch die vegetativen Zellen vieler Bakterienarten vorübergehend ungünstige Entwicklungsbedingungen unter Wachstumsstillstand überdauern können, so vermögen doch alle vegetativen Zellen der nichtsporenbildenden (asporogenen) Bakterienarten nur durch Zellvermehrung, d. h. nur unter günstigen Lebensbedingungen, ihre Art auf die Dauer zu erhalten. Eine bemerkenswerte Ausnahme bilden hiervon die sporenbildenden (sporogenen) Bakterienarten, welche in gewissen Lebenslagen aus dem Zustand des aktuellen Lebens in den des latenten Lebens übergehen, indem sie ganz besonders widerstandsfähige Dauerzellen (Sporen) bilden [§ 39—41]. Die Lebens- und Entwicklungsfähigkeit dieser resistenten Sporenzellen [§ 72] besteht natürlich auch nur innerhalb gewisser, wenn auch sehr weit gezogener Grenzen und kann der Erhaltung und Ausbreitung der Art nur dann dienen, wenn die Spore unter günstige Lebensbedingungen gelangt und dann aus dem Zustand des latenten Lebens in den des aktuellen Lebens wieder übergeht, d. h. unter Keimung eine vegetative, vermehrungsfähige Bakterienzelle liefert [§ 370—371].

§ 368. Was zunächst die Sporenbildung anbelangt, so erfolgt dieselbe stets nur innerhalb der vegetativen Zelle (Endospore); eine allmähliche Umwandlung der gesamten vegetativen Bakterienzelle in eine Dauerspore (Arthrospore), wie sie VAN TIEGHEM[622] z. B. für *Strept. mesenterioides* annahm, ist bisher nicht sicher erwiesen. Die endogene Sporenbildung tritt vielmehr stets unter optisch wahrnehmbaren morphologischen Veränderungen im Innern der Sporenmutterzelle auf. Man kann bei vielen *Sporenbildnern* (z. B. bei *Bac. subtilis*) beobachten, wie das homogene Zellplasma zu einer Reihe von stark lichtbrechenden, immer größer werdenden Körnchen sich verdichtet (Granulation), welche schließlich zu einer ovalen bis sphärischen dickwandigen, stark lichtbrechenden Spore zusammenfließen. Bei einer Reihe anderer Bakterienarten (z. B. bei *Bac. tetani*) entsteht die Spore ohne sichtbare Körnchenbildung lediglich dadurch, daß ein Teil des Protoplasmas sich von der Zellwand ablöst und dann zu einem mehr oder weniger rundlichen Sporenkörper sich zusammenzieht (Konzentration). Mit dem Übergang der vegetativen Zellform (sog. Oidiumform) in den Zustand des Sporenträgers (sog. Sporangiumform) bleibt die äußere Gestalt der Zelle [§ 39] entweder unverändert, wie z. B. bei *Bac. subtilis*, *Bac. megatherium*, *Bac. anthracis*, oder sie wird verändert, indem die Mutterzelle entweder in der Mitte (tonnenförmig), wie z. B. bei *Bac. butyricus*, *Bac. inflatus*, *Bac. Chauveaui*, oder an einem Ende (keulenförmig), wie z. B. bei *Bac. tetani* und *Bac. putrificus* anschwillt.

§ 369. Vielfach wird zur Sporulation der weitaus größte Teil des Zellprotoplasmas verbraucht, so daß die reife Spore nur noch von einem sehr dünnflüssigen Plasmarest umgeben erscheint, und die Sporenmutterzelle bald nach der Reifung der Spore eingeht. Bei zahlreichen anderen Bakterienarten wird demgegenüber nur ein gewisser Teil des gesamten protoplasmatischen

Zellinhaltes zur Ausbildung des Sporenkörpers verwertet, so daß die Lebensfähigkeit der Mutterzelle nicht unbedingt mit der Bildung und Reifung der Spore aufgehoben wird, sondern daß in *ein und* derselben Sporenmutterzelle neben dem aktuellen Leben der vegetativen Mutterzelle auch noch das latente Leben der von einer eigenen Membran umgebenen Sporenzelle vorkommt. Ein schönes Beispiel bietet hierfür die Sporulation der peritrisch begeißelten Zellen des *Bac. butyricus,* welche während der ganzen Sporenbildung und auch noch nach der Sporenreifung ihre Eigenbewegung bewahren, so daß man im mikroskopischen Präparat beobachten kann, wie die gut beweglichen, vegetativen Zellen mit der reifen Spore umherschwärmen.

§ 370. Wie die Bildung der Spore, so zeigt auch ihre Keimung häufig artcharakteristische Merkmale. Im allgemeinen quillt zunächst der stark lichtbrechende, dickwandige Sporenkörper infolge von Wasseraufnahme unter Verlust seines Lichtbrechungsvermögens und unter Erweichung und Dehnung seiner derben Hülle auf [§ 71]. Je nachdem nun entweder der ganze Sporeninhalt samt Membran sich in die vegetative Zelle verwandelt, oder ob das sog. Keimstäbchen durch einen Riß der zersprengten Sporenhülle hindurch aus der Spore austritt, können zwei verschiedene Arten der Sporenkeimung unterschieden werden. Bei der ersten (seltenen) Keimungsart, welche z. B. bei den Sporen des *Bac. leptosporus* vorkommt, findet bei der Verquellung und Streckung des Sporenkörpers eine Verschleimung und Auflösung seiner Membran statt, wobei die vegetative Zelle von der Sporenhülle befreit und neubehäutet hervortritt. Bei der zweiten Art des Keimungsvorganges berstet die Membran der verquollenen und in die Länge gestreckten Sporenzelle, und das Keimstäbchen wächst aus dem hierbei entstandenen Riß heraus. Je nachdem die elliptische Spore nur an einem Pol (z. B. bei *Bac. butyricus*) oder an den beiden Polen (z. B. bei *Bac. bipolaris*) oder schließlich zwischen den beiden Polen (z. B. bei *Bac. subtilis*) berstet, unterscheidet man unipolare, bipolare und äquatoriale Sporenkeimung. Bei der unipolaren und bei der äquatorialen Keimung trägt das junge Keimstäbchen die Sporenmembran als polare Kappe, und bei der bipolaren Keimung bildet die zerrissene Membran einen Gürtel um das Keimstäbchen [§ 40].

§ 371. Bildung und Keimung der Sporenzellen sind von einer Reihe Umweltsbedingungen abhängig. Nach BUCHNER[623] sind vor allem die Erschöpfung des Nährsubstrates an geeigneten Nahrungsstoffen sowie die Anreicherung des Nährbodens mit wachstumshemmenden Stoffwechselprodukten, Giftstoffen usw. die ernährungsphysiologischen Bedingungen für die Sporenbildung. Sorgt man z. B. dafür, daß in einer Bouillonkultur des *Bac. anthracis* die verbrauchten Nahrungsstoffe durch Zusatz von frischer Bouillon ersetzt werden, so bleibt die Sporenbildung aus; sie erfolgt jedoch, wenn die Zellen aus der erschöpften Bouillonkultur z. B. in destilliertes Wasser übertragen werden. Ungünstige Ernährungsbedingungen allein genügen aber nicht, um bei sporenbildenden Bakterienarten die Sporulation auszulösen. Hierzu sind nur kräftig ernährte und vollentwickelte Bakterienzellen befähigt, und von diesen vermögen z. B. die aerophilen Arten nur bei genügendem Sauerstoffzutritt Sporen zu bilden. Die Auskeimung der reifen Sporen zu vegetativen wachstumsfähigen Bakterienzellen tritt demgegenüber nur bei günstigen Umweltsbedingungen ein und erfolgt z. B. bei aerophoben Bakterienarten selbst unter zusagenden Ernährungsverhältnissen nur bei Ausschluß des Sauerstoffgases. Offenbar beginnt die Sporenkeimung auf einen osmotischen Reiz hin, der seinerseits jedoch erst von der mit Wasser genügend imbibierten und dabei gequollenen und erweichten Sporenzelle aufgenommen werden kann. So erklärt es sich, daß manche Sporen auch schon in einer etwa 3%igen, wässerigen Kochsalzlösung sich zur Keimung anschicken.

§ 372. Verfolgt man unter den hier dargelegten Gesichtspunkten den Sporulationsvorgang z. B. von *Bac. subtilis* bei Züchtung in Nährbouillon, so kann man folgendes beobachten:

Die peritrich begeißelte und umherschwärmende Stäbchenzelle wächst in der Nährflüssigkeit, bis sie vollentwickelt ist. Hierbei erfährt die Zelle eine Streckung etwa um ein Drittel bis auf das Doppelte ihrer Länge und beginnt nun in zwei gleichgroße wachstumsfähige Tochterzellen sich zu teilen. Aus jeder dieser Tochterzellen gehen auf gleiche Weise je zwei neue Zellen hervor, die sich wiederum teilen usw., bis die Nährflüssigkeit dicht bevölkert ist. Mit zunehmender Zellvermehrung und entsprechendem Nährstoffverbrauch und wohl auch unter dem Einfluß der eigenen Stoffwechselprodukte bleibt die endgültige Trennung der Tochterzellen infolge von Membranverquellung aus, so daß mehr oder weniger lange eigenbewegliche Gliederfäden entstehen. Im weiteren Verlauf der Entwicklung bildet sich aus zahlreichen miteinander verquollenen Zellfäden ein dünnes Häutchen auf der Oberfläche der Nährflüssigkeit. Im allgemeinen sind bei dem Auftreten dieses Oberflächenhäutchens der Nährstoffvorrat der Kulturflüssigkeit erschöpft und auch so viele wachstumshemmende Stoffwechselprodukte vorhanden, daß die Zellteilungen aufhören. Jetzt kann man beobachten, wie in dem Protoplasma der vegetativen Zellen, die ihre Geißeln verlieren und demzufolge ihre Eigenbeweglichkeit einbüßen, immer größer werdende und stark lichtbrechende Körnchen gebildet werden, die zu einem rundlichen, fast kugeligen Gebilde, der Spore, zusammenfließen. Die reife dickwandige Spore wird beim Zerfall der Mutterzelle frei und vermag dann lange Zeit, auch unter sehr ungünstigen Lebensbedingungen, ihre Entwicklungsfähigkeit zu erhalten. Gelangt die Spore auf ein günstiges Nährsubstrat, so quillt sie zunächst unter Wasseraufnahme auf, verliert ihr starkes Lichtbrechungsvermögen und nimmt eine mehr ellipsoidische Gestalt an. In diesem Zustand der Verquellung und Dehnung platzt die Sporenhülle äquatorial auf und läßt das hyaline Keimstäbchen austreten, welches zu einer vegetativen begeißelten Zelle heranwächst, die vollentwickelt durch Teilung sich fortpflanzt [§ 364—366].

III. Bewegungsphysiologie der Bakterienzelle.

§ 373. Von allen Vorgängen, welche mit dem Stoff-, Kraft- und Formwechsel der Bakterienzelle verknüpft sind, bildet die Bewegung zweifellos die sinnfälligste Erscheinung des Lebens. Bewegungen, d. h. Teilchenverschiebungen eines materiellen Systems im Raum, liegen eigentlich jeder Lebensäußerung der Zelle zugrunde; auch die allernotwendigsten Lebensverrichtungen des Bakterienkörpers, wie Ernährung, Atmung und Wachstum, beruhen schließlich sämtlich auf Bewegungsformen der Materie. Von diesen unmittelbar jedoch nicht wahrnehmbaren Bewegungsvorgängen im Zellinnern sind die sichtbaren Bewegungserscheinungen zu unterscheiden. Diese umfassen entweder nur eine Teilchenverschiebung im Zelleib ohne Veränderung der äußeren Form oder lediglich eine Umgestaltung der äußeren Körperform oder eine Ortsveränderung der ganzen Bakterienzelle oder schließlich mehrere dieser verschiedenen Bewegungsarten gleichzeitig. Je nach dem die bewegenden Kräfte außerhalb oder innerhalb der Bakterienzelle liegen, d. h. entweder nur an der Zellmasse wirken oder nur in dem lebenden Zelleib (als Lebensäußerung) auftreten, sind passive und aktive Bewegungserscheinungen der Bakterienzelle zu unterscheiden.

A. Passive Bewegungserscheinungen.

§ 374. Die passiven Bewegungserscheinungen der Bakterienzelle beruhen auf gewissen physikalisch-chemischen Eigenschaften ihrer Umwelt und sind demzufolge nicht als Lebensäußerungen des Zelleibes aufzufassen. Als passiv gelten hiernach alle Bewegungen des Bakterienkörpers unter dem Einfluß von Kräften, welche außerhalb der Zelle liegen. Hierher gehören also auch solche Bewegungen, welche im Innern des lebenden Bakterienleibes lediglich unter der Wirkung veränderter Umweltsbedingungen sich abspielen.

1. Die Brownsche Molekularbewegung.

§ 375. Lebende wie abgestorbene Bakterienzellen, welche nicht über 4 μ groß sind und in einer Flüssigkeit von geringer innerer Reibung sich befinden, vollführen unter dem Einfluß der Stöße, welche sie ungleichmäßig von den schwingenden Molekülen der Aufschwemmungsflüssigkeit erfahren, jene eigentümliche als Brownsche Molekularbewegung [§ 53—54] bezeichnete Zitterbewegung. Mitunter kann diese rein passive Bewegung der Bakterienzelle so lebhaft werden, daß sie ohne weiteres von der aktiven, d. h. von der mit dem Leben der Zelle untrennbar verknüpften (vitalen) Bewegung nicht mit Sicherheit unterschieden werden kann. Um eine solche besonders lebhafte Molekularbewegung, welche häufig bei sehr kleinen Bakterienarten in einem dünnflüssigen und warmen Medium auftritt, von einer verhältnismäßig trägen Eigenbewegung der Zellen zu unterscheiden, prüft man mikroskopisch das Verhalten der bewegten bzw. beweglichen Zellen in zwei verschiedenen Flüssigkeitsproben, von denen die eine z. B. durch Zusatz von Gelatinelösung ziemlich viskös ist und die andere z. B. durch Beigabe von Sublimatlösung die Zellen rasch abtötet. Bleibt die fragliche Bewegung der Bakterienzellen auch in der mit Gelatinelösung versetzten Probe erhalten, während sie in dem sublimathaltigen Flüssigkeitstropfen vermißt wird, so handelt es sich um aktive Beweglichkeit, die auch im viskösen Medium fortbesteht, mit dem Tod der Zelle aber erlischt. Wird die Bewegung dagegen durch den Gelatinezusatz aufgehoben und trotz der Abtötung der Zellen durch Sublimat nicht beeinflußt, so liegt die Brownsche Molekularbewegung vor, die auch leblosen Teilchen von $< 4\,\mu$ Größe eigen ist.

2. Hygroskopische Bewegungen.

§ 376. Die hygroskopischen Bewegungserscheinungen der Bakterienzelle sind ebenfalls passiver Natur und unabhängig vom

Leben der Zelle. Sie beruhen darauf, daß gewisse sog. hydrophile Bestandteile des Bakterienkörpers sich mit Wasser vollsaugen. Dabei werden die aufgenommenen Wassermoleküle zwischen die Molekülaggregate jener (quellbaren) Zellsubstanzen gelagert und von diesen mit einer derartig starken Molekularattraktion festgehalten, daß die Moleküle der hydrophilen Stoffe auseinander getrieben werden. Die hierbei mikroskopisch nachweisbaren Veränderungen der Zellgestalt und der Zellgröße können so auffällig sein, daß z. B. zu kleinsten Körnchen eingetrocknete und geschrumpfte Bakterienleiber bei der Quellung ihre natürliche prallgefüllte Zellform wieder annehmen und dabei beträchtliche Quellungsdrucke entwickeln [§ 71]. Mit solchen Quellungsbewegungen beginnt auch die Auskeimung der stark hygroskopischen Bakteriensporen; die hierbei im Innern des Sporenkörpers hervorgerufenen Quellungsdrucke werden schließlich so groß, daß die Hülle der Spore platzt und das verquollene Keimstäbchen austritt. Zweifellos sind bei der Keimung auch vitale Wachstumsbewegungen mit im Spiel [§ 367—372].

3. Turgeszenzbewegungen.

§ 377. Unter Turgeszenzbewegungen der Bakterienzelle versteht man alle Bewegungsvorgänge, welche dadurch zustande kommen, daß der protoplasmatische Inhalt des Bakterienleibes unter dem Einfluß einer osmotischen Druckdifferenz seine Form verändert. Osmotische Druckschwankungen können in der vegetativen Bakterienzelle auf verschiedene Weise entstehen. So verändern sich z. B. bei den vielen Auf- und Abbauvorgängen, die im Verlauf des Bau- und Betriebsstoffwechsels der Zelle auftreten, auch die Mengenverhältnisse der osmotisch wirksamen Stoffe, so daß innerhalb des Zelleibes osmotische Druckunterschiede hervorgerufen werden [§ 32—33]. Inwieweit hierdurch vorübergehend intracelluläre Plasmabewegungen, Zellsaftströmungen, Vakuolenbildungen usw. ausgelöst werden, ist bei der mikroskopischen Kleinheit der Bakterienzelle schwer zu entscheiden; intracelluläre Plasmabewegungen sind bisher nur ausnahmsweise bei den verhältnismäßig großen Zellen des *Bac. Bütschlii* beobachtet worden.

§ 378. Sichtbare Turgeszenzbewegungen entstehen jedoch bei vielen (gramnegativen) Bakterienzellen, wenn die Konzentration der osmotisch wirksamen Stoffe innerhalb oder außerhalb des Zellkörpers sich ändert, d. h. gesteigert oder herabgesetzt wird. Zum vollen Verständnis dieser Vorgänge ist daran zu erinnern, daß die Außenschicht des Zellplasmas die Eigenschaften einer halbdurchlässigen Membran [§ 84] besitzt und ein festweiches

Stoffgemisch umschließt, das auch osmotisch wirksame Stoffe enthält [§ 82—83]. Durch diese Stoffe wird bei Bakterienzellen, die in einer wässerigen Flüssigkeit leben, die Aufnahme von Wasser aus dem umgebenden Medium in den Zelleib bedingt, so daß die halbdurchlässige Plasmagrenzschicht sowie die elastische Zellmembran gedehnt und straff gespannt werden. Überträgt man derart prallgefüllte (turgeszente) Bakterienzellen in eine wässerige Flüssigkeit (Salzlösung), deren osmotischer Druck höher als der Binnendruck der Zelle ist, so kann man beobachten, wie das ursprünglich eng an die Zellhaut anliegende Plasma von der Membran sich ablöst und immer mehr sich zusammenzieht. Diese als Plasmolyse [§ 84—86] bekannte Turgeszenzbewegung ist an das Leben des Zellplasmas gebunden [§ 86]; notwendige Vorbedingung für das Zustandekommen dieser Bewegung sind jedoch einerseits die physikalischen Eigenschaften der semipermeablen Plasmagrenzschicht und andererseits ein außerhalb des Zellleibes wirksamer osmotischer Druck, der größer als der Zellturgor ist [§ 82—88].

B. Aktive Bewegungserscheinungen.

§ 379. Viele (sog. eigenbewegliche) Bakterienarten zeigen unter günstigen Lebensbedingungen aktive Bewegungserscheinungen [§ 351]; sei es, daß die Zellen (wie bei gewissen *Haplobakterien*) Geißeln [§ 47—51] tragen und mit diesen Bewegungsorganen im flüssigen Nährsubstrat schwimmend sich fortbewegen, oder daß innerhalb des unbegeißelten Zelleibes (wie bei gewissen *Trichobakterien*) Protoplasmabewegungen [§ 377] auftreten, die sich auf die elastische Zellmembran übertragen und auf diese Weise eine (auf fester Unterlage) gleitende Fortbewegung der Bakterienzelle hervorrufen. Hiernach ist die Schwimmbewegung der *Haplobakterien* von der Gleitbewegung der *Trichobakterien* zu unterscheiden.

1. Die Schwimmbewegungen der Haplobakterien.

§ 380. Die Schwimmbewegung der Haplobakterien ist als mechanische Kraftwechselleistung der Bakterienzelle aufzufassen. Je nach dem die Bewegung aus inneren Zustandsänderungen des Zelleibes (spontan) zur Geltung kommt oder dabei noch von gewissen äußeren (physikalisch-chemischen) Umweltsbedingungen beeinflußt wird, unterscheidet man spontane (autonome) [§ 381 bis § 383] und induzierte (paratonische) [§ 384—387] Bewegungen.

a) Spontane Bewegungen.

§ 381. Die spontane Schwimmbewegung der *Haplobakterien* beruht auf der schraubenförmigen Drehung der biegsamen Geißel und kommt dadurch zustande, daß die rotierende Geißelschraube bei ihrer Drehung im flüssigen Medium einen Widerstand erfährt, der sich auf den freibeweglichen Körper der Bakterienzelle überträgt. Die Schraubengestalt des Geißelfadens entsteht durch Kontraktion der Geißelsubstanz; hierbei wirkt auf jedes sich kontrahierende Geißelstückchen senkrecht zu seiner Oberfläche ein durch den Wasserwiderstand bedingter Reaktionsdruck. Dieses Kraftmoment, das naturgemäß dem Rotationssinn der Geißelschraube entgegengesetzt gerichtet ist, kann nun in zwei Komponenten zerlegt werden, von denen die eine in die Längsrichtung des Bakterienkörpers fällt, also eine Vorwärtsbewegung der Zelle verursacht, und die andere hierzu senkrecht steht, also eine Drehung des Bakterienleibes um seine Längsachse und zwar entgegen dem Rotationssinn der Geißelspirale hervorruft[624].

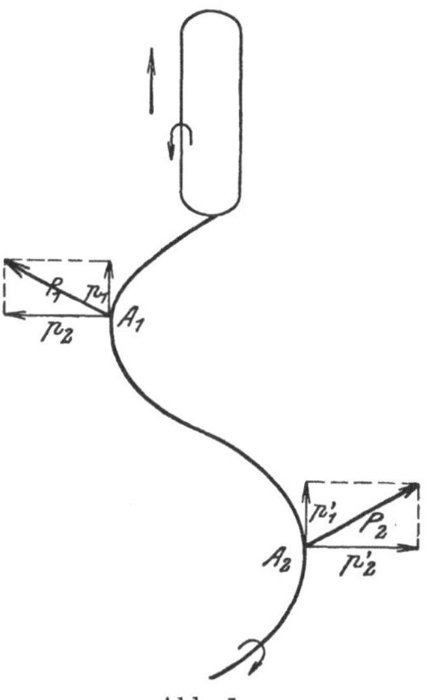

Abb. 1.

§ 382. Diese Kräfteverteilung sei an dem nebenstehenden Schema (Abb. 1) für die Bewegung einer unipolarbegeißelten Stäbchenzelle erläutert[625].

Nimmt man an, daß die Geißel dieser Zelle im Sinne einer rechtsgängigen Schraube rotiert, d. h. daß ein Punkt dieser Geißelschraube von „links unten“ über „oben“ nach „rechts unten“ sich vorwärtsbewegt, so wird z. B. der Punkt A_1 der rotierenden Geißel bei seiner Vorwärtsbewegung von links über oben nach rechts einen Wasserwiderstand P_1 (von rechts nach links) erfahren. Dieses Kraftmoment P_1, das hier von rechts unten nach links oben gerichtet ist, läßt sich in die zur Längsachse der Zelle parallele Komponente p_1 und in die hierzu senkrechte Komponente p_2 zerlegen. Ein um eine halbe Schrauben ganghöhe von A_1 entfernter Geißelpunkt A_2 wird in diesem Zeitmoment der Geißelrotation eine Vorwärtsbewegung von rechts nach links vollführen, d. h. einen Widerstand (P_2) von links nach rechts erfahren. Auch dieses Moment läßt sich in zwei Komponenten zerlegen, von denen die eine (p_1') in die Längsrichtung des Zellkörpers fällt und die andere (p_2') hierzu senkrecht steht. Während die Komponenten p_1 und p_1' zu einer gemeinsamen Komponente sich zusammensetzen lassen, welche die Vorwärtsbewegung der Bakterienzelle hervorruft, sind die beiden Komponenten p_2 und p_2' entgegengesetzt gerichtet und ergeben, wie die nebenstehende Abb. 2 zeigt, ein sog. Drehpaar.

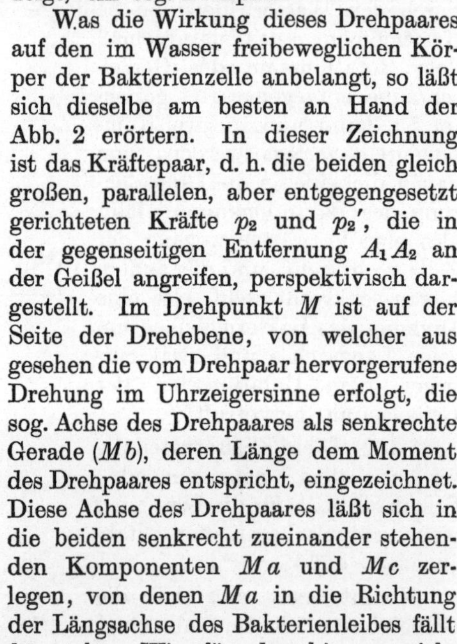

Abb. 2.

Was die Wirkung dieses Drehpaares auf den im Wasser freibeweglichen Körper der Bakterienzelle anbelangt, so läßt sich dieselbe am besten an Hand der Abb. 2 erörtern. In dieser Zeichnung ist das Kräftepaar, d. h. die beiden gleich großen, parallelen, aber entgegengesetzt gerichteten Kräfte p_2 und p_2', die in der gegenseitigen Entfernung $A_1 A_2$ an der Geißel angreifen, perspektivisch dargestellt. Im Drehpunkt M ist auf der Seite der Drehebene, von welcher aus gesehen die vom Drehpaar hervorgerufene Drehung im Uhrzeigersinne erfolgt, die sog. Achse des Drehpaares als senkrechte Gerade (Mb), deren Länge dem Moment des Drehpaares entspricht, eingezeichnet. Diese Achse des Drehpaares läßt sich in die beiden senkrecht zueinander stehenden Komponenten Ma und Mc zerlegen, von denen Ma in die Richtung der Längsachse des Bakterienleibes fällt und Mc hierzu senkrecht steht. Wie für das hier gezeichnete Drehpaar, so lassen sich auch für alle übrigen Drehpaare, deren Kräfte in einem gegenseitigen Abstand von einer halben Schraubenganghöhe an der Geißel wirken, die Achsen konstruieren und in je zwei entsprechende senkrechte Komponenten zerlegen. Da nun jedes Drehpaar in eine beliebige zur Drehebene parallele Ebene verlegt und jedes Drehpaar in der Drehebene beliebig verschoben werden kann, so lassen sich alle Drehpaarkomponenten in den Bakterienkörper verlegen, so daß ihre Drehpunkte mit der Körpermitte zusammenfallen. Die Rotation der Geißel bedingt somit:

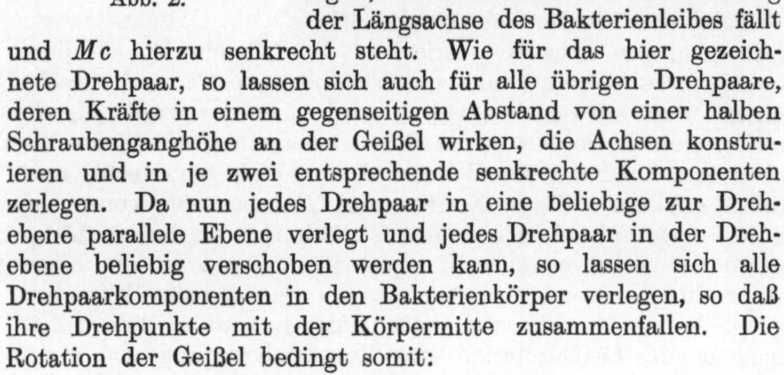

I. eine Vorwärtsbewegung des Bakterienkörpers: $\sum p_1$ (vgl. Abb. 1),

II. eine Drehbewegung des Bakterienkörpers
   1. um die Längsachse: $\sum Ma$ (vgl. Abb. 2),
   2. um die Querachse: $\sum Mc$ (vgl. Abb. 2).

Da die Drehung der Bakterienzelle um die Querachse infolge der gleichzeitigen Drehung der Zelle um die Längsachse in jedem Augenblicke in einer anderen Ebene sich vollzieht, so ergibt sich, wie dies Abb. 3 veranschaulicht, daß jeder Pol der Bakterienzelle einen Kreis und jede Körperhälfte einen Kegel beschreibt, wenn die Bewegung an ein und derselben Stelle im Raum erfolgt.

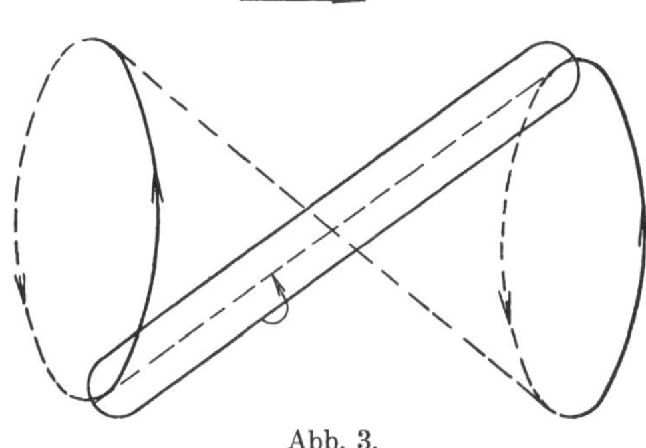

Abb. 3.

Bewegt sich die Bakterienzelle infolge ihrer Vorwärtsbewegung vom Orte weg, so beschreiben die Pole ihres Körpers Schraubenlinien und der Zellkörper selbst umfährt dabei Schraubenflächen. Diese sog. Trichterbewegung vollführt naturgemäß auch die Geißel, denn ihr Ansatzpunkt am Pol der Zelle beschreibt gleichfalls jene Schraubenlinie, so daß die Stellung der Geißel zum Zellkörper sich fortwährend ändert. Auf diese Weise bewirkt die rotierende Geißel je nach ihrer Lage zum Bakterienkörper entweder eine Verstärkung oder eine Abschwächung seiner Trichterbewegung.

§ 383. Noch bei weitem verwickelter, als sie hier für eine monotriche Stäbchenzelle (als einfachstes Beispiel) geschildert werden, sind die Bewegungsmechanismen der lophotrich, amphitrich oder peritrich begeißelten Bakterienzellen. Über die Koordinationsverhältnisse, welche den Geißelbewegungen dieser Zellen zugrunde liegen und, wie besonders hervorzuheben ist, vielfach eine artdiagnostische Zellbewegung hervorrufen, ist nichts bekannt.

b) Induzierte Bewegungen.

§ 384. Unter natürlichen Umweltsbedingungen zeigt jede entwicklungsfähige Bakterienzelle sog. spontane Lebensäußerungen, indem Ernährung, Wachstum, Fortpflanzung und Bewegung, d. h. alle Erscheinungen des Stoff-, Kraft- und Formwechsels der Zelle automatisch und artspezifisch verlaufen. Bei veränderten, d. h. von der Norm abweichenden Lebensbedingungen zeigen hierfür empfindliche und reaktionsfähige Bakterienzellen sog. induzierte Lebensäußerungen, indem die Zellen jene Veränderung ihrer Umweltsbedingungen als sog. Reiz empfinden (Perzeption) und sich darauf einstellen (Reaktion). Die Reizbarkeit der Bakterienzelle, d. h. ihre Perzeptions- und Reaktionsfähigkeit gegenüber veränderten Lebensbedingungen, ist naturgemäß je nach der Bakterienart verschieden, und sie wechselt auch mit der Natur und mit der Stärke der Reizwirkungen.

§ 385. Besonders sinnfällig sind die durch Reizwirkung induzierten Bewegungserscheinungen der Bakterienzelle. Hierbei handelt es sich darum, daß entweder die Bewegungsstärke der Zelle unter dem Einfluß eines allseitig („diffus") wirksamen Reizes sich verändert, oder daß die Bewegungsrichtung auf eine einseitige Reizwirkung hin wechselt.

§ 386. Was die Beeinflussung des Bewegungsvermögens der Zelle durch allseitige Veränderungen der Umweltsbedingungen anbelangt, so sind vor allem Temperatur und Belichtung sowie die chemische Zusammensetzung und die Konzentration des Nährmediums von ausschlaggebender Bedeutung für die Intensität der Beweglichkeit. Für jede dieser verschiedenen Reizqualitäten besteht eine untere (minimale) und eine obere (maximale) Grenze, die nicht überschritten werden darf, wenn die Bewegungsfähigkeit der Zelle erhalten bleiben soll. Innerhalb dieser beiden Grenzwerte (Minimum und Maximum) liegt das Optimum der Beweglichkeit; werden die Grenzwerte überschritten, so geht die Bewegungsfähigkeit der Zelle verloren (Giftstarre, Kältestarre, Wärmestarre usw.).

§ 387. Unter dem Einfluß einer einseitigen Reizwirkung zeigt die Bakterienzelle ihre sog. taktische Reizbarkeit, d. h. ihre Fähigkeit, auf einen einseitigen Reiz hin mit einer entsprechenden Ortsveränderung zu reagieren. Diese Richtungsbewegungen (T a x i e n) werden, je nach dem die Zelle zur Reizquelle hinstrebt oder sich von ihr fortbewegt, als „positiv" oder als „negativ" bezeichnet und je nach der chemischen, thermischen, osmotischen, photischen usw. Natur des Reizes als C h e m o t a x i s,

Thermotaxis, Osmotaxis, Phototaxis, Aerotaxis usw. unterschieden.

2. Die Gleitbewegung der Trichobakterien.

§ 388. Über das Zustandekommen der Gleitbewegung, welche gewissen *Trichobakterien* eigen ist und an die eigentümliche Bewegung der *Oscillarien* erinnert, ist bisher nichts Sicheres bekannt. Die Zellen zeigen eine Vorwärtsbewegung, eine schraubige Drehbewegung und eine Pendelbewegung. Vielleicht handelt es sich um intracelluläre Plasmabewegungen, welche sich auf die Zellhaut übertragen und auf diese Weise die Ortsveränderung der Zellen ermöglichen.

Anmerkungen.

Allgemeines.

Für ein vertieftes Studium der allgemeinen und speziellen Bakteriologie sowie zur Einführung in die mikrobiologische Versuchstechnik sind folgende Werke zu empfehlen:

ABDERHALDEN, E.: Handbuch der biochemischen Arbeitsmethoden. Jena 1920. — ABEL, R.: Bakteriologisches Taschenbuch. Würzburg 1923. — DE BARY: Vergleichende Morphologie und Biologie der Pilze, Myzetozoen und Bakterien. Leipzig 1884. — Ders.: Vorlesungen über Bakterien. Leipzig 1885. — BAUMGARTEN, P.: Lehrbuch der pathologischen Mykologie. Braunschweig 1890. — BENECKE: Bau u. Leben d. Bakterien. Leipzig. — BILLROTH: Coccobacteria septica. Berlin 1874. — BONGERT: Bakteriologische Diagnostik für Tierärzte. Berlin 1922. — BÜTSCHLI: Über den Bau der Bakterien und verwandter Organismen. Leipzig 1890. — Ders.: Weitere Ausführungen über den Bau der Cyanophyzeen und Bakterien. Leipzig 1896. — COHN, F.: Beiträge zur Biologie der Pflanzen. 1872 ff. — CZAPEK, F.: Biochemie d. Pflanzen. Jena 1913–1921. — DUCLAUX: Chimie biologique. Bd. 9 der Encyclopédie Chimique von FREMY. Paris 1883. — Ders.: Traité de Microbiologie.. — EHRENBERG: Die Infusionstierchen als vollkommene Organismen. 1838. — FISCHER, A.: Untersuchungen über den Bau der Cyanophyceen u. Bakterien. Jena 1897. — Ders.: Fixierung, Färbung und Bau des Protoplasmas. Jena 1899. — Ders.: Vorlesungen über Bakterien. 1903. — FLÜGGE, C.: Die Mikroorganismen. Leipzig 1896. — FRÄNKEL: Grundriß der Bakterienkunde. Berlin 1891. — FRIEDBERGER, E. und PFEIFFER, R.: Lehrbuch der Mikrobiologie. Jena 1919. — FUHRMANN, F.: Vorlesungen über technische Mykologie. Jena 1913. — FÜRST, TH.: Behelfstechnik in der Bakteriologie und Hygiene. Aus: Ärztl. Behelfstechnik. Berlin 1922. — GLAGE, F.: Kompendium der angewandten Bakteriologie für Tierärzte. Berlin 1913. — GOTSCHLICH-SCHÜRMANN: Leitfaden der Mikroparasitologie und Serologie. Berlin 1920. — GÜNTHER, C.: Einführung in das Studium der Bakteriologie. Leipzig 1906. — GRUBER, M. v.: Das Lebenswerk Pasteurs. Wien 1896. — HEIM, L.: Lehrbuch der Bakteriologie. Stuttgart 1923. — HERTWIG, O.: Allgemeine Biologie. Jena 1923. — HUEPPE, F.: Formen der Bakterien. 1886. — Ders.: Methoden der Bakterienforschung. 1892. — Ders.: Naturwissenschaftl. Einführung in die Bakteriologie. 1896. — HÖBER: Physikalische Chemie der Zelle und Gewebe. Leipzig 1922. — KITT, TH.: Bakterienkunde für Tierärzte. Wien 1908. — KLÖCKER, A.: Die Gärungsorganismen. Stuttgart 1906. — KOCH: Mikrobiologisches Praktikum. Berlin 1922. — KOCH, R.: Gesammelte Werke. — KOLLE und HETSCH: Die experimentelle Bakteriologie und die Infektionskrankheiten. Berlin 1922. — KOLLE und WASSERMANN: Handbuch der pathogenen Mikroorganismen. Jena 1914. — KOSSOWICZ, A.: Einführung in die Mykologie der Genußmittel und in die Gärungsphysiologie. Berlin 1911. — Ders.: Einführung in die Agrikulturmykologie. Wiesbaden 1912. — Kraus-Uhlenhuth: Handbuch der mikrobiolog. Technik. Berlin 1922. — Kruse, W.: Einführung in die Bakteriologie. Leipzig 1920. — Ders.: Allgemeine Mikrobiologie. Leipzig 1910. — Küster, E.: Kultur der Mikroorganismen. Leipzig 1921. — Lafar, Fr.: Handbuch der technischen Mykologie. Jena 1904—1907. — Leeuwenhook, A. van: Arcana naturae. Delphis Batavorum 1695. — Lehmann und Neumann: Atlas und Grundriß der Bakteriologie und Lehrbuch der speziellen, bakteriologischen Diagnostik. München 1920. — Lindner, P.: Mikroskopische Betriebskontrolle in den Gärungsgewerben. — Löffler, F.: Vorlesungen über die geschichtliche Entwicklung der Lehre von den Bakterien. Leipzig 1887. — Löhnis, F.: Handbuch der landwirtschaftlichen Bakteriologie. Berlin 1910. — Magnin, A.: Les Bactéries. Paris 1878. — Marpmann, G.: Die Spaltpilze. Halle 1884. — Matzuschita: Bakteriologische Diagnostik. 1902. — Meyer, A.: Die Zelle der Bakterien. Jena 1912 — Ders.: Praktikum der botanischen Bakterienkunde. Jena 1903. — Migula: System der Bakterien. 1897—1900. — Ders.: Schizomycetes in Engler u. Prantls Pflanzenfamilien. 1895. — Müller, O. F.: Animalcula infusoria fluviatilia et terrestria. 1786. — v. Nägeli: Die niederen Pilze. München 1877. — Ders.: Theorie der Gärung. München 1879. — Pasteur: Ges. Werke. — Perty: Zur Kenntnis kleinster Lebensformen. 1852. — Pfeffer: Pflanzenphysiologie. Leipzig 1897—1904. — Prazmowski, A.: Untersuchungen über die Entwicklungsgeschichte und Fermentwirkung einiger Bakterienarten. Leipzig 1880. — Pringsheim: Die Variabilität niederer Organismen. Berlin 1920. — Richter, O.: Die Bedeutung der Reinkultur. Berlin 1910. — Rubner, Gruber und Ficker: Handbuch der Hygiene. Leipzig 1911. — Schmidt, J. und Weis, Fr.: Die Bakterien. Jena 1902. — Verworn, M.: Allgemeine Physiologie. Jena 1915. — Wahrlich: Bakteriologische Studien. Petersburg 1890—1891. — Winogradsky: Beiträge zur Morphologie und Physiologie der Bakterien. Leipzig 1888. — Zimmermann, O. E. R: Die Bakterien unserer Trink- und Nutzwässer. Chemnitz 1890—1894. — Zopf, W.: Spaltpilze. 2. Aufl. Breslau 1885. — Ders.: Zur Morphologie der Spaltpflanzen. Leipzig 1882.

Anatomie der Bakterienzelle.

1. Die Bezeichnung „*Bacterium*“ stammt von Ehrenberg (Die Infusionstierchen als vollkommene Organismen. 1838). Ehrenberg teilte die mikroskopisch kleinen Lebewesen, welche er Infusionstierchen nannte, in zwei Familien: *Monadina* und *Vibrionia.* Die „geradlinigen, unbiegsamen“ Formen der *Vibrionia* bezeichnete er als *Bakterien* zum Unterschied von der „schlangenförmig biegsamen“ Form *Vibrio,* der „spiralförmig gekrümmten, unbiegsamen“ Form *Spirillum* und der „spiralförmig biegsamen“ Form *Spirochaete.* — 2. Noch kleiner als die kleinsten Bakterien sind gewisse optisch nicht wahrnehmbare („ultravisible“) Lebewesen, wie z. B. der Erreger der Maul- und Klauenseuche (Löffler und Frosch: Zentralbl. f. Bakteriol., Parasitenk. u. Infektionskrankh., Abt. I, Orig. Bd. 23. 1898), die so klein sind, daß sie bakteriendichte Porzellanfilter passieren („filtrierbare Virusarten“). Die Stellung dieser „submikroskopischen“ Infektionserreger im System ist unentschieden. — 3. Unter „Zelle“ ist hier im Sinne der Erklärung Mohls (Abschnitt „Die vegetabilische Zelle“ in Wagners Handbuch der Physiologie. 1851) folgendes zu verstehen: „Die Grundform der pflanzlichen Elementarorgane ist die eines ringsum geschlossenen, kugeligen oder in die Länge gezogenen, aus

einer festen Membran bestehenden und eine tropfbare Flüssigkeit enthaltenden Bläschens“ (MOHL a. a. O.). — **4.** Einzelzellen der Bakterien sind mit Ausnahme von gewissen chlorophyllführenden (grünen) und bakteriopurpurinhaltigen (roten) Zellen stets farblos. — **5.** Die Zugehörigkeit der Bakterien zu den Pflanzen hob zuerst PERTY (Zur Kenntnis kleinster Lebensformen. 1852) hervor. PERTY faßte die Bakterien als *Vibrionida* zusammen, rechnete sie zu den *Phytozoidea* und betonte ihre Verwandtschaft mit den *Algen*. — **6.** Im Sinne dieser Definition hat zuerst COHN (Beiträge zur Biologie der Pflanzen. Bd. I, H. 2. 1872) den Namen Bakterien als gemeinsame Bezeichnung für diese zusammengehörige Gruppe niederster Lebewesen angewendet. — **7.** Über die Phylogenie der Bakterien, d. h. über ihre Veränderungen im Verlaufe erdgeschichtlicher Entwicklungsperioden, wissen wir sehr wenig. Die ersten Bakterien auf unserer Erde waren zweifellos autotroph. Über fossile Bakterien schrieb VAN TIEGHEM (Sur le ferment butyrique [*Bacillus amylobacter*] à l'époque de la houille in Cpt. rend. hebdom. des séances de l'acad. des sciences. Bd. 79. Paris 1879). Über geologische Bakterienfunde berichten ferner ZOPF (Morphologie der Spaltpilze. Leipzig 1882), COHN (MAX SCHULZES Archiv. Bd 3), RENAULT und BERTRAND (Cpt. rend. hebdom. des séances de l'acad. des sciences. Bd. 119. Paris 1894) und RENAULT (ibid. Bd. 122 und Bd. 123. 1896, sowie in den Ann. des sciences nat. [Ser. 8], Bd. 2. 1896). ZOPF (und W. MÜLLER) fanden im Weinstein der Zähne ägyptischer Mumien wohlerhaltene Spaltpilze, die morphologisch von *Leptothrix buccalis* nicht zu unterscheiden waren. *Leptothrix*artige Bakterien fand COHN im Staßfurter Carnallit. RENAULT hat Bakterien (Kugel- und Stäbchenzellen) in Versteinerungen aus verschiedenen Erdperioden (z. B. in fossilen Pflanzen und Zähnen, in kohlehaltigen Kreideschichten aus Juraschichten, aus der Steinkohlenzeit und auch aus dem Devon) gefunden. Zur Phylogenie der Bakterien vgl. auch JENSEN: Die Hauptlinien des natürlichen Bakteriensystems. Zentralbl. f. Bakteriol., Parasitenk. u. Infektionskrankh., Abt. II, Bd. 22. 1909. — **8.** Die Pilznatur bzw. die nahe Verwandtschaft der Bakterien mit den niederen *Pilzen*, auf welche schon die Benennung Spaltpilze (*Schizomyzeten*) hindeutet, wird von vielen Forschern vor allem deshalb vertreten, weil die Bakterien wie die Pilze kein Chlorophyll besitzen und demzufolge auf eine saprophytische bzw. parasitäre Lebensweise angewiesen sind. Die nahe Verwandtschaft der Bakterien mit den Pilzen vertritt vor allem A. MEYER (Die Zelle der Bakterien. 1912), welcher sagt: „Die Bakterien sind also sicher von allen Organismen den sporangienbildenden Pilzen mit septierten Hyphen am ähnlichsten, vorzüglich den niedrigsten *Hemiaskomyzeten*. Sie unterscheiden sich von ihnen nur durch die Begeißelung der Hyphen, der wir keine große systematische Bedeutung beilegen, da Geißeln allgemein verbreitete Gebilde sind, die in jeder Organismengruppe auftreten, wo sie biologisch brauchbar sind. Wir dürfen sie deshalb als Verwandte dieser Pilze betrachten. Verwandt sind jedoch alle Pflanzen miteinander, es fragt sich nur, wie nahe die Bakterien mit diesen Pilzen verwandt sind. Ich betrachte nun die Bakterien als nächste Verwandte, aber doch als relativ entfernte Verwandte der *Hemiaskomyzeten*; ihre Verwandtschaft mit den *Hemiaskomyzeten* ist z. B. eine viel entferntere als die der *Basiodiomyzeten* und *Askomyzeten*, aber sie sind ungemein viel näher mit den *Hemiakomyzeten* verwandt als mit den *Zyanophyzeen* und *Flagellaten*“ (a. a. O. S. 27). A. MEYER wendet demzufolge eine Reihe von Bezeichnungen aus der Pilzmorphologie auch auf die Bakterien an. Zum Verständnis der wertvollen Arbeiten A. MEYERS und seiner Schüler verdient dies hier hervorgehoben zu werden. A. MEYER nennt die Zellfäden der Bakterien *Hyphen*; jedes isolierte kleine Stückchen eines Zellfadens heißt *Oidium*; die bewegliche Form nennt A. MEYER *Schwärmoidium* und die sporenführende Bakterienzelle *Sporangium*. Nach A. MEYER enthält im ENGLERschen System der Pflanzen die Unterabteilung *Eumyzeten* (*Fungi*, echte Pilze) als III. Klasse: *Askomyzeten*, welche die drei Unterklassen: *Hemiasci*, *Schizomyzeten* und *Euasci* umfaßt. Besonders von MIGULA (System der Bakterien. 1897—1900) ist die Verwandtschaft der Bakterien mit den sog. *Schizosaccharomyzeten* hervorgehoben worden, welche ähnlich wie die Bakterien durch Zellteilung sich vermehren und auf diese Weise den Anschluß der Bakterien an die *Saccharomyzeten* dartun, welche auch durch die Endosporenbildung miteinander verwandt sind. Die Sporenbildung der Bakterien und *Saccharomyzeten* leitet zu der Askosporenbildung der *Askomyzeten* über. Die Bakterien wären somit das unterste Glied der *Askomyzeten*reihe. Diese Auffassung vertritt auch A. MEYER. — 9. Auf Grund der Zellform und der Form der Zellverbände sowie wegen der Art der Zellteilung hat zuerst COHN (Verhandl. d. Kaiserl. Leopold.-Karolin. Akad. d. Naturforsch., Abt. I, Bd. 12. 1854) enge Verwandtschaftsbeziehungen zwischen den Bakterien und den *Cyanophyzeen* angenommen. Diese Auffassung ist z. B. auch von ZOPF (Die Bakterien. 1885) vertreten worden. — **10.** Die Verwandtschaft der Bakterien mit den *Flagellaten* hat zuerst BÜTSCHLI (Protozoa, BRONNS Klassen und Ordnungen des Tierreiches. Bd. 1. 1880—1887) behauptet. Seiner Ansicht haben sich z. B. KLEBS (Zeitschr. f. wiss. Zoologie. Bd. 55. 1893) und A. FISCHER (Vorlesungen über Bakterien. 1897) angeschlossen. — **11.** Die Bezeichnung *Schizomyzeten* (Spaltpilze) ist von NÄGELI (Verhandl. d. Ges. dtsch. Naturforsch. u. Ärzte. Bonn 1857) eingeführt worden. Der Grund war hierfür die Fortpflanzung der Bakterien durch Zweiteilung (Spaltung). — **12.** COHN (Beiträge zur Biologie der Pflanzen. 1875) hat zuerst die Bakterien und Spaltalgen zu einer gemeinsamen Gruppe, die er *Schizophyten* (Spaltpflanzen) nannte, vereinigt. — **13.** Alle mikroskopisch kleinen Lebewesen des Pflanzen- und Tierreiches lassen sich auch unter der Bezeichnung „Mikroorganismen" zusammenfassen. Die Lehre von den Mikroorganismen ist die Mikrobiologie. Sie umfaßt: Bakteriologie, Algologie, Mykologie und Protozoologie. — **14.** Diese auf natürlicher Grundlage aufgebaute Einteilung stammt von A. FISCHER (Jahrb. f. wiss. Botanik. Bd. 27. 1895, und Vorlesungen über Bakterien. Jena 1903). — **15.** Für die *Haplobakterien* (echte Bakterien) gilt nach FISCHER: Vegetationskörper einzellig, kugelig, zylindrisch oder schraubig, einzeln oder zu unverzweigten Ketten und anderen Wuchsformen vereinigt. — **16.** Über die *Trichobakterien* (Fadenbakterien) schreibt FISCHER: Vegetationskörper ein unverzweigter oder verzweigter Zellfaden, dessen Glieder als Schwärmzellen (Gonidien) oder als Homorgonien sich ablösen. — **17.** *Kokkazeen* sind nach FISCHER „Kugelbakterien": Vegetationskörper kugelig. — **18.** *Bazillazeen* sind nach FISCHER „Stäbchenbakterien": Vegetationskörper zylindrisch, ellipsoidisch, eiförmig, gerade; bei den kurzen, fast kugeligen Formen wird die Trennung von Kokken schwer. Teilung immer senkrecht zur Längsachse; als Wuchsform nur unverzweigte Ketten. — **19.** *Spirillazeen* sind nach FISCHER „Schraubenbakterien": Vegetationskörper zylindrisch, aber schraubig gekrümmt; Teilung immer senkrecht zur Längsachse. — **20.** Als *Leptothrichazeen* werden die *Trichobakterien* bezeichnet, die gleitend (kriechend) bewegliche Zellfäden ohne Scheide bilden. — **21.** Die *Chladothrichazeen* sind *Trichobakterien*, die unbewegliche, starre und in eine Scheide eingeschlossene Fäden bilden. — **22.** Der erste Versuch, ein Bakteriensystem aufzustellen, stammt von dem dänischen Zoologen O. F. Müller (Animalcula infusoria fluviatilia et terrestria. Havniae 1786); ihm folgten Ehrenberg (Die Infusionstierchen als vollkommene Organismen. Leipzig 1838), Dujardin (Histoire naturelle des Zoophytes infusoires, comprenant la physiologie et la classification. Paris 1841) und Perty (Zur Kenntnis kleinster Lebensformen. 1852). — Von grundlegender Bedeutung für die heute gültige Systematik der Bakterien sind die Arbeiten von F. Cohn (Nova Acta Acad. Caes. Leop. Carol. Nat. Cur. Bd. 35 und Beiträge z. Biologie d. Pflanzen. 1872 ff.). Das von Cohn (Beiträge z. Biologie d. Pflanzen. Bd. 1, H. 2. 1872) aufgestellte System gliedert die Bakterien folgendermaßen:

Tribus I: *Sphaerobacteria* (Kugelbakterien).
Gattung 1: *Micrococcus.*
Tribus II: *Microbacteria* (Stäbchenbakterien).
Gattung 2: *Bacterium.*
Tribus III: *Desmobacteria* (Fadenbakterien).
Gattung 3: *Bacillus.*
Gattung 4: *Vibrio.*
Tribus IV: *Spirobacteria* (Schraubenbakterien).
Gattung 5: *Spirillum.*
Gattung 6: *Spirochaete.*

Weitere Bakteriensysteme stammen z. B. noch von Zopf (Die Spaltpilze. 1. Aufl. Breslau 1884; vgl. auch 2. Aufl. Breslau 1885); De Toni und Trevisan (Sylloge Schizomycetum. Padua 1889); Van Tieghem (Traité de Botanique. 1883 u. 1891); De Bary (Vergleichende Morphologie und Biologie der Pilze, Myzetozoen und Bakterien. 1884, und: Vorlesungen über Bakterien. 1885); Hueppe (Formen der Bakterien. Wiesbaden 1886); A. Fischer (Jahrb. f. wiss. Botanik. Bd. 27. 1895, und: Vorlesungen über Bakterien. Jena 1903); Migula (System d. Bakterien. Bd. 1. Jena 1897; ferner: Arb. a. d. bakt. Inst. der Techn. Hochschule zu Karlsruhe. Bd. 1. 1894, und: Schizomyzeten in Engler u. Prantls Pflanzenfamilien. 1895); Messea (Rivista d'igiene. Bd. 1. 1890) und Lehmann-Neumann (Atlas und Grundriß der Bakteriologie. München 1896; vgl. auch 6. Aufl. 1920) Lehmann und Neumann haben folgendes System aufgestellt:

I. Familie: *Coccaceae* (Kugelbakterien).
1. Gattung: *Streptococcus.* Teilung nur nach einer Richtung des Raumes, senkrecht auf die Wachstumsrichtung.
2. Gattung: *Sarcina.* Teilung regelmäßig aufeinander folgend nach drei Richtungen des Raumes.
3. Gattung: *Micrococcus.* Teilungen unregelmäßig nach verschiedenen Richtungen des Raumes.

II. Familie: *Bacteriaceae* (Stäbchenbakterien).
1. Gattung: *Bacterium.* Ohne endogene Sporen.
2. Gattung: *Bacillus.* Mit endogenen Sporen.

III. Familie: *Spirillaceae* (Schraubenbakterien).
1. Gattung: *Vibrio.* Zellen kurz, schwach bogig, starr, kommaartig gekrümmt; zuweilen in schraubenartigen Verbänden aneinander hängend, stets nur mit einer, ausnahmsweise mit zwei bis vier endständigen Geißeln. Endosporen fehlen.
2. Gattung: *Spirillum.* Zellen lang, spiralig gekrümmt, korkzieherartig, starr, mit einem meist polaren (häufig bipolaren) Geißelbüschel.

— 23. Im vorliegenden Grundriß sind die im System von Lehmann und Neumann nach botanischen Gesichtspunkten und unter Wahrung der Priorität in der Benennung aufgestellten Artnamen verwendet worden. Es sei hierzu hervorgehoben, daß Lehmann und Neumann einige Bakterienarten (z. B. *Diphtherie-* und *Tuberkelbazillen*) nicht zu den Bakterien zählen, sondern unter dem Namen *Corynebacterium* und *Mycobacterium* zu den *Actinomyzeten* rechnen. Auch in dieser Hinsicht schließt sich der Grundriß den Auffassungen von Lehmann und Neumann an. — **24.** Cohn: Beitr. z. Biologie d. Pflanzen. Bd. 1, H. 2. 1872 und Bd. 1, H. 3. 1875. — **25.** Nägeli: Die niederen Pilze in ihrer Beziehung zu den Infektionskrankheiten. München 1877, und: Untersuchungen über niedere Pilze. München 1882. — **26.** Zopf: Morphologie der Spaltpilze. Leipzig 1882. — **27.** Über Variabilität vgl. Pringsheim: Die Variabilität niederer Organismen. Berlin 1920. — **28.** Cohn a. a. O. — **29.** Unter dem Mikroskop erscheinen die Kugelzellen als mehr oder weniger kreisförmige, die Stäbchenzellen als rechteckige (mit meistens abgerundeten Ecken), und die Schraubenzellen als wellenförmige Flächen. Mit Hilfe des sog. binokularen Tubusaufsatzes zur stereoskopischen Betrachtung gelingt es (wenigstens bei nicht allzu kleinen Zellformen), die Kugel-, Zylinder- bzw. Schraubengestalt des Bakterienkörpers zu beobachten. — **30.** Die lateinische Bezeichnung *Bacillus* und das griechische Wort *Bacterium* (*βακτήριον*) bedeuten beide: Stäbchen. Im allgemeinen benutzt man jedoch das Wort *Bacterium* als gemeinsame Bezeichnung für die gesamte Gruppe dieser Lebewesen und das Wort *Bacillus* lediglich für die stäbchenförmigen Bakterienarten. Nach Lehmann und Neumann wird das Wort *Bacterium* für die stäbchenförmigen Bakterien ohne endogene Sporenbildung und das Wort *Bacillus* für die stäbchenförmigen Bakterien mit endogener Sporenbildung angewendet. In diesem Sinne sind diese beiden Bezeichnungen auch im vorliegenden Grundriß aufzufassen. — **31.** Buchner in Nägelis Untersuchungen über niedere Pilze. München 1882. — **32.** Die Bezeichnung „teratologische Wuchsformen“ wurde von Maassen (Arb. a. d. Reichs-Gesundheitsamte. Bd. 21. 1904) eingeführt. Peju und Rajat (Cpt. rend. hebdom. des séances de l'acad. des sciences. Paris 1906 u. 1907) prägten hierfür den Namen „Polymorphose“. — **33.** Hansen: Ber. d. Dtsch. Botan. Ges. 1893. — **34.** Maassen: Arb. a. d. Reichs-Gesundheitsamte. Bd. 21. 1904. — **35.** Reichenbach: Zentralbl f. Bakteriol., Parasitenk. u. Infektionskrankh., Abt. I., Orig. 1901. — **36.** Fränkel: Hyg. Rundsch. 1895. — **37.** Abbott und Goldesleave: Zentralbl. f. Bakteriol., Parasitenk. u. Infektionskrankh., Abt. I, Orig. Bd. 35. 1903. — **38.** Schütz: Berlin. Klinik. 1898. — **39.** Meyerhof: Arch. f. Hyg. Bd. 33. 1898. — **40.** Guignard und Charrin: Cpt. rend. hebdom. des séances de l'acad. des sciences. Bd. 105. Paris 1887. — **41.** Wasserzug: Ann. de l'inst. Pasteur. 1888. — **42.** Hankin und Leumann: Zentralbl. f. Bakteriol., Parasitenk. u. Infektionskrankh., Abt. I, Orig. Bd. 22. 1897. — **43.** Gamaleia: Elemente der allgemeinen Bakteriologie. Berlin 1900. — **44.** Maassen a. a. O. — **45.** Hata: Zentralbl. f. Bakteriol., Parasitenk. u. Infektionskrankh., Abt. I, Orig. Bd. 46. 1908. — **46.** Die Bezeichnung „Involutionsformen“ stammt von Nägeli: Untersuchungen über niedere Pilze. München 1882. — **47.** Nach Kruse in Flügges „Mikroorganismen“. Bd. 1. 1896. — **48.** Derselbe ebenda. — **49.** Esmarch, E. v.: Zentralbl. f. Bakteriol., Parasitenk. u. Infektionskrankh., Abt. I, Orig. Bd. 32. 1902. — **50.** Reichert: Ebenda Bd. 51. 1909. — **51.** Meyer: Flora, N. F. Bd. 84. 1897. — **52.** Kruse in Flügges „Mikroorganismen“. Bd. 1. 1896. — **53.** Meyer: Flora, N. F. Bd. 84. 1897. — **54.** *Strept. mesenterioides* (syn.

Leucotonoc mesenterioides) ist der sog. Froschlaichpilz, welcher früher häufig in den Abwässern der Zuckerfabriken auftrat und auf dem zuckerhaltigen Substrat dicke, weißliche Gallertmassen bildete. — **55.** Diese Bezeichnung (von *Ζῷον* = Tier und *γλοῖος* = klebrig) wurde von Cohn (Nova Acta Acad. Caes. Leop. Carol. Natur. Cur. Bd. 24, T. 1. 1854) eingeführt, und zwar für eine besondere (gallertbildende) Bakteriengattung, zu welcher er auch *Bact. termo* (Dujardin) rechnete. — **56.** Heim: Arch. f. Hyg. Bd. 40. — **57.** Diese biologische Bedeutung der Kapsel ist zuerst von Babes (Zeitschr. f. Hyg. u. Infektionskrankh. Bd. 20. 1895) richtig erkannt worden. Über die Bedeutung der Kapsel für die Virulenz der Bakterien vgl. die Arbeit von Hess (Arch. f. Hyg. Bd. 89. 1920). — **58.** Unter Protoplasma ist hier nach Mohl (Botan. Zeit. 1846), welcher diese Bezeichnung einführte, die „halbflüssige, stickstoffhaltige, in der Zellhöhlung verbreitete Substanz“ zu verstehen. Strasburger (Über den Teilungsvorgang der Zellkerne. Bonn 1882) bildete hierfür den heute ziemlich eingebürgerten Namen „Zellplasma“ (Cytoplasma) und sagte: „Unter Protoplasma verstehe ich den ganzen lebendigen Leib der Zelle, also Zellplasma, Zellkern, Chromatophoren und andere Bildungen, soweit sie lebendig sind.“ Strasburgers Protoplasma wird vielfach als „Protoplast“ bezeichnet. — **59.** Aus der Zelle ausgetretenes Protoplasma (vgl. auch Plasmoptyse) nimmt Kugelgestalt an. Vielleicht hängen hiermit die in neuerer Zeit mehrfach, z. B. von Almquist (Zeitschr. f. Hyg. u. Infektionskrankh. Bd. 83 u. 85), Meirowski (Studien über die Fortpflanzung von Bakterien, Spirillen und Spirochäten. Berlin 1914), Kuhnt (Berlin. klin. Wochenschr. 1921) beschriebenen eigenartigen Kugelgebilde zusammen, welche bei verschiedenen Stäbchenformen (dem Zelleib an kleinen Ästchen ansitzend) beobachtet sind und als „Entwicklungsformen“ jener Bakterien gedeutet wurden. — **60.** Seit Bütschli (Untersuchungen über mikroskopische Schäume im Protoplasma. Leipzig 1892) wird vielfach die Ansicht vertreten, daß dem Protoplasma eine schaumige Struktur (sog. Alveolarstruktur) zukomme. Die Alveolen des Protoplasmas unterliegen nach Bütschli denselben Gesetzmäßigkeiten wie die bei der Struktur der Schäume (daher auch die Bezeichnung „Schaumstruktur“ des Protoplasmas). — **61.** Hierher gehören gewiß auch die z. B. von Svellengrebel (Zentralbl. f. Bakteriol., Parasitenk. u. Infektionskrankh., Abt. II, Bd. 16. 1906), Ruzicka (Arch. f. Hyg. Bd. 47. 1903; Bd. 51. 1904; Arch. f. Protistenkunde. Bd. 10. 1907; Arch. f. Entwicklungsmech. d. Organismen. Bd. 26. 1908; Zeitschr. f. allgem. Physiol. Bd. 10. 1909; Zentralbl. f. Bakteriol., Parasitenk. u. Infektionskrankh., Abt. II. Bd. 23. 1909) und Ambroz (ebenda Abt. I, Orig. Bd. 51. 1909) beobachteten Netz- und Spiralstrukturen, die von ihnen als Kerngebilde angesprochen wurden. — — **62.** Solche Protoplasmaverbindungen wurden bei Bakterien zuerst von A. Koch (Botan. Zeit. 1888) bei *Bac. tumescens* beobachtet. Die Bezeichnung „Plasmodesmen“ für die durch die Zellhaut hindurchgehenden Protoplasmaverbindungen stammt von Strasburger (Jahrb. f. wiss. Botanik. 1901). — **63.** Die Kernlosigkeit der Bakterien haben z. B. Fischer (Jahrb. f. wiss. Botanik. Bd. 27), Migula (Zentralbl. f. Bakteriol., Parasitenk. u. Infektionskrankh., Abt. II, Bd. 1. 1896), Massart (Recueil de l'institut. Bot. Bruxelles 1902) vertreten. — **64.** Für „nackte Kerne“ hielten die Bakterien z. B. Zettnow (Zentralbl. f. Bakteriol., Parasitenk. u. Infektionskrankh., Abt. I, Orig. Bd. 10. 1891) und Ruzicka (Arch. f. Hyg. Bd. 47. 1903; Bd. 51. 1904). — **65.** Geschrumpftes Protoplasma ist z. B. von Löwit (Zentralbl. f. Bakteriol., Parasitenk. u. Infektionskrankh., Abt. I, Orig. Bd. 19. 1896), Guillermond (Arch. f. Protistenkunde. Bd. 12.

1908) als Zellkern angesprochen worden. Zufällige Protoplasmastrukturen hielt auch SWELLENGREBEL (Zentralbl. f. Bakteriol., Parasitenk. u. Infektionskrankh., Abt. II, Bd. 16. 1906) für Kerne. — **66.** Vakuolen haben z. B. SCHOTTELIUS (ebenda Abt. I, Orig. Bd. 4. 1888), ferner ERNST (Zeitschr. f. Hyg. u. Infektionskrankh. Bd. 5. 1889), FEINBERG (Anat. Anz. Bd. 17. 1900) und NAKANISHI (Zentralbl. f. Bakteriol., Parasitenk. u. Infektionskrankh., Abt. I, Orig. Bd. 30. 1901) als Kerne gedeutet. — **67.** Sporenanlagen hielten ERNST (a. a. O.), FEINBERG (a. a. O.) und auch SCHAUDINN (Botan. Zeit., II. Abt. 1903) für Kerne. Volutinkugeln deutete z. B. MENCL (Arch. f. Protistenkunde. 1911) für Kerne. — **68.** MEYER (Flora, N. F. Bd. 84. 1897; Bd. 86. 1899). Vgl. hierzu auch GRIMME (Zentralbl. f. Bakteriol., Parasitenk. u. Infektionskrankh., Abt. I, Orig. Bd. 32. 1902), PREISS (ebenda Bd. 35. 1904), RAYMUND und KUNIS (ebenda Abt. II. Bd. 13. 1904), PARAVICINI (ebenda Bd. 48. 1909). Einen beachtenswerten Beitrag zur Zellkernfrage lieferte M. KNORR (ebenda Abt. I, Orig. Bd. 89. 1922). KNORR konnte in den Zellen des *Fusobact. nucleatum* Gebilde nachweisen, die allen Bedingungen für die Anerkennung eines Kernes genügen. Vgl. zur Zellkernfrage auch P. MÜHLENS (ebenda Bd. 48. 1909). — **69.** Besonders eignet sich hierzu die MEYERsche Formolfuchsinmethode (Flora, N. F. Bd. 86. 1899): Man mischt 2 ccm konz. alkohol. Fuchsinlösung mit 10 ccm Alkohol (von 95 %) und 10 ccm Wasser und benutzt diese verdünnte Lösung zum Färben. Zur Kernfärbung rührt man eine kleine Öse der Kultur in einem Tropfen Formol auf dem Objektträger ein und läßt das Formol 4—5 Minuten auf die Bakterien einwirken. Hierauf setzt man 1—2 Tropfen Fuchsinlösung zu und rührt mit dem Platindraht gut um. Nachdem die Fuchsinlösung 10 Minuten unter mehrmaligem Umrühren eingewirkt hat, untersucht man eine Öse voll des Gemisches unter dem Mikroskop. Treten die Kerne der Bakterien noch nicht hervor, so untersucht man nach je 5 Minuten wieder, bis alle Kerne deutlich in der rotvioletten Farbe, welche die Fuchsinlösung beim Vermischen mit Formol annimmt, hervortreten. — **70.** Auf diese Schwierigkeiten hat auch MEYER (a. a. O.) hingewiesen; er glaubt, daß nur die Untersuchungen an größeren Bakterien (z. B. bei *Bac. Bütschlii*) die Kernfrage weiter fördern können. — **71.** Vgl. hierzu auch AMATO (Zentralbl. f. Bakteriol., Parasitenk. u. Infektionskrankh., Abt. I, Orig. Bd. 48. 1909). — **73.** Irgendwelche Anhaltspunkte für das Vorhandensein eines „Chromidialapparates", wie ihn (übrigens neben Kern und Plasma) R. HERTWIG (Arch. f. Protistenkunde. Bd. 1. 1902) z. B. für *Actinosphaerium Eichorni* angibt, bestehen für die diffus im Plasma verteilte Kernsubstanz der Bakterien nicht. — **74.** Die Sporen wurden zuerst von PERTY (Zur Kenntnis kleinster Lebensformen. Bern 1852) gesehen, von PASTEUR (Etudes sur la maladie des vers à soie. Bd. 1. Paris 1870) und BILLROTH (Vegetationsformen von Koccobacteria septica. Berlin 1874) als Dauerformen erkannt und von F. COHN (Beitr. z. Biologie d. Pflanzen. Bd. 2. 1876) näher beschrieben. — **75.** MEYER: Untersuchungen über die Stärkekörner. Jena 1895. — **76.** HINZE: Wissenschaftliche Meeresuntersuchungen, herausgegeben von der Kommission zur Untersuchung der deutschen Meere in Kiel und der biologischen Anstalt auf Helgoland, Abt. Kiel. N. F. Bd. 1902. — **77.** Vgl. hierzu TRECUL (Cpt. rend. hebdom. des séances de l'acad. des sciences. Bd. 61. 1902), VAN TIEGHEM (Bull. de la soc. bot. de françe. Bd. 26. 1879), BEIJERINCK (Verhandel. d. koninkl. akad. v. wetensch. te Amsterdam (Naturwiss. Abt.), II. Sectie, Deel I. 1893), MEYER (Flora, N. F. Bd. 86. 1899), HEINZE (Zentralbl. f. Bakteriol., Parasitenk. u. Infektionskrankh., Abt. II. Bd. 12. 1904). — **78.** MEYER: a. a. O.;

vgl. auch CZAPEK: Biochemie der Pflanzen. Jena 1905. — **79.** Ders.: a. a. O. und Botan. Zeitg. 1904; vgl. auch GRIMME: Zentralbl. f. Bakteriol., Parasitenk. u. Infektionskrankh., Abt. I, Orig. Bd. 32. 1902. — **80.** Vgl. MOLISCH: Die Purpurbakterien. Jena 1907. — **81.** Ders.: Die Eisenbakterien. Jena 1910. — **82.** WINOGRADSKY: Botan. Zeit. 1887. — **83.** Wenn EHRENBERG (Die Infusionstierchen als vollkommene Organismen. 1838) bei beweglichen Bakterien „einen fadenförmigen Rüssel als Bewegungsorgan“ erkannte, so kann es sich hierbei nur um die Beobachtung von Geißelzöpfen gehandelt haben. — **84.** REICHERT: Zentralbl. f. Bakteriol., Parasitenk. u. Infektionskrankh., Abt. I, Orig. 1909. — **85.** Derselbe: a. a. O. — **86.** Die erste Methode zur Geißelfärbung gab R. KOCH (Beitr. z. Biologie d. Pflanzen. Bd. 2. 1877) an. — **87.** Die von MESSEA (Riv. d'igiene e sanita publica. 1890. 11) durchgeführte Einteilung der Bakterien in monotriche usw. Spezies ist unhaltbar. — **88.** REICHERT: a. a. O. — **89.** FUHRMANN: Zentralbl. f. Bakteriol., Parasitenk. u. Infektionskrankh., Abt. II. Bd. 25. 1910. — **90.** Die von VAN TIEGHEM (Bull. de la soc. bot. de françe. 1879), BÜTSCHLI (Über den Bau der Bakterien und verwandter Organismen. Leipzig 1890), BUNGE (BAUMGARTENS Jahresbericht. 1894), BABES (Zeitschr. f. Hyg. u. Infektionskrankh. Bd. 20. 1895), ZETTNOW (ebenda Bd. 24. 1897 und Bd. 30. 1899), MIGULA (System der Bakterien. Bd. 1. 1897), HINTERBERGER (Zentralbl. f. Bakteriol., Parasitenk. u. Infektionskrankh., Abt. I, Orig. Bd. 27. 1900) und SCHAUDINN (Arch. f. Protistenkunde. Bd. I. 1902) vertretene Auffassung, daß die Geißeln aus der (verquollenen) Membran bzw. aus der Schleimschicht hervorgehen, ist experimentell widerlegt. Schon TRENKMANN (Zentralbl. f. Bakteriol., Parasitenk. u. Infektionskrankh., Abt. I, Orig. Bd. 8. 1890) hat auf den Zusammenhang zwischen Geißel und Protoplasma hingewiesen. Er untersuchte *Spir. undula* (mit Tannin, Jodwasser und Gentianaviolett) und fand: „Der Bakterieninhalt hatte sich an der Spitze von der Membran ungefähr 0,5 μ weit zurückgezogen, die Membran war sehr deutlich sichtbar, der Raum zwischen dem stark gefärbten Inhalte und der Membran völlig ungefärbt. Nun sah man einen Faden, welcher die gleiche Färbung und die gleiche Stärke wie die Geißel hatte, von dem stark gefärbten Inhalte abgehen, durch den gefärbten Raum und die Zellmembran hindurch ohne Unterbrechung in die Cilie übergehen.“ Vgl. hierzu auch ELLIS (Zentralbl. f. Bakteriol., Parasitenk. u. Infektionskrankh., Abt. I, Orig. Bd. 33. 1902). — **91.** FUHRMANN (ebenda Abt. II. Bd. 25. 1910). — **92.** FISCHER (Untersuchungen über Bakterien. Pringsheims Jahrb. f. wiss. Botanik Bd. 27. 1895) schreibt: „Bei der Plasmolyse aller Bakterien mit polaren Geißeln beobachtet man, wie schon erwähnt, daß der Protoplast sich in das geißeltragende Ende zurückzieht. Tritt er aus diesem zurück, so bleibt an der Basis der Geißel gewöhnlich ein kleiner Rest von Protoplasma festhängen, oft so klein, daß seine Erkennung nicht leicht ist.“ — **93.** REICHERT: Zentralbl. f. Bakteriol., Parasitenk. u. Infektionskrankh., Abt. I, Orig. Bd. 51. 1909. — **94.** Ders.: a. a. O. — **95.** Hierher gehört auch die zuerst von LÖFFLER (Zentralbl. f. Bakteriol., Parasitenk. u. Infektionskrankh., Abt. I, Orig. Bd. 6. 1889) beobachtete Einrollung der absterbenden Geißel. FISCHER (a. a. O.) schreibt darüber: „Diese Einrollung stellt nicht etwa ein gerade fixiertes Stadium der Geißelbewegung dar, sondern ist eine Absterbeerscheinung.“

Physik der Bakterienzelle.

96. Vgl. hierzu K. v. ANGERER: Arch. f. Hyg. Bd. 88. 1919. — **97.** Über die Oberfläche der Mikroorganismen und ihre biologische Bedeutung, z. B. für die Gestalt der Bakterienzelle, vgl. K. v. ANGERER: Arch. f. Hyg. Bd. 88. 1919. — **98.** Das Phänomen wurde von dem englischen Botaniker R. BROWN (POGGENDORFFS Ann. d. Phys. u. Chem. 14. 1828) an Pflanzenpollen, die in Wasser aufgeschwemmt waren, entdeckt und nach ihm benannt. — **99.** Vgl. hierzu THE SVEDBERG: Die Existenz der Moleküle. Leipzig 1912 sowie PERRIN: Die Brownsche Bewegung und die wahre Existenz der Moleküle. Kolloidchem. Beih. H. 1. 1910. — **100.** EINSTEIN: DRUDES Ann. d. Physik Bd. 17 (1905), Bd. 19 (1906) und Zeitschr. f. Elektrochem. Bd. 14 (1908). — **101.** STOKES vgl. PERRIN: Kolloidchem. Beih. I. 1910. — **102.** PERRIN: Kolloidchem. Beih. I, H. 6—7. 1910. — **103.** Untersuchungen über die Senkungsgeschwindigkeit der Bakterienzelle hat K. v. ANGERER (Arch. f. Hyg. Bd. 88. 1919) ausgeführt. v. ANGERER prüfte eine filtrierte, dichte Aufschwemmung des *Bact. dysenteriae,* die er hierzu in eine beiderseits capillar ausgezogene Glasröhre von 2 mm Durchmesser mit cm-Teilung füllte und dann (die Glasröhre wurde zuvor an beiden Enden zugeschmolzen) in senkrechter Stellung in ein Wasserbad von Zimmertemperatur brachte. v. ANGERER fand:

Höhe der klaren Schicht	Senkungsgeschwindigkeit
nach 18 Stunden: 0,3 cm	$4{,}63 \cdot 10^{-6}$ cm sec^{-1}
nach 44 Stunden: 0,8 cm	$5{,}34 \cdot 10^{-6}$ cm sec^{-1}
nach 68 Stunden: 1,3 cm	$5{,}83 \cdot 10^{-6}$ cm sec^{-1}
nach 98 Stunden: 1,7 cm	$3{,}70 \cdot 10^{-6}$ cm sec^{-1}

Im Durchschnitt betrug somit die Senkungsgeschwindigkeit $4{,}82 \cdot 10^{-6}$ cm sec^{-1}. — **104.** Vgl. hierzu die Monographien von PERRIN: Die Atome. Leipzig 1914 und MECKLENBURG: Die experimentelle Grundlegung der Atomistik. Jena 1910. — **105.** BEIJERINCK: Zentralbl. f. Bakteriol., Parasitenk. u. Infektionskrankh., Abt. II, Bd. 14. 1893. — **106.** JEGUNOW: Ebda. Bd. 18. — **107.** Vgl auch LEHMANN und CURCHOD: Ebda. Abt. II, Bd. 14. — **108.** RUBNER: Arch. f. Hyg. Bd. 11. — **109.** ALMQUIST: Zeitschr. f. Hyg. u. Infektionskrankh. Bd. 28. 1898. — **110.** STIGELL: Zentralbl. f. Bakteriol., Parasitenk. u. Infektionskrankh., Abt. I, Bd. 43. 1908. — **111.** BEIJERINCK: Botan. Zeit. 1891. — **112.** Hinsichtlich der Optik trüber Bakterienaufschwemmungen knüpft v. ANGERER (Arch. f. Hyg. Bd. 93. 1923) an die von RAYLEIGH (Phil. Mag. 47, 379. 1899) für den Tyndalleffekt kleinster Teilchen entwickelte Beziehung an:

$$J = \frac{J_0 \cdot 9\pi^2 \cdot \sin^2\alpha}{\lambda^4 r^2} \tau^2 \left(\frac{\mu_1^2 - \mu_2^2}{\mu_1^2 + \mu_2^2}\right)^2$$

worin J_0 das in einer Ebene polarisierte, beleuchtende Licht, J das seitlich zerstreute Licht in der Entfernung r von dem Teilchen, unter dem Winkel α gegen die Schwingungsrichtung gesehen, λ die Wellenlänge im Medium, τ das Teilchenvolumen, μ_2 den Brechungsexponenten des Mediums, μ_1 den der Teilchensubstanz bedeuten. — **113.** Über das optische Verhalten der Bakterienzellen und der Bakterienkolonien vgl. K. v. ANGERER: Arch. f. Hyg. Bd. 93. 1923. — **114.** A. FISCHER: Zeitschr. f. Hyg. u. Infektionskrankh. Bd. 35. 1900. — **115.** AMANN: Zentralbl. f. Bakteriol., Parasitenk. u. Infektionskrankh., Abt. I, Orig. Bd. 13. 1893. — **116.** Über äquilibrierte Salzlösungen als indifferente Suspensionsflüssigkeiten für Bakterienzellen arbeitete M. ZEUG: Arch. f. Hyg. Bd. 89, 1920. — **117.** Einen bemerkenswerten Beitrag zur Lebensfähigkeit der Bakterien lieferte K. H. KIEFER: Zentralbl. f. Bakteriol., Parasitenk. u. Infektionskrankh.,

Abt. I, Orig. Bd. 90. 1923. KIEFER fand bis zu 17 Jahre alte Agarschrägkulturen, z. B. von *Bact. typhi, Bact. paratyphi, Bact. enteritidis* und *Bact. coli* noch lebend. An Seidenfäden angetrocknete Zellen, z. B. von *Strept. lanceolatus, Strept. mucosus, Micr. tetragenus* und *Bac. anthracis* erwiesen sich nach 14 und mehr Jahren noch lebensfähig. — **118.** HEIM: Zeitschr. f. Hyg. u. Infektionskrankh. Bd. 50. — **119.** Über Konservierung von *Streptokokken, Pneumokokken* usw. siehe UNGERMANN: Arb. a. d. Reichs-Gesundheitsamte Bd. 51. 1919; über die Brauchbarkeit der UNGERMANNschen Konservierungsmethode vgl. ferner F. PULVERMACHER: Zeitschr. f. Hyg. u. Infektionskrankh. Bd. 97. 1922. — **120.** Vgl. hierzu die Lehrbücher der Bakteriologie, ferner: PAPPENHEIM: Grundriß der Farbchemie. Berlin 1901 und MICHAELIS: Einführung in die Farbstoffchemie. Berlin 1922. — **121.** Die geschichtliche Entwicklung der Bakterienfärbung hat P. G. UNNA (Zentralbl. f. Bakteriol., Parasitenk. u. Infektionskrankh., Abt. I, Orig. Bd. 3. 1888) beschrieben. Wie UNNA hervorhebt, hat zuerst WEIGERT (Ber. über d. Sitzg. d. schles. Ges. f. vaterl. Kultur vom 10. XII. 1875) über die Färbung von Bakterien (Versuche mit Hämatoxylin und Anilinfarben) berichtet. Zwei Jahre später hat R. KOCH (Untersuchungen über Bakterien in COHNS Beitr. z. Biol. d. Pflanzen Bd. 2. 1877 die Verwendung basischer Anilinfarbstoffe empfohlen. — **122.** Vgl. hierzu H. BECHHOLD und H. SCHLOSSBERGER: Die physikalisch-chemischen Grundlagen der mikrobiologischen Methoden in KRAUS-UHLENHÜTTE: Handb. d. mikrobiol. Technik 1922. — **123.** BIRCH-HIRSCHFELD: Arch. f. Hyg. Bd. 7. 1888. — **124.** PÉJU-RAJAT: Compt. rend. Bd. 62. 1907. — **125.** REITZ: Zentralbl. f. Bakteriol., Parasitenk. u. Infektionskrankh., Abt. I, Orig. Bd. 45. 1908. — **126.** CALANDRA: Ebda. Bd. 54. 1910. — **127.** VAY: Ebda. Bd. 55. 1910. — **128.** SIGNORELLI: Ebda. Bd. 66. 1912. — **129.** KRUMWIEDE: Ebda. Bd. 68. 1913. — **130.** ZEISS: Arch. f. Hyg. Bd. 79. 1913. — **131.** EISENBERG, H. KRAUS-UHLENHUTH: Handb. d. mikrobiol. Technik. Berlin 1922. Bd. 1. — **132.** Mikrochemische Untersuchungen über das Eindringen des Sublimates in den Bakterienleib sind von K. SÜPFLE (Arch. f. Hyg. Bd. 93. 1923) angestellt worden. Vgl. hierzu auch K. SÜPFLE und MÜLLER: Ebda. Bd. 89. 1920. — **133.** Vgl. hierzu die Abschnitte: Desinfektionslehre (Bakteriologischer Teil), bearbeitet von E. GOTSCHLICH und Chemische Desinfektionslehre, bearbeitet von E. BÜRGI in KOLLE-WASSERMANN: Handb. d. pathol. Mikroorganismen Bd. 3. Jena 1913. — **134.** Über die Gültigkeit des ARNDT-SCHULZschen biologischen Grundgesetzes bei der Wirkung von Bakteriengiften vgl. P. HOFMANN: Arch. f. Hyg. Bd. 91. 1922. — **135.** BECHHOLD: Zeitschr. f. Hyg. u. Infektionskrankh. Bd. 64. 1909; vgl. auch BECHHOLD: Kolloide in Biologie und Medizin. Dresden u. Leipzig 1919. — **136.** Über die Rolle der Adsorption bei der Einwirkung von Giften (z. B. von Sublimat) auf Bakterien vgl. die Arbeit von K. SÜPFLE und A. MÜLLER: Arch. f. Hyg. Bd. 89. 1920. — **137.** R. KOCH: Mitt. d. Kais. Gesundheitsamtes Bd. 1. — **138.** KRÖNIG und PAUL: Zeitschr. f. physikal. Chem. Bd. 21. 1896; Zeitschr. f. Hyg. u. Infektionskrankh. Bd. 25. 1897; Münch. med. Wochenschr. 1897. — **139.** SCHEURLEN und SPIRO: Ebda. — **140.** REICHENBACH: Zeitschr. f. Hyg. u. Infektionskrankh. Bd. 69. — **141.** MADSEN und NYMEN: Ebda. Bd. 57. — **142.** FISCHER: Ebda. Bd. 35. 1900. — **143.** Über die Polfärbbarkeit als vitale, durch Bakterienwachstum in wasserreichen Nährmedien bedingte Erscheinung vgl. E. EPSTEIN: Arch. f. Hyg. Bd. 90. 1921. — **144.** FISCHER: Zeitschr. f. Hyg. u. Infektionskrankh. Bd. 35. 1900. — **145.** Vgl. hierzu auch LEUCHS (Arch. f. Hyg. Bd. 54), der das Vorkommen der Plasmoptyse bestreitet. — 146. In diesem Zusammenhang vgl. auch die neuen Untersuchungen F. Löhnis' (Studies of the Life-Cycles of the Bacteria in „Memoir of the Nat. Acad. of Science“ Bd. 16. Washington 1921; vgl. auch F. Löhnis: „Zur Morphologie und Biologie der Bakterien.“ Zentralbl. f. Bakteriol., Parasitenk. u. Infektionskrankh. Bd. 56. 1922. — 147. Uhlenhuth und Xylander: Arb. a. d. Reichs-Gesundheitsamte Bd. 32. 1909. — 148. Kruse (und Schreiber), nach Kruse: Allgemeine Mikrobiologie. Leipzig 1910. S. 35. — 149. Neufeld: Zeitschr. f. exp. Pathol. u. Ther. Bd. 6. 1909. — 150. Kruse (und Schreiber), nach Kruse: Allgemeine Mikrobiologie. Leipzig 1910. — 151. Gamaleia: Elemente der allgemeinen Bakteriologie. Berlin 1900. — 152. Neufeld: Zeitschr. f. Hyg. u. Infektionskrankh. Bd. 34. 1900. — 153. Ficker: Arch. f. Hyg. Bd. 68. 1908. — 154. Mandelbaum: Münch. med. Wochenschr. 1907. — 155. Levy: Virchows Arch. f. pathol. Anat. u. Physiol. 1907. — 156. Bassenge: Dtsch. med. Wochenschr. 1908. — 157. Noc: Ann. de l'inst. Pasteur 1904. — 158. Emmerich und Löw: Münch. med. Wochenschr. 1898 und Zeitschr. f. Hyg. u. Infektionskrankh. Bd. 31. 1899. — 159. Vgl. hierzu die Ausführungen von Kruse: Allgemeine Mikrobiologie. Leipzig 1910. — 160. Nähere Angaben siehe bei Kruse und Pansini: Zeitschr. f. Hyg. u. Infektionskrankh. Bd. 11 sowie Gamaleia: Elemente der allgemeinen Bakteriologie. Berlin 1900 und Kruse: Allgemeine Mikrobiologie. Leipzig 1910. — 161. Eine zusammenfassende Übersicht der wichtigsten Arbeiten über das d'Hérellesche Phänomen findet sich in der Monographie von d'Hérelle: Le bactériophage, son rôle dans l'Immunité. Paris 1921. — 162. Petersson: Zentralbl. f. Bakteriol., Parasitenk. u. Infektionskrankh., Abt. I, Orig. Bd. 30. — 163. Buchner: Vgl. hierzu die kritische Literaturübersicht bei R. Schneider: Arch. f. Hyg. Bd. 70. — 164. Vgl. hierzu Friedberger: Kolle-Wassermanns Handb. Bd. 2. 1. — 165. Vgl. hierzu die zusammenfassende Darstellung bei Friedberger: „Die bakteriziden Sera“ in Kolle-Wassermann: Handb. d. pathol. Mikroorganismen Bd. 2, 1. — 166. Vielleicht sind hierbei mitunter auch noch elektrochemische Vorgänge (z. B. bei der Kaolinwirkung) im Spiel. Nähere Angaben finden sich hierüber bei Michaelis: Dynamik der Oberflächen. Dresden. — Wo. Oswald: Die vernachlässigten Dimensionen. Dresden. — Freundlich: Capillarchemie und Physiologie. Dresden. — 167. Eisenberg: Zentralbl. f. Bakteriol., Parasitenk. u. Infektionskrankh., Abt. I, Orig. Bd. 81, S. 72. — 168. Vgl. hierzu auch Kuhn: Med. Klinik 1915, Nr. 48 und 1916. Nr. 36. — Arb. a. d. Reichs-Gesundheitsamte 1916, H. 3. — Kuhn und Heck: Med. Klinik Nr. 6. 1916. — Weitere hierher gehörige Literatur z. B. bei Putter: Arch. f. Hyg. Bd. 89. 1919. — 169. Michaelis: Berlin. klin. Wochenschr. Nr. 30. 1918. — 170. Vgl. hierzu die zusammenfassende Arbeit von Paltauf: „Die Agglutination“ in Kolle-Wassermann: Handb. d. pathol. Mikroorganismen Bd. 2, 1. — 171. Gruber und Durham: Münch. med. Wochenschr. Nr. 13. 1896. — 172. Eisenberg und Volk: Zeitschr. f. Hyg. u. Infektionskrankh. Bd. 40. 1902. — 173. van Bemmelen: Zeitschr. f. anorgan. Chem. Bd. 23. 1900. — 174. Biltz: Zeitschr. f. physikal. Chem. Bd. 48. — 175. Arrhenius: Ebda. Bd. 46. 1903. — 176. Vgl. hierzu auch Landsteiner: Kolloide und Lipoide in der Immunitätslehre (Kolle-Wassermann: Handb. d. pathol. Mikroorganismen Bd. 2, 2). — 177. P. Schmidt: Arch. f. Hyg. Bd. 80. Untersuchungen über Bakterienkataphorese hat auch E. Putter: Zeitschr. f. Immunitätsforsch. u. exp. Therapie, Orig. Bd. 32. 1921 angestellt. — 178. Bechhold: Zeitschr. f. physikal. Chem. Bd. 48. 1904. — 179. Neisser und Friedemann: Münch. med. Wochenschr. 1904, Nr. 11 u. 19. — 180. Mi-

CHAELIS: Dtsch. med. Wochenschr. Nr. 21; vgl. auch MICHAELIS: Die Wasserstoffionenkonzentration. Berlin 1922. — 181. BENIASCH: Zeitschr. f. Immunitätsforsch. u. exp. Therapie, Orig. Bd. 12. 1912. — 182. Nach REICHERT: Zentralbl. f. Bakteriol., Parasitenk. u. Infektionskrankh., Abt. I, Orig. Bd. 51. 1909 erfolgt unter dem Einfluß von Elektrolyten auch die Bildung der sogenannten Geißelzöpfe. REICHERT fand auch, daß die Geißeln sich um so leichter zusammenlegen (also ausflocken), je adsorbierbarer das hierzu verwendete Kation ist. — 183. BORDET: Ann. de l'inst. Pasteur Bd. 13, S. 225. 1899 fand, daß in salzfreiem Medium zwar die Adsorption des Agglutinins, nicht aber die sichtbare Agglutination erfolgt. — 184. JOOS: Zeitschr. f. Hyg. u. Infektionskrankh. Bd. 36 u. 40. – Zentralbl. f. Bakteriol., Parasitenk. u. Infektionskrankh., Abt. II, Bd. 30. — 185. FRIEDBERGER: Ebda. Bd. 31. 1902. — 186. BECHHOLD: Zeitschr. f. physikal. Chem. Bd. 48, S. 385. 1904. — 187. NEISSER und FRIEDEMANN: Münch. med. Wochenschr. Nr. 11 u. 19. 1904. — 188. BUXTON und RAHE: Journ. med. research. Bd. 20. 1902. — 189. BECHHOLD: Zeitschr. f. physikal. Chem. Bd. 48. 1904. — 190. NEISSER und FRIEDEMANN: Münch. med. Wochenschr. Nr. 11 u. 19. 1904. — 191. EISENBERG: Zentralbl. f. Bakteriol., Parasitenk. u. Infektionskrankh., Abt. I, Orig. Bd. 81. 1918. — 192. FRIEDBERGER: Med. Klinik Nr. 19, S. 473. 1919 und Münch. med. Wochenschr. Nr. 48. 1919. — 193. SCHOENBEIN: Verhandl. d. Naturforsch. Ges. Basel III. Teil, S. 249. 1863. — 194. GOEPPELSROEDER: Capillaranalyse. Basel 1906 und Dresden 1910. — 195. Vgl. hierzu auch W. OSWALD: Lehrb. d. allg. Chem. Bd. 1. Leipzig 1905 sowie FICHTER und SAHLBOM: Kolloid-Zeitschr. Bd. 8. 1911 und PELET-JOLIVET: Ebda. Bd. 5. 1909. — 196. PUTTER: Arch. f. Hyg. Bd. 89, S. 71. 1919.

Chemie der Bakterienzelle.

197. NICOLLE und ALILAIR: Ann. de l'inst. Pasteur 1909, 7. — 198. Weitere Angaben bei NENCKI und SCHAFFER: Journ. f. prakt. Chem. N. F. 20. — BRIEGER: Zeitschr. f. physiol. Chem. Bd. 9. — RUBNER: Arch. f. Hyg. Bd. 57, S. 178. 1906. — DYRMONT: Arch. f. exp. Pathol. u. Pharmakol. Bd. 21. — HAMMERSCHLAG: Zentralbl. f. klin. Med. 1891, 1. — KRESLING: Zentralbl. f. Bakteriol., Parasitenk. u. Infektionskrankh., Abt. I, Orig. Bd. 30, S. 897. 1901. — 199. CRAMER: Arch. f. Hyg. Bd. 23, S. 71. 1891. — 200. ARONSO: Arch. f. Kinderheilk. Bd. 30, S. 13. 1902. — AUCLAIR und PARIS: Cpt. rend. hebdom. des séances de l'acad. des sciences 1908 und Arch. de med. exper. 1908. — ALILAIRE: Cpt. rend. hebdom. des séances de l'acad. des sciences Bd. 143, S. 176. 1906. — BRIEGER: Zeitschr. f. physiol. Chem. 1891. — H. BUCHNER: Berlin. klin. Wochenschr. 1890, S. 683 u. 1084. — E. BUCHNER: Münch. med. Wochenschr. 1897, Nr. 48. — BENDIX: Dtsch. med. Wochenschr. 1901, 18. — BARONE: BAUMGARTENS Jahresber. 1901, S. 803. — BAUDRAN: Cpt. rend. hebdom. des séances de l'acad. des sciences Bd. 142, S. 657. 1906. — CHARRIN und DEPREZ: Ibid. Bd. 126, S. 596. — COREGA: Zentralbl. f. Bakteriol., Parasitenk. u. Infektionskrankh., Abt. I, Orig. Bd. 34, S. 4. 1903. — CARAPELLE: Ebenda Bd. 44, S. 440. 1907. — GALEOTTI: Zeitschr. f. physiol. Chem. Bd. 25. — GIAXA: Ann. d'igiene sperim. 1900, S. 191. — HAMMERSCHLAG: Zentralbl. f. inn. Med. 1891, Nr. 1. — v. HOFMANN: Wien. klin. Wochenschr. 1894, S. 712. — HOROWITZ und VLASSOWA: Arch. de biol. Bd. 15, S. 40 u. 428. 1911. — HELLMICH: Arch. f. exp. Pathol. u. Pharmakol. Bd. 26, S. 328. — HEIM: Münch. med. Wochenschr. 1904, S. 426. – IVANOFF: HOFMEISTERS Beitr. Bd. 1, S. 524. 1902. — KLEBS: Zentralbl. f. Bakteriol.,

Parasitenk. u. Infektionskrankh., Abt. I, Orig. Bd. 20, S. 488. — LEPIERRE: Cpt. rend. hebdom. des séances de l'acad. des sciences Bd. 126, S. 761. 1898. — LEACH: Journ. of biol. chem. Bd. 1, S. 463. 1906. — LONDON und RIVKIND: Zeitschr. f. physiol. Chem. Bd. 56, S. 550. 1908. — LEVENE: Journ. of med. research 1901, S. 135. — LIEFMANN: Münch. med. Wochenschr. 1913, S. 1417. — MALM: Zentralbl. f. Bakteriol., Parasitenk. u. Infektionskrankh., Abt. I, Orig. Bd. 70, S. 141. 1913. — NISHIMURA: Arch. f. Hyg. Bd. 18, S. 318. — NENCKI: Ber. d. Dtsch. Chem. Ges. Bd. 13, S. 2605. — OMELIANSKI und SIEBER: Zeitschr. f. physiol. Chem. Bd. 88, S. 445. 1913. — PREISS: Zentralbl. f. Bakteriol., Parasitenk. u. Infektionskrankh., Abt. I, Orig. Bd. 44, S. 209. 1907. — PALADINO und BLANDINI: Rif. med. 1901. — RUPPEL: Zeitschr. f. physiol. Chem. Bd. 26, S. 218. — RETTGER: Biochem. Zeitschr. 2, Ref. 1903, Nr. 173. — STOKLASA: Zentralbl. f. Bakteriol., Parasitenk. u. Infektionskrankh., Abt. II Bd. 21, S. 629. 1908. — TIBERTI: Biochem. Zeitschr. 1903, Ref. 777. — TAMURA: Zeitschr. f. physiol. Chem. Bd. 90, S. 286. 1914. — VAUGHAN, WHEELER und LEACH: Transact. of the assoc. of Americ. physicians 1902, S. 243. — WELENMINSKI: Berlin. klin. Wochenschr. Bd. 49, S. 1320. 1912. — VAN DE VELDE: Zeitschr. f. physiol. Chem. Bd. 8. — WEYL: Dtsch. med. Wochenschr. 1891, S. 256. — **201.** NENCKI und SCHAFFER: Journ. f. prakt. Chem., N. F. 20. — **202.** HAHN: Münch. med. Wochenschr. 1897, S. 1344. — **203.** ARONSON: Arch. f. Kinderheilk. Bd. 30, S. 52. 1894. — BEIJERINCK: Zentralbl. f. Bakteriol., Parasitenk. u. Infektionskrankh., Abt. II, Bd 2, S. 213. 1898. — BUCHANAN: Ebenda Bd. 22, S. 371. — BRÄUTIGAM: Pharmazeut. Zentralhalle f. Deutschland 1892, 33. Jahrg., S. 534. — BOVET: Monatshefte f. Chem. Bd. 19, S. 1154. — BURRI und ALLEMANN: Zeitschr. f. Untersuch. d. Nahrungs- u. Genußmittel Bd. 18, S. 449. 1909. — DZIERZGOWSKI und REKOWSKI: Arch. de biol. 1892, S. 167. — DREIFUSS. Zeitschr. f. physiol. Chem. Bd. 13, S. 84. — EMMERLING: Ber. d. Dtsch. Chem. Ges. Bd. 32, S. 541. 1899 und Zentralbl. f. Bakteriol., Parasitenk. u. Infektionskrankh., Abt. II, Bd. 21, S. 307. 1908. — HAMMERSCHLAG: Monatshefte f. Chem. Bd. 10, S. 9. — HELBING: Dtsch. med. Wochenschr. 1900, Nr. 23. — HAMM: Zentralbl. f. Bakteriol., Parasitenk. u. Infektionskrankh., Abt. I, Orig. Bd. 43, S. 287. 1907. — IVANOFF: HOFMEISTERS Beitr. 1902, S. 524 und Chem. Zentralbl. Bd. 1, S. 531. 1902. — MULDER: LIEBIGS Ann. d. Chem. Bd. 46, S. 207. 1843. — NÄGELI und LÖW: Journ. f. prakt. Chem. 1878, S. 422. — NENCKI und SCHAFFER: Ebenda Bd. 20, N. F. S. 443. — NISHIMURA: Arch. f. Hyg. Bd. 21, S. 61. — PANZER: Zeitschr. f. physiol. Chem. Bd. 78, S. 414. 1912. — RUPPEL: HOPPE-SEYLERS Zeitschr. f. physiol. Chem. 1898, S. 218. — SCHARDINGER: Zentralbl. f. Bakteriol., Parasitenk. u. Infektionskrankh., Abt. II, Bd. 8, S. 144. 1902. — SURINGAR: Botan. Zeit. 1866. — VINCENZI: Zeitschr. f. physiol. Chem. Bd. 11, S. 181. — WISSELINGH: Jahrb. f. wiss. Botanik Bd. 31, S. 656. 1898. — **204.** SCHEIBLER: Zeitschr. d. Vereins f. Rübenzuckerindustrie d. Deutschen Reiches, N. F. 11. Jahrg., Bd. 24, S. 309. 1874. — **205.** BROWN: Journ. of chem. soc. Bd. 49, S. 432. 1886 und Bd. 51, S. 643. 1887. — **206.** SEILER: Zusammensetzung der durch Bakterien gebildeten Schleime. Diss. Münster 1905. — **207.** SMITH: Zentralbl. f. Bakteriol., Parasitenk. u. Infektionskrankh., Abt. II, Bd. 11. 1904. — **208.** KAPPES: Analyse der Massenkulturen einiger Spaltpilze und der Soorhefe. Diss. Leipzig 1890. Z. B. aus *Corynebact. Xerosis* 4,8 %, aus *Bact. prodigiosum* 8 % Ätherextrakt. — DZIERZGOWSI und REKOWSKI: Arch. de biol. St. Petersbourg 1892, S. 167 aus *Corynebact. diphtheriae* 1,62 % Ätherextrakt. — Weitere Angaben bei CRAMER: Arch. f. Hyg. Bd. 16, S. 151.

1892. — SCHWEINITZ und DORSET: Zentralbl. f. Bakteriol., Parasitenk. u. Infektionskrankh., Abt. I, Orig. Bd. 19, S. 707. 1896. — NISHIMURA: Arch. f. Hyg. Bd. 18, S. 318. 1893. — FONTES: Zentralbl. f. Bakteriol., Parasitenk. u. Infektionskrankh., Abt. I, Orig. Bd. 49, S. 317. 1909. — NENCKI und SCHAFFER: Journ. f. prakt. Chem. N. F. 20. — STOKLASA: Zentralbl. f. Bakteriol., Parasitenk. u. Infektionskrankh., Abt. II, Bd. 21, S. 631. 1908. — NICOLLE und ALILAIRE: Ann. de l'inst. Pasteur 1909, 7. — KOSNIEWSKI: Bull. int. acad. sc. Cracovie, A. 1912, S. 942. — SALIMBENI: Cpt. rend. hebdom. des séances de l'acad. des sciences Bd. 155, S. 368. 1912. — CAMUS und PAGNIER: Soc. Biol. Bd. 59, S. 701. 1907. — EMMERLING: Ber. d. Dtsch. Chem. Ges. Bd. 30, S. 451. 1897. — TAMURA: Zeitschr. f. physiol. Chem. Bd. 89, S. 289. 1914 und Bd. 87, S. 85. 1913. — GORIS: Cpt. rend. hebdom. des séances de l'acad. des sciences Bd. 170, S. 1525. 1920. — BÜRGER: Biochem. Zeitschr. Bd. 78, S. 155. 1916 und Dtsch. med. Wochenschr. Bd. 42, S. 1573. 1916. — MÜLLER: Wien. klin. Wochenschr. Bd. 30, S. 1387. 1917. — STOELTZNER: Münch. med. Wochenschr. Bd. 66, S. 675. 1919. — KENDALL: Journ. of the Americ. chem. soc. Bd. 36, S. 1962. 1914. — DEUSSEN: Zeitschr. f. Hyg. u. Infektionskrankh. Bd. 85, S. 235. 1918. — BREINL: Zeitschr. f. Immunitätsforsch. u. exp. Therapie, Orig. Bd. 29, S. 343. 1920. — **209.** HAMMERSCHLAG: Zentralbl. f. klin. Med. 1891, 1, der hierauf zuerst aufmerksam machte, fand im Alkohol-Ätherextrakt der Tuberkelkulturen durchschnittlich 27,2 % Fettsubstanz und wies darauf hin, daß die Fettsäuren erst bei höherer Temperatur (63°) schmelzen, also vorwiegend aus Palmitin- und Stearinsäure bestehen. Ferner fanden KLEBS: Zentralbl. f. Bakteriol., Parasitenk. u. Infektionskrankh., Abt. I, Orig. Bd. 20 20,5 %, DE SCHWEINITZ und DORSET: Ebenda Bd. 19. 1896 19,46–37,41 %; ARONSON: Berlin. klin. Wochenschr. 1898, Nr. 22 20–25 %; RUPPEL: HOPPE-SEYLERS Zeitschr. f. physiol. Chem. 1898, S. 218 8–26 %; DE GIAXA: Zentralbl. f. Bakteriol., Parasitenk. u. Infektionskrankh., Abt. I, Orig. Bd. 30. 1900 35,2–40,4 %; LEVENE: Journ. of med. research 1901, S. 135 31,56 %; BAUDRAN: Cpt. rend. hebdom. des séances de l'acad. des sciences Bd. 142, S. 657. 1906 35–44 % und AUCLAIR und PARIS: Arch. de med. exp. Bd. 19. S. 129. 1907 33,83 %. — **210.** KRESLING: Zentralbl. f. Bakteriol., Parasitenk. u. Infektionskrankh., Abt. I, Orig. Bd. 30. 1901. — **211.** KRESLING fand für die untersuchte Fettprobe: Die Säurezahl 23,08 (also viel freie Fettsäure, auf Ölsäure berechnet etwa 11 %; die REICHERT-MEISSELsche Zahl (flüchtige Fettsäure) 2,007; die HÜBLsche Jodzahl 9,92 (d. h. freie Oleinsäure berechnet 11 % im Fett); die HEHNERsche Zahl 74,236; die Verseifungszahl 60,7; die Ätherzahl 36,62 und aus ihren Estern abgeschiedene Alkohole 39,1 % mit dem Schmelzpunkt 43,5–44°. Die direkte Bestimmung ergab 14,38 % freier Fettsäure. — **212.** ALILAIR: Cpt. rend. hebdom. des séances de l'acad. des sciences Bd. 143, S. 176. 1906. — BOVET: Monatshefte f. Chem. Bd. 9, S. 1152. 1888. — BAUDRAN: Cpt. rend. hebdom. des séances de l'acad. des sciences Bd. 142, S. 657. 1906- — CRAMER: Arch. f. Hyg. Bd. 13, S. 76. 1892; Bd. 16, S. 151; Bd. 22, S. 167. 1895 und Bd. 26, S. 377. 1897. — DRZIERZGOWSKI und REKOWSKI: Arch. de biol. Bd. 1, S. 167. 1892. — HAMMERSBHLAG: Zentralbl. f. klin. Med. 1891, 1. — LEACH: Journ. of biol. chem. Bd. 1, S. 463. 1906. — KRESLING: Arch. de biol. Bd. 1, S. 711. 1892. — NISHIMURA: Arch. f. Hyg. Bd. 18, S. 318. 1893. — NÄGELI: Theorie der Gärung. 1879. S. 111. — NENCKI: Beitr. z. Biol. d. Spaltpilze. 1880. — OMELIANSKI und SIEBER: Zeitschr. f. physiol. Chem. Bd. 88, S. 445. 1913. — STOKLASA: Zentralbl. f. Bakteriol., Parasitenk. u. Infektionskrankh., Abt. II, Bd. 21, S. 631.

1908. — TAMURA: Zeitschr. f. physiol. Chem. Bd. 88, S. 190. 1913. — 213. KAPPES: Analyse der Massenkulturen einiger Spaltpilze und der Soorhefe. Diss. Leipzig 1890. — 214. CRAMER: Arch. f. Hyg. Bd. 28. 1897. — 215. DE SCHWEINITZ und DORSET: Journ. of the Americ. chem. soc. Bd. 17. 1895. — 216. CRAMER: Arch. f. Hyg. Bd. 28. 1897. — 217. VAN WISSELINGH: Jahrb. f. wiss. Botanik Bd. 31, S. 619. 1898. — GARBOWSKI: Zentralbl. f. Bakteriol., Parasitenk. u. Infektionskrankh., Abt. II Bd. 31, S. 477. 1907. — 218. MEYER: Die Zelle der Bakterien. Jena 1912. — 219. Die Auffassung, daß die Zellhaut der Bakterien aus reiner Cellulose besteht wie z. B. MULDER: LIEBIGS Ann. d. Chem. Bd. 46, S. 207. 1843; NÄGELI und LOEW: Journ. f. prakt. Chem. 1878, S. 422, NENCKI und SCHAFFER: Ebenda Bd. 20, S. 443, SURINGBR: Botan. Zeit. 1866), BROWN: Journ. of the Americ. chem. soc. 1866, S. 432 und 1887, S. 643 annahmen, ist unhaltbar. Ebenso ist der Gehalt an Chitin, welches nach EMMERLIMG: Ber. d. Dtsch. Chem. Ges. Bd. 32, S. 541. 1899, IVANOFF: HOFMEISTERS Beitr. 1902, S. 524, HELBING: Zeitschr. f. wiss. Mikroskopie Bd. 18, S. 97. 1901, PANZER: Zeitschr. f. physiol. Chem. Bd. 78, S. 414. 1912, VAN DE VELDE und VINCENCI: Bull. int. acad. sc. Cracovie A. 1887, S. 181 und VIECHOEVER: Ber. d. botan. Ges. Bd. 30, S. 443. 1812 nachzuweisen ist, noch nicht sicher erwiesen. Vgl. hierzu: VAN WISSELINGH: Jahrb. f. wiss. Botanik Bd. 31. 1998 und Pharm. Weekbl. 1916, S. 1069. — WESTER: Diss. Bern 1909 und Pharm. Weekbl. 1916, S. 1183. — KOZNIEWSKI: Bull. int. acad. sc. Cracowie A. 1912, S. 942 und Zeitschr. f. physiol. Chem. Bd. 90, S. 208. 1914. — 220. Z. B. ZOPF, HANSEN, BEIJERINCK, ZETTNOW, MIGULA und MEYER. Näheres hierüber bei MEYER: Die Zelle der Bakterien. Jena 1912. — 221. MEYER: a. a. O. — 222. JOHNE: Dtsch. tierärztl. Wochenschr. 1894. — 223. FRIEDLÄNDER: Fortschr. d. Med. 1884 und Mikroskopische Technik, herausgegeben von EBERTH, Berlin 1900. — 224. RIBBERT: Dtsch. med. Wochenschr. 1885. — 225. BUNGE: Fortschr. d. Med. 1894. — 226. SERAFINI: Estratto del Congresso medico Napoli 1888. — 227. WELCH: Bull. of John Hopkins hosp. 1892. — 228. JOHNE: a. a. O. — 229. KLETT: Diss. Gießen 1894. — 230. OLT: Dtsch. tierärztl. Wochenschr. 1899. — 231. BONI: Zentralbl. f. Bakteriol., Parasitenk. u. Infektionskrankh., Abt. I, Orig. Bd. 28, S. 705. 1900. — 232. HISS: Ebenda Bd. 31, S. 302. 1902. — 233. OLT: a. a. O. — 234. HAMM: Zentralbl. f. Bakteriol., Parasitenk. u. Infektionskrankh., Abt. I, Orig. Bd. 43. 1907. — 235. BÜRGER: Ebenda Bd. 39, S. 216. 1905. — 236. MEDALIA, nach FICKER in UHLENHUTH und KRAUSS: Handb. d. mikroskop. Technik Bd. 1, S. 349. 1922. — 237. PREUSSE, nach GLAGE: Kompend. d. angew. Bakt. f. Tierärzte. — 238. WADSWORTH, nach FICKER in UHLENHUTH und KRAUSS: Handb. d. mikroskop. Technik Bd. 1. 1922. — 239. HAMM: a. a. O. — 240. HEIM: Arch. f. Hyg. Bd. 40. 1901 und Münch. med. Wochenschr. 1904. Vgl. auch in HEIM: Lehrb. d. Bakt. — 241. PIANESE, nach BAUMGARTENS Jahresber. Bd. 8. 1892. — 242. KLETT: a. a. O. — 243. FRANK, nach GLAGE: Kompend. d. angew. Bakt. f. Tierärzte. — 244. KAUFMANN: Hyg. Rundschau S. 873. 1898. — 245. ROSENOW, nach FICKER in UHLENHUTH und KRAUSS: Handb. d. mikroskop. Technik. — 246. KLETT: a. a. O. — 247. NICOLLE: Ann. de l'inst. Pasteur Bd. 9. 1895. — 248. FOTH, nach FICKER in UHLENHUTH und KRAUSS: Handb. d. mikroskop. Technik. — 249. GINS: Zentralbl. f. Bakteriol., Parasitenk. u. Infektionskrankh., Abt. I, Orig. Bd. 57. 1911. — 250. RULISON: Journ. of the Americ. med. assoc. 1910. — 251. VAN RIEMSDIJK: Zentralbl. f. Bakteriol., Parasitenk. u. Infektionskrankh., Abt. I, Orig. Bd. 86, S. 177. 1921. — 252. RÄBIGER: Zeitschr. f. Fleisch- u. Milchhyg. 1901 und Berlin. tierärztl. Wochenschr. 1907. — **253.** Hoffmann: Zentralbl. f. Bakteriol., Parasitenk. u. Infektionskrankh., Abt. I, Orig. Bd. 46, S. 219. 1908. — **254.** Vincent: Ebenda Bd. 16. 1894. — **255.** Gram: Fortschr. d. Med. Bd. 2, S. 185. 1884. — **256.** Diese Lösung besteht aus 100 ccm $2^1/_2$ %igen Karbolwassers und 10 ccm gesättigter alkoholischer Gentianaviolettlösung. — **257.** Über Wesen der Gramfärbung vgl. Eisenberg: Theorie der Bakterienfärbung in Uhlenhuth und Krauss: Handb. d. mikroskop. Technik. Bd. 1. 1922. — **258.** Dreyer: Hyg. Rundschau Nr. 21. — **259.** Eisenberg: Zentralbl. f. Bakteriol., Parasitenk. u. Infektionskrankh., Abt. I, Orig. Bd. 48. 1908; Bd. 53 u. 56. 1910. — **260.** Günther: Dtsch. med. Wochenschr. 1887, Nr. 22. — **261.** Kutscher: Zeitschr. f. Hyg. u. Infektionskrankh. Bd. 18. 1894. — **262.** Löffler: Zentralbl. f. Bakteriol., Parasitenk. u. Infektionskrankh., Abt. I, Orig. Bd. 6. 1889; Bd. 7. 1890; Dtsch. med. Wochenschr. 1907 u. 1910. — **263.** Nicolle: Ann. de l'inst. Pasteur Bd. 9. 1895. — **264.** Unna: Zentralbl. f. Bakteriol., Parasitenk. u. Infektionskrankh., Abt. I, Orig. Bd. 3. 1888. — **265.** Eisenberg: a. a. O. (Anm. 259). — **266.** Claudius: Ann. de l'inst. Pasteur Bd. 11, S. 332. 1897. — **267.** Brudny: Zentralbl. f. Bakteriol., Parasitenk. u. Infektionskrankh., Abt. II Bd. 21. 1908. — **268.** Eisenberg: Ebenda Bd. 49, S. 473. 1909. — **269.** Kruse: Münch. med. Wochenschr. 1910, Nr. 13. — **270.** Auclaire und Paris: Arch. de med. exp. 1907. — **271.** Kontorowicz: Münch. med. Wochenschr. 1909. — **272.** Fischer: Fixierung, Färbung und Bau des Protoplasmas. Jena 1899. — **273.** Grimme: Zentralbl. f. Bakteriol., Parasitenk. u. Infektionskrankh., Abt. I, Orig. Bd. 32. 1902. — **274.** Neide: Ebenda Bd. 35. 1904. — **275.** Kisskalt: Ebenda Bd. 30. 1901. — **276.** Ehrlich: Dtsch. med. Wochenschr. 1882, Nr. 19. — **277.** Ziehl: Ebenda 1882, S. 451 hat die Karbolsäure zur Steigerung des Färbevermögens von Methylviolett an Stelle des von Ehrlich angewandten Anilinwassers eingeführt. — Neelsen: Zentralbl. f. med. Wiss. 1883, S. 600 führte das Karbolfuchsin für die Färbung der säurefesten Bakterien ein. Die Karbolfuchsinlösung nach Ziehl-Neelsen wird in der Weise hergestellt, daß 100 ccm einer 5%igen Karbolsäurelösung mit 10 ccm einer gesättigten Lösung von Fuchsin in 95%igem Alkohol gemischt werden. — **278.** Fränkel: Berlin. klin. Wochenschr. 1884, S. 194 u. 214. — **279.** Czaplewski: Die Untersuchung des Auswurfs auf Tuberkelbazillen. Jena 1891. — **280.** Weichselbaum: Wien. med. Wochenschr. 1883, S. 63. — **281.** Pappenheim: Grundriß der Farbchemie. Berlin 1901. — **282.** Kronberger: Beitr. z. Klin. d. Tuberkul. Bd. 16. 1910. — **283.** Müller: Zentralbl. f. Bakteriol., Parasitenk. u. Infektionskrankh., Abt. I, Orig. Bd. 10. 1891. — **284.** Rondelli und Buscarino: Ebenda Bd. 21. 1897. — **285.** Dorset: Report and papers of the Americ. public health assoc. Vol. 24. — **286.** Eisenberg: a. a. O. — **287.** Spengler: Dtsch. med. Wochenschr. 1907, S. 337. — **288.** v. Betegh: Zentralbl. f. Bakteriol., Parasitenk. u. Infektionskrankh., Abt. I, Orig. Bd. 47. 1908; Bd. 48. 1909; Bd. 52. 1909. — **289.** Assmann: Münch. med. Wochenschr. 1906, Nr. 28 und 1909, Nr. 13. — **290.** Ogava: Mitt. d. med. Ges. zu Tokio Bd. 17. 1903. — **291.** Baumgarten: Zeitschr. f. wiss. Mikroskopie Bd. 1. 1884. — **292.** Schäffer: 5. Kongr. d. Dermat. Ges. Graz 1895. — **293.** Babes: Zeitschr. f. Hyg. u. Infektionskrankh. Bd. 5. 1889 und Bd. 20. 1895. — **294.** Bunge und Trautenroth: Fortschr. d. Med. Bd. 14. 1896. — **295.** Honsell in Baumgartens Jahresber. Bd. 96, S. 397. — **296.** Pappenheim: Berlin. klin. Wochenschr. 1898. — **297.** Malowan: Wien. klin. Wochenschr. 1919, S. 982. — **298.** Baumgarten: a. a. O. — **299.** Vgl. hierzu z. B. Pertik in Lubarsch-Ostertag: Ergebn. Jahrg. 8,

Abt. II. 1902. — **300.** KLEIN: Zentralbl. f. Bakteriol., Parasitenk. u. Infektionskrankh., Abt. I, Orig. Bd. 28. 1900. — **301.** MARMOREK: Zentralbl. f. Tuberkul. Bd. 1. 1900. — **302.** OLSCHANETZKY: Zentralbl. f. Bakteriol., Parasitenk. u. Infektionskrankh., Abt. I, Orig. Bd. 32. 1902. — **303.** BARANNIKOW: Ebenda Bd. 31. 1902. — **304.** OLSCHANETZKY: a. a. O. — **305.** WEBER: Arb. a. d. Reichs-Gesundheitsamte Bd. 19. 1902. — **306.** FREI und POKSCHISCHEWSKY: Zentralbl. f. Bakteriol., Parasitenk. u. Infektionskrankh., Abt. I, Orig. Bd. 60. 1911. — **307.** DOSTAL: Frankfurt. Zeitschr. f. Pathol. Bd. 19. 1916. — **308.** LUBARSCH und MAYR: Arb. a. d. pathol.-anat. Abt. d. hyg. Inst. Posen 1901. — **309.** AUJETZKY: Zentralbl. f. Bakteriol., Parasitenk. u. Infektionskrankh., Abt. I, Orig. Bd. 31. 1902. — **310.** KARLINSKI: Ebenda Bd. 29. 1901. — **311.** BUESTNEW und FEISTMANTEL: Ebenda Bd. 31. 1902. — **312.** HERMANN: Ann. de l'inst. Pasteur 1889. — **313.** CAAN: Zentralbl. f. Bakteriol., Parasitenk. u. Infektionskrankh., Abt. I, Orig. Bd. 49. — **314.** BERKA: Ebenda Bd. 51. — **315.** KONSTED: Ebenda Bd. 84. 1920. — **316.** BOIT: Münch. med. Wochenschr. 1916 und Beitr. z. Klin. d. Tuberkul. Bd. 36. 1916. — **317.** MUCH: Ebenda Bd. 8. — **318.** ROSENBLAT: Münch. med. Wochenschr. 1909 und Zentralbl. f. Bakteriol., Parasitenk. u. Infektionskrankh., Abt. I, Orig. Bd. 58. 1911. — **319.** FONTES: Ebenda Bd. 49. 1909. — **320.** WEHRLI und KNOLL: Beitr. z. Klin. d. Tuberkul. Bd. 14. 1909. — **321.** WEISS: Zeitschr. f. Tuberkul. Bd. 30. 1919. — **322.** HATANO: Berlin. klin. Wochenschr. 1909. — **323.** CARPINTERO: Revista Valenc. de Cienc. med. Bd. 16. 1914. — **324.** v. BETEGH: Zentralbl. f. Bakteriol., Parasitenk. u. Infektionskrankh., Abt. I, Orig. Bd. 47, 49 u. 52. — **325.** ISHIWARA: Ebenda Bd. 48. — **326.** KRONBERGER: Beitr. z. Klin. d. Tuberkul. Bd. 16. — **327.** KIRCHENSTEIN: Zentralbl. f. Bakteriol., Parasitenk. u. Infektionskrankh., Abt. I, Orig. Bd. 66. — **328.** BIENSTOCK: Fortschr. d. Med. 1886. — **329.** SPINA: Allg. Wien. med. Zeit. 1887. — **330.** MARMOREK: Zeitschr. f. Tuberkul. Bd. 1. 1901. — **331.** KLEBS: Zentralbl. f. Bakteriol., Parasitenk. u. Infektionskrankh., Abt. I, Orig. Bd. 20. 1896. — **332.** ARONSON: Berlin. klin. Wochenschr. 1898. — **333.** HELBING: Dtsch. med. Wochenschr. 1900 (Beil.). — **334.** KLEBS: a. a. O. — **335.** BORRAL: Bull. de l'inst. Pasteur 1904. — **336.** RITSCHIE: Journ. of pathol. a. bacteriol. 1905. — **337.** CAMUS und PAGNIEZ: Cpt. rend. des séances de la soc. de biol. 1905. — **338.** CANTACUZENE: Ann. de l'inst. Pasteur 1905. — **339.** KRYLOW: Zeitschr. f. Hyg. u. Infektionskrankh. Bd. 70. 1911. — **340.** FONTES: Zentralbl. f. Bakteriol., Parasitenk. u. Infektionskrankh., Abt. I, Orig. Bd. 49. 1909. — **341.** ARONSON: a. a. O. — **342.** HELBING: a. a. O. — **343.** AUCLAIRE und PARIS: Ann. de med. exp. et d'anat.-pathol. 1907. — **344.** KOZNIEWSKI: Przegled legarski 1913. — **345.** SABRAZES: Ann. de l'inst. Pasteur 1903. — **346.** KLEBS: a. a. O. — **347.** ARONSON: a. a. O. — **348.** RUPPEL: Zeitschr. f. physiol. Chem. 1898. — **349.** KRESLING: Zentralbl. f. Bakteriol., Parasitenk. u. Infektionskrankh., Abt. I, Orig. Bd. 30. 1901. — **350.** BULLOCH und MACLEOD: Journ. of hyg. 1904. — **351.** DORSET und EMERY: Zentralbl. f. Bakteriol., Parasitenk. u. Infektionskrankh., Abt. I, Orig. Bd. 37, Ref. 1906. — **352.** TAMURA: Zeitschr. f. physiol. Chem. Bd. 87, 89 u. 90. — **353.** BÜRGER: Biochem. Zeitschr. Bd. 78. 1916. — **354.** FISCHER: Färbung, Fixierung und Bau des Protoplasmas. Jena 1897. — **355.** AUCLAIRE und PARIS: a. a. O. — **356.** PAPPENHEIM: Grundriß der Farbchemie. Berlin 1901. — **357.** BENIANS: Journ. of pathol. a. bacteriol. 1912. — **358.** SHERMAN: Journ. of infect. dis. 1913. — **359.** BENIANS: a. a. O. — **360.** CZAPLEWSKI: Münch. med. Wochenschr. 1903 und Hyg. Rundschau 1896. — **361.** PICK und JAKOBSOHN: Berlin. klin. Wochenschr. 1896. — **362.** LANZ: Dtsch. med. Wochenschr. 1894. — **363.** SCHÄFFER:

5. Kongr. d. dermatol. Ges. in Graz 1895. — **364.** Löffler: Dtsch. med. Wochenschr. 1907. — **365.** Schütz: Münch. med. Wochenschr. 1889. — **366.** v. Leszcynski: Arch. f. Dermatol. u. Syphilis Bd. 71. 1904. — **367.** v. Wahl: Zentralbl. f. Bakteriol., Parasitenk. u. Infektionskrankh., Abt. I, Orig. Bd. 33. 1903. — **368.** Pappenheim: Monatsschr. f. prakt. Dermatol. Bd. 36. — **369.** Ders.: a. a. O. — **370.** Die Löfflersche Methylenblaulösung besteht aus 100 ccm Aqu. dest. + 1 ccm 1%iger Kalilauge + 30 ccm konzentrierter alkoholischer Methylenblaulösung. — **371.** Neisser: Zeitschr. f. Hyg. u. Infektionskrankh. Bd. 24. 1897 und Hyg. Rundschau. 1903. — **372.** Gins: Dtsch. med. Wochenschr. 1913. — **373.** Ljubinski, nach Blumenthal und Lipskerow: Zentralbl. f. Bakteriol., Parasitenk. u. Infektionskrankh., Abt. I, Orig. Bd. 38. 1905. — **374.** Coles: Brit. med. journ. 1899. — **375.** Epstein: Journ. of infect. dis. 1906. — **376.** Piorkowski: Berlin. med. Ges. 1900. — **377.** de Rovaart: Zentralbl. f. Bakteriol., Parasitenk. u. Infektionskrankh., Abt. I, Orig. Bd. 29. — **378.** Peck: The Lancet. 1903. — **379.** Falières, nach Blumenthal und Lipskerow: Zentralbl. f. Bakteriol., Parasitenk. u. Infektionskrankh., Abt. I, Orig. Bd. 38. 1905. — **380.** Trincas: Giorn. r. soc. ital. d'igiene 1907. — **381.** Sommerfeld: Dtsch. med. Wochenschr. 1910. — **382.** Pitfield: The univers. of Pennsylvania med. bull. Sept. 1900. — **383.** Schauffter: Med. rec. rev. Philadelphia med. journ. 1902. — **384.** Raskin: Dtsch. med. Wochenschr. 1911. — **385.** Ficker: Zeitschr. f. Hyg. u. Infektionskrankh. 1898. — **386.** Neisser: Hyg. Rundschau 1903. — **387.** Langer und Krüger: Dtsch. med. Wochenschr. 1916, Nr. 24 und Langer: Ebenda Nr. 38. — **388.** Nakanishi: Münch. med. Wochenschr. 1900. — **389.** Ernst: Zeitschr. f. Hyg. u. Infektionskrankh. Bd. 4. 1888 und Zentralbl. f. Bakteriol., Parasitenk. u. Infektionskrankh., Abt. I, Orig. Bd. 8. 1902. — **390.** Kral: Verhandl. d. Ges. dtsch. Naturforsch. u. Ärzte 74. Vers. 1902. — **391.** Amato: Zentralbl. f. Bakteriol., Parasitenk. u. Infektionskrankh., Abt. I, Orig. Bd. 48. 1908. — **392.** Uhma: Arch. f. Dermatol. u. Syphilis Bd. 50. — **393.** Plato: Berlin. klin. Wochenschr. 1899. — **394.** Vay: Zentralbl. f. Bakteriol., Parasitenk. u. Infektionskrankh., Abt. I, Orig. Bd. 52. 1909 und Bd. 55. 1910. — **395.** Ruzicka: Pflügers Arch. f. d. ges. Physiol. Bd. 107. — **396.** Proga: Cpt. rend. des séances de la soc. de biol. Bd. 67. 1909. — **397.** Meyer: Flora, N. F. Bd. 84. 1897 und Bd. 86. 1899. — **398.** Hauser: Münch. med. Wochenschr. 1887. — **399.** Günther: Einführung in das Studium der Bakteriologie. Leipzig. — **400.** Waldmann: Berlin. tierärztl. Wochenschr. 1911. — **401.** Wirtz: Zentralbl. f. Bakteriol., Parasitenk. u. Infektionskrankh., Abt. I, Orig. Bd. 46. 1908. — **402.** Botelho: Cpt. rend. des séances de la soc. de biol. 1918. — **403.** Klein: Zentralbl. f. Bakteriol., Parasitenk. u. Infektionskrankh., Abt. I, Orig. Bd. 25. 1899. — **404.** Tribondeau: Cpt. rend. séances de la soc. de biol. 1917. — **405.** Möller: Zentralbl. f. Bakteriol., Parasitenk. u. Infektionskrankh., Abt. I, Orig. Bd. 10. 1891. — **406.** Trincas: Soc. delle sc. med. e nat. di Cagliari 1907. — **407.** Aujeszky: Zentralbl. f. Bakteriol., Parasitenk. u. Infektionskrankh., Abt. I, Orig. Bd. 23. — **408.** Thesing: Arch. f. Hyg. Bd. 50. — **409.** Orszag: Zentralbl. f. Bakteriol., Parasitenk. u. Infektionskrankh., Abt. I, Orig. Bd. 41. 1906. — **410.** Bitter: Ebenda Bd. 68. — **411.** Lagerberg: Ebenda Bd. 79. — **412.** Möller: a. a. O. — **413.** Buchner: Ärztl. Intelligenzbl. 1884. — **414.** Grimme: Zentralbl. f. Bakteriol., Parasitenk. u. Infektionskrankh., Abt. I, Orig. Bd. 36. 1904. — **415.** Meyer: Die Zelle der Bakterien. Jena 1912; daselbst auch die einschlägige Literatur. — **416.** Ders.: Ebenda. — **417.** Vgl. hierzu Winogradsky: Beitr. z. Morphol. u. Physiol. d. Bakterien H. 1.

Leipzig 1888. — BÜTSCHLI: Weitere Ausführungen über den Bau der Cyanophyceen und Bakterien. Leipzig 1896. — LANKESTER: Quart. journ. of microscop. science Bd. 13. 1873. — ENGELMANN: Botan. Zeit. 1888. — ARCHICHOVSKIJ: Bull. du jardin imper. botan. de St. Petersbourg Bd. 4. 1904. — MOLISCH: *Die Purpurbakterien. Jena 1907.* — **418.** WINOGRADSKY: Beitr. z. Morphol. u. Physiol. d. Bakterien 1883. — **419.** MOLISCH: Die Purpurbakterien. Jena 1907. — **420.** ENGELMANN: PFLÜGERS Arch. f. d. ges. Physiol. Bd. 30. 1883. — **421.** Vgl. MEYER: Die Zelle der Bakterien. Jena 1912. — **422.** WINOGRADSKY: Botan. Zeit. 1887. — **423.** Derselbe: Ebenda. — COHN: Beitr. z. Biol. d. Pflanzen Bd. 1. 1870. — BÜTSCHLI: Weitere Ausführungen über den Bau der Cyanophyceen und Bakterien. Leipzig 1896. — HINZE: Wissenschaftl. Meeresuntersuchungen, herausgegeben von der Kommission zur Untersuchung der deutschen Meere in Kiel und der biologischen Anstalt auf Helgoland, Abt. Kiel, N. F. Bd. 6. 1902. — MEYER: Die Zelle der Bakterien. Jena 1912. — **423.** Das Eisenoxydul [FeO] reagiert mit der zugesetzten Salzsäure nach der Gleichung:

$$FeO + 2\,HCl = FeCl_2 + H_2O.$$

Das gebildete Ferrochlorid [$FeCl_2$] gibt mit Ferricyankalium [$K_3Fe(CN)_6$] Ferroferricyanid [$Fe_3(Fe(CN)_6)_2$]:

$$2\,K_3Fe(CN)_3 + 3\,FeCl_2 = 6\,KCl + Fe_3(Fe(CN)_6)_2$$

und Ferrikaliumferrocyanid [$KFe_2(CN)_6$] nach den Gleichungen:

$$K_3Fe(CN)_6 + KCl + FeCl_2 = FeCl_2 + K_4Fe(CN)_6$$
$$K_4Fe(CN)_6 + FeCl_3 = 3\,KCl + KFe_2(CN)_6,$$

d. h. man erhält:

$$3\,K_3Fe(CN)_6 + 4\,FeCl_2 = Fe_3(Fe(CN)_6)_2 + KFe_2(CN)_6 + 8\,KCl.$$

Diese Mischung von Ferroferricyanid und Ferrikaliumferrocyanid ist dunkelblau und heißt „Turnbulls Blau". — Das Eisenoxydhydrad [$Fe(OH)_3$] reagiert mit Salzsäure nach der Formel:

$$Fe(OH)_3 + 3\,HCl = FeCl_3 + 3\,H_2O.$$

Das entstandene Ferrichlorid [$FeCl_3$] gibt mit Ferrocyankalium [$K_4Fe(CN)_4$]:

$$FeCl_3 + K_4Fe(CN)_6 = Fe_4(Fe(CN)_6)_3 + 12\,KCl$$

das sogenannte Berliner Blau [$Fe_4(Fe(CN)_6)_3$]. — **424.** Die Reaktion z. B. mit Borax beruht darauf, daß Borax [$Na_2B_4O_7$] beim Erhitzen sein Krystallwasser ($10\,H_2O$) verliert und dann die fragliche Manganverbindung mit der charakteristischen (amethystroten) Farbe löst. — **425.** Die grüne Schmelze entsteht nach der Gleichung:

$$MnO_2 + Na_2CO_3 + O = Na_2MnO_4 + CO_2.$$

426. Vgl. hierzu auch MOLISCH: Die Eisenbakterien. Jena 1910. — **427.** LÖFFLER: Zentralbl. f. Bakteriol., Parasitenk. u. Infektionskrankh., Abt. I, Orig. Bd. 6. 1889 und Bd. 7. 1890. — **428.** TRENKMANN: Ebenda Bd. 8. — **429.** BUNGE: Fortschr. d. Med. 1894. — **430.** MEYER: Praktikum d. botanischen Bakterienkunde. Jena 1903. — **431.** PEPPLER: Zentralbl. f. Bakteriol., Parasitenk. u. Infektionskrankh., Abt. I, Orig. Bd. 29. 1901. — **432.** VALENTI: Ebenda Bd. 32. 1902. — **433.** GEMELLI: Ebenda Bd. 33. 1903. — **434.** DE ROSSI: Ebenda. — **435.** BENIGNETTO-GINO: Bull. de l'inst. Pasteur 1906. — **436.** CASARES-GIL: Revista de sanided militar 1912. — **437.** TRIBONDEAU: Cpt. rend. des séances de la soc. de biol. 1907. — **438.** VAN ERMENGEN: Zentralbl. f. Bakteriol., Parasitenk. u. Infektionskrankh., Abt. I, Orig. (Ref.) 1897. — **439.** HINTERBERGER: Ebenda Bd. 27, 30 u. 36. — **440.** ZETTNOW: Zeitschr. f. Hyg. u. Infektionskrankh. Bd. 30. 1891. — **441.** PEPPLER: a. a. O. — **442.** ZETTNOW: a. a. O. — **443.** Die Antimonbeize wird auf folgende Weise hergestellt: 10 g Tannin werden in 200 ccm Wasser bei 50—60° gelöst, dann werden 36—37 ccm einer Lösung von 2 g Tartarus stibiatus in 40 ccm Wasser zugefügt und so lange erhitzt, bis der Niederschlag sich löst. Ist die Trübung der erkalteten Beize sehr stark milchweiß (Probe im Reagenzglas), so gibt man noch etwas Tannin zu und wenn die Beize klar ist noch 1 ccm der Tartaruslösung. Etwas Thymol sichert die Haltbarkeit der Beize.

Allgemeine Lebensbedingungen der Bakterienzelle.

444. Vgl. hierzu die Arbeiten von FISCHER (Vorlesungen über Bakterien. Jena 1903) und PFEFFER (Pflanzenphysiologie. Leipzig 1897—1904). — **445.** Diese Unterscheidung stammt von FISCHER (Vorlesungen über Bakterien. Jena 1903). — **446.** Diese Bezeichnung führte PFEFFER ein Pflanzenphysiologie, Leipzig 1897—1904). — **447.** Nach PFEFFER (Pflanzenphysiologie. Leipzig 1897—1904). — **448.** FISCHER (Vorlesungen über Bakterien. Jena 1903. — **449.** BEIJERINCK: Zentralbl. f. Bakteriol., Parasitenk. u. Infektionskrankh., Abt. II, Bd. 7. 1901. — **450.** WOLF: Arch. f. Hyg. Bd. 34. — **451.** WEIGERT: Zentralbl. f. Bakteriol., Parasitenk. u. Infektionskrankh., Abt. I, Orig. Bd. 36. 1904. — **452.** BEIJERINCK: Zentralbl. f. Bakteriol., Parasitenk. u. Infektionskrankh., Abt. I, Orig. Bd. 14. 1893 u. Verhandel. d. koninkl. akad. v. wetensch. te Amsterdam (Naturwiss. Abt.) 1893. — **453.** PASTEUR (Cpt. rend. Bd. 52. 1861) entdeckte die Anaerobiose zuerst bei dem Erreger der Buttersäuregärung und fand sie später auch bei den Vergärern des weinsauren Kalkes. — **454.** USCHINSKY: Zentralbl. f. Bakteriol., Parasitenk. u. Infektionskrankh. Bd. 14. — **455.** VOGES und FRÄNKEL: Hyg. Rundschau 1894. Nr. 17. — **456.** PROSKAUER und BECK: Zeitschr. f. Hyg. u. Infektionskr. Bd. 18. — **457.** SCHREIBER: Zentralbl. f. Bakteriol., Parasitenk. u. Infektionskrankh., Abt. I, Orig. Bd. 19. 1896. — **458.** MATZUSCHITA: Zeitschr. f. Hyg. u. Infektionskrankh. Bd. 35. 1900. — **459.** PETERSSON: Arch. f. Hyg. Bd. 37. 1900. — **460.** LACHNER-SANDOVAL: Inaug.-Diss. Straßburg 1898. — **461.** DE FREYTAG: Arch. f. Hyg. Bd. 11. 1890. — **462.** MATZUSCHITA: Arch. f. Hyg. Bd. 43. 1903. — **463.** Über die Bestimmung der elektrischen Leitfähigkeit von Bakterienkulturen und über die Anwendbarkeit der Methode zur Verfolgung der der Umsetzungen usw. in Bakterienkulturen, vgl. OKER-BLOM: Zentralbl. f. Bakteriol., Parasitenk. u. Infektionskrankh., Abt. I, Orig. Bd. 65. 1912. — **464.** Über die Wechselwirkungen zwischen verschiedenen Bakterienarten vgl. KRUSE (Allgemeine Mikrobiologie. Leipzig 1910) und GARRET (Korresp. Schweizer Ärzte 1887), sowie BEHRENS: LAFAR, Handb. d. techn. Mykologie. Bd. 1, Kap. 20. Jena 1904—1907. — **465.** Über die aktuelle Reaktion im Innern der Bakterienzelle hat K. v. ANGERER Versuche angestellt und dabei gefunden, daß die Reaktion der von ihm geprüften Bakterienzellen alkalisch war, und zwar lag die Alkaleszenz etwa zwischen dem physikalisch-chemischen Neutralpunkt ($H^{\cdot} = 10^{-7}$) und dem Phenolphthaleinpunkt ($H^{\cdot} = 5{,}0 \cdot 10^{-9}$). Nach v. ANGERER erleidet die Reaktion unter dem Einfluß von Stoffwechselprodukten, wie z. B. von Säuren, die bei der Zersetzung der Kohlenhydrate gebildet werden können, keine Veränderung. — **466.** LÜBBERT: Biologische Spaltpilzuntersuchungen. Würzburg 1886. — **467.** DEELEMANN: Arb. a. d. Kais. Ges. Amt. Bd. 13. — **468.** COBBETT: Ann. de l'inst.

Pasteur. Bd. 11. — 469. SCHREIBER: Zentralbl. f. Bakteriol., Parasitenk. u. Infektionskrankh., Abt I, Orig. Bd. 19. 1896. — 470. FERMI: Ebenda 1901. — 471. LAITINEN: Ebenda Bd. 23. 1898. — 472. WLADIMIROFF u. KRESLING: Dtsch. med. Wochenschr. 1899. — 473. UFFELMANN: Berlin. klin. Wochenschr. 1891. — 474. FICKER: Zentralbl. f. Bakteriol., Paraitenk. u. Infektionkrankh., Abt. I, Orig. Bd. 27. 1900. — 475. FINKELSTEIN: Dtsch. med. Wochenschr. 1900. — 476. RODELLA: Zentralbl. f. Bakteriol., Parasitenk u Infektionskrankh., Abt. I, Orig. Bd. 29. 1901. — 477. SCHLÜTER: Ebenda Bd. 11, 1892. — 478. MICHAELIS: Die Wasserstoffionenkonzentration. Berlin 1922 und Zeitschr. f. Immunitätsforsch. u. exp. Therapie, Orig. Bd. 32. 1921. — 479. STICKDORN: Zeitschr. f. Immunitätsforsch. u. exp. Therapie, Orig. Bd. 33. 1922. — 480. SCHEER: Ebenda. — 481. PORODKO: Jahrb. f. wiss. Botanik Bd. 41. 1904. — 482. SABRAZES u. BAZIN: vgl. KOCHS Jahresberichte 1894. — 483. BERT: Cpt. rend. Bd. 76. 1878 — 484. FOA: Atti d. Reale Accad. dei Lincei, rendiconto, Vol. 15. 1906. 485. BERGHAUS: Arch. f. Hyg. Bd. 62. 1907. 486. HOFFMANN: Arch. f. Hyg. Bd. 57. 1906. — 487. RUSSELL: Zeitschr. f. Hyg. u. Infektionskrankh. Bd. 11. 1891. — 488. CORTES: Cpt. rend. Bd. 98 u. 99. — 489. FISCHER: Dtsch. med. Wochenschr. Nr. 37. 1899. — 490. CHLOPINU u. TAMANN: Zeitschr. f. Hyg. u. Infektionskrankh. Bd. 45. 1903. — 491. REGNARD: Recherches expérimentales sur les conditions physiques de la vie dans les eaux. Paris 1891. — 492. HOLZINGER: Münch. med. Wochenschr. Nr. 46. 1909. — 493. BÜTSCHLI: Über den Bau d. Bakterien und verwandter Organismen. Leipzig 1890. — 494. MIGULA: Arb. a. d. bakt. Institut d. techn. Hochschule Karlsruhe. Bd. 1. 1894. — 495. ZETTNOW: Zeitschr. f. Hyg. u. Infektionskrankh. Bd. 24. 1897. — 496. SCHAUDINN: Arch. f. Protistenkunde. Bd. 1. 1902. — 497. LEHMANN u. NEUMANN: Atlas u. Grundriß der Bakteriologie. München 1896. — 498. Vgl. hierzu die einschlägigen Abhandlungen über „Desinfektion" von GOTSCHLICH und BÜRGI in KOLLE-WASSESMANN, Handb. d. pathog. Mikrorganismen, und von GRASBERGER im Handbuch d. Hygiene von RÜBNER, GRUBER und FICKER. — 499. BREHME: Arch. f. Hyg. Bd. 40. 1901. — 500. PAUL: Biochem. Zeitschr. Bd. 18. 1909. — 501. PICTET: „Das Leben und die niederen Temperaturen", in Rev. scientifique T. 52. 1893. — 502. WHITE: Med. Record. New-York 1899. — 503. MACFADYEN: Proc. of the roy. soc. of London. Bd. 66. 1900. — 504. MEYER: Zentralbl. f. Bakteriol., Parasitenk. u. Infektionskrankh., Abt. I, Orig. Bd. 28. 1900. — 505. PAUL u. PRALL: Arb. a. d. Kais. Ges.-Amt. Bd. 26. 1907. — 506. MACFADYEN: Lancet 1900. — 507. FORSTER: Zentralbl. f. Bakteriol., Parasitenk. u. Infektionskrankh., Abt. I, Orig. Bd. 2. 1887. — 508. FISCHER: Ebenda Bd. 4. 1888. — 509. MÜLLER: Arch. f. Hyg. Bd. 47. 1903. — 510. SCHMIDT-NIELSEN: Zentralbl. f. Bakteriol., Parasitenk. u. Infektionskrankh., Abt. II. Bd. 9. 1903. — 511. LANGE: Zeitschr. f. Hyg. u. Infektionskrankh. Bd. 82. — 512. PATZSCHKE: Ebenda Bd. 81. — 513. MOLISCH: Lie Pupurbakterien. Jena 1907. — 514. DOWNES und BLUNT: Proc. of the roy. soc. of London. Bd. 26. 1877. — 515. BUCHNER: Arch. f. Hyg. Bd. 17. — 516. DIEUDONNE: Arb. a. d. Kais. Ges.-Amt. Bd. 9, — 517. MIRAMOND DE LAROGUETTE: Hyg. Rundsch. 1919. — 518. TAPPEINER: Münch. med. Wochenschr. 1904. — 519. Vgl. hierzu auch MFTTLER (Arch. f. Hyg. Bd. 53. 1905) u. HERBER (Arch. f. Hyg. Bd. 54. 1905). — 520. HERTEL, Z.: Zeitschr. f. allgem. Physiol. Bd. 4. 1904; Bd. 5. 1905: Bd. 6. 1907. — 521. Über die Abtötung von Bakteriensporen durch ultraviolettes Licht vgl. OEHLSCHLÄGEL (Arch. f. Hyg. Bd. 91. 1922) und zur Versuchsanordnung vgl. THIELE u.

WOLF (Arch. f. Hyg. Bd. 57 u. 60). OEHLSCHLÄGEL (a. a. O.) fand, daß die Sporen (z. B. von Bac. anthracis und Bac. subtilis) binnen wenigen Minuten durch eine Bestrahlung mit der Quarzquecksilberbogenlampe abgetötet werden. — **522.** REICHENBACH: Ref. in Med. Klin. 21, 426. — **523.** DIEUDONNE: Arb. a. d. Kais. Ges.-Amt. Bd. 9. — **524.** CHATIN u. NICOLAUS: Zentralbl. f. Bakteriol., Parasitenk. u. Infektionskrankh., Abt. I, Orig. Ref. Bd. 33. — **525.** RIEDER: Münch. med. Wochenschr. 1898 u. 1902. **526.** ASCHKINESS u. CASPARI: PFLÜGERS Arch. f. d. ges. Physiol. Bd. 86. 1901. — **527.** PFEIFFER und FRIEDBERGER: Berlin. klin. Wochenschr. 1903. S. 640. — **528.** v. BAEYER: Zeitschr. f. allgem. Physiol. Bd. 4. 1904. — **529.** KUZNITZKY: Zeitschr. f. Hyg. u. Infektionskrankh. Bd. 88, S. 261. 1919. — **530.** LEHMANN und ZIERLER: Arch. f. Hyg. Bd. 46. — **531.** THIELE und WOLF: Zentralbl. f. Bakteriol., Parasitenk. u. Infektionskrankh., Abt. I. Orig. Bd. 25, S. 650. — **532.** ZEIT: Americ. journ. of the med. association 1901.

Allgemeine Lebensäußerungen der Bakterienzelle.

533. Vgl. hierzu W. BENECKE: „Allgemeine Ernährungsphysiologie“ der Schizomyzeten in LAFARS Handbuch d. techn. Mykologie, Jena 1904—1907, ferner E. GOTSCHLICH in KOLLE-WASSERMANNS Handbuch der pathog. Mikrorganismen. Bd. 1. Jena 1913 sowie W. KRUSE, Allgemeine Mikrobiologie. Leipzig 1910. — **534.** Die in den §§ 218—222 aufgeführten (ernährungsphysiologischen) Bakteriengruppen: Nitrogenbakterien, Nitritbakterien, Nitratbakterien usw. sind hier in Anlehnung an die Arbeiten von NÄGELI (Untersuchungen über niedere Pilze. München u. Leipzig 1882), BEIJERINCK (Botan. Zeitg. 1890) und JOST (Biolog. Zentralbl. Bd. 20. 1900) übernommen. — **535.** Die Spaltung organischer Verbindungen durch Bakterientätigkeit wurde zuerst von L. PASTEUR (Cpt. rend. Bd. 46. 1858) nachgewiesen, der zeigte, daß gewisse Mikroorganismen die Nucleinsäure in Rechts- und Linksweinsäure zu zerlegen vermögen. — Hier sei auch auf die sogen. Kohlenwasserstoffbakterien verwiesen, die zur Kohlenwasserstoffanalyse benutzt werden können, indem auf biochemischem Wege z. B. Naphthene aus Paraffinkohlenwasserstoffen isoliert werden können (TAUSZ u. PETER: Zentralbl. f. Bakteriol., Parasitenk. u. Infektionskrankh., Abt. II. Bd. 49. 1919). — **536.** Vgl. hierzu die Arbeiten z. B. von SCHREIBER (Abt. I, Orig., Bd. 20. 1896), GOTTHEIL: Ebenda Abt. II. Bd. 7. 1901) und A. FISCHER (Vorlesungen über Bakterien. Jena 1903). — **537.** Über den Einfluß von Vitaminen auf das Wachstum einiger Bakterienarten vgl. M. TINTI (Zentralbl. f. Bakteriol., Parasitenk. u. Infektionskrankh., Abt. I, Orig. Bd. 30. 1923). Vgl. über Vitamine auch FUNK: „Die Vitamine“. München u. Wiesbaden 1922. — **538.** Ausführlichere Darstellungen über Enzyme stammen von EULER (Allgemeine Chemie der Enzyme), ferner von BAYLISS (Das Wesen der Fermentwirkung), OPPENHEIMER (Die Fermente und ihre Wirkungen) sowie FUHRMANN (Vorlesungen über Bakterienenzyme. Jena 1907). — **539.** Nach KRUSE (Allgemeine Mikrobiologie. Leipzig 1910. — **540.** FERMI: Arch. f. Hyg. Bd. 14. 1892. — **541.** Derselbe: Zentralbl. f. Bakteriol., Parasitenk. u. Infektionshrankh., Abt. II. Bd. 16. 1906. — **542.** FERMI und PERNOSSI: Zeitschr. f. Hyg. u. Infektionskrankh. Bd. 18. 1894. — **543.** EIJCKMANN: Zentralbl. f. Bakteriol., Parasitenk, u. Infektionskrankh., Abt. I, Orig. Bd. 29. — **544.** Ebenda. — **545.** Zur Erforschung der Kinetik und der Wirkungsbedingungen der fettspaltenden Fermente vgl. die stalagmometrische Methode mit Tributyrin von RONA u. MICHAELIS

Biochem. Zeitschr. Bd. 31. 1911). Über die Brauchbarkeit dieses Verfahrens zum Nachweis von fettspaltenden Bakterienfermenten vgl. MICHAELIS und NAKAHARA (Zeitschr. f. Immunitätsforsch. u. exp. Therapie, Orig. Bd. 36. 1923). — **546.** SÖHNGEN: Zentralbl. f. Bakteriol., Parasitenk. u. Infektionskrankh., Abt. *II. Bd. 15. V. 513. 1906.* — **547.** KASERER: Zentralbl. f. Bakteriol., Parasitenk. u. Infektionskrankh., Abt. II. Bd. 15. V. 573. 1906. — **548.** Ebenda. Bd. 16. V. 769. — **549.** BAEYER: Ber. d. Dtsch. Chem. Ges. Bd. 3. 1870. — **550.** Vgl. hierzu den Abschnitt „Die Bindung von freiem Stickstoff durch frei lebende niedere Organismen" von A. KOCH und den Abschnitt „Die Bindung von freiem Stickstoff durch das Zusammenwirken von Schizomyceten und von Eumyceten mit höheren Pflanzen" von L. HILTNER, beide in Bd. 3 von LAFARS Handb. d. techn. Mykologie. Jena 1904—1907. — **551.** Dargestellt nach KRUSE: Allgemeine Mikrobiologie. Leipzig 1910. — **552.** Vgl. hierzu den Abschnitt „Die Nitrifikation" von S. WINOGRADSKY in LAFARS Handb. d. techn. Mykologie. Bd. 3. Jena 1904—1907. — **553.** Vgl. hierzu die zusammenfassende Darstellung von JENSEN: „Denitrifikation und Stickstoffentbindung" in Bd. 3 von LAFARS Handbuch der techn. Mykologie. Untersuchungen über die Physiologie denitrifizierender Bakterien sind von H. v. CARON (Zentralbl. f. Bakteriol., Parasitenk. u. Infektionskrankh., Abt. II. Bd. 33. 1912) ausgeführt worden. Vgl. hierzu auch die physiologische Studie über die nitratreduzierenden Bakterien von E. B. FRED (ebenda Bd. 32. 1912). — Die reduzierenden Fähigkeiten gewisser Bakterienkulturen sind zuerst an gefärbten Bakteriennährböden von BUCHNER (Arch. f. Hyg. Bd. 3. 1885) beobachtet worden. Seitdem pflegt man die Farbstoffreduktion zur Differentialdiagnose verwandter Bakterienarten heranzuziehen. Nach ROTHBERGER (Zeitschr. f. Bakteriol., Parasitenk. u. Infektionskrankh., Abt. I, Orig. Bd. 24. 1898) eignet sich z. B. für die Differentialdiagnose des Bact. typhi und des Bact. coli die Reduktion des Neutralrotfarbstoffes. Wird 1% einer kaltgesättigten wässerigen Lösung dieses Farbstoffes dem Nährboden zugesetzt, so ruft Bact. coli eine Reduktion des Neutralrotes zu einem gelb-grün fluoreszierenden Farbstoff hervor, während Bact. typhi das Neutralrot nicht verändert. Zur Reduktionsprobe eignen sich vor allem auch gewisse Metallverbindungen, wie z. B. Natr. selenosum (Na_2SeO_3) und Natr. tellurosum (Na_2TeO_3); vgl. SCHEURLEN u. KLETT: Zeitschr. f. Hyg. u. Infektionskrankh. Bd. 33. 1900. Nach KLETT gibt man auf 10—12 ccm Gelatine- oder Agarnährboden je nach der Bakterienart 1—2—5—10 Tropfen der (zuvor sterilisierten) Lösung von Natr. selenosum oder 1—3 Ösen bis 1 Tropfen einer keimfreien 2%igen Lösung von Natr. tellurosum. Bei reduzierenden Bakterien erscheinen die Kolonien infolge des reduzierten Metalls auf dem Selennährboden rot, auf dem Tellurnährboden schwarz. Es ist dabei zu beachten, daß Traubenzuckerzusatz schon an sich bei 37° eine Reduktion des Natr. selenosum hervorruft. — Es sind auch verschiedene Methoden zur quantitativen Bestimmung der Reduktionsvorgänge in Bakterienkulturen angegeben worden; so z. B. von CATHCART und HAHN (Arch. f. Hyg. Bd. 44. 1902), FRANZEN u. LÖHMANN (Zeitschr. f. physiol. Chem. Bd. 63. 1909), PELZ (Zentralbl. f. Bakteriol., Parasitenk. u. Infektionskrankh., Abt. I, Orig. Bd. 57. 1910) und WICHERN (Arch. f. Hyg. Bd. 72. 1910). CATHCART und HAHN verteilen 0,29 der zu prüfenden Bakterienmasse in 10 ccm Nährbouillon und schütteln sie mit 0,5 ccm einer 0,21%igen Methylenblaulösung. Als „Reduktionszeit" bezeichnen CATHCART und HAHN den Zeitraum, der nach Vermischung der Bakterienkultur mit der Methylenblaulösung bis zur Entfärbung dieser letzteren bei einer bessimmten Temperatur verstreicht. — **554.** Eingehende Untersuchungen über die weitverbreitete Reduktion von Nitraten zu Nitraten durch Bakterientätigkeit hat z. B. MAASSEN (Arb. a. d. Kais. Ges.-Amt Bd. 18 u. 21) angestellt und dabei unter 109 geprüften Bakterienarten nicht weniger als 85 Nitritbilder gefunden. MAASSEN (a. a. O.) beschreibt auch die üblichen Methoden zum Nitrat- und Ammoniaknachweis. Erwähnenswert ist das Verfahren von BEIJERINCK (KOCHS Jahresber. 1904. V. 79), der dem Nährboden (z. B. Nähragar) 0,5% Stärke und 0,1% Kaliumnitrat zusetzt und dann die auf diesem Nährboden gewachsenen Kolonien der zu prüfenden Bakterienart mit einer Lösung von Jodkalium und Salzsäure übergießt. Die Kolonien der Nitritbildner zeigen bei dieser Behandlung einen blauen Ring. — Über die Reduktion von Nitraten zu Nitriten und Ammoniak durch Bakterien vgl. die Arbeit von M. KLAESER (Zentralbl. f. Bakteriol., Parasitenk. u. Infektionskrankh., Abt. II. Bd. 41. 1914). — **555.** Vgl. hierzu die ausführlichen Darstellungen von JENSEN („Denitrifikation und Stickstoffentbindung") und von BEHRENS („Mykologie des Düngers und des Bodens") in LAFARS Handbuch d. techn. Mykologie. Jena 1904 – 1907; vgl. ferner die einschlägigen Kapitel bei LÖHNIS, Handbuch d. landwirtsch. Bakteriologie. Berlin 1910. — **556.** Vgl. LÖHNIS: Ebenda. — **557.** Einen bemerkenswerten Beitrag zur Physiologie und Morphologie der Thionsäurebakterien (OMELIANSKI) lieferte K. TRAUTWEIN (Zentralbl. f. Bakteriol., Parasitenk. u. Infektionskrankh., Abt. II. Bd. 53. V. 1921). — **558.** BEIJERINCK: Ebenda Bd. 1. 1895 und Bd. 6. 1900. — Nach BEIJERINCK (KOCHS Jahresber. 1904) kann man sich z. B. von der Reduktion des Natriumthiosulfates ($Na_2S_2O_3$) auf folgende Weise überzeugen: Man impft die zu prüfende Bakterienart auf Gelatineplatten, die 0,5% $Na_2S_2O_3$, ferner Ammoniumzitrat und pyrophosphorsaures Eisen enthalten. Durch reduzierende Bakterien entsteht dunkles Schwefeleisen. Vgl. hierzu auch die Methoden von MAASSEN (Arb. a. d. Kais. Ges.-Amt. Bd. 18 und 21), FROMME: Dissert. Marburg 1891 und MORRIS (Arch. f. Hyg. Bd. 30. 1897). — **559.** VAN DELDEN: Zentralbl. f. Bakteriol., Parasitenk. u. Infektionskrankh., Abt. II Bd. 11. 1903. — **560.** NATHANSON: Mitt. d. zool. Station Neapel Bd. 15. 1902. — **561.** Ders. (a. a. O.) nannte diese Gruppe von Bakterien „Thiosulfatbakterien". — OMELIANSKY (LAFARS Handb. d. techn. Mykologie Bd. 3) nannte sie „Thionsäurebakterien". — **562.** BEIJERINCK: Zentralbl. f. Bakteriol., Parasitenk. u. Infektionskrankh., Abt. II Bd. 11; vgl. auch LIESKE: Ber. d. Dtsch. botan. Ges. Bd. 30. 1912. — **563.** Beiträge zur Kenntnis der Physiologie und Verbreitung denitriefizierender Thiosulfatbakterien lieferte A. GEHRING: Zentralbl. f. Bakteriol., Parasitenk. u. Infektionskrankh., Abt. II Bd. 42. 1915. — **564.** Vgl. hierzu KRUSE: Allgemeine Mikrobiologie. Leipzig 1910. — **565.** Nach HARDEN: Proc. of the chem. soc. Mai 1901. — **566.** Vgl. DUCLEAUX: Traité de microbiologie. — **567.** Eingehende Untersuchungen sind hierüber vor allem von GAYON und DUBOURG: Ann. de l'inst. Pasteur 1894 u. 1901 angestellt worden. — **568.** Nach DUCLEAUX: Traité de microbiologie; vgl. auch KRUSE: Allgemeine Mikrobiologie. Leipzig 1910. — **569.** Vgl. hierzu KUSE a. a. O. — **570.** BEIJERINCK und KAYSER: KOCHS Jahresber. 1904. — **571.** Vgl. KRUSE: Allgemeine Mikrobiologie. Leipzig 1910 und DUCLEAUX: Traité de microbiologie. — **572.** Nach HARDEN: Proc. chem. of the soc. Mai 1901. — **573.** Zu dem Chemismus der anaeroben Essigsäuregärung der Kohlehydrate vgl. vor allem die Ausführungen von KRUSE: Allgemeine Mikrobiologie. Leipzig 1910. — **574.** Nach KRUSE a. a. O. — **575.** PERDRIX: Ann. de l'inst. Pasteur 1891. — **576.** KRUSE: Allgemeine Mikrobiologie. Leipzig 1910. — **577.** Ders.: Ebenda Literatur. — **578.** PÉRÉ: Cpt. rend. des séances de la soc. de biol. 1896. — **579.** Vgl. hierzu z. B. POTTER: Zentralbl. f. Bakteriol., Parasitenk. u. Infektionskrankh., Abt. II Bd. 7. — **580.** Nach DUCLEAUX: Traité de microbiologie. — **581.** Vgl. hierzu das Kapitel „Die Zellulosegärung" von W. OMELIANSKY in LAFARS Handb. d. techn. Mykologie Bd. 3. — **582.** HOPPE-SEYLER: Ber. d. Dtsch. Chem. Ges. Bd. 16. 1883 und Zeitschr. f. physiol. Chem. Bd. 10. 1886. — **583.** Vgl. hierzu das Kapitel „Die Pektingärung" von J. BEHRENS in LAFARS Handb. d. techn. Mykologie Bd. 3. — **584.** Siehe die zusammenfassende Übersicht von A. JANKE: Zentralbl. f. Bakteriol., Parasitenk. u. Infektionskrankh., Abt. II Bd. 53. 1921. — **585.** Schon DÖBEREINER (1821) und LIEBIG (1835) haben beobachtet, daß bei der Oxydation des Äthylolkohols zu Essigsäure auf rein chemischem Wege als Zwischenprodukt Acetaldehyd entsteht. WIELAND: Ber. d. Dtsch. Chem. Ges. Bd. 46. 1913 glaubt bei der bakteriellen Essigsäurebildung einen sogenannten Dehydrierungsprozeß annehmen zu können. Nach WIELAND wird dem Alkohol zunächst durch den Luftsauerstoff unter Bildung von Acetaldehyd Wasserstoff entzogen:

$$R\cdot CH_2OH \rightarrow R\cdot C\begin{matrix}\nearrow O\\ \searrow H\end{matrix} + H_2.$$

Der so gebildete Acetaldehyd vereinigt sich mit Wasser zu einem Hydrat:

$$R\cdot C\begin{matrix}\nearrow O\\ \searrow H\end{matrix} + H_2O \rightarrow R\cdot C\begin{matrix}\nearrow OH\\ -OH\\ \searrow H\end{matrix}.$$

Dieses geht durch Wasserstoffentziehung in Essigsäure über:

$$R\cdot C\begin{matrix}\nearrow OH\\ -OH\\ \searrow H\end{matrix} \rightarrow R\cdot C\begin{matrix}\nearrow O\\ \searrow OH\end{matrix} + H_2.$$

586. Die sogenannte Abfangmethode wurde zuerst angegeben von NEUBERG und NORD: Biochem. Zeitschr. Bd. 96. 1919. — **587.** Nach FRANKLAND: Transact. chem. soc.; vgl. KOCHS Jahresber. 1891 u. 1892; vgl. auch KRUSE: Allgemeine Mikrobiologie. Leipzig 1910. — **588.** DUCLEAUX: Traité de microbiologie. — **589.** Nach BROWN: Journ. of the chem. soc. (London) 1886. — **590.** Besonders eingehend von BERTRAND studiert: Cpt. rend. des séances de la soc. de biol. Bd. 126 u. 127 sowie Ann. de chim. et de physiol. 1904. — **591.** BERTRAND: Cpt. rend. des séances de la soc. de biol. Bd. 122 und Ann. de l'inst. Pasteur 1898. — **592.** Vgl. hierzu den Abschnitt über Glykosidspaltungen von J. BEHRENS in LAFARS Handb. d. techn. Mykologie Bd. 1. — **593.** KRUSE: Allgemeine Mikrobiologie. — **594.** MAASSEN: Arb. a. d. Reichs-Gesundheitsamte Bd. 12. — **595.** FITZ: Ber. d. Dtsch. Chem. Ges. 1878 u. 1896. — **596.** SCHÜTZENBERGER: Die Gärungserscheinungen 1876. — **597.** Vgl. hierzu den Abschnitt „Die Proteinfäulnis" von M. HAHN und A. SPIECKERMANN in LAFARS Handb. d. techn. Mykologie Bd. 3. — **598.** Botanische Untersuchungen über harnstoffspaltende Bakterien mit besonderer Berücksichtigung der speziesdiagnostisch verwertbaren Merkmale und des Vermögens der Harnstoffspaltung sind von A. VICHOEVER: Zentralbl. f. Bakteriol., Parasitenk. u. Infektionskrankh., Abt. II Bd. 39. 1913/14 ausgeführt worden. — **599.** Siehe die Ausführungen von P. MIQUEL: „Die Vergärung des Harnstoffs, der Harnsäure und der Hippursäure" in LAFARS Handb. d. techn. Mykologie Bd. 3. —

600. Über die Kreatininbildung der Bakterien vgl. Tibor German (Zentralbl. f. Bakteriol., Parasitenk. u. Infektionskrankh., Abt. I, Orig. Bd. 63. 1912). — **601.** Nach Meyer: Die Zelle der Bakterien. Jena 1912. — **602.** Vgl. hierzu Czapek: Biochemie der Pflanzen. — **603.** Siehe Kruse: Allgemeine Mikrobiologie. Leipzig 1910. — **604.** Zusammengestellt nach den Angaben von Lehmann und Neumann (Atlas und Grundriß der Bakteriologie). — **605.** Über die Bedeutung der Gasabsorption in der Bakteriologie vgl. W. Trieber (Zentralbl. f. Bakteriol., Parasitenk. u. Infektionskrankh., Abt. I, Orig. Bd. 69. 1913). — **606.** Diese Methode der Gasanalyse stammt von Conrad (Arch. f. Hyg. Bd. 29. 1897). Vgl. hierzu auch Meyer, A.: Praktikum der botanischen Bakterienkunde. Jena 1903). — **607.** Zur quantitativen Ammoniakbestimmung dient die Methode von Schlösing; vgl. Fresenius: Anleitung zur quantitativen chemischen Analyse. Bd. 1. — **608.** Zum Nachweis des Merkaptons dient das Verfahren mittels Isatinschwefelsäure; vgl. hierzu Rubner: Arch. f. Hyg. Bd. 19. 1893. — **609.** Morris: Arch. f. Hyg. Bd. 30. 1897. — **610.** Diese Methode stammt von Salkowski (Virchows Arch. f. pathol. Anat. u. Physiol. Bd. 10); ein weiteres Verfahren ist von Ehrlich (beschrieben von Böhme: Zentralbl. f. Bakteriol., Parasitenk. u. Infektionskrankh., Abt. I, Orig. Bd. 40. 1906) angegeben worden. — **611.** Hewlett (nach Steensma: Zentralbl. f. Bakteriol., Parasitenk. u. Infektionskrankh., Abt. I, Orig. Bd. 41. 1906) fand die Skatolcarbonsäure z. B. in den Kulturen des *Corynebact. diphtheriae*. — **612.** Buchner: Arch. f. Hyg. Bd. 3. 1885. — **613.** Vgl. hierzu den Abschnitt „Verfahren und Nährböden zum Typhusnachweis" im Lehrbuch der Bakteriologie von L. Heim. — **614.** Vgl. Kruse: Allgemeine Mikrobiologie. Leipzig 1910. — **615.** Eine Methode zur quantitativen Bestimmung der Atmung von Mikroorganismen und Zellen beschrieb R. Bieling (Zentralbl. f. Bakteriol., Parasitenk. u. Infektionskrankh., Abt. I, Orig. Bd. 90. 1923). — **616.** Berechnungen über die Arbeitsleistung eigenbeweglicher Bakterienzellen sind von K. v. Angerer (Arch. f. Hyg. Bd. 88) ausgeführt worden. K. v. Angerer fand:

Werte für:	Vibrio cholerae	Bact. typhi	Bac. subtilis
Länge (μ)	2	2,1	2,1
Breite (μ)	0,4	0,7	1,0
Spezifisches Gewicht (g)	1,30	1,14	1,12
Volumen des Individuums (cm^3)	$2{,}5 \cdot 10^{-13}$	$7{,}7 \cdot 10^{-13}$	$1{,}6 \cdot 10^{-12}$
Gewicht des Individuums (g)	$3{,}3 \cdot 10^{-13}$	$8{,}6 \cdot 10^{-13}$	$1{,}8 \cdot 10^{-12}$
Auftrieb (g)	$7{,}5 \cdot 10^{-14}$	$1{,}1 \cdot 10^{-14}$	$2{,}0 \cdot 10^{-12}$
Eigenbewegung (mm sec^{-1})	0,03	0,018	0,01
Senkungsgeschwindigkeit (cm sec^{-1})	$2{,}66 \cdot 10^{-6}$	$3{,}3 \cdot 10^{-6}$	$6{,}5 \cdot 10^{-6}$
Kraft der Eigenbewegung (g)	$8{,}6 \cdot 10^{-11}$	$6{,}5 \cdot 10^{-12}$	$3{,}0 \cdot 10^{-11}$
Kraft: Auftrieb	1100 : 1	600 : 1	150 : 1
Leistung (g cm sec^{-1})	$2{,}6 \cdot 10^{-13}$	$1{,}2 \cdot 10^{-14}$	$3{,}0\ 10^{-14}$
Grammkalorien (sec^{-1})	$6{,}1 \cdot 10^{-18}$	$2{,}8 \cdot 10^{-19}$	$7{,}0 \cdot 10^{-19}$
1 g Bakt. leistet sec^{-1} g cm	$7{,}9 \cdot 10^{-1}$	$1{,}3 \cdot 10^{-2}$	$1{,}6 \cdot 10^{-2}$
1 g Bakt. leistet sec^{-1} g kal.	$1{,}9 \cdot 10^{-5}$	$3{,}2 \cdot 10^{-7}$	$3{,}8 \cdot 10^{-7}$
1 ccm Bouillon pro Stde. Kal.	$2{,}2 \cdot 10^{-6}$	$1{,}0 \cdot 10^{-7}$	$2{,}5 \cdot 10^{-7}$

— **617.** Rubner: Arch. f. Hyg. Bd. 48. 1904 und Bd. 57. 1906. Vgl. auch Behrens: „Thermogene Bakterien" in Lafars Handb. d. techn. Mykologie.

Bd. 1. — **618.** Über die Ursachen des Leuchtens vgl. GERRETSEN: Zentralbl. f. Bakteriol., Parasitenk. u. Infektionskrankh., Abt. II. Bd. 52. 1921. — **619.** MOLISCH: Leuchtende Pflanzen. Jena 1904. Vgl. auch denselben: „Thotogene Bakterien" in LAFARS Handb. d. techn. Mykologie. Bd. 1. — **620.** LODE: Zentralbl. f. Bakteriol., Parasitenk. u. Infektionskrankh., Abt. I, Orig. Bd. 35. 1904. — **621.** Vgl. hierzu z. B. SCHUBERT (ebenda Bd. 84. 1920). — **622.** VAN TIEGHEM: Traité de botanique. 1883. — **623.** BUCHNER: Zentralbl. f. Bakteriol., Parasitenk. u. Infektionskrankh., Abt. I, Orig. Bd. 8. 1890. — **624.** Eine neue Methode zum Studium der lokomotorischen Funktion der Bakterien beschrieb M. LIACHOWETZKY (ebenda Abt. I., Orig. Bd. 57. 1911). Über die Fortbewegungsgeschwindigkeit und die Bewegungskurven einiger Bakterien vgl. auch STIEGEL (ebenda Bd. 45. 1907). — **625.** REICHERT: Ebenda Bd. 51. 1909; vgl. auch P. METZNER: Biol. Zentralbl. Bd. 40.

Namenverzeichnis.

[Die Ziffern, vor denen A steht, beziehen sich auf die Nummern der Anmerkungen; die übrigen Ziffern bedeuten die Seitenzahlen.]

Sachverzeichnis.

[Die Ziffern, vor denen A steht, beziehen sich auf die Nummern der Anmerkungen; die übrigen Ziffern bedeuten die Seitenzahlen.]